版权声明

SÉMINAIRE D'INTRODUCTION À LA PSYCHANALYSE LACANIENNE À PARTIR DE CAS CLINIQUES by Danièle Brillaud

Copyright © 2011 by Danièle Brillaud
Published in French by Association Lacanienne Internationale 2011

保留所有权利。非经中国轻工业出版社"万千心理"书面授权，任何人不得以任何方式（包括但不限于电子、机械、手工或其他尚未被发明或应用的技术手段）复印、拍照、扫描、录音、朗读、存储、发表本书中任何部分或本书全部内容（包括但不限于光盘、音频、视频等）。中国轻工业出版社"万千心理"未授权任何机构提供源自本书内容的电子文件阅览、收听或下载服务。如有此类非法行为，查实必究。

【拉康精神分析临床系列】

SÉMINAIRE D'INTRODUCTION
À LA PSYCHANALYSE LACANIENNE À PARTIR DE CAS CLINIQUES

拉康精神分析的临床概念化

从临床个案引入拉康精神分析的研讨班

［法］达妮埃尔·布里约（Danièle Brillaud） 著

李新雨 译

中国轻工业出版社

图书在版编目（CIP）数据

拉康精神分析的临床概念化：从临床个案引入拉康精神分析的研讨班 /（法）达妮埃尔·布里约著；李新雨译. -- 北京：中国轻工业出版社，2025.2. -- ISBN 978-7-5184-4857-9

Ⅰ. B84-065

中国国家版本馆CIP数据核字第2024823UF2号

责任编辑：刘　雅　　　责任终审：张乃柬
策划编辑：刘　雅　　　责任校对：刘志颖　　　责任监印：吴维斌

出版发行：中国轻工业出版社（北京鲁谷东街5号，邮编：100040）

印　　刷：三河市鑫金马印装有限公司

经　　销：各地新华书店

版　　次：2025年2月第1版第1次印刷

开　　本：710×1000　1/16　印张：25

字　　数：400千字

书　　号：ISBN 978-7-5184-4857-9　　定价：108.00元

读者热线：010-65181109

发行电话：010-85119832　　010-85119912

网　　址：http://www.chlip.com.cn　http://www.wqedu.com

电子信箱：1012305542@qq.com

版权所有　侵权必究

如发现图书残缺请拨打读者热线联系调换

232017Y2X101ZYW

译 者 序

从精神分析的临床到资本主义的误认

一直以来,在精神分析临床工作者的圈子里,"拉康派"往往因不够"临床"且忽视"情感"而遭人诟病,尤其是在英美国家,除了拉康(Lacan)的"弹性时间会谈"(所谓"短时会谈"乃至"零度会谈")在分析技术上所引发的巨大争议之外,主流的精神分析界还常常批评他的理论太过抽象晦涩,他的文风太过佶屈聱牙,他的话语太过卷曲缠绕,总而言之,他们认为拉康太过沉溺于那些错综复杂的"能指网络"与花里胡哨的"拓扑扭结",而没有在实践上真正分享任何切实可行的临床操作或技术秘诀……尽管如此,拉康还是明显影响了大多欧陆国家与拉美国家的精神分析临床范式,而其思想在人文社科领域中的影响则更是无远弗届。但也不得不说,拉康精神分析的思想虽然在英语世界中已然经历了数十年的发展,并取得了不少蔚为壮观的学术成绩,但它在临床领域中的影响却并未取得同样的"成功",在我国的情况更是如此。

具体而言,早在1977年,阿兰·谢里丹(Alan Sheridan)便在拉康的授权下将其《著作集》(*Écrits*)文选翻译成了英文;而在1978年,他又接着翻译了拉康的《研讨班XI:精神分析的四个基本概念》(*Séminaires XI: Les quatre concepts fondamentaux de la psychanalyse*),从而标志着拉康思想正式进军英美学界;但直到2006年,布鲁斯·芬克(Bruce Fink)才最终出版了拉康《著作集》的首部英文全译本,从而为英语世界的拉康研究打下了坚实的基础。近几年来,随着雅克-阿兰·米勒(Jacques-Alain Miller)将拉康版权逐渐放开,拉康研讨班的英文翻译更是如火如荼,一本接一本地出版。尽管拉康的思想在英美学界早已受到了哲学、文化研究、文学批评、电影理论和女性主义等领域迅速而广泛的接受,目前几乎每年都有数十部研究拉康的英文专著问世,而在国内同道的努力之下，近年来关于拉康派精神分析的"糟糕出版物"也越堆越高，甚至在出版界构成了一种现象级的"拉康热"，然而在将其理论思想转化为临床实践的道路上还是存在很大的困难，很多临床工作者在私下交流时也免不了频频吐槽："我试着读了，但就是搞不懂"，或者"我大概搞懂了理论，但就是不知道要怎么临床操作"，这便导致国内"拉康派"的临床往往是根据对分析家的想象性认同来操作的，而这恰恰是拉康自己所批判的。虽然拉康自诩是弗洛伊德派，且打着"回到弗洛伊德"的旗号，但除了古典精神分析的自由联想技术与躺椅设置之外，受英美流派影响的当代精神分析工作者却很难在拉康派临床中找到经典弗洛伊德派风格的影子。

因此，为了弥合拉康派精神分析理论与临床在传递上的严重断裂，一些英美拉康派分析家皆纷纷致力于将拉康的理论与实践变得对临床工作者来说相对不那么艰深，其中最具代表性的便是芬克的《拉康精神分析临床导论》(*A Clinical Introduction to Lacanian Psychoanalysis*)与《精神分析技术基础》(*Fundamentals of Psychoanalytic Technique*)，鉴于其内容足够简单，逻辑足够清晰，我自己曾在2015—2017年以这两本书为教材开设过系列课程，芬克尤其讨论了拉康派精神分析的临床方法、转移关系、结构诊断与解释技术等等；同样具有代表性的还有若埃尔·多尔（Joël Dor）的《临床拉康》(*The Clinical Lacan*)一书，该书特别关注神经症（癔症与强迫症）和性倒错的结构问题，目前也已经由我们国内的同行翻译成了中文。但遗憾的是，无论芬克还是多尔，他们的作品都更关注神经症的临床，而在涉及精神病的临床问题上则是浅尝辄止、隔靴搔痒，多尔甚至完全回避了精神病的结构问题，这在我们当前所处的"父之名"遭到普遍化除权的"常态精神病时代"里几乎是不可设想的。

就此而言，达妮埃尔·布里约（Danièle Brillaud）的这本《拉康精神分析的临床概念化——从临床个案引入拉康精神分析的研讨班》(*Séminaire d'introduction à la psychanalyse lacanienne à partir de cas cliniques*)便无疑填补了这个空白，尤其是在精神病的临床问题上真正弥合了拉康派理论与实践之间的断裂，乃至传递与训练之间的脱节，同时她还将拉康精神分析与古典精神病学真正衔接了起来。布里约女士是巴黎七大毕业的精神分析与精神病理学博士，国际拉康协会

（Association Lacanienne Internationale, ALI）的分析家成员，圣安娜精神分析学派的核心成员，并在精神病理学高等研究实践学校任教，同时她是拉康的嫡传弟子马塞尔·切尔马克（Marcel Czermak）的学生。这里特别值得一提的是，切尔马克先生不仅是拉康的分析者，也是拉康在亨利·鲁塞尔医院进行"案例展示"的助手，他在拉康学派解散与拉康逝世之后，与拉康的弟子查尔斯·梅尔曼共同创立了"弗洛伊德协会"，后来更名为"国际拉康协会"。另外，作为圣安娜医院精神病学定向与接待中心的主任，他更是保留了拉康派"案例展示"的传统并独创了"个案特征"的训练，从而一手创建了"圣安娜精神分析学派"，也是我个人在"拉康派精神病学"上唯一承认的大师。

正因如此，当我在2018年左右最初读到布里约女士的这本书时，简直可以说是"茅塞顿开"，这就是我一直在寻找的精神分析临床教学，虽然我自己此前也曾阅读过大量的拉康派著作，翻译过一些入门级的导读类书籍，也开设过几年关于拉康精神分析入门的基础课程，但就我而言，此书才是我自己真正的"入门"。于是，我便在2020年以此书为教材而重新开始了我的教学活动，尔后又在2021年将布里约的《主体性结构的拉康式诊断》（*Classification lacanienne des structures subjectives*）也纳入了我的教学计划，并在此基础上展开了我自己关于精神分析临床的诸多思考，从此一发不可收拾！课程结束之后，很多学员都向我反馈他们在短短两年内真正学到了拉康派理论的核心与临床的精髓，随即我便决定将布里约女士的这两本著作翻译成中文，这才有了与中国轻工业出版社"万千心理"的合作，也是希望能够借助"万千心理"的品牌让国内主流的精神分析界看到拉康派临床工作的真正价值，从而打破国内精神分析同行长期以来针对"拉康派"的各种偏见与误解，同时开启一些交流的可能性。

要说起来，本书的法文版标题直译过来是"从临床个案引入拉康派精神分析的研讨班"，因为它本来就是布里约女士在2006年以口语形式面向受训分析家的教学研讨班，因而特别适合于用作临床教材。该书的英译本在2021年出版，其英译者约翰·霍兰德（John Holland）将标题改译作"拉康派精神分析：案例集"也是突显了其临床的维度。在本书中，布里约女士特别注重拉康思想的建构与主体结构的诊断，通过具体的临床个案来引入相关的理论概念，从而为我们呈现了什么是拉康派视角下的"个案概念化",尤其是她还基于现任国际拉康协会主席斯蒂芬·蒂比埃尔日先生的工作对"卡普格拉综合征"(又叫"替身幻象综合征")与"弗雷戈里综合征"(又叫"人身变换综合征")等"系统性误认综合征"给出了深刻的见解,并由此解释了"镜像"的逻辑建构及其临床蕴含。凭借她在"医学心理学中心(centre médico-psychologique, CMP)"担任精神科医生与作为精神分析家独立执业的多年经验,她不仅向我们揭示了精神病结构的坐标,实际上也由此揭开了整个主体性结构的面纱。

另外,布里约对拉康派临床的阐释也导向了针对当代精神分析现状和所谓"心理健康产业"的批判,熟悉拉康的读者想必都不会对此感到惊讶。作为拉康派,布里约女士自然也延续了拉康针对"自我心理学"的批判,她在讨论"光学模型"的第二课里讲道:自我心理学派的分析家"大多都继续将自我视作精神综合的地点,继续认为分析即在于让病人认同分析家的强大自我,而这要么是说分析家必须依托病人自我中的健康部分来对抗病人的种种防御,要么则是说分析家必须帮助病人来获得一个强大的自我"。此种治疗思路无疑也暴露了这两个流派之间在对"自我"的理解上存在一个不可调和的根本性矛盾。因此,如果我们同意拉康的见解,亦即"自我"从根本上是"异化"的产物,而在其本质上则以"误认"为基础,那么我们便会发现,自我心理学派认为病人可以借助他者(分析家)的强大自我来"适应现实"的想法是何等之荒谬,而这一观念与拉康派基于能指对"象征性认同"的理解也是背道而驰的。

尽管自我心理学派宣称其理论来源于弗洛伊德的工作,但哈特曼的"无冲突地带"和自我心理学的"适应性目标"与弗洛伊德的基本理念是直接冲突的,因为弗洛伊德认为精神分析恰恰是一门关于"无意识冲突"的科学,而文化(亦即拉康意义上的"大他者")对主体性的塑造即是此种冲突的来源,但自我心理学却诉诸自我中的"理性"部分,相信它有助于"情感调节""冲动控制"和"现实检验"等。从精神分析的"转移"关系上来说,这样的治疗仅仅构成了病人早年生活的"重复",这就好比分析家处在父母(大他者)的位置上,然后要求分析者像不听话的孩子那样学会控制并"升华"自己的性冲动和攻击性,以满足适应性的标准来"取悦"分析家,美其名曰"情绪再教育"……殊不知分析者寻求分析帮助的原因恰恰是为了打破其早年经历的重复性循环。因此，在这个意义上，我们可以说，自我心理学是一种"物化心理学"，而其核心的技术便是所谓的"防御分析"，亦即告诉病人说他的思想和行动是在防御另一种更加原始的冲动，但从拉康派的视角来看，对病人的防御进行解释往往都只会导致病人加倍其防御的结果，这样的例子在我们的临床实践中可谓比比皆是，因此拉康才说"阻抗永远都是分析家的阻抗"！

同样，沿着这一思路，布里约女士还对认知行为疗法进行了极其尖锐的批判。根据布里约的说法，认知行为疗法是一种类似于"饲养牲畜"的做法，因为这些疗法"宣称它们给出的目标是要通过给个体反复灌输其他的行为反应来消除或重建条件化反应，而这实际上与针对动物的行为训练有着高度的关联"。在此种疗法中，治疗师化身行为控制的代理人，其治疗任务则在于运用巴甫洛夫式的条件反射而将主体从病理性的失能状态恢复至可以再度成为生产和消费工具的功能水平。殊不知在巴甫洛夫的实验中，恰恰是巴甫洛夫本人作为实验者的欲望在左右着实验的结果……在此种意义上，正如拉康的弟子埃里克·波尔日（Eric Porge）先生在其《中国精神分析万岁！》（*Vive la Chine La Cina é vicina*）一文中所讽刺的那样，如果分析家以分析者是否遵守"设置"和"规则"来奖励或惩罚分析者，那么这就变成了一种行为主义的精神分析，是对精神分析的滑稽模仿！

至于布里约的第二个临床批判则把矛头对准了争论不休的诊断问题。她坚决反对《精神障碍诊断与统计手册》（*Diagnostic and Statistical Manual of Mental Disorders*，简称*DSM*）的主流范式，因为*DSM*系统的诊断标签现在越来越多，仅仅是在症状的现象学描述上打转，而完全忽视了潜在的主体性结构。在本书中，布里约女士着重探讨了精神病结构与神经症结构之间的鉴别诊断问题，这在拉康派临床上往往都是一个极其困难且至关重要的区分，布里约在其新书《主体性结构的拉康式诊断》中也延续了对于这个主题的进一步探讨。此种结构性诊断的目的并非旨在给病人贴上某种精神病理性的"标签"，而是旨在帮助分析家建立治疗的方向：对神经症主体来说，分析的设置在于"自由联想"，亦即要求分析者自由言说抵达其脑海的事物；但对精神病主体来说，"自由联想"等技术往往并不适用，很容易在无限的换喻性滑动中导致精神病性的焦虑，而分析家在大他者位置上的"解释"也很容易激起精神病的发作。此外，布里约女士也还指出，在那些困难的个案中使用"边缘型"的诊断只是图个方便省事，但在这种情况下，与其说是病人处在结构的边缘上，不如说是分析家处在诊断的边缘上。正是在这个意义上，我才指出诊断是临床工作者（精神分析家）的症状！

众所周知，当一套诊断系统无法回应临床现象之时，便会出现所谓的"描述性精神病学"，而这也就导致了诊断标签的激增和滥用，例如过去在临床上被称作"精神分裂"的很多病人现在都被误诊成了所谓的"双相情感障碍"，而所谓的"强迫强制性障碍（obsessive-compulsive disorder，简称 OCD）"也是完全混淆了精神病性的"强制"与神经症性的"强迫"，此两者背后的能指逻辑是完全不同的。从拉康派的视角来看，DSM 系统是不考虑主体性结构的疾病分类学，乃至通过不断增加新的命名而建立的现代精神病学，其本身就是一种类似于精神病的症状，更何况在此种症状里还有精神病学在资本主义话语的逻辑上跟保险公司和制药企业所达成的享乐性共谋……

回到精神分析的结构性诊断上来说，我们知道，拉康曾说神经症是"存在"向主体提出的一个问题，这个问题从根本上说是"性"与"死"的问题，对癔症而言，它涉及"是男是女？"的问题，对强迫症而言，则涉及"是生是死？"的问题，这两个问题作为象征界中的"洞"从未在神经症那里得到过令人满意的回答，因而才引发了痛苦的症状，而在精神病这里，它们则有着确凿无疑的答案，亦即拉康所谓的"推向女人"与"主体之死"，这些都是精神病发作的标志。因此，根据拉康，主体便必须在神经症的"压抑"、精神病的"除权"与性倒错的"否认"之间做出无意识的决定，从而才能在结构中嵌入其自身的存在。但在描述性精神病学中，诊断标签则封堵了存在的问题，如此一来，诊断就变成了如同"物神"一样的恋物癖对象，它在逻辑上替代了母亲的阳具，否认了阉割的临床，亦即临床工作者作为"假设知道的主体"无法立刻知道病人的诊断！在 DSM 系统中，弗洛伊德的经典临床实体被视作过时的意识形态，导致"神经症""精神病"与"性倒错"等结构性能指被完全废除，取而代之的是经过"无害化"处理的各种描述性"障碍"，当症状脱离了结构的坐标而变得离散之时，这便必然会导致诊断标签的堆积和对号入座的认同。正是这一点导致了现代精神病学与精神分析之间无法弥合的裂痕，用拉康的话说，诊断的话语是一种"主人话语"，而"分析话语"则是与之根本对立的。同样的裂痕也存在于心理治疗和精神分析之间，布里约女士对此写道："精神分析与心理治疗没有任何关系：说句俏皮话，但这也并不仅仅是一句玩笑，心理治疗是为了'变得更好'而以对主体真相的盲视为代价来进行的，但精神分析则是冒着'变得更遭'的风险而引导主体更加清晰地看到其自身的真相。"

  上述的批判都说明了拉康派精神分析与大众心理学范式之间的抗争，而后者在临床层面上的影响也明显存在于治疗机构的层面。布里约尤其评论了法国的社区心理治疗现状，她解释说，在法国，当病人因某种不幸而不得不搬迁到新的地区时，根据法律规定，治疗机构的临床工作者便被迫要将治疗移交给病人所在地的社区治疗机构，但鉴于"转移"是任何治疗赖以进行的条件，这样的做法便意味着对于"象征性转移"的想象性误认，而这种误认"将会支配并导致病人去到另一处治疗场所的实在性转移"。至于其他国家的社区心理健康机构，虽然临床工作者面对的具体情况有所不同，但基本处境却也大差不大……尤其是，随着各大心理咨询平台的兴起，来访者的流动性不断加剧，不满意就换人，咨询师则被过度商品化包装，被困在系统里内卷，加之困难的临床情境和漫长的职业培训也会导致咨询师群体的焦虑和倦怠。简而言之，在资本主义的误认之下，来访者与咨询师会共同陷入一种"强制性重复"之中，这会消耗大量的精力并浪费大量的时间，因为临床变成了"重复"而非"回忆"的空间，从而丧失了"修通"的可能，以至于来访者在不同的咨询师那里一次次地经历同样的失望和僵局，如此往复循环……

  这些都是"心理健康产业"在资本主义话语逻辑之下所产生的症状性效果，而心理健康领域还只是当代世界混乱失序的一处小小的缩影。按照当代拉康派的阐述，由于"父之名"的普遍化除权，乃至由此导致的"象征链"的断裂和"精神病"的爆发，我们的后现代社会已然沦为了一种"常态性倒错"的社会，亦即从欲望的"压抑"转向了无限的"享乐"。在当代的"文明及其不满"上，布里约女士也向我们指出，当前的社会文化是一种拒绝"哀悼"的文化，欲望对象的肯定化导致丧失的对象无法得到象征化的处理，以致我们在集体性逻辑上都陷入了弗洛伊德意义上的"忧郁"。何况在资本主义的消费社会中，象征的能指直接指向了想象的所指，语言中固有的隐喻性替代和换喻性省略遭到了废除，以致精神病的"把词当物"和"语词新作"大行其道。

除此之外，布里约还指出，当前文化对透明性的呼吁也是"社会性倒错"的一大症状，这种要求绝对的透明性的社会是在偷窥狂和暴露狂的逻辑上来运作的，而除了对大他者目光的遮蔽之外，此种逻辑也导致了对大他者知识的防御，亦即在转移中拒绝"假设知道的主体"的位置！实际上，这种透明性的幻想也是齐泽克所批判的意识形态幻想的延伸，亦即一旦我们知道大他者的一切，主人的统治就会被推翻。因此，在互联网和人工智能大数据的"监控资本主义"中，我们现在越来越多地生活在韩炳哲所谓的"透明社会"里，私人空间与公众空间的边界被抹消，"隐私"变得不再可能。但吊诡的是，在这样的透明社会中，我们却永远无法变得真正"透明"，权力与知识在意识形态幻想中的运作导致我们无法相信他者，甚至加剧了确信他者总是"别有用心"的妄想，从而更进一步巩固了阶级对立和种族隔离……

总而言之，本书极好地展开了拉康派精神分析在临床实践和社会文化上的应用，其价值远远超过了一般的心理治疗书籍，尤其是布里约女士对"误认"的强调，对"再认"（承认）与"识别"（认同）的区分，这些都允许了我们对当代的主体性进行深刻的反思。从精神分析的临床来对抗资本主义的误认，其当务之急便是要从拉康所谓的"善言"伦理来重建社会联结和关系纽带，尽管这会以对象丧失的分离痛苦为代价，却从来都斩不断我们作为主体的欲望！

最后，我要在此感谢中国轻工业出版社"万千心理"的编辑刘雅女士促成此书中译本的出版，感谢布里约女士在百忙之中为中文版作序，感谢霍兰德博士授权其英文版的序言，同时我还要特别感谢一直跟随我学习精神分析的小伙伴们，是你们的支持让我能够一直坚定地走在传播精神分析的道路上。

李新雨

2024年秋于南京

中文版序言

《拉康精神分析的临床概念化——从临床个案引入拉康精神分析的研讨班》中译本的出版对我而言是一份巨大的希望：我希望看到精神分析在远离它从中诞生但现在又遭到重创的欧洲之外，重新焕发出活力。

法国精神病学学派在20世纪初曾取得了举世闻名的声望，而由雅克·拉康（Jacques Lacan）所带来的精神分析的启迪更是精炼了其观点的深刻性与切中要害之处。

不幸的是，从20世纪80年代开始，我们便看到美国的《精神分析诊断与统计手册》（*DSM*）过来摧毁了这一切知识经验的成果，而制药集团施加的压力也强加了将神经症、精神病与性倒错统统视作"障碍"的方式。因而，对于每一种障碍，我们都让一种化学分子与之相对应，从而让障碍有所缓解，并让药厂牟取暴利。

我们看到"主体性结构"的概念已经从精神病学话语中渐渐遭到抹除，癔症完全消失，偏执狂也是同样。这产生了一些严重的后果并引起了治疗的错误。

与之相应，精神分析也是名誉扫地，我们看到取而代之的是各种当代心理治疗。然而，这并未妨碍很多病人继续要求来做精神分析；但是，法国精神病学却不再有这门学科的训练……

这就是为什么于我而言，看到我的著作以英语、葡萄牙语、西班牙语、韩语现在又是汉语出版，是一件非常鼓舞人心的事情，我将其理解为一种征兆：如果说精神分析在西方已然经历了衰落，那么它在东方和拉美将会再次绽放。

拉康曾经学习过中文，他钻研过中国哲学并在其研讨班中多次提到中国思想。我相信他也会很高兴地看到自己的工作现在在中国引起了人们的兴趣。

达妮埃尔·布里约

英译版序

本书源于一个每两周一次的研讨班。作者达妮埃尔·布里约是一位临床精神科医生与精神分析家，她在老师兼同事马塞尔·切尔马克的建议下，开始举办了这期"从临床个案引入拉康派精神分析的研讨班"。

正如这个标题所指出的那样，本期研讨班是为那些有意探究拉康教学临床蕴意的精神分析实践者们所准备的，尤其是其《著作集》中所呈现的那些教学的临床蕴意。这期研讨班总共包括15讲内容，另外还有探索一些更具理论化的问题的两篇附录；她的后续研讨班讲座也已经以"**主体性结构的拉康式诊断**"为标题在法国出版（Brillaud, 2017）。

布里约女士的讲座遵循了拉康将**精神结构**（psychic structure）划分作**精神病**（psychosis）、**神经症**（neurosis）与**性倒错**（perversion）的经典三分。她的前面几讲专门讨论了她曾与之工作过的那些精神病人的个案研究，这些工作往往都是在"**医学心理学中心**"进行的，亦即法国公立的社区心理健康治疗中心。她非常细致地考察了精神病，因为在精神病中，各种精神机制都是更加暴露的，而且相比于在神经症中，这些机制也可以更加容易地被离析出来。继而，在转向研究那些神经症患者的时候，她又持续地关切于展示精神病结构与神经症结构之间的差异，以此来展示两者之间如何区分，特别是在病人的症状可能看似暧昧不明的那些个案中。

本书的一大特色即在于它把拉康的那些临床表述与经典法国精神病学的方法联系了起来，从而提出了拉康个人与精神病学之间的关系的问题。我们知道，在拉康开始他自己的个人分析之前，他接受的是精神病学的训练（Roudinesco, 1997, pp. 15-27）。关于他与德国精神病学的关系，且尤其是关于他与德国精神病学家埃米尔·克雷佩林（Emil Kraepelin）著作的关系（Lepoutre, Madeira & Guerin, 2017），还有关于他与他自己的老师之一法国精神病学家加埃唐·加蒂安·德·克莱朗博（Gaëtan Gatian de Clérambault）的关系（Vanheule, 2018），学者们已经进行了一些非常具有启发性的研究。同样众所周知的是，拉康后来又与精神病学拉开了一些距离；例如，在1969年2月，他就曾批评过社会共同体往往会有"将与其不一致的成员隔离进那些'疯人院似'的地方"的倾向（Lacan, 2015, p. 16）。

然而，终其一生，他都一直跟那些精神病学机构保持着联系；对此的一个指征，便是他参与了那些**案例展示**（case presentations）的实践，亦即一位精神科医生在一群学生听众的面前采访一位精神病患者的做法。在其1955—1956年关于"精神病"的研讨班期间，拉康就曾专门提到过他所实施的一些案例展示，从而在精神病的症状方面提取出了我们能够从这些案例展示中学到的东西，诸如各种**语词新作**与**排除**的效果等（Lacan, 1993b, pp. 31-33, 37-56, 59-60, 306-307）。20年后，在马塞尔·切尔马克的支持下，他又在亨利·鲁塞尔医院（Hôpital Henri Rousselle）进行了一系列的案例展示，切尔马克当时在那里担任拉康的助手（Roudinesco, 1997, p. 696）。这些案例展示的法文文本记录都可以找到电子版（Valas, n.d.）；其中至少有两篇"案例展示"被翻译成了英语（Lacan, 1993a, 1998）。

另外，当前的这部著作也说明了拉康与精神病学之间的交战何以会走得更为深远。在本书的前两讲中，作者布里约严密地依托于她的同事斯蒂芬·蒂比埃尔日的著作（Thibierge, 1999a, 1999b; Thibierge & Morin, 2016），从而将拉康的早期著作与20世纪20年代至20世纪30年代期间在法国进行的精神病学研究联系了起来，这些精神病学研究皆关注的是某些精神病患者在**再认**（identifier）形象与**识别**（recognize）形象方面所具有的困难；有关这些困难的研究提出了"**弗雷戈里综合征／替身幻象综合征**（Fregoli delusion）""**卡普格拉综合征／人身变换综合征**（Capgras delusion）"与"**交互变形综合征**（intermetamorphosis）"的范畴。布里约指出，通过**镜子阶段**（mirror stage）的概念，拉康泛化了**再认**的问题化特征；它不再是一种纯粹的精神病现象，而变成了**自我**本身的基础，这个自我是从我们自身的外部来到我们这里的，而且我们也会经由一系列的**构成性误认**（méconnaissances constitutives）而认同于这个自我（Lacan, 2006b, p. 80）。

拉康深受法国精神病学的影响，这同样扩展了他的词汇。他对**误认**（*méconnaissance*）这一术语的使用在哲学上和理论上一直都是影响深远的：例如，路易·阿尔都塞（Althusser, 2014, p. 270; Althusser et al., 2015, p. 69）就曾经借用过这个术语来描述在**意识形态**中运作的机制，而《**分析手册**》（*Cahiers pour l'analyse*）小组也曾经用它来着手主体与结构的关系[1]。然而，人们却并非总是认识到该词直接派生于精神病学的事实：约瑟夫·卡普格拉（Joseph Capgras）就曾经使用过"**系统性误认**（*méconnaissance systématique*）"这个措辞来命名那种以他的名字来命名的综合征的潜在机制（Dissez, 2009, p. 199; Thibierge & Morin, 2016, p. 2）。按照他对卡普格拉的问题的重铸，拉康则用它来诊断自我可能会深受其害的那些根本性的幻象。例如，在《弗洛伊德的原物》（*The Freudian Thing*）一文中，此种误认就变成了美国的自我心理学的一个基本特征。在美国，分析家们把他们的实践变成了"一种获得'成功'的方法与……一种要求'幸福'的模式"，从而也表明了他们"永远都不会理解弗洛伊德的发现，甚至是以压抑所隐含的方式：因为在这里运作的东西就是由'**系统性误认**'所隐含的机制，因为它刺激了妄想，甚至是以其群体的形式"（参见：Lacan, 2006a, p. 346，额外的强调；亦见：Dissez, p. 195）。在拉康的手中，"系统性误认"已经变成了一种远远超出精神病之外的妄想，而且它也内在于**社会联结**（social bond）的某些形式之中。

然而，在这里还是出现了一个术语学的问题。本书的法文原版用"系统性误认"来指涉那些精神病学范畴的群集，其中包括"交互变形综合征""弗雷戈里综合征"与"卡普格拉综合征"。然而，我们在英文的翻译上却不可能遵循这样的做法，因为在英语世界中，这些妄想在一段时间以来都被归入了**妄想性错误识别综合征**（delusional misidentification syndromes）的术语之下（Christodoulou, 1986; Ellis, Luauté and Retterstol, 1994）。"误识／错误识别（misidentification）"取代了"误认／错误再认（misrecognition）"。尽管这一较新的命名也是一种有效的疾病分类学范畴，然而它却抹消了精神病学历史中的一个面向，从而也抹消了拉康曾经遵循的这一路径。因此，在本书的英译本中，只要法文版使用了"系统性误认"来指涉这些妄想,它都会被翻译成"妄想性错误识别综合征",并在后面的括号里附上法语的原文。在某种意义上说,这两种不同表达的存在效果,便在于它创造出了某种像**伤疤**一样的东西,亦即在精神分析与精神病学之间看似无法治愈的根本性切口的标记。

然而,这个**切口**同样会让诸如布里约的著作这样的书籍,在现在对我们而言变得格外有价值。在最近的几年里,英语世界的临床工作者们都变得越来越清楚地意识到,需要一些不同的技术来有效地治疗那些精神病患者:就其本身而言,药物治疗是不充分的,而谈话治疗却可能会在病人身上产生一些积极的效果(Carey, 2015)。正是在这个脉络之上,"美国精神病理学协会(American Psychopathological Association)"的前任主席南希·安德烈亚森(Nancy Andreasen, 1998, p. 1659)甚至提出说:

> 幸运的是,欧洲人仍然还具有临床研究与描述性精神病理学的骄傲传统。在21世纪的今天,当人类的基因图谱与人类的大脑可以在染色体上得到定位之后,我们可能也有必要来组织一场反向的马歇尔计划①,以便让欧洲人通过帮助我们来断定谁是真正的精神分裂症或什么是真正的精神分裂症,从而才可能拯救美国的科学。

当前的这部著作因而便可以被理解为一种努力深化我们对于这些问题的理解的贡献。

最后,我还想要指出,我在翻译上遵循了鲁塞尔·格里格(Russsell Grigg, 1999, pp. 62-64)等人的做法,亦即用英文的"suppletion"来翻译法文的**增补**(*suppléance*)一词;这个法文单词是来自拉康**博罗米结临床**(Borromean clinic)中的一个术语,它指的是扭结想象界、象征界与实在界的失败可以得到修复的一种方式。第四环可以充当某种**补丁**来**补偿**此种失败,它将其他三个圆环绑定

---

① "马歇尔计划(Marshall Plan)"也叫"欧洲复兴计划(European Recovery Program)",是第二次世界大战结束后,美国对被战争破坏的西欧各国进行经济援助、协助重建的计划,该计划曾经对欧洲国家的发展和世界政治格局产生了深远的影响。
——译注

了起来，从而也允许了主体得以继续生存。

约翰·霍兰德[1]

注释

[1] 早在1970年代初将阿尔都塞翻译成英文的时候——当时只有很少的拉康作品被翻译了过来——本·布鲁斯特（Ben Brewster）就已经将法文中的"误认（méconnaissance）"一词恰当地译作了"misrecognition"。拉康的一些英文译者也都使用了这个术语（Grigg, 1993, pp. vii-viii; Fink, 2006, p. 762）。至于《分析手册》的英文译者们则按照很多文章中更抽象的译法而更倾向使用"miscognition"这个术语（Miller, 2012, p. 72）。

参考文献

Althusser, L. (2014) 'Ideology and ideological state apparatuses', in Brewster, B. (tran.) *On the reproduction of capitalism: Ideology and ideologicalstate apparatuses.* London: Verso, pp. 232-72.

Althusser, L. et al. (2015) *Reading capital: The complete edition.* Translated by D. Fernbach and B. Brewster. London: Verso.

Andreasen, N. C. (1998) 'Understanding schizophrenia: A silent spring?', *American Journal of Psychiatry,* 155(12), pp. 1657-9.

Brillaud, D. (2017) *Classification lacanienne des structures subjectives.* Paris: Editions ALL

Carey, B. (2015) 'Talk therapy found to ease schizophrenia', *The New York Times,*

---

[1] 约翰·霍兰德（John Holland），独立学者，法国文学批判与精神分析领域的专业英文译者，其在精神分析领域的译作有：柯莱特·索莱尔（Colette Soler）的《拉康论女人：精神分析研究》（*What Lacan Said About Women: A Psychoanalytic Study*），他者出版社，2006；以及皮埃尔·布鲁诺（Pierre Bruno）的《拉康与马克思：症状的发明》（*Lacan and Marx: The Invention of the Symptom*），劳特里奇出版社，2019。——译注

20 October.

Christodoulou, G. N. (1986) *The delusional misidentification syndromes.* Basel: Karger.

Dissez, N. (2009) 'Histoire d'un concept psychiatrique tombé dans l'oubli: La méconnaissance systématique, ou Lacan sur la trace de la forclusion du symbolique', *La revue lacanienne,* 5(3), pp. 188-200.

Ellis, H. D., Luauté, J.-R, and Retterstol, N. (1994) 'Delusional misidentification syndromes', *Psychopathology,* 27(3-5), pp. 117-20.

Fink, B. (2006) 'Translator's endnotes', in Lacan, J., *Ecrits: The first complete edition in English.* New York: Norton, pp. 759-850.

Grigg, R. (1993) 'Translator's note', in Lacan, J., *The seminar, book III: The psychoses.* Edited by J.-A. Miller. Translated by R. Grigg. New York: Norton, pp. vii-viii.

Grigg, R. (1999) 'From the mechanism of psychosis to the universal condition of the symptom: On foreclosure', in Nobus, D. (ed.) *Key concepts of Lacanian psychoanalysis.* New York: Other Press, pp. 48-74.

Lacan, J. (1993a) 'A Lacanian psychosis: Interview by Jacques Lacan', in Schneiderman, S. (ed. & tran.) *How Lacans ideas are used in clinical practice.* Northvale, NJ.: J. Aronson, pp. 19-41.

Lacan, J. (1993b) *The seminar, book III: The psychoses.* Edited by J.-A. Miller. Translated by R. Grigg. New York: Norton.

Lacan, J. (1998) 'Interview with Michel H', *The Lacanian discourse: Papers of the Freudian school of Melbourne.* Translated by P. Anderson, 19, pp. 153-92.

Lacan, J. (2006a) 'The Freudian thing, or the meaning of the return to Freud in psychoanalysis', in Fink, B. (tran.) *Écrits: The first complete edition in English.* New York: Norton, pp. 334-63.

Lacan, J. (2006b) 'The mirror stage as formative of the *I* function as revealed in psychoanalytic experience', in Fink, B. (tran.) *Écrits: The first complete edition in English.* New York: Norton, pp. 75-89.

Lacan, J. (2015) 'On a reform in its hole', *S: Journal of the Circle for Lacanian Ideology Critique.* Translated by J. Holland, (8), pp. 14-21.

Le ρ outre, T., Madeira, M. L., and Guerin, N. (2017) 'The Lacanian concept of paranoia: An historical perspective', *Frontiers in Psychology.* Translated by J. Holland, (8).

Miller, J.-A. (2012) 'Action of the structure', in Hallward, P. and Peden, K.. (eds), Kerslake, C. and Hallward, P. (trans) *Concept and form: Volume 1, selections from the Cahiers pour l'analyse.* London: Verso, pp. 69-83.

Roudinesco, É. (1990) *Jacques Lacan & co.: A history of psychoanalysis in France, 1925-1985.* Translated by J. Mehlman. Chicago: University of Chicago Press.

Roudinesco, E. (1997) *Jacques Lacan*. Translated by B. Bray. New York: Columbia University Press.

Thibierge, S. (1999a) *L'image et le double: La fonction spéculaire en pathologie*. Toulouse: Ères.

Thibierge, S. (1999b) *Pathologies de l'image du corps: Étude des troubles de la reconnaissance et de la nomination en psychopathologie*. Paris: Presses universitaires de France.

Thibierge, S. and Morin, C. (2016) 'Which identification is disturbed in misidentification syndromes? A structural analysis of Fregoii and Capgras syndromes', *The Journal of Mind and Behavior*, 37(1), pp. 1-14. Valas, P. (n.d.) *Jacques Lacan, 9 présentations cliniques à Sainte-Anne*.

Vanheule, S. (2018) 'From de Clérambault's theory of mental automatism to Lacan's theory of the psychotic structure', *Psychoanalysis and History*, 20(2), pp. 205-28.

致　　谢

　　在此，我首先要特别感谢蒂耶里·弗洛朗坦（Thierry Florentin）鼓励我用几个月时间重新整理了我的每一讲口头教学，从而将它们汇集成册。另外，我也要特别感谢安妮·德舍纳（Annie Deschênes）非常耐心地校正了版面的设计与文本的呈现。最后，我还要特别感谢吉纳维芙·阿兰（Geneviève Allain）与玛丽·卡佐（Marie Cazaux）非常细致地重新阅读了我的文本并向我提出了一些宝贵的意见。

序

这本书是我自2004年起在"圣安娜精神分析学派（École psychanalytique de Sainte Anne）"提议举办的"拉康精神分析入门研讨班（séminaire d'introduction à la psychanalyse lacanienne）"的誊录。这期研讨班是在学派创始人马塞尔·切尔马克[①]的建议下进行的：切尔马克的学生们当时都聚集在他的工作室里，他也强烈地鼓励我们组织一些教学活动。

时至今日，我才能衡量出一个"学派"对于生产性方式的工作来说是多么的必要，也才能意识到我们对其创建者欠下了何等的债务。为此，我要在这里由衷地感谢切尔马克先生。

因而，这一教学便是把我先前学到的那些东西传递出去的一种尝试，这从一方面来说是在我作为精神病学家与精神分析家的实践中所学到的东西，而从另一方面来说也是我在"圣安娜精神分析学派"从切尔马克先生和他的弟子们那里所学到的东西。我的教学在很大程度上便依托于这一学派中的那些工作。

我的目的是要让大家能够走近拉康的理论，他的学说以"艰深晦涩"而著

[①] 马塞尔·切尔马克（Marcel Czermak，1941—2021），法国大师级精神病学家兼精神分析家，曾在巴黎的亨利·鲁塞尔医院（Hôpital Henri Rousselle）担任精神病学指导与接待中心的主任。自1972年以来，他便追随拉康加入了巴黎弗洛伊德学派（Ecole freudienne de Paris, EFP），并积极组织和参与拉康在亨利·鲁塞尔医院进行的一系列"案例展示"。随着拉康在1980年去世及巴黎弗洛伊德学派的解散，他又参与了国际弗洛伊德协会的创建，该协会随后更名为国际拉康协会（Association Lacanienne Internationale, ALI），后来他又在该协会中创建了"圣安娜精神分析学派"，同时他也是《法国精神病学杂志》（*Journal français de psychiatrie*）的联合主编，其代表性著作有《对象的激情：关于精神病的精神分析研究》（1986）、《诸父之名：关于精神病的临床考量》（1998）、《否定妄想》（2001）、《疯人院的花园》（2008）、《行动宣泄与行动搬演：我必须要割掉自己的耳朵才能让你把你的耳朵借给我吗？》（2019）与《穿越疯狂》（2021）等。——译注

称是有其道理的，故而我会从一些临床个案出发，同时在临床与理论（形式化）之间持续性地来回穿梭，以期能够表明此两者的运作何以是缺一不可的，亦即我们需要精神分析的理论来阅读那些临床图景，但也恰恰是从这些临床图景出发，精神分析的理论才得以被制作出来。

在这里，我会提出一些针对拉康《著作集》（*Écrits*）文本的解读，并将它们与一些临床个案编织起来。这些临床个案的选择是为了在最大限度上涵盖**精神病**（psychoses）、**神经症**（névroses）与**性倒错**（perversion）的不同领域，但也尤其是为了从一种理论的视角来看每一例个案所能够突显出来的东西。

我还要在这里感谢所有病人们，他们将信任给予我，而且正是在此种**转移**（transfert）之中，他们才允许我从他们那里学到我现在希望重新传递给那些年轻分析家的东西，以便帮助他们听到他们需要听到的东西，并且在其病人的结构中找到头绪来确定自己的位置。

病案决疑讨论（casuistique）的功课是非常棘手而微妙的，然而它也是无可替代的。当然，为了给这些个案保留必要的匿名性，我也采纳了所有的保护措施。

早在1977年的时候，我就曾在一个"卡特尔（cartel）"小组中第一次系统性地研读了拉康《著作集》的文本，至今我都还记得我们当时在每一页上遇到的巨大困难和所需花费的时间……我组织自己教学的想法，便是想要让那些后继者们可以更加容易地进行这项工作，以便让他们可以留出时间和精力而走得更远。

不过，相对于拉康的著作而言，我也不希望让这件事情变得过度简单化。因此，我要一上来就明确地指出，我的研讨班涉及的仅仅是一些初级的课程，其意图无非旨在帮助我们进入拉康式的"主体"。它涉及的只是留给初学者们的一个"入门"。

然而，大家在本书的"附录"中还是会发现两篇讲稿：一篇是关于"大他者的不完备性（L'incomplétude de l'Autre）"的讲座，另一篇则是关于"空洞（trou）"的讲座。这两篇文章被置于本书的最后，恰恰是因为它们包含了某种开放性的东西。

目　　录

第01讲　拉菲埃尔 …………………………………………… 001
第02讲　阿里曼 ……………………………………………… 021
第03讲　安托万 ……………………………………………… 037
第04讲　妮可儿 ……………………………………………… 067
第05讲　象征轴 ……………………………………………… 093
第06讲　艾米丽 ……………………………………………… 115
第07讲　卡西、德里斯与杰克 ……………………………… 137
第08讲　玛丽娜 ……………………………………………… 159
第09讲　从马克到雷奥诺拉 ………………………………… 183
第10讲　费利西泰 …………………………………………… 207
第11讲　西尔维与玛丽-阿里克斯 ………………………… 227
第12讲　娜塔莎 ……………………………………………… 251
第13讲　阿涅斯 ……………………………………………… 269
第14讲　朱斯蒂娜、安吉莉卡与玛丽琳娜 ………………… 287
第15讲　昆廷 ………………………………………………… 313
附录1　大他者的不完备性 ………………………………… 337
附录2　空洞：是—洞—手 ………………………………… 351
法文版《著作集》中的参考索引 …………………………… 367
法文类精神分析著作的参考文献 …………………………… 369

第 01 讲

拉 菲 埃 尔

镜像再认的病理学
系统性误认综合征
拉康的镜子阶段
镜像的逻辑建构

我将要向你们呈现的工作是一种旨在传递的尝试。一方面，是传递我从自己作为精神科医生与精神分析家的实践中所学到的东西，另一方面，也是传递我在"圣安娜精神分析学派"跟从马塞尔·切尔马克先生所学到的东西。正好，在这个学派的内部，我的同事斯蒂芬·蒂比埃尔日[①]曾经研究过这一主题，他的研究诞生出了两部专著：《身体形象的病理学》(*Pathologies de l'image du corps*, 1999b) 和《形象与分身》(*L'image et le double*, 1999a)。他的这两本书也是我将在这里使用并推荐大家阅读的资料。

我首先向你们呈现一则简短的临床片段；该案例涉及我曾经在精神病学会诊中所接待的一位年轻女性。拉菲埃尔 (Raphaëlle) 30 岁，是一位高挑又苗条的年轻女孩，她的身材非常健美，发型也很精致，她的脸上除了会流露出非常焦虑的一些表情之外没有任何特征（扑克脸）。她先前曾接受过一位男性精神科医生长达两年的跟踪治疗，不过，她不想再见到这位医生，现在她正在另一位男性精神科医生那里接受心理治疗。

拉菲埃尔未婚单身且独自生活。她告诉我，她在学业上感到非常挫败，她

[①] 斯蒂芬·蒂比埃尔日 (Stéphane Thibierge)，法国精神分析家兼临床心理学家，巴黎七大精神分析与精神病理学教授，同时是国际拉康协会的成员，《身体形象的病理学》与《形象与分身》均是其代表性研究著作。——译注

曾经重读过三次高中二年级，然后又上了两年制的职业学校，并在那里取得了文秘专业的"职业教育证书"。毕业后的七年半以来，她一直在一家大型企业里从事信息录入工作。公司里气氛融洽，环境也很舒适，而且她在工作上没有遇到任何困难。平日里她很喜欢出去玩，例如，到夜店去蹦迪、到电影院去看电影或是到咖啡馆去见朋友，等等，但是她从来没有拥有过很多朋友。她告诉我，当她状态不好的时候，她宁愿把自己关在家里。她没有交过男朋友。先前，她曾被员工宿舍里的一个邻居男孩吸引过，而且始终相信此种吸引是相互的，然而她又明确地说到，每当她去亲近隔壁的这个男孩时，对方都会打发她走人。实际上，她非常渴望能够拥有一段亲密关系，而在我们的咨询期间，她已经把目光转移到了另一个男孩的身上。

拉菲埃尔说道：

> 我来见您，是因为我在自己的形象上有一些问题。我取得了一些成功，那些男孩们都觉得我很美丽，而我也知道自己在现实中的确美丽，但是我在镜子中却相当丑陋。有一次，当一个男孩看见我在镜子中的映像时，他立刻就被吓跑了……我不喜欢拍照片，也不喜欢照镜子。我甚至曾一度认为，镜子中的映像都是虚假的〔镜子里的人不是我〕，事实上，我当时没有镜像，因此我是一个吸血鬼。
>
> 人们的行为会令我抓狂：一旦我的映像出现在镜子中，人们便会立刻改变对我的态度或行为。我甚至曾经去见过一位驱魔师，接着我又去找了一位先前曾在电视上看到过的催眠师。我当时一度以为，我是可以信任他的，因为他上过电视；他每小时收取我一千法郎[①]的费用，并且留我在那里待了四个小时，但是他甚至都没能给我催眠，而是给我做了一些丝毫没有效果的放松治疗，我为了让这个治疗停止下来，还得再花两万法郎。我害怕自己会激怒别人，然而那是不可能的！……有一次，我在地铁上，旁边站着一位女士，当时她看我的眼

---

① 法国法郎，是一种旧时货币单位，现已停止流通，被欧元取代。本书中，当所涉案例较为近期，则会用到欧元，按当前汇率，1欧元约等于7.6元人民币，但因汇率波动，仅供参考。——译注

神还算正常，但是当她后来透过玻璃窗看到我的镜像的时候，她惊跳起来向后退了一步……

我向她询问道："那么您呢？您会照镜子看自己吗？比如说在化妆的时候。"她回答道：

> 不，不，我只是会涂个口红而已，而且我不需要照镜子来化妆。不，我不喜欢在镜子中看到自己，镜子里的我是丑陋的[1]，那不是我。如果我在现实中看起来像镜子中的这副模样，那么我肯定不会取得现在所拥有的成功。是的，我能够工作，也能够让自己集中精神，但是我有一个可能对任何人来说都是最糟糕的问题。

拉菲埃尔同意开始服用一些抗精神病的"神经安定剂"①，也答应再次来见我。在我们的治疗进行了两个月之后，她告诉我，尽管她还是继续避免照镜子，而且问题依然存在，但现在，每当她看到人们盯着她的镜像时，她已经不在乎他们的目光了，她甚至会对他们报以微笑，而不再有从前那样的反应了。然后，她明确地解释道，在来做咨询之前，她曾经会辱骂地铁上的那些家伙，或是扯着嗓门高声评论他们那些让她觉得是"诽谤性"的态度。

在随后的两年里，拉菲埃尔都会来医学心理学中心（centre médico-psychologique，亦即法国的社区心理健康治疗中心）跟我进行咨询，她也会继续约见她的那位男性心理治疗师，并且她的状态一直维持得不错。接着，她便停止来见我了，而且持续一年半（18个月）没有服用任何抗精神病药物。在这段时期的最后，负责照料她的一位社区医生当着她的面给我打来了电话，说她想要重新约见我并继续咨询，因为她的那些症状再度泛化了，而且严重危及了她在工作上的适应性。当时，我便能够确认说，她的**妄想**（délire）跟以前完全一样，没有发生任何的改变。

那么，我们要如何根据主体性结构来分析拉菲埃尔向我们呈现出来的此

---

① 神经安定剂（neuroleptique），在法语中是对"抗精神病药物"的统称。——译注

种临床现象呢？拉菲埃尔的个案在我看来是特别有趣的，因为它把精神病学临床上的两个主题都集中在了同一则临床片段之上。(1) 拉菲埃尔无法**再认**（reconnaître）自己在镜子中的形象，当然，这首先便会让我们联想到在精神分裂症患者那里具有标志性的**镜子征象**（signe du miroir），此种临床现象自1927年起便在精神病学上有过描述：这样的病人会在镜子前面停留很长的时间，他们会触摸自己的脸庞，然后走向镜子甚至把脸贴到镜子上面，还会对着镜子做出一些鬼脸，等等。此种症状可以在精神病发作的时间里被观察到，我们可以看到，这是病人为了把自己发生瓦解且变得碎裂的形象重新聚集起来而进行的一种尝试。(2) 但是，如果拉菲埃尔让我们联想到了精神分裂症患者的此种镜子征象，那么她向我们讲述的东西还是会稍微有些不同，因为这里涉及的更多是一种**误认**（mconnaissance），或者是她在**否定性**的层面上回避或拒绝自身的形象。她告诉我们："那不是我的形象……"此种"误认"因而便把我们带回到了1923年至1938年期间，在法国精神病学上与"镜子征象"同时提出的那些**系统性误认综合征**（syndromes de mconnaissance systématique）。

我要对这些系统性误认综合征重新进行一个简短的描述，它们一共有三种类型：其一是**卡普格拉综合征**（syndrome de Capgras），也叫**替身幻象综合征**（syndrome d'illusion des Sosies）；其二是**弗雷戈里妄想综合征**（syndrome d'illusion de Fregoli），也叫**人身变换综合征**（syndrome d'illusion de Fregoli）；其三则是前两者的综合，亦即**交互变形综合征**（syndrome d'inter-mtamorphose）。

首先，其中的卡普格拉综合征或替身幻象综合征是1923年时，法国精神科医生约瑟夫·卡普格拉与其同事让·勒布尔-拉肖所描述的临床范畴[①]。他们向我们报告了一位女病人的案例，这位女病人在妄想中让人把她称作

---

① 约瑟夫·卡普格拉（Joseph Capgras，1873—1950），法国精神病学家。他在1923年与同事让·勒布尔-拉肖（Jean Reboul-Lachaux）在"白房子"精神病院（Maison-Blanche）发现并描述了"替身幻象综合征"。法国精神病学家约瑟夫·列维-瓦朗西（Joseph Lévy-Valensi，1879—1943）在1929年正式以卡普格拉的姓氏来命名此种综合征。——译注

德·里奥·布朗科夫人。这则案例也涉及吉尔伯特·巴雷[①]与加埃唐·加蒂安·德·克莱朗博[②]当时描述的，带有**解释性**（interprétative）与**想象性**（imaginative）的**慢性幻觉型精神病**（psychose hallucinatoire chronique）（参见：Crocq, 2015, p. 55），而且伴随一些荒诞离奇的**夸大观念**（idées de grandeur）与**迫害观念**（idées de persecution）的幻想性妄想主题：例如，就其自大妄想而言，病人相信自己具有王室的贵族血统；而就其迫害妄想而言，她相信自己周围的人都被带去巨大的"地下通道"里而消失不见了（Capgras & Reboul-Lachaux, 1994, p. 123），然后一些替身便取代了这些失踪的人们，也就是说，这些人都具有某种相似性（ressemblance），亦即他们都具有同样的外貌（ressemblance）[③]。

这位女病人能够很好地**再认**（reconnaissance）出周围人（其朋友和家庭成员）的形象，例如丈夫或是女儿的形象，但是她却无法把这些形象**识别**（identification）作其丈夫或女儿的身份。相应于她对周围人身份的此种无法识别——尽管她能够再认出他们的形象——德·里奥·布朗科夫人还在血统妄想中将自己的"祖先"归诸历史上的八位名人〔译按：其中有一些是她在妄想中虚构的人物〕：从"路易十三"经由"欧也妮王妃"与"亨利四世"再到"印度王后"等等。因而，这位女病人便召唤来了八个不同的**专名或专有名词**（noms

---

[①] 吉尔伯特·巴雷（Gilbert Ballet, 1853—1916），法国神经病学家、精神科医生兼医学史专家，早年师从让-马丁·夏尔科（Jean-Martin Charcot），曾先后担任巴黎萨尔佩特里耶医院（Hôpital de la Salpêtrière）与圣安娜医院的临床负责人，他在1911年对"慢性幻觉型精神病"进行了描述和定义，其代表著作有《精神病与神经疾病》《精神病理学专著》和《慢性幻觉型精神病与人格解体》等。——译注

[②] 加埃唐·加蒂安·德·克莱朗博（Gaëtan Gatian de Clérambault, 1872—1934），法国精神病学家，以其"心理自动性"与"钟情妄想"的研究而著称；他也是拉康在精神病学领域中唯一承认的导师，著有《激情型精神病：钟情妄想、追诉妄想与嫉妒妄想》《心理自动性》与《钟情妄想》等。——译注

[③] 这里的"ressemblance"一词同时具有"相似性"与"外貌"的意思，故而我将它分开翻译。——译注

propres)①，而这也毫无疑问是为了支撑她自己的**身份同一性**（identité）。

她本人曾是一个遭到过"绑架诱拐"的受害者，有一个跟她穿着相似且外貌相仿的女人在她的公寓里取代了她的位置，也就是说，这因此是一个"替身"，她自己则代替了另一个女人而被关进了精神病院（Capgras & Reboul-Lachaux, 1994, pp. 121-122）。她宣称：

> 长期以来，我都给自己办妥了各种手续，我会随身备着带印花公文的证书、法院执达员的评定报告，还有我的身份证明与医生开具的健康证明等等。如此一来，人们便无法把我当作一个别人，一个他者，也就是一个替身。
>
> （Capgras & Reboul-Lachaux, 1994, p. 122）

德·里奥·布朗科夫人还写下了一些文字来描述她自己的体貌特征，以便证明她就是她本人，而且为了提供对此的证据，她还针对自己的身体、疤痕与穿着列出了一份详细的清单。她结论道："毫无疑问，我是唯一带有这些标志的人"（p. 129）。

在有关替身妄想的这份首例临床报告中，我们可以看到，此种临床现象不仅会触及病人周围的人（她的亲友圈子），而且会波及她自己。因而，此种"替身幻象综合征"允许我们能够觉察到，在我们对于他者的承认中存在两个不同的面向：

- 其一是对于他者形象的再认（reconnaissance）；
- 其二是对于他者身份的识别（identification）②。

---

① 在拉康精神分析的视角下，这些"专名"或"专有名词"皆是纯粹自我指涉的主人能指（S_1），亦即只指涉其自身而不指涉于任何其他能指（S_2）的能指，因而往往联系着精神病人对自身的命名。——译注

② 法语中的"reconnaissance"同时具有"承认"与"再认"的意思，而"identification"则同时具有"识别"与"认同"的意思，我会根据语境来对它们进行不同的翻译。这里可以说，对于形象的再认是在想象层面上对于"小他者"的承认，而对于身份的识别则是在象征层面上对于"大他者"的承认。——译注

卡普格拉与勒布尔-拉肖（1994）其实早就已经注意到了这一区分，因为他们在当时就曾写道："无论在什么地方，这位病人都能看出形象的相似性，而且无论在什么地方，她也都会误认身份的同一性"（p. 127）。

法国《世界报》（*Le Monde*）曾在2003年9月19日发表过一篇文章，其中报道了一个15岁少年的故事，这个男孩在从树上摔了下来，之后他便跑回家中并冲着自己的父亲说道："你不是我的父亲，你是一个冒牌货（*un imposteur*）！"在这里，我们也明显看到了一例卡普格拉妄想综合征的个案。我重新梳理了其中的一些元素：这个青少年把矛头指向了他的父亲，以便告诉他说："你不是我的父亲，你是一个篡位者（*un usurpateur*）！"这意味着：从他再认出其父亲形象的意义上说，他以否定性的方式承认了自己的父亲。我的意思是说，他并非向着随便某个邻居发出这一话语，他是对着自己家里的那个男人说的这句话，因为这个男人拥有他父亲的那些特征。换句话说，他再认出了其父亲的形象，然而他却说道："这不是他，这是一个替身，一个篡位者。"也就是说，对于父亲身份的识别——说出"那就是他"的可能性——并不仅仅依赖于对父亲形象的再认，因为你们会看到这样一些个案，即便形象在其中得到了再认，也并不足以去说"那就是他"。因此，我们必须把对于形象的再认与对于身份的识别区分开来。在这里，我们可以说，对于父亲身份的识别总是关联着**命名**（nomination）：那是杜邦先生，抑或那不是杜邦先生。

至于弗雷戈里[①]妄想综合征或人身变换综合征则是在1927年时由保罗·库尔邦[②]与加比里埃尔·法伊[③]所提出的临床范畴。他们报告的个案涉及一位未婚

[①] 莱奥波尔多·弗雷戈里（Leopoldo Fregoli，1876—1936）是19世纪末至20世纪初的一位著名意大利演员，他善于用"易容术"来乔装打扮并模仿他人。——译注

[②] 保罗·库尔邦（Paul Courbon，1879—1958），法国精神病学家，除了提出弗雷戈里综合征与交互变形综合征之外，他还曾对弗洛伊德的"泛性论"进行过大量的评论，主要著作有《精神疾病的符号学实践：研究者与从业者指南》。——译注

[③] 加比里埃尔·法伊（Gabriel Fail，1898—1990），波兰裔法国精神病学家，除了与库尔邦合作提出弗雷戈里妄想综合征之外，他还在《医学心理学年鉴》上发表过一些关于性欲和嫉妒的专业论著，战后曾在马恩河畔沙隆（Châlons-du-Maine）领导当地的公共精神卫生机构。——译注

单身且居无定所的年轻女性，她在白天会打些零工，到了晚上则会把自己的收入统统都花在戏院里，为的是能够在那里看到萨拉·伯恩哈特①且尤其是罗宾娜（Robine）的演出。这些女演员都在其妄想中变成了她的敌人。

> 很多年来，这些女演员都在对她穷追不舍并纠缠不放，她们会通过将自己化身成她周围的人或是她遇到的人，以便占据她的思想，她们会阻止她做出这样或那样的举动，然后再迫使她做出一些其他举动，她们还会给她下达一些命令或是给她赋予一些欲望，尤其是为了情欲性地摩擦她的身体，或是为了迫使她进行手淫……
>
> （Courbon & Fail, 1994, p. 134）

除此之外，罗宾娜不仅能够改变自己的容貌，亦即把自己"易容"成一些邻居或路人，而且她能够改变他者的容貌，例如这位病人的朋友或熟人："作为女演员，她可以轻易地把自己变成'弗雷戈里'〔亦即改变自己的容貌〕，但是除此之外，她还可以让他者也变得'弗雷戈里化'〔亦即改变他人的容貌〕"（Courbon & Fail, 1994, p. 135）。

正如替身幻象综合征不仅会触及病人的身份而且会波及他者的身份那样，在这里的人身变换综合征中，**弗雷戈里化**（frégolisation）也不仅会触及他者的形象，而且会波及病人自己的身体与思维。举例而言：

> 那位女演员强加给她的手淫行为便产生了这样的一种效果：尽管这些行为是在摧残她自己的身体，然而它们却围绕着罗宾娜的眼睛而勾勒出了其深色眼影的美丽轮廓……这位女演员极其珍视她自己身体的美感，所以她便运用了这一巧妙的手段来利用病人，以便在不受惩罚的情况下给自己的眼睑涂上褐色的眼影。因而，这位女病人〔用来手淫的〕食指便价值百万。
>
> （Courbon & Fail, 1994, pp. 134-135）

---

① 萨拉·伯恩哈特（Sarah Bernhardt，1844—1923），法国著名女演员、编剧、画家兼雕塑家，素有"金嗓子"和"剧场皇后"的称号，其参演的代表性剧目有小仲马的《茶花女》等。——译注

在这里，我们便看到了这位女病人是如何遭到了"罗宾娜"所栖居，她自己的身份又是如何遭到了这个能指所破坏。在她的周围，例如医院里的那些女护士，尽管她能够再认出这些女护士在其形象上有着与罗宾娜完全不同的外貌，然而她们实际上却都是罗宾娜的化身。

因此，"弗雷戈里综合征"（亦即"人身变换综合征"）与"卡普格拉综合征"（亦即"替身幻象综合征"）便是**对象**（objet）与**形象**（image）之间发生解离的两种不同的模态：在弗雷戈里妄想中，在不同的形象之下被识别出来的总是同一个对象，亦即总是"罗宾娜"，而在卡普格拉妄想中，则是同一个形象被很好地再认了出来，但其对象的身份却无法被识别出来：它不是同一个对象，而是一个"替身"[①]。

至于第三种综合征亦即交互变形综合征，则是在1932年时由保罗·库尔邦与让·图斯克[②]所描述的临床范畴，此种综合征也是由精神病患者们的那些**错误再认**（fausses reconnaissances）所构成的，更准确地说，它应该被命名作**系统性误认**（mconnaissances systématiques）或**妄想性错识**（misidentification délirante）。它涉及的是一种更具复杂性的综合征，其中混合了"人身变换综合征"与"替身幻象综合征"中的各种元素，而其最显著的特征即在于：无论对于形象的"再认"还是对于身份的"识别"皆无法以稳定的方式而加以维持。例如，库尔邦与图斯克所讨论的一位女病人提到了这样的一件事情："有人换掉了我的'母鸡（poules）'[③]，他们给换成了两只老母鸡而不是两只小母鸡，因为它们都长着大大的鸡冠，而不是小小的鸡冠"（Courbon & Tusques, 1994, p. 139）。在这则个案里，我们似乎可以说，这位女病人所遭遇到的既不

[①] 由此，我们也可以从这两种妄想综合征中抽离出"同者（same）"与"他者（other）"的关系，亦即在卡普格拉综合征中，我们可以看到"同者总是他者（the same is always the other）"，而在弗雷戈里综合征中，则是"他者总是同者（the other is always the same）"。——译注

[②] 让·图斯克（Jean Tusques, 1909—1983），法国精神病学家。——译注

[③] 法语中的"poule"一词除了具有"母鸡"的意思之外，在俗语中还经常用来表示"水性杨花"的轻佻女子，例如"妓女"和"荡妇"等，故而我在下文中将其译作"小妞"。——译注

是相同的"对象",也不是相同的"形象"。她还说道:"在一刻钟的间隔里,他们让我在巴黎的街道上看到了三个长得像我儿子的男孩"(p. 139)。尽管她能够在外貌上再认出一些相似性的特征,但却拒绝把这些男孩识别作她自己的儿子:"他们都穿着同样的衣服,都长着同样的鼻子,同样的红脸蛋和同样的小嘴。但是在他们中间却没有任何一个人是我的儿子,因为他们当时都在嘲笑我,而且他们身边都还挎着一个'小妞(poule)',像幸福的人们那样大笑着"(p. 139)。我们可以看到,她在这里的描述皆非常类似于"卡普格拉妄想综合征"中的那些"替身"。

相比之下,她就自己丈夫所说的东西则恰恰相反把我们带向了"弗雷戈里妄想综合征"的一极:"我的丈夫每秒都在发生变形,他一会儿变得更加高大,一会儿又变得更加矮小,一会儿变得更加衰老,一会儿又变得更加年轻……"(Courbon & Tusques, 1994, p. 140)。除此之外,他的步态、举止和容貌也统统都在发生变形,他还会呈现出某种非常怪异的模仿性表情,而那种表情也明显不是属于他自己的,因而她便非常确信,这是某个邻居化身成了她丈夫的样子。然而,她的丈夫却从来都不会发生完全的变形,这位女病人说道:"不管他怎么发生变形,他的手上都总是有着一根断指,而且他的眼睛也都总是灰色的"(p. 140)。也就是说,多亏了某种细节①,她才始终有可能再认出其丈夫的形象。在见到自己的姨妈时,这位女病人还说道:"……我同时在两个不同的地方看见了我的姨妈,就仿佛她拥有着两个'分身'一样"(p. 139)。除此之外,她有时还会碰到一些"泛化"的情况,亦即她周围的所有人都在发生变形,所有人的样貌都在不停地发生改变,除了她自己始终还是同一个人:"除了这位女病人自己是一个例外,这个地方的所有居民都能够把自己化身成别的什么人:他们可以随心所欲地改变自己的样貌……整个社会都在这么做,带着如此之大的灵活性……"(p. 140)。

关于这些"系统性误认综合征",我们还有很多其他的东西可以讲,但就我的主题而言,我想我在这里能够给大家提供的材料已经足够了,因为我们的重

---

① 亦即弗洛伊德和拉康在讨论"认同"时所谓的"单一特征"。——译注

点是要看到这些"系统性误认综合征"何以能够帮助我们来澄清拉菲埃尔的个案。似乎正是"形象"与"对象"之间的解离引发了这些"系统性误认综合征",那么此种"解离"是否也在拉菲埃尔那里运作呢?我要给大家提出的另一个问题是:为什么会发生这样的一种解离,它是如何可能的?

在卡普格拉、库尔邦、法伊与图斯克等法国精神病学家针对这些个案进行反思的时代,拉康也正在巴黎圣安娜医院作为年轻的住院医生进行实习,因而他便非常了解他们的这些工作,当然,就像他也非常了解那些神经病学家的工作一样,这些神经病学家当时也在研究各种**感官失认症**(agnosies,亦即无法通过视觉、听觉或触觉来再认某一对象)与**躯体失认症**(asomatognosies,亦即有关身体形象的再认的各种神经性障碍)。尽管这里的这些神经性障碍都是器质性起源的疾病,但是其中非常有趣的地方便在于,我们也能够从中重新发现"形象"与"对象"之间的此种解离。实际上,这些工作至今都还在继续进行着,尤其是法国神经学家卡特琳娜·莫兰(Catherine Morin)在巴黎萨尔佩特里耶(Salpetrière)医院进行的研究(Morin, 2013;亦见 Thibierge & Morin, 2013)。

因此,正是在这一背景之下,拉康才在所有这些元素的基础上制作出了一种能够解释并阐明所有这些现象的理论;他利用了这些病理性的现象来说明普遍性的结构。在通常的情况下,某种事物都会作为一种"单一的事物"而向我们显现出来,然而在病理性的情况下,它却会呈现出某种**光谱性解组**或**幽灵般解体**(décomposition spectrale)[①]:就像当我们让一束白色光线穿透一面棱镜的时候,这束光线在折射出来的时候便会以构成它的所有颜色而分解开来。因而,我们便会理解到,这束白色光线之所以会呈现作白色,仅仅是因为它是其全部构成性元素的总和。我的意思仅仅是说,必须要通过此种病理性,必须要观察到"形象"有时候可能会跟"命名"解离开来,如此我们方才能够认识到,对于形象的"再认"与对于身份的"识别"并非是同一回事,因为它们是处于不同层面上的两个东西(Thibierge & Morin, 2016)。因此,正是从这一点出发,拉康才理论化了他的"镜子阶段"并继而建构出了他的"光学图式",这些工具经证明

[①] 此处的法语形容词"spectral"同时具有"光谱性"与"幽灵般"的意思。——译注

对于研究这些现象来说都是必不可少的。现在，我将尝试着给大家提供这两个工具，以便在后面再重新回到对于拉菲埃尔个案的讨论上来。

拉康的镜子阶段

镜子阶段（stade du miroir）是从婴儿 6 个月大（亦即半岁）的时候开始发生的，而一直到 18 个月大（亦即一岁半）的时候，我们都能够从婴儿身上观察到此种活动。婴儿会在镜子中再认出自身的形象，继而把头转向将其抱持在镜子前的那个人（亦即作为"大他者"的母亲）来确认自己的发现（亦即确认自己的身份）。这一经验会让婴儿变得欢呼雀跃。与同龄的那些动物相反，此种**狂喜**（jubilation）是在乳儿尚且完全依赖于其母亲的时候突然发生的。荷兰解剖学家路易斯·博尔克（Louis Bolk, 1866—1930）曾经指出：在人类种族这里存在某种**幼态持续**（foetalisation）的胎儿化状态（Lacan, 2006c, p. 152），而拉康则将其称作是"人类出生的特异性早熟"（p. 78）。实际上，如果我们考虑到在发育上比同龄的人类婴儿更具协调性且更具自主性的小猴子那里发生的事情，那么我们便会看到，小猴子能够蹦蹦跳跳并爬上爬下，也能够独立地寻找它们所需要的东西，而此种"自主性"也能够给它赋予**身体统整性**（unité corporelle）的感觉。

然而，对于 6 个月大的人类婴儿来说则恰恰相反，他才刚刚能够让自己维持坐起来的姿势，而且其缺乏协调性的动作也明显带有一种令人难以置信的笨拙；尤其是，他并不拥有"身体统整性"的感觉，正如人们通过观察婴儿玩弄自己的手脚而认识到的那样，就仿佛他的这些身体部位皆是相对于其自身的**外部对象**（objets extérieurs）似的。因此，通过在镜子中再认出自身的形象而让婴儿变得狂喜的东西，便是他将自身认同于自己的镜像，而此种**镜像认同**（identification spéculaire）也允许了婴儿能够预期自身的"身体统整性"，亦即允许了他能够将自身再认作一个"统一体"或"大写的一（Un）"。

在这里，我们要注意到的第一件事情，便是此种**原初性认同**（identification première）是对于一个形象的认同，也就是说是一种**想象性认同**（identification imaginaire）。重要的第二点则是它也是一种**异化性认同**（identification aliénante)。这是为什么呢？首先，这是因为主体再认出的形象是外在于其自身的**型相**（forme）：这个"型相"既存在于镜子之中，也存在于其母亲的镜映或是其他在场者的形象之中，但它并非是其直接的**实像**（image réelle）。我们无法直接触及我们自身的形象，而是必须在自身之外才能看到自己的形象。其次，这也是因为如果要再认出其自身的形象，婴儿便必须让自己一动不动地停留在镜子面前，然后再重新开始他的运动，如此一来，他才能够确定自己就是他所看见的这一运动的始作俑者："此一形式（或形象）是构成性的而非被构成的，况且它还是在将其凝固的一种身材高低之中并在将其颠倒的一种左右对称之下来显示给他的，这与主体感到他将其推动或激活的那些运动的紊乱恰好相反"（Lacan, 2006c, p. 76）。最后，也就是拉康在上面这句话里提到的，这还是因为孩子再认出的形象处于一种左右颠倒的对称性之中，孩子看到的自己是反过来的，而此种**对称性**（symétrie）也将一直存在下去：而这恰恰也就是为什么当我们第一次在视频影片中看到我们自己的时候，我们会难以再认出我们自己的形象，因为这里的形象并未发生左右的颠倒，因而其在方向上并未经过一种镜像化的翻转。

我要给你们引用拉康1949年文本中的一段话，这篇文章的标题是"镜子阶段作为我的功能之构型者"（*Le stade du miroir comme formateur da la fonction du je*），他在其中写道：

> 镜子阶段是一出戏剧，其内在的推力从不足突进至预期——而对于被捕获在此种空间性认同之圈套中的主体而言，它便谋划了从破碎的身体形象到我们称作其整体的矫形的那种形式而相继到来的种种幻想——最后则化作了由异化性身份所披着的盔甲，它以其坚固的结构而标记出了主体的整个心理性发展。

（Lacan, 2006c, p. 78）

对于婴儿来说，对于"镜子阶段"这一时期的此种跨越即构成了一种**"原初性认同"**。

认同即意味着主体**承担**（assumer）起了这一形象，而由于他将这一镜像

假定（assumer）成了其自身形象的事实，他便从外部而遭到了这一形象的转化。此种对于形象的认同，便是**自我**（moi）将在其中得以构型的**模板**或**矩阵**（matrice）。这也是为什么拉康会强调这样的一个事实，亦即在其本质上，自我是一种想象性的机构或动因（instance imaginaire），它是所有"误认"得以发生的位点。因而，拉康便反对把自我看作是以**知觉意识系统**（système perception-conscience）为中心并由**现实原则**（principe de réalité）来组织的那样一种观点。

在其《著作集》的文本中，拉康把"镜像"说成是"可见世界的门槛（seuil du monde visible）"，虽然我觉得这句话相当令人费解，但是如果我们要继续讨论下去，却会发现它是必不可少的参照。镜像是可见世界的门槛，这是就我们在自身的**周围世界**（Umwelt）中能够再认出的所有对象而言的，因为所有这些对象都是我们按照对于镜像的再认模式来对其加以再认的。我要再给你们引用一下拉康在其《研讨班II：弗洛伊德理论与精神分析技术中的自我》（*Séminaire II: Le moi dans la théorie de Freud et dans la technique de la psychanalyse*）中的一段论述，斯蒂芬·蒂比埃尔日也强调了这段话的重要性。

> 我要做些什么来试图让你们理解镜子阶段呢？凡是在人类身上遭到拆解和碎裂的那些混乱无序的东西，都会把他与其种种知觉的关系建立在一种非常原始的张力的层面之上。正是他的身体形象构成了他在这些对象中所知觉到的一切统一性的根源。然而，他却只能从外部来知觉这一形象本身的统一性，而且是以一种预期性的方式。由于他与其自身之间的这一双重关系或分身关系（relation double），其世界中的所有那些对象便总是会围绕着其自身的自我的飘荡的阴影来加以结构化。它们全都会带有一种拟人形化（anthropomorphique）的根本性特征，让我们说，甚至是一种自我形化（egomorphique）的根本性特征。
>
> （Lacan, 1988, p. 166）

因而，从某种意义上说，我们与世界的关系一上来便被建立在一种**幻象**（illusion）的基础之上，这一点是非常令人不快的。拉康在其《研讨班X：焦虑》中告诉我们说，使在镜子中再认出其自身的婴儿感觉到狂喜的东西，便是他产生了这样的一种感觉。

　　事实上，主体产生了狂喜的感觉，是因为他所面对的这个对象让主体对其自身来说变成了自明性的东西。就其本身而言，这一幻象便从根本上构成了意识的幻象（illusion de la conscience），此种幻象会延伸至人类的所有认识，而推动这一延伸的事情便在于这样的一个事实，亦即我们的认识对象在此之后都是按照此种跟镜像的关系以形象来加以建构和塑造的，而这恰恰也就是为什么这一认识的对象总是不充分的原因所在。

(Lacan, 2014, p. 59)

在下一讲里，我将向你们讲解拉康《著作集》中的光学图式，这一图式可见于他的文章《关于丹尼尔·拉加什报告的评论》（*Remarque sur le rapport de Daniel Lagache*）。从逻辑上讲，我本来应该现在就来讲解这个光学模型，但这可能会花费太长的篇幅，所以我更倾向于把它联系于我们在下一讲里的内容。这个光学图式可以允许我们来更好地理解镜像是如何得以建构的，因为它不仅让"想象轴"上发生的事情介入了进来，亦即我们跟形象的整个关系，而且它同时让"象征轴"上发生的事情也介入了进来，亦即对于孩子而言，抱持着他的母亲是在象征性层面上进行言说并作出行动的，这个大他者的位置即**能指的位点**（lieu des signifiants）。如此建构起来的镜像，拉康用一个**数学型**（mathème）的符号将其写作：$i(a)$。你们不仅会在拉康的"光学图式"中发现这个符号，而且会在他的"欲望图解"中找到此种书写。

镜像的逻辑建构：$i(a)$

在其《著作集》的文本中，拉康并未更多地解释是什么原因致使他把镜像的符号写作 $i(a)$。正如他给我们提出的所有那些理论性的发展一样，他往往都会让我们自己从这些理论中推导出他的那些结论。那么，这里的对象 (a) 像这样被封闭在括号里是什么意思呢？这里的 $i(a)$ 即意味着"镜像"是将对象 a 覆盖并隐藏起来的一个形象，这个对象 a 并不会出现在镜像的空间性场域之中，因而它是"不可见"的：我们既无法直接在现实中看见它，也无法在镜子中看见它。然而，它却始终都存在于那里，也正是它给形象赋予了其自身的一致性。这是最为重要的一点，也是最难阐述的一点。对象 a 没有镜像，但是它却就在那里，就被"悬搁"在括号之中，并且给镜像赋予了其一致性，当然这里的条件是我们处在神经症之中：也就是说，只要婴儿与母亲之间的关系不是一种**二元关系**（relation duelle），只要有**父性隐喻**（métaphore paternelle）在运作。

如果我们处在精神病之中，那么便有可能存在括号的崩解而导致形象"i"与对象"a"之间发生解离。"i"与"a"之间的此种解离内在于括号的崩解，这个事实从而也允许了我们来说明在那些"系统性误认综合征"中所发生的事情。如果说括号发生了崩解，那么对象 a 便会处在"去蔽"与"裸露"的状态，而不再是处于总是遭到"遮蔽"与"压抑"的状态，因而便有可能会从中产生出一种**淫欲性**（obscénit）的效果。往往，我们都能够在精神病患者们的那些话语听到此种淫欲性，我们可以将此种现象直接解读作这一括号缺位的效果。对象 a 现在便呈现在"实在界"之中，并且会在**心理自动性**（automatisme mental）之中显现出其在场：对象 a 不再支撑着神经症主体的**存在的绽出**（ek-sistence）①，而是变成了某种具有"自主性"或"自动性"的东西。在拉康提出的那些对象 a 之中，我们要特别讲到"目光（regard）"与"声音（voix）"。**幻觉**（hallucination）的情况便是声音在实在界中作为对象 a 而呈现了出来，自从克莱朗博对其有过明确的描述以来，我们都相当熟悉在声音的层面上发生的心理自动性现象。但是，我们却不太习惯于考虑在目光的层面上发生的心理自动性现象。然而，正是通

---

① 这里的"ek-sistence"一词是对希腊语的"ekstasis"与德语的"Ekstase"的翻译，拉康也将其拼写作"ex-sistence"，该术语最初经由海德格尔的哲学著作《存在与时间》而引入法语，其词根"ex"的意思是"在……之外"，而希腊语的"ekstasis"具有"绽出"和"出离"的意思，同时表示一种"出神"和"迷离"的精神"忘我"状态，至于德语的"Ekstase"则具有"兴奋""狂喜""神迷"和"销魂"等多重含义。海德格尔经常玩味这一术语的词根并将它联系于人的"生存（existence）"，在此基础上，拉康则用该词来讲一种"出离自身的存在"，某种外在于我们的东西，例如，"无意识的外在"。我在这里根据不同的语境将其译作"外在"或"存在的绽出"。——译注

过参照于心理自动性与括号的崩解（i 与 a 的解离），我们才能够解释在那些"系统性误认综合征"的精神结构中所发生的事情。

我们可以说，此种形象识别（认同）的失败既可能会针对周围的人，也可能会针对主体自身。在前一种情况下，当认同的失败针对的是一个周围他者的时候，我们便可以区分出"卡普格拉综合征"与"弗雷戈里综合征"的两种情况。

- 在弗雷戈里（人身变换）综合征的情况中，例如库尔邦与法伊的那位女病人就曾经说道："我遇到的人们虽然都有着不同的样貌，但是在这些变化多端的形象背后，我却总是会再认出是我的丈夫隐藏在那下面。"换句话说，不同的形象"i"背后总是同一个对象"a"。
- 在卡普格拉（替身幻象）综合征中的情况则恰好相反，形象"i"与对象"a"的解离是在另一个方向上来运作的：病人说道"这不是我的父亲"，他虽然无法识别出他者的身份，却总是能够再认出他者的形象，因而他才说他的父亲"是一个替身"，一个冒名顶替者。换句话说，同一个形象"i"背后是不同的对象"a"。

与这些"系统性误认"针对周围他者的情况相对而言的，便是认同的识别针对病人自身的情况。就我们的病人拉菲埃尔来说，在我看来便涉及的是上述那种形象与认同相解离的机制。这则个案在我看来是非常有趣的，因为它以非常清晰的形式呈现出了我们总是能够在精神分裂症患者们那里所观察到的现象，这些病人往往几乎都是不可分析的。我们遇到的所有精神分裂症患者都具有一些镜像方面的问题，拉菲埃尔个案便以这样一种方式阐明了这个问题，从而这便允许了我们能够将它联系于形象的系统性误认的其他病理学来对其加以表述，并且能够根据形象"i"与对象"a"之间的此种解离来对其进行分析。

首先，我想要再重新回到拉菲埃尔的一句话上。她说："我甚至曾一度认为，镜子中的映像都是虚假的（镜子里的人不是我），事实上，我当时没有镜像，因此我是一个吸血鬼。"我觉得这句评论非常有趣，因为我们可以在其**本意**（au sens propre）上来理解这句话：实际上，对于拉菲埃尔来说，恰恰是在镜像建构的层面上出现了一些问题。因此，当她告诉我们说她没有映像或是没有镜像的时候，我们可以相信她的话，毕竟她这么说是有其道理的。

另一方面，拉菲埃尔的个案还让我们联想到了西方文学中那些没有镜中映像的吸血鬼的形象，而这会带我们重新联想到莫泊桑的日记体小说《奥尔拉》(Horla)①，或是霍夫曼的短篇志怪小说《沙人》(Der Sandman)②，还有雷内·马格利特的超现实主义画作《禁止复制》(Reproduction Interdite)③。如果我们重新看待拉菲埃尔所说的话，那么我们便可以评论说，她实际上是在向我们谈论人们针对她的目光。例如，她跟我们讲道："我在地铁上，旁边站着一位女士，当时她看我的眼神还算正常，但是当她后来透过玻璃窗看到我的镜像的时候，她惊跳起来向后退了一步。"目光是必须始终遭到遮蔽的一种对象a。在这里，目光则暴露在实在界之中，而在这个目光的凝视之下，她便会显得异常的丑陋，也是这个目光在迫害着她，正如声音在精神病的幻听中对于主体的迫害那样。此种目光的运作是自动化的，因而它在这里便把主体带向了一种**外异性**(xénopathie)的怪怖体验，那些他者的目光都在紧紧地盯着她不放，这一点与精神病患者在描述其**言语幻觉**(hallucination verbale)时所采取的形式是一致的，"他们都在议论我说……"。

我要在这里做三点总结。首先，在我们的习惯上，对于形象的"再认"与对于身份的"识别"似乎都是扭结在一起来运作的，但是在我们对于那些精神病患者的观察中，它们却显得是解离开来的。其次，使身份的识别（认同）得以发生的东西也同样联系着"命名"，在这场讲座的最后，我们现在便可以说，命名是一种象征性的运作，其效果即在于把对象a置入括号并悬搁起来，也就是说把它压抑下去，对象a必须始终遭到遮蔽，以便让形象始终保持其一致性，如此主体才得以存在。最后，在我看来，就我刚刚提醒大家注意的"认识"

---

① 拉康曾在其《研讨班X：焦虑》中对莫泊桑的《奥尔拉》进行过非常精彩的讨论。——译注
② 弗洛伊德曾在其文章《怪怖者》中对霍夫曼的这篇小说进行过相当大篇幅的讨论。——译注
③ 雷内·马格利特（René Magritte，1898—1967）是拉康最喜欢的超现实主义画家。——译注

（connaissance）问题，我们似乎也有必要再补充一点内容，在病理学中研究镜像功能的价值，便在于它能够迫使我们看见我们往往无法看见的东西，亦即我们对于一切对象的认识模式皆是对于镜像的再认，也就是说，我们的认识皆是以某种"系统性的误认"为基础的。

你们可以在"国际拉康协会"的网站上找到克里斯蒂娜·甘兹的一篇小文章（Christina Gintz, 2004）[2]，通过借鉴斯蒂芬·蒂比埃尔日的著作，她分析并探讨了 DSM[3] 的现象，这篇文章在我看来也是充满了洞见，且令人耳目一新的。

注释

[1] 拉康说，美是面向死亡的最后一道防线。跟"美"的感觉一样，"丑"的感觉也是必须从镜子阶段（stade du miroir）与光学图式（schéma optique）出发来进行解读的一种临床事实。如果说"镜像是可见世界的门槛"，那么拉菲埃尔的这种美丑观念便表明了可见世界的可能性消失，也就是说"主体的崩解"。

[2] 指克里斯蒂娜·甘兹的《你们所谓的科学性？》（*Vous avez dit scientifique?*），2004年4月29日。

[3] 亦即《精神障碍诊断与统计手册》（*Diagnostic and Statistical Manual of Mental Disorders*，简称 DSM）。

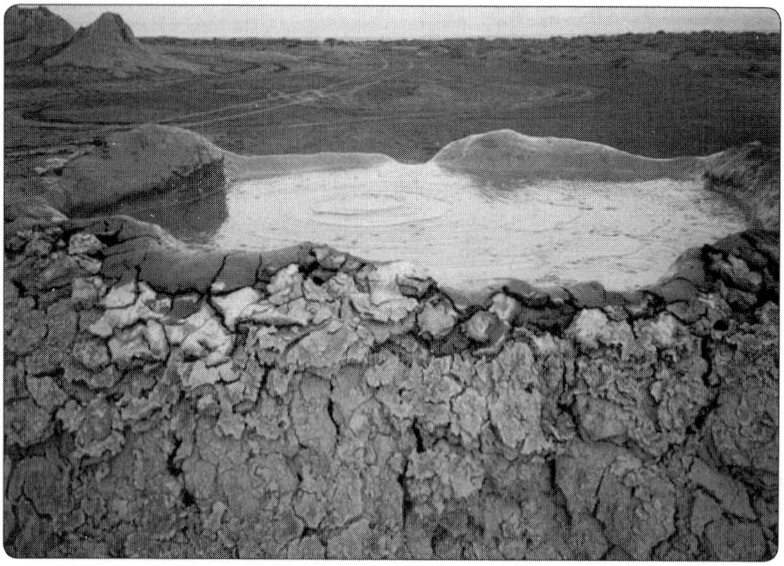

第02讲
阿 里 曼

幻想型妄想痴呆与交互变形综合征
光学图式：再认（承认）与识别（认同）

"**阿里曼**（Ahriman）"①！这是他在互联网上给自己的"博客"所选取的名字。在20岁的时候，阿里曼便开始呈现出了各种症状性的紊乱。目前，他已有31岁，而且迄今为止，他也都一直住在自己父母的家里。当这些紊乱开始发作的时候，他曾吸食过各种各样的街头毒品：很多印度大麻、一些安非他命、一些海洛因，尤其是致幻剂（麦角酸二乙酰胺，Lysergic Acid Diethylamide，LSD）。在22岁的时候，他第一次住院接受精神病学的治疗，医院当时曾将他诊断作**精神分裂症**并对他采用了**神经安定剂**的药物治疗。在其出院之后，他并未继续咨询（精神科）医生，也停止了自己的（抗精神病药物）治疗。在22岁至28岁期间，他都一直处在一种不断循环往复的怪圈之中：中断治疗——复吸毒品——再度住院。

当我初次结识阿里曼的时候，他已有28岁。这是一个发型蓬乱的年轻人，他留着艺术家的长指甲，面带微笑，举止礼貌，也很乐意回答我的各种问题。他一上来便和我谈论了各种毒品，并跟我说他希望我给他开一些"美沙酮"，因为他有一些戒断反应。他告诉我说，他会整天都待在家里看影碟、吹竖笛，并创作一些类似于超现实主义的"自动绘画"。他的头脑清晰且全然在场，然而一些妄想性的元素还是很快便出现在了他的话语之中。

---

① 阿里曼（Ahriman）是古波斯"琐罗亚德斯教（Zoroastrianism）"神话中恶神的名字，与善神奥穆兹德（Ormuzd）共同构成了后来摩尼教（Manichaeism）的"善恶二元论"的起源。——译注

在首次预谈中，阿里曼肯定地表示，自从他接受精神病学治疗的这六年以来，他一直都会听到一些声音；这些声音从未因他服用了神经安定剂而有所停止，但幸运的是，他又补充说道，因为他非常喜欢这些声音，所以如果治疗会停止这些声音，那么他便不会再服用药物。在随后一周的会谈里，我让他自由地言说任何主题，于是他的妄想便浮现了出来。他的妄想是宏大且丰富的，伴随着若干的层次和衍生的支线。不过，在这次会谈里，他还是能够向我讲述自己历史中的一些事件。例如，他告诉我说，在与自己的父母发生过一次冲突之后，他便离开了父母的房子，并且在大街上生活了六个月时间，他回忆说自己离家出走并露宿街头的这半年时光是一段非常艰难的日子。到了秋天，他才又重新返回到父母家里。

阿里曼的妄想具有所谓**人格分裂**的特征，他当时这么说道：

> 我是上帝、魔鬼与撒旦；有的时候，他们是相互分离开来的人格，但是通常而言，他们都会共用同一个声音来说话。我很幸运拥有这三重人格。
>
> - 第一重人格是"光明人格"，即礼貌待人且面带微笑的那个吹笛子的我。
> - 第二重人格是"黑暗人格"，即满嘴脏话且吸食毒品的那个崇拜撒旦的我。
> - 第三重人格是"中间人格"，即受到西西里岛的女人们的吸引的那个我……
>
> 他们曾经向我展示过一些关于"我"的影像，即我的肾脏的X光照片。他们可以看到我的肚子里有一个孪生的寄生体，这个孪生的死胎是被我吞噬掉的，因为我是孪生体中最强的那一个。
>
> 上帝曾对我说了很多谎言：是他为了创造出我的诞生神话而给我创造出了一些虚假的记忆。我的父母是我的养父养母。

继而，阿里曼便通过使用各种表述而向我详细说明了他是由他自己所生的："上帝美化了历史，他让我相信我是由我自己所生的。"接着他又说："我是由我自己所生的孩子。"另外他还明确说道：

> 只要用目光盯着某个女人，我便会让她怀上三胞胎。然后，我就说："大家又会说这是上帝、撒旦与魔鬼！"他们难道不能融合起来吗？他们会融合成一个大写的"太一（Un）"，三位一体。我曾经见到过一个融合成一体的上帝……那个女人是由一架直升机而获救的，这架直升机将她带向了过去。这是一个患有白化病的女人，因为我知道我的母亲就曾经是一个白化病人，所以我便知道那就是我，我是由我自己所生的孩子。

我鼓励他把自己的故事都书写下来，而他也打算去购买一台笔记本电脑来进行这项工作。在2005年4月，阿里曼不得不再度住院，因为他再度复吸了致幻剂、迷幻药和印度大麻。他只梦想着进入通灵状态来跟自己的那些声音进行交流，但尽管如此，他还是买来了一台电脑并学会了很多东西，因为他创建了自己的个人网站，并且把他的那些"自动绘画（dessins automatiques）"都发布在他的网站上面。到2005年9月，他的状态便有所好转，他进行写作，经常出入日间医院（hôpital de jour）①，与父母的相处也变得和睦起来，但尽管如此，最让他感兴趣的还是他的**幻想型妄想**（délire fantastique）。他祈求那些声音能够给他回应。这些回应皆来自"光明听众（Claire Audience）"：是那些声音曾向他告知了这个命名性的称谓。

在随后的一年时间里，阿里曼的状态平稳，也没有发生什么太大的事情；他继续创作自动绘画，也几乎规律地出入日间医院进行治疗。尽管我再三要求，阿里曼却并不想要就他交给我的那些文字来进行工作，他对此丝毫不感兴趣。他与自己幻觉化的那些女人们一起生活在其妄想化的世界里，而他既没有任何朋友关系也没有任何性的伴侣。渐渐地，他又再度表现出了一些**自我漠视**和**木讷呆滞**的迹象。最终，我便建议他暂时回到圣安娜医院接受住院治疗，他同意

---

① "日间医院"是为了恢复精神病人的部分社会功能而专门设立的精神病治疗机构，可以让病人在白天接受住院治疗、护理和康复训练（包括职业、生活和社交方面的训练），晚上回到自己家中休息。——译注

了。然后，他一下子就改善了，而我则并不十分清楚发生了什么。

当然，趁着住院期间，精神科医生给他调整了治疗的用药和剂量，而他也停止了服用致幻剂，先前他频繁吸毒是为了产生更多的心灵感应式接触。当他出院的时候，他的幻觉已经消失。这是第一次他跟我说道："那些声音都离开了，我什么都听不到了。"对此，他深感遗憾，甚至琢磨过是否要再度复吸致幻剂，但在最后，他还是告诉我说，他同样想要生活在现实之中。他对我说道："先前我一直相信自己是在跟上帝进行对话，而现在我则意识到那只不过是我自己的一部分而已。"对此，他显得十分失望且有些抑郁，而我则再次鼓励他就他的那些文字来进行工作。于是，他便表现出了恐惧：如果他再度浸入这些文字，他担心自己会"再度跌入那些故事"，也就是说重新开始妄想。第一次，他开始画了一些别的东西，而不再只是涂鸦那些不同颜色的圆圈，他给我展示了一个身材比例协调的男人的画像，从而显示出了他具有完全正确的**身体图式**（schéma corporel）。

我给你们呈现出这些元素，是为了让你们能够具体地再现出这位病人的临床图景，但是现在更加重要的事情，则是我们要如何在他的**主体结构**上进行定位：首先，我们会在古典精神病学的诊断分类上来进行定位；继而，我们也将看到雅克·拉康与马塞尔·切尔马克的教学在精神病的临床上给我们带来的贡献。我刚刚说到**精神病**：在我看来，这是毫无疑问的，但是我们还是需要提出理由。在阿里曼首次住院时，医院给出的诊断是精神分裂症，但这只是基于《精神障碍诊断与统计手册》（第四版）（*DSM-IV*）的**症状描述性**诊断。而作为一套诊断与分类系统，*DSM-IV* 丝毫没有处理**主体性结构**上的诊断性定位。你们已经能够看出，阿里曼具有克莱朗博意义上的**心理自动性**机制，例如一些持续性的**言语幻觉**，而正是在这一点上，我们可以确定**精神病结构**的诊断，即便我们有的时候也会觉得他非常聪明，善于巧妙地利用自己的疾病来从其他人那里获得各种好处。

那么，这里涉及的又是何种形式的精神病呢？

如果参照于法国古典精神病学的分类，这便是一例**系统化幻觉型妄想**（délire hallucinatoire systématisé）的个案；而如果参照于德国古典精神病学的分类，我们也可以说这是克雷佩林[①]意义上的一例**幻想型妄想痴呆**的个案，因为主体仍然存在着某种对于现实的适应，尽管其妄想的存在富有大量的幻想性主题和自大狂色彩。克雷佩林曾将**妄想痴呆**（paraphrénies）区分作四种类型（见 Kraepelin, 1919, p. 284）：

- **系统型妄想痴呆**（paraphrénie systématique）；
- **膨胀型妄想痴呆**（paraphrénie expansive）；
- **虚构型妄想痴呆**（paraphrénie confabulante）；
- **幻想型妄想痴呆**（paraphrénie fantastique）。

根据克雷佩林，妄想痴呆的特征即在于那些荒诞离奇、缺乏条理且变化无常的妄想观念的大量产生，且伴随有一些体感幻觉，所有这些皆与**人格统整性**的保留共同存在。

这则案例可能并不涉及杜普雷[②]的**想象型妄想**。法国古典精神病学家杜普雷也曾根据妄想的机制而区分出了三种妄想类型（见 Dupré, 1925）：

- **幻觉型妄想**（délires hallucinatoires）；
- **解释型妄想**（délires interprétatifs）；
- **想象型妄想**（délires d'imagination）。

杜普雷尤其研究并聚焦于这些范畴中的最后一类，亦即**想象型妄想**：这些病人的想象力会持续地导致他们的虚构和他们所发明的故事，而如果我们询问这样的病人一些问题的话，他们便会立刻虚构出一些想象化的题材，杜普雷将其命名作"**神话狂**"或"**谎语癖**（mythomanie）"。尽管阿里曼的书写也表现出了

[①] 埃米尔·克雷佩林（Emil Kraepelin，1856—1926），德国古典精神病学家，公认的现代科学精神病学的创始人，他曾明确了精神病的疾病分类学框架，提出了"躁狂抑郁症"与"早发性痴呆"（亦即后来的"精神分裂症"）的经典二分，其代表性著作有《临床精神病学导论》等。——译注

[②] 欧内斯特·杜普雷（Ernest Dupré，1862—1921），法国古典精神病学家，以其对"癔症"的描述和"神话狂"的发明而著称，另外在犯罪学和精神病的司法领域也颇有建树，其代表性著作有《想象与情绪的病理学》等。——译注

这种澎湃的想象性激增，但是他的妄想性书写却是以实在性层面上的那些"**幻觉**"为基础的，而非像杜普雷的"想象性妄想"那样仅仅是以想象性层面上的"**虚构**"为基础的。因而，阿里曼的妄想便更接近于"幻觉型妄想"，而非是"想象型妄想"。

无论我们是参照于克雷佩林的德国古典精神病学的分类系统，还是参照于杜普雷的法国学派的诊断范畴，我们需要注意到的便是，这两位作者皆描述了**人格的保存**（conservation de la personnalité）。一般而言，在妄想痴呆中，且尤其是在阿里曼这里，**人格**即构成了对于**自我**的参照。实际上，此种人格被有效地保存了下来，是在病人保留了其智识能力的意义上而言的：例如，阿里曼能够学会使用电脑，并且用它来做一些相当复杂的事情；我们能够跟他讨论很多主题，而且只要我们不触碰他的妄想，他的那些回应便都是完全合适的。然而，他的"自我"是否真的是未受损害的呢？这便是我们今天这一讲的整个问题。

显然，相对于精神分裂症的**解体**（désintégration），阿里曼保留了某种**自我一致性**（consistance moïque），从而使他能够生活并带有某种自主性来行事。拉菲埃尔似乎同样具有某种自主性，然而，对她来说，非常明显的事情却在于她的**镜像**并未得到很好的建构。在上一讲中，我们已经看到，自我是在**镜子阶段**的时刻上由镜像构成的。

对于拉菲埃尔所提出的问题，正如对于阿里曼所提出的问题一样，都是要知道对于他们而言，在**原初的自我认同**（première identification moïque）经由镜像而得以构成的这个镜子阶段上，到底发生了什么。因此，如果要超越精神病学的诊断和这些早期精神病医生[①]们关于自我被保存了下来的思想，我们便必须感兴趣于阿里曼所呈现出的"**交互变形综合征**"：

- 他的父母有时不再是他的父母；
- 他的肚子里有一个孪生寄生体；
- 他同时是"上帝、撒旦与魔鬼"。

[①] "精神病医生（aliéniste）"是法国旧时传统对于精神病学家（psychiatre）的称呼，我在这里将其译作"早期精神病医生"，区别于现代精神病学中的"精神科医生"。——译注

这些元素将我们带向了两种层面的现象：一方面，是关于亲人的**无法再认**（non-reconnaissance）或**无法识别**（non-identification）的现象；而另一方面，则是镜像的**重叠复制**（re-duplication）现象，"他的肚子里有一个孪生寄生体"将我们带向了**分身**的概念，而"他同时是'上帝、撒旦与魔鬼'"则将我们带向了某种**三重化**或**三位一体**的概念。只有通过镜子阶段的理论化，以及马塞尔·切尔马克在圣安娜精神分析学派对于镜像理论的后续制作，乃至斯蒂芬·蒂比埃尔日在**身体形象的病理学**上的更进一步制作，这些现象才能够得到充分的理解。

在上一讲中，我曾向你们报告了无法再认其镜中形象的拉菲埃尔个案。实际上，拉菲埃尔与阿里曼两者皆呈现出了一些**镜像再认的病理学**（pathologies de la reconnaissance de l'image spéculaire）现象。我当时告诉过你们，拉康对于其镜子阶段的理论制作，恰恰是为了回应在20世纪初得到首次定位的那些**系统性误认综合征**。

- 由卡普格拉与勒布尔-拉肖提出的**卡普格拉综合征**或**替身幻象综合征**：病人可以再认形象，但却无法识别对象；
- **弗雷戈里综合征**或**人身变换综合征**：在全然不同的那些形象背后，病人总是能够识别出同一个对象；
- **交互变形综合征**则是以各种变形对于前两种综合征的混合，如此便导致了形象的再认与对象的识别皆是以不稳定的方式来维持的。

现在，我将提议你们来着手拉康在其《著作集》中的《关于丹尼尔·拉加什报告的评论》一文里给我们提供的**光学图式**，以便再回到对于阿里曼个案的进一步讨论上来。

拉康的光学图式

光学图式（schéma optique）也叫**光学模型**（modèle optique），拉康对于它的建构经历了几个阶段：首先，是在1936年的"镜子阶段"。继而，是在1949年，拉康在苏黎世的国际精神分析大会上做了题为"镜子阶段作为我的功能之构型者，正如它是在精神分析的经验中向我们所揭示出来的那样"[1]的报告（Lacan，

2006c），从而再度重申了有关"镜子阶段"的问题。之后，是在1953年至1954年，他在《研讨班I：弗洛伊德的技术性著作》（*Séminaire I: Les écrits techniques de Freud*）里引入了"光学图式"（Lacan, 1998）。尔后，在1960年一篇题为《关于丹尼尔·拉加什报告的评论》[2]的书面报告里，重新对其进行了阐述；最后，则是在1962年，他在《研讨班X：焦虑》中又再度使用了这一图式（Lacan, 2014；拉康的"光学图式"见图2.1）①。

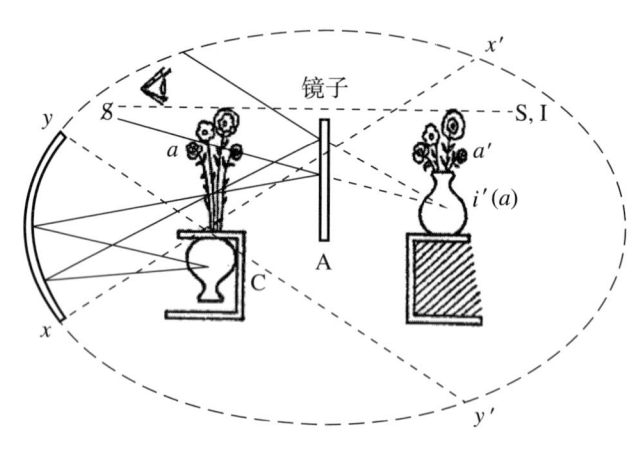

图2.1 拉康的"光学图式"

在所有这些文本中，拉康皆坚持不懈地重申了同样的论证，然而他的言说对象，即那些分析家们却对此"充耳不闻"。实际上，这些分析家们大多都继续将自我视作**精神综合**（synthèse psychique）的地点，他们继续认为分析即在于让病人认同于分析家的**强大自我**（moi fort）。而这，要么是说分析家必须依托于病**人自我的健康部分**（partie saine du moi）来对抗病人的种种防御，要么则是说分

---

① 事实上，布里约女士在这里只是简单处理了光学模型的简化版本，既未讨论拉康在《关于丹尼尔·拉加什报告的评论》中对于光学模型的完整建构，也没有讨论拉康在《研讨班X：焦虑》中借由光学模型来阐发的对象*a*和拓扑学问题。为了让读者能够更深入地理解光学模型的内在逻辑，我曾在与本章内容搭配讲解的《光学失焦下的赤裸生命》一文中进行了大量的延展，耐心的读者可以找到这篇文章阅读，由此我们便会看到，拉康光学模型的理论价值和临床价值已远远超出了人们的想象，尽管这只是一个向拓扑学过渡的"类比"模型。——译注

析家必须帮助病人来获得一个强大的自我。与上述的这些观念相反，拉康则将自我揭露作所有**误认**的地点，因为自我在其本质上即是一种想象性和异化性的构型，同时他证明了一旦孩子开始形成某种概念化，主体的结构便会让三个辖域共同介入进来，亦即**实在界**、**象征界**与**想象界**。

正如拉康告诉我们的那样（Lacan, 2006a, p. 564），在光学图式中涉及的是让主体与他者之间的关系按照一种类比性的模式（mode analogique）而呈现出来，从而允许了我们能够从中区分出想象界与象征界的**双重影响**或**双重入射**（double incidence）①。下面，我们将要依次来抓取这一图式中的所有元素，以便来看看它们分别对应着什么；因此，这是一个类比性的模型，我们并非处在拓扑学之中，也非处在某种解剖学的表征之中。首先是这里的**凹面镜**，拉康告诉我们说，我们可以在大体上把它当作大脑皮层的总体功能（p. 566）；其次是**眼睛**，它被放置在一个精确的**锥角**之内，就它可以看到其自身而言，眼睛代表着**主体**。从这个位置上，主体无法看到其自身的**实像**（image réelle），后者在光学图式中以 i (a) 来命名，它恰恰是与**现实**相对应的东西，也就是说：我们无法像他者看到我们那样而看到我们自己。我们的身体形象是我们所完全无法企及的，哪怕我们是在视频影片中来展现这一形象也是一样，实际上，在视频影片中，我们的形象是最接近于现实的，因为它并非是像在镜子中那样经过了颠倒，不过我们还是必须要注意到，视频影片是一个被投射出去的形象，它是一种映像，而不是一种实像。在光学图式中，主体的身体的实像是没有被表征的，而这则恰恰意味着主体无论如何都无法触及这一形象。被隐藏在箱子里的**花瓶**即代表着主体只能非常有限地触及的**身体的现实**。至于那些被放置在箱子上面的实在的**花朵**——在图式中由 a 来表示——则是**部分对象**（objets partiels）（例如，见 Klein, 1935）。早在 1953 年至 1954 年的《研讨班 I：弗洛伊德的技术性著作》中，拉康便已经开始说到，这里的花束代表着**冲动**、**本能**与**欲望的对象**（1988, p. 80）。但是当他在《著作集》中发表其于 1960 年所写的《关于丹尼尔·拉加什

---

① 法语中的"incidence"一词同时具有"影响"与"入射"的意思，我们在光学图式中可以看到光线的"入射"角度，这一点是极其重要的，因为拉康的光学模型就是在处理"入射"与"反射"、"投射"与"内摄"等问题。——译注

报告的评论》一文时——因此是在经过修改之后——他却仅仅写到花束代表着"部分对象"。正是因为存在这些实在的花朵，眼睛才能够按照将这些花朵并入花瓶的形象来对其进行调节 (p. 123)。

然而，处在"S"位置上的主体却无法看到围绕着花束而形成的"实像"，亦即主体无法看到$i(a)$，因而他是被划杠的。他只能在平面镜中触及这一实像的**虚像**（image virtuelle），亦即主体只能看到$i'(a)$。

这个**平面镜**即代表着**大他者**（A）。更确切地说，拉康告诉我们，这个以符号A来表示的大他者，"即是现实空间在我们的图式中所对应的位点，镜子A后面的那些虚像都叠加在这一现实空间之上"（Lacan, 2006a, p. 568）。也就是说，从镜子阶段开始，象征界亦即**能指的位点**，便总是已经在那里了，总是已经处在镜像的关系之中（Lacan, 2006d, p. 688）。又或者说，倘若没有已然存在于那里的大他者和语言的话，那么便既不可能有镜子阶段的存在，也不可能有镜像的存在。实际上，当孩子转身朝向其母亲，以便让她来确认孩子正确地再认出了其自身形象的时候，他是在对谁说话呢？我们是否可以认为，在这里仅仅存在一种介于母亲和孩子之间的想象性的**二元关系**（relation duelle）呢？如果是这样的情况，那么我便不明白，为什么知道如何在其他猴子中完美定位其母亲的小猴子，却始终无法再认出其在镜子中的形象。

孩子对之进行呼唤的这个**见证者**（témoin）即是大他者的代表，亦即"能指的位点"，它是弗洛伊德曾经谈到的**邻人**（Nebenmensh）（Freud, 1957, p. 331），这个位置往往由母亲来占据。故而，拉康便在这里提醒我们注意，婴儿是在一个**能指的浴缸**（bain de signiants）中被诞生到这个世界上来的（Lacan, 2001, p. 223）：存在着某种先于它的诞生而存在的话语，而这即意味着象征界的维度对于想象轴的建立而言是必不可少的，因而打从一开始，这两个轴向便是相互交叉的，就像**L图式**所显示的那样（Lacan, 2006b, p. 40）。

在光学图式中，为了让主体S看到其在镜子A中的形象，他就必须被放置在一个锥角之内（Lacan, 2006a, p. 565），也就是说，这个先于其诞生而存在的话语给他准备并安排的一个象征性的位置，实际上，正是这个象征性的位置使他能够处在这个锥角之内的位置上。对于自闭症的儿童来说，由于没有处在锥角之内，他便不可能产生对于镜像的狂喜性再认。

当在光学图式上由眼睛所代表的主体是处在锥角之内的时候，他便会在镜子A中看到其自身的镜像$i'(a)$，这是一个虚像，它反映着目光所无法企及的实像$i(a)$。这面代表着大他者的平面镜的必要性存在即意味着：孩子能够认同于他所看见的东西，仅仅是因为在那里存在着一个**言说的存在**（être parlant），给他赋予了认同于镜像的可能性。

光学图式中的$i'(a)$，亦即镜像，是**自我的模具**（matrice du moi），它代表着**理想自我**（moi idéal）。关于这个"理想自我"，拉康曾对此说道：

> ……在$i'(a)$处，不仅存在着该模型中主体在那里所期待的东西，而且还已然存在着一种小他者的形式，其完形倾向（prégnance）——正如卷入在其中的那些位置关系的运作一样——将此种形式作为一种虚假性掌控与根本性异化的原则，引入了恰恰要求着一种另外的相符的综合之中。
>
> （Lacan, 2006a, p. 566）

因而，"理想自我"便是以小他者的形象为基础而建立的一个**想象性机构**或**想象性动因**（instance imaginaire），这个理想自我即是我想要看到自己所是的那副样子，它是处在与小他者的竞争和处在**互易感觉**（transitivisme）中的自我。是我（自我）还是他（小他者），是谁更像这个理想的形象？稍后在同一篇文本中，拉康又更进一步地将"理想自我"描述作"它在其核心中揭示出自己所是的那种不幸的低能的力量"（Lacan, 2006a, p. 567）。这个理想自我即是那个通过自我吹嘘而将自己安放在一种倔强姿态上的孩子的自我："让我来，我能做到这个！"

至于**自我理想**（idéal du moi）则完全是另一回事。在我们的光学图式中，自我理想处在与被划杠的主体和代表他的眼睛相对称的右侧，也就是说，它处在象征性的空间之中。在平面镜后面，实际上相互叠加着两个空间，一个是由平面镜所反射出来的那些形象的**虚拟空间**（espace virtuel），另一个是**现实空间**（espace réel），亦即大他者的位点。这个自我理想是由那些作为能指的**标志**

(insignes) 和**单一特征**（traits unaires）所构成的，它们既来自大他者，也来自将它们的在场呈现给主体的那些小他者；主体将这些单一特征占为己有，正是这些**能指的星座**（constellation des signifiants）允许了主体的存在，这个地点给主体安排了一个象征性的位置，使他能够在那里存在。正如拉康写道：

> 但是，这个原始的主体如何能够在将它构成作缺位的那一省略中来重新发现这个位置呢？即便他要在大他者的内部再重新开凿出一个空洞并从中发出其啼哭的回响，他又如何能够将这个空洞再认作是那个与之最接近的原物呢？他反而更愿意在那里重新发现一些回应的标记，这些标记有力量将他的啼哭变成呼唤。如此一来，回应的全能被写入在其中的这些标记便以能指的特征而在现实中被环切了出来。我们将这些现实称作"标志"并非没有理由。这一术语在这里是命名性的。正是这些标记的星座为主体构成了自我理想[3]。
>
> （Lacan, 2006a, p. 569）

我们或许可以说，这个"自我理想"恰恰将指引着对于**主体的生成**（devenir du sujet）的结构化方向，亦即它将给此种结构化赋予了某种矢量化。这一机构或动因的特殊性即在于，它同时是想象性的和象征性的，因为它是由从大他者的场域中提取出来的那些**单一特征**所构成的，却是为了制作某种形象，亦即某种**范型**。在这里，我要提醒你们注意**实在界**、**想象界**与**象征界**的区分。我们必须尝试摆脱"常识"和"常理"，摆脱那些显而易见的事情。例如，当我购买一台洗衣机的时候，我便需要知道三个维度：长度、宽度和高度（或深度），以便确定这台洗衣机能够搁进预留的位置里。如果再加上洗涤一缸衣物所需花费的时间，那么我便不得不设法应对四个维度，亦即三个空间维度与一个时间维度，如此我才能够站在"家庭主妇"的立场上来理解这个世界。那么，这是否意味着我们的空间实际上都是三维或四维的呢——如果我们再将时间的维度纳入其中的话？

你们都知道，在物理学中存在着两种理论：一种是可以用万有引力来解释天体运行的牛顿力学理论，另一种是可以解释在原子和亚原子的层面上发生的事情的量子力学理论。迄今为止，这两种理论从来都无法被统合进一种总体性的理论。然而，随着"弦论"的问世，如果我们承认空间具有10个维度（再加上时间的话就是11个维度），那么我们便可以将这些在此之前无法共同运作的两种不同物理学理论整合起来。这是什么意思呢？这是否意味着空间"在现实上"具有10个维度？也就是说，在实在界中可能存在着10个维度？我要说的是，**实在界完全不在乎这些维度，它甚至会嘲笑这些维度。这些维度全都是属于象征界的**：关于实在界，我所能思考的一切也全都是属于象征界的。我们越是思考实在界，我们就越是会在实在界中"挖洞"以便在其中放入象征。但是，实在界却还是那个既不可能触及也不可能捕捉的实在界；正如拉康所言，"**实在界即是不可能性**"(Lacan, 1975, pp. 55-56)。而在我们思考的最后，我们将有可能建构出一个象征性的世界，在最好的情况下，它将允许我们来解释某些来自实在界的现象，但它却将始终不同于实在界本身。

让我们再回到阿里曼的个案上来，你们已经有些理解了，他的"身份同一性"何以会是变化多端且波动不定的，也就是说，这种身份同一性从来都不曾变得稳定下来，它只不过是其周围人的身份同一性，仅仅是随着其周围小他者的身份变化而发生变化的。在镜子阶段，他的镜像并未按照这将给他确保其原初身份同一性的方式而得到建构，他并未处在光学图式的锥角之内，在他这里存在着形象 i 与对象 a 的解离，也就是说 $i(a)$ 中的括号发生了崩解。

现在我将要向你们提议的事情，便是让你们来阅读其"**自传**"中的一些段落，这部自传因而是他为了出书的目的而撰写的，但也还是尤其为了我而撰写的，因为是我在当时曾向他建议说进行这项工作将会是一个不错的主意，而在我看来，出于几点理由，这似乎也让他明显获得了改善。**书写**首先会迫使他对其生命中的事件及其妄想中的元素进行某种组织或安排某种秩序；其次也会迫使他去寻找自己的**收件人**，亦即读者，而这些都会自动地给他的存在赋予某种**一致性**，哪怕这些书写都是非常具有妄想性的，他也不再是独自一人、迷失方向且没有身份的状态，不再陷入他与世界不加区分且融为一体的那种混乱无序的宇宙之中，在那里他被能指所穿透，没有任何**时间性**、**空间性**或**人格性**的坐标来充当他的参照，因为对于所有人而言皆是绝对必不可少的这些习惯性的坐标，完全不是他能够以任何确定性的方式来任凭自己支配的东西。此外，他还给自己购买了一部手机，他会在上面用提前半小时的闹钟来记录并提醒自己的各种约会和见面，因而，这部手机便给他充当着某种增补性的**假肢**或**义体**（prothèse）。但是，当他独自一人且又开始被妄想所占据的时候，时间和空间又会变得完全的混乱无序。

以下便是阿里曼的文本中的一些段落，我们可以从中定位出他的**多重人格和镜像复制**现象，这些现象都表明了形象 i 与对象 a 在他那里的解离，正是此种解离导致了他的身份同一性不再能够以其统一的人格来加以锚定，也是因此，他的自我形象便处在**多重镜像**的不断倍增和变化之中。

> 200X 年的新年之际……我曾看见过一幅如此宏大的幻景：上帝犹如一座火山一般从一个能量球中喷涌而出，为的是以其到来的幻象来将人们所淹没。这样的爆发总是发生在我身体附近的天体之上。对此，我现在有很多东西要说。从哪里来开始呢？或许就从我的诞生开始吧，或者从我将其认作是我的诞生的那个东西开始吧，这个诞生可能只是我的众多诞生中的一个（它仅仅是我的众多化身之一的诞生），不过它却多少可以向你们显示出我是一个何等的存在。我们稍后将用一切必不可少的知识来澄清这一叙事，以便让你们来理解它。我曾经离家出走，因为我的"父亲"①，亦即上帝和我的那些声音，已不再能够忍受的父母，是他在当时要求我跟他们分开……我曾经花费了三年的时光来寻找我生命中的女人，我曾一度相信自己也许在"阿尼玛（Animah）"那里遇见了她，同样我曾一度确定自己在"杰尔巴（Djerba）"那里找到了她，因为我本来就应该这样来称呼这第二个女人。与一位患有白化病的女人相交，便是在自己的道路上与死神相交。这句谚语经常会从我的嘴巴里冒出来，就像那一天，她告诉我说，我必须要杀掉所有那些跟我同名且跟我同龄的孩子，因为这些孩子都是在冒充我的存在，他们都是在伤害我的统整性。

---

① 这里"父亲"是大写 Father。——译注

你们看到阿里曼如何解释他的多重人格现象：他拥有众多的化身，而这一妄想观念又滑向了下一个妄想观念：很多孩子在冒充我的存在。继而，此种现象又有所强化。

> 我身在别处，距离地球所在的太阳系远之又远。然而，我却置身在一个经过重构的空间之上，这个空间像极了20世纪的地球。我在这里遭到了一群克隆人所包围，他们每天都会再生。只要我在这里待上一天，地球上就会流逝十年。这便是那些神灵把我丢下的地方。正如蒂凡恩曾经所说的那样[1]：如果我是上帝，那么我就得当心我自己。

在我看来，不仅是在关于克隆人的观念里，而且是在空间和时间本身被捕获在复制过程的这种观念里，似乎都同样涉及镜像建构的失败，它们都让我们在向着无限而开放的那些深渊面前感到眩晕不已。阿里曼继续写道：

> 你们所知道的那部《圣经》，仅仅是对真正《圣经》的一整套经过歪曲和篡改的叙事，它只不过是由那些抄经人将那些往往七零八落的错误内容东拼西凑出来一部伪经而已。在真正的《圣经》里只存在一个人物，那就是我。无论是亚伯拉罕还是摩西，抑或亚当还是该隐，他们其实都总是我的化身。红海分成两半，是为了让我通过，上帝也是向我传递了他的十诫……亚当的神话也可以用这样的一个事实来加以解释：在那些时日中的时日的"轮替"中，上帝抹消了我的记忆，而多亏了某种机器或是某种毒品，我才能够呈现出一个女人的形态，我可以把她克隆出来，然后再与她相遇，她便是我想要与之结婚的那个女人，或至少是她们中的一个，因为我克隆出了很多个这样的女人……她们都是由我的肋骨而变成的。至于亚伯和该隐的神话，这个故事肯定是一部编造出来的伪经，因为它把我呈现作一个邪恶的兄弟，当撒旦还在母亲的肚子里时便杀死了上帝，因为上帝比他长得更

---

[1] 于贝尔-菲利克斯·蒂凡恩（Hubert-Félix Thiéfaine，1948年生），法国当代传奇灵魂歌者、词曲作者。至于文中后面的这句话，则是病人阿里曼对于蒂凡恩的单曲《猴子的精神分析》（*Psychanalyse du singe*）中歌词的错误记忆版本。——译注

加美丽。实际上，在我的身体里存在着两个死胎：一个是上帝，另一个是撒旦，而我则是那个"魔鬼"或"父亲"，我是上帝和撒旦的父亲。我是唯一的真神①。

在最后的这个段落里，我们再次发现了"克隆"的主题，以及增生的镜像与减速的时间的复制，不过我想要在这里提醒大家注意的还是，阿里曼在向我们谈论《圣经》及其多重存在的时候，在其叙事中所出现的"**弗雷戈里综合征**"：无论在《圣经》的文本中提到了哪个人物，这个人物皆会涉及他的存在。

注释

[1] 雅克·拉康《著作集》，巴黎：瑟伊出版社，1966。

[2] 同上。

[3] 雅克·拉康《著作集》，巴黎：瑟伊出版社，1966：第679页。

---

① 因为"父之名（nom du père）"在阿里曼那里无法写入，他只能把自己变成"名之父（père du nom）"。这里也遵循着"是（être）"与"有（avoir）"的辩证：由于精神病主体没有"父亲的名义"，他便只能把自己变成"命名的父亲"。对于阿里曼来说，只有作为"大写的父亲"和"大写的女人"，他才能够去填补象征界的缺位所留下的空洞——诸如"白化病""阿尼玛""杰尔巴""三位一体""太一"之类的专名都是对于这一空洞的命名——这也是为什么拉康后期说，"女人是父亲的名义之一"。然而，在"成为父亲"的位置上，精神病主体却总是会由于缺乏象征性的支撑而变得焦虑不堪：他要么是在有了孩子之后便立刻逃离父亲的位置，要么是通过化身"奶爸"而将自己暂时安置在母亲的位置上。——译注

第 03 讲

安 托 万

精神分裂

自我的缺位与主体性分裂的缺位

引入"分裂主体"的概念

正是在语言中,一个主体才可能出现。主体是从**能指链条**(chaîne signifiante)中出现的,而这是什么意思呢？这意味着语言已经在那里,当婴儿来到这个世界上的时候,语言便总是已经存在于那里,语言自婴儿降生之前便已经存在于那里；在婴儿降生之前便已然存在着一种**家族的话语**(discours familial)在言说它的到来,正是此种话语给孩子安排了某种位置。

在第01讲中,我已经给你们提供了有关"镜子阶段"的一些指示,然后我又借助于"光学图式"对在镜子阶段中所发生的事情进行了理论化。因此,我们现在便面对着这个在镜子中再认出其自身镜像的婴儿,它在一个外在于其自身的形象中预期了自己的身体统整性,但是,只有当抱持着它的母亲通过言语来确认这一形象的时候,婴儿才能够进行这样的预期,因为母亲在这里即是**"大他者"**的代表,这个大写的他者即是语言。正是这个母亲将婴儿的**啼哭**(cri)变成了**呼唤**(appel),也就是说,她会假设当自己的宝宝在哭泣或是当他呀呀儿语①

---

① 这里的"呀呀儿语(la lalangue)"是拉康在晚年用法语的定冠词"la"与名词"langue"缩合而成的新词,它在发音上也联系着婴儿的"牙牙学语(lallation)",故而我在此将其译作"呀呀儿语",而非像国内某些学者将其译作"原语言",因为此种译法容易跟"元语言(métalangage)"发生混淆,毕竟"元语言不存在",因为"没有大他者的大他者",而"呀呀儿语"则是构成人类无意识的基底,它是混合了力比多冲动且没有任何意义的纯粹能指,拉康将这样的实在界能指称作"太一(Un)"。——译注

的时候，它是在言说某种东西。假设宝宝是在言说某种东西，便是给它赋予了某种位置，便是授权它到语言中来占据这个位置。

我将在下一讲里重新返回到这个问题上来，但是在这里，我想要立刻强调的是：**主体的结构是四元的**。我们必须要有四个位点才能够创造并维持主体的空间，这在一方面是两个想象性的位点，我们已经在上一讲中看到了这一点，亦即**基于"小他者"的形象而建立的"自我"**；而在另一方面则是两个象征性的位点，亦即**处在其与语言的"大他者"的关系中的"主体"**。关于语言这个能指的位点，亦即拉康所谓的"大他者"，我同样要给你们提供一些指示。为了这么做，我们便必须首先从摆脱一个语词指涉一个事物的观念来开始。

语言是由一个**能指的集合**所构成的，其中的每个能指都总是指涉另一能指。当我们打开任何一本词典并进行翻阅的时候，我们便会清楚地看到一个能指总是指涉另一能指。因此，在这里便存在着两个相互分离的层面，这在一方面是**事物的世界**（monde des choses），而在另一方面则是**能指的世界**（monde des signifiants），在这两个世界之间不存在任何一一对应的符合关系。能指，亦即在其**声响物质性**（matérialité sonore）上的语词，会根据语境而指涉一个所指。一般而言，如果说我们是在不辞辛劳地相互言说，那是因为我们都怀抱着同样的观念，亦即对于我们的对话者而言，我们所使用的这些能指都将会指涉那些相同的所指。不过，你们也都非常情况地知道，情况并非总是如此，就通常的情况而言，毋宁说我们皆一直漂浮在**误解的海洋**（mer du malentendu）之中，而如此便导致了这样的一个事实，亦即如果我们想要减少误解的话，那么我们便必须总是进行澄清，要么明确表述，要么换个说法，等等。然而，我们无论如何都还是会抵达那么一丁点儿的相互理解。总而言之，我们必须要当心**理解**（comprendre）这一术语，此措辞具有一个总体化的意指，它意味着我们可以**抓捕一切**（prendre tout）[①]，但事实却远非如此。拉康曾经说道（Lacan 2006c, p. 904）："你们要警惕理解"（*Gardez-vous de comprendre*），因为如果我们理解了，

[①] 法语中的"理解（comprendre）"在构词上由表示"总体"的前缀"com（完全、一起、共同）"和动词"prendre（抓捕）"所组成，从而暗示出了"抓捕一切"的意味。——译注

我们便可以确定自己处在错误之中。

总之，一旦我们承认了此种结构性的误解，那么就有一个问题被提了出来，亦即是什么造成了我们还是能够相互言说呢？在索绪尔[1]的图式中（Saussure, 1986, p. 132），存在着两条"波浪"，在分割线的上面是**能指之流**（flux des signifiants），下面则是**所指之流**（flux des signifiés）。如果我们处在同样的波长上，那么这就意味着我们在同样的位点上放置了一些垂直的**顿挫**或**休止**（césures），但这并非是不言而喻的。例如，当我向一个病人询问"你还好吗？"的时候，他回应我说："我很好，还有些希望。"我们可以从这句回答中听出事情对他来说其实并不是那么轻松，但我们在这里听到的便是**能指的歧义性**（équivocité du signifiant），此种歧义性联系着你们放置垂直休止的地点。即便我们的个人分析能够允许我们觉察到这一点，亦即觉察到能指玩弄我们的方式，然而在分析会谈之外，为了一起说话，我们还是必须在相同的位点上放置一些带有偏好性的顿挫或休止。

如果说"能指之流"在一般情况下始终压载在"所指之流"的上面，那么这便假设了有某种**结扣**（capitonnage）的存在，恰恰锚定了能指的链条（Lacan, 2006b, p. 419）。如果说一个能指总是指涉另一能指，例如当你们翻阅词典来查找一个词的意涵的时候，你们便会发现总是缺失着一个能指，亦即一个能够给所有其他能指赋予其存在原因的终极能指。事实上，根本就不存在这样的**终极能指**。换句话说，这是一个发不出音的能指，它只能将自己算作**负一**（moins un）；这便是拉康以符号 S（A̷）来表示的东西，一个"**大他者中缺失的能指**"

(Lacan, 2006d, pp. 693-694)。我可以给你们引用一句查尔斯·梅尔曼[①]先生的原话（Melman, 2003, p. 6），他说："阳具即是针对大他者中的缺失来进行回应的一种方式，也就是说，要把一个带有秩序性和调节性的动因粘贴在大他者之中。"[2] 然而，这里的问题则在于**阳具**（phallus）是否是针对大他者中的缺失来进行回应的唯一方式？我只是提出了这个开放性的问题，而无法在这里给出它的答案。

在我看来，我们必须区分出主体进入象征界的两个**逻辑时间**（temps logiques）：第一时间是"**主体进入语言**"的时间，也就是说，主体接受了让自己满足于"能指"且因此让自己同时抛弃了**原物**（la Chose），这个时间同样对应着弗洛伊德的**原初压抑**（refoulement primaire），而它在拉康这里则是丧失对象 a 的时间；第二时间则是孩子明白是"**阳具在赋予意指**"的时间，也就是说，我们从对象（a）的缺失的辖域来到了阳具的缺失（$-\varphi$）的辖域[3]。通过向你们报告安托万（Antoine）的故事，我希望让你们能够理解拉康为什么会强调说，思想仅仅是伴随着语言而出现的，而且主体的身份同一性乃至其人格及其存在也全都是依赖于语言的。

拉康说主体是由一个能指为另一能指所代表的（Lacan, 1977, p. 157），然而我们却习惯于相信一个**符号**（signe）为某人代表着某物（p. 207），并且倾向于

[①] 查尔斯·梅尔曼（Charles Melman, 1931—2022），法国大师级的拉康派精神分析家兼精神病学家，他是拉康第二代弟子中的翘楚，曾在拉康创立的巴黎弗洛伊德学派中担任学派刊物《即是》（Scilicet）杂志的主编，在学派解散和拉康逝世后于1982年参与创建了国际弗洛伊德协会，随后更名为"国际拉康协会"，该协会目前仍然是成员人数最多的国际拉康派协会，从1983年至2002年，他一直在国际拉康协会的框架下举办研讨班的教学并持续关注精神病的临床，在1990年，梅尔曼又在国际拉康协会的支持下创建了"精神病理学高等研究实践学院"，其著作包括《精神分析的临床与社会联结》《新癔症研究》《精神病的拉康式结构》《无意识新论》《精神分析临床的问题》《神经症的压抑与决定论》《症状的本质》《癔言学》《重返施瑞伯》《今日精神分析引论》《失重的人：不惜一切代价的享乐》《新型精神经济学》《精神分析临床的实践工作》《查尔斯·梅尔曼在布列塔尼》《针对精神分析提出的问题》《在拉康那里的一次调查》《波哥大讲座》《关于拉康RSI研讨班的批判性研究》《偏执狂》《强迫型神经症》《拉康完全反对弗洛伊德》《拉康派精神分析导论》与《拉康：弗洛伊德的厚颜无耻且冷酷无情的学生》等。——译注

认为我们的语词就像是那些印第安人所放出的烟雾的**信号**（signal）一样，亦即一个特殊的符号或信号直接对应着一个特定的意义。拉康给出的这则定义，亦即"一个能指为另一能指代表主体"，是一个非常根本性的定义，正如幻想公式的数学型"$S ◊ a$"是一个基本的算法那样。拉康所谓的**幻想**（fantasme）即是将主体维持在其作为主体的存在中的东西。为了存在，为了获得某种一致性，主体便必须要具有某种幻想的建构。这在精神病那里是不会发生的。

让我们暂且先把那些性倒错者的问题搁置在一旁，而仅仅考虑在神经症那里所发生的事情，亦即主体在进入象征界的时候经历了某种丧失，因为他为了满足于能指而抛弃了原物。此种丧失，便是拉康所谓的对象a。对象a的丧失与原物的象征化是相互关联的，多亏了那些从身体上可以拆分下来的部分对象，这个丧失的对象才在想象界的层面上获得了某种意指。这些可以拆分下来的部分对象，基本上就是**乳房**、**粪便**、**声音**、**目光**以及**阳具**等。它们都是为了化身对象a的丧失而将其自身出借出来的对象。这些对象在数学的意义上即构成了一个**序列**（série），对此我们也可以说，阳具是它们的**原因**或**公比**（raison）。这就是为什么**象征性阉割**（castration symbolique）的概念可以最终来解释这个对象a的丧失，因为此种丧失是经过**性化**的。

为了让象征性阉割得以发生，也就是说，为了让孩子进入象征界并丧失对象a，孩子便必须要屈从于**能指的专制**，换句话说，亦即要让他承认某种法则。而为了让他承认此种法则，他便必须要拥有一个父亲，一个能够对母亲与孩子之间的二元关系说"不"的第三方，此种二元关系是孩子在其中并未真正与母亲相分离开来的一种共生关系。必须要让一个人性的秩序得以建立，必须要存在这个第三方，亦即父性的法则，来向孩子指明母亲是被禁止的，乱伦是遭禁忌的，以便使孩子能够进入象征界并处在恰当的位置上，亦即处在光学图式的锥角之内。从孩子进入语言且因此在其冒险中丧失了某种东西的那个时刻开始，亦即从他丧失了对象a的那个时刻开始，这个对象a便将成为其**欲望的原因**（cause du désir），也多亏了这个对象a，他才能够奠定其作为主体而存在的根基；对象a将维持着他的幻想。

当我们写下"$S ◊ a$"这个幻想公式的时候，这便意味着主体是由阉割所划杠的，而其存在也仅仅是通过他所丧失的对象 a 而得到维持的，他永远也不可能重新找回这个丧失的对象 a，因为正是此种丧失规定了他作为主体而存在的条件，也就是说，重新找回对象 a 将意味着**主体的死亡**（mort du sujet）。我们可以将"$S \lozenge a$"这个公式读作：被划杠的主体（S），在某种程度上，是由**无意识的运作**（fonction de l'Inconscient）在严格意义上将他构成的那个东西所划杠的：有且只有当存在着对象 a 的丧失，分裂的主体 S 才会存在[4]；主体因而便始于这一**切口**（coupure）。

因此，我将向你们陈述安托万的个案，我今天之所以会选择这则个案，是因为它恰好非常清晰地显现了当主体并未分裂，也就是说当对象 a 并未丧失的时候所发生的事情，这一点也可以在我们上面提及的"第二时间"上来加以说明，亦即当主体并未遭到阉割所划杠的时候。对于一个**分裂的主体**（sujet divisé）而言，这个第二时间即意味着对象 a 的丧失呈现出了某种性的意味抑或**阳具的意指**（signification phallique）。因而，当这个对象 a 并未跌落的时候所发生的事情，便是主体没有任何**依凭**（recours）来维持其自身的存在，在安托万的个案报告中，我希望让你们来理解的便是，这个无法经由对象 a 的丧失来维持主体的存在的情况，何以会是精神病的同义词。

在初次访谈期间，我们便会注意到：这位病人呈现出了一种妄想发作的状态，并且伴随有各种**思维回声**（écho de la pensée）型的精神病幻觉。他把这些现象皆统统归于"在外面的那些人"，他用这个措辞来称谓那些心灵感应者。这些声音说道，"懒鬼""他就是个废物"。当时，他看起来像是精神萎靡且胡思乱想的，抱怨自己在集中注意力方面的种种困难。他断言说，打从幼儿园开始，他便总是会听到一些声音。他说自己多年以来都在服用氟哌啶醇（Haldol）。他又补充说道，此种药物治疗在那些声音上丝毫没有产生任何效果，这些声音总是在说："他就是个懒鬼，他就是个废物。"但是相比之下，当他成功地做到了某件事情并对自己感到更加满意的时候，这些声音便会有所减弱。

安托万在服用这些神经安定剂和抗精神病药物上的迟疑与违抗似乎是一个早就存在的因素，这曾经在他的那些照料者那里激起了一些强烈的反应和担忧。例如，在一年前，在两位女护士到他家里对他进行探望期间，安托万便拒绝继续他的药物治疗。于是，这些女护士便要求安托万用白纸黑字写下他并不想要遵循医嘱。于是，安托万便写道：

  X和Y正在我家里陪伴着我，在我的公寓里，她们因为我的状况而倍感担心，因为我停止了服用药物氟哌啶醇。尽管这么说，我是被迫才不听从她们的医嘱的，因为我有其他非做不可的事情，这些义务让我坚定了自己的道路。氟哌啶醇会降低我的智识能力*。

安托万

  *：我自愿想要增加这些能力。

一段时间之后，安托万的父亲也变得担心了起来，他用打字机拟出了一份文件，并把这份文件交给了自己的儿子，以便让他在上面签字。

  自从你年满18周岁以来，关于你的健康状态，我们已经是在处理第六次或者第七次复发了。每一次疾病复发的原因，要么是因为你对那些药物治疗的剂量缺乏尊重，要么就是因为你对服用药物的全然拒绝，就像S医生今天给你开具的氟哌啶醇那样，这违背了你的全体家庭成员的意愿，而我们只能站在医生那边赞同他的意见，因为这十年以来，我们都已经受够了你不吃药时所发生的倒退。

  因此，不幸的是，我们也都知道这将会给你造成一些精神性的障碍，十分肯定的是，它们将会迫使你停止自己的临时性工作，或许也将会迫使你失去自己的可能性职位，除了最终让你失去健康的主要风险之外。

  这个情况是非常严重的，而如果你在阅读了这篇文本之后仍旧继续坚持自己的决定，那么我们便会想要让它至少能够给你充当一个范例乃至对于未来的参照。

  这就是为什么我们坚持要让你在当前的这份文件上签名的原因所在，同时请你在这里亲笔抄录出下面的话：

  "在阅读了我父亲当前的这则信息之后，我会继续坚持自己的意见并拒绝遵循S医生所开具的药物治疗。

签名于巴黎……"

在随后的三个月期间，安托万中断了药物治疗。接着，他便住进了精神病医院。那里的精神科医生注意到了与某项**任务**或**使命**相联系的一些**自大妄想**观念，不过关于这项神秘的任务或使命，他却只字未提。他谈到了那些自己打从幼儿园开始便一直听到的声音，他说自己处在**世界的中心**，而且必须要通过**心灵感应**来在自己的周围做一些善行，他还必须通过破译这些心灵感应者的信息来理解"外面的那些人"或是他们想要让他所理解的东西。他坚信在他降生的时候曾发生过一些事情，并且他解释说，为了搞清楚这件事情，他曾经给纽约和澳大利亚都打过电话……他的问题总是围绕着他的起源。

四天之后，他变得非常妄想，他说道："花园满是电流，树木得了癌症，泰息安属于超重氢……那些人都死掉了，我知道这一点……"①这句陈述是非常典型的**主体之死**的发作，也就是说，这是一个因为主体的消失而导致世界显示出死寂的**世界末日**的时刻。他剩下的只是一具躯壳，一具遭语言穿透的身体，而缺乏那个将主体组织起来的东西；一切都不再具有意义，语词都通过**半谐音**（assonance）而汇集了起来："泰息安属于超重氢。"能指奔向一边，而所指则奔向另一边；本来要制作出**结扣点**（point de capition）的东西——将能指与所指联系起来的东西——发生了崩解，从这个意义上说，语言便发生了**解链**（déchaîné）而变得**狂暴**不已②。很多问题都在这里被提了出来：当这个主体在这里说出"那些人都死了，我知道这一点"的时候，他又是从哪里在言说呢？如果说主体消失了，那么又是谁在说出这个"我"呢？尽管主体已死，但他是否还剩下一个主体的内核？这个内核是什么性质的呢？对于这个问题，我并没有答案，但就目前而言，我会说：这是**语言的结构**本身在进行表达，正是它给病人在

---

① 这句话中的泰息安（Tercian）即氰美马嗪（Cyamémazine），是一种典型的抗精神病药物，其作用主要是镇定和抗焦虑，往往会引起嗜睡的不良反应，至于超重氢（tritium）也叫"氚"，是氢元素的同位素之一。根据布里约女士在这里的说法，这句"泰息安属于超重氢（le Tercian, c'est du tritium）"是基于准押韵的半谐音而构成的一个实在性的能指链条，也就是说，这句话纯粹只是为了声音的押韵而没有任何实际的意义。——译注

② 这里的"déchaîné"同时具有"解链"和"狂暴"的意思。——译注

其自身的命运上赋予了某种**内窥性感知**（perception endoscopique）的印象。我们也将在其他病人那里再度发现此种现象，尤其是在**科塔尔综合征**（syndrome de Cotard）①当中。

在住院六个月之后，安托万还是一直处在妄想状态，不过他接受了其精神科医生的提议，只跟那些照料他的人去谈论他的这些妄想性内容。再一年之后，安托万获得了一份园丁的工作，尤其是他必须要修建一条很长的树篱，他后来告诉我说，当时这在他看来是一份非常艰辛且繁重的工作。最后，他被压得不堪重负，终于从自己公寓的窗户上跳了下来，摔断了三根椎骨，脚上也有多处骨折。后来，他又经过了外科手术的治疗和一段时间的康复训练，我是在他从康复诊所出院时开始接待他的。当然，这次跳窗事件也给他留下了很多令他痛苦不堪的后遗症。

在我们工作的前八个月期间，一直到他又一次住院之前，安托万什么都没有跟我说。他虽然彬彬有礼，却始终跟我保持着距离。在这段时期里，我始终都没能扭结出哪怕一次跟他之间的真正接触。他坚决反对我给他增加神经安定剂的药量，尽管这个剂量是明显不够的。最后，他的父亲跑来警告我说：安托万的行为变得愈发怪异和令人担忧。每天有好几次，安托万都会跑去按他父亲公寓的门铃以便跟他说话：他计划出国去澳大利亚。他也不再进食了。有一天，他甚至给他的父亲带来了一瓶自己的尿液，而他采集自己的尿液是为了让人对其进行化验分析，因为他认为自己被人下毒了。因此，我不得不让他再度住院。

到他出院的时候，他又自愿重新回来约见我进行咨询。然而，他却继续断言说我当时根本不需要让他住院，他说自己根本没病，还有他听到的那些声音也都是十分正常的事情，他说这是被保留给某些人的一种可能性，而这跟他诞生的神秘与他的完美之间具有某种关联；因为某些人拥有可以超越并凌驾在他人之上的一些可能性。只是到了最后，这次住院的后期，他才跟我重新提起了

---

① 科塔尔综合征，也称作"行尸走肉综合征"，是在1880年由法国精神病学家朱尔·科塔尔（Jules Cotard，1840—1889）所描述的一组以"虚无妄想"或"否定妄想"为特征的综合征，常见于严重忧郁症中的疑病妄想。布里约女士在后续第08讲的"玛丽娜"个案中针对此种综合征进行了详细讨论。——译注

上一次的事件：他说自己当时之所以会从窗户上跳下来，是因为有人想要让他"参加一些淫乱派对"，而他宁愿以这样的方式来逃开他们。几个月之后，他又忘记了这个版本，并告诉我说，他当时已经不再能够承受独自进行反思的工作，在他当时看来，此种反思是他为了理解宇宙而必不可少的工作。六年之后，他又告诉我说，当时把他推向自杀的事情，便在于他发觉自己不可能正确地执行他的园丁工作，而这便证实了他从来都无法获得一份工作超过三个月，他已经放弃了学业，他不能跟人结婚，也无法组建家庭，因为他根本没有能力去赚钱谋生来养活自己。

安托万的话语分析

对我来说，安托万的话语总是会令我感到非常震惊，也总是会令我感到困惑不已。一方面，他的诸多行为似乎都是非常令人放心的，因为他似乎总是会听从我们给他提供的各项建议，也就是说，无论是他的每次住院，每次换药，还是由**职业再分配与定向技术委员会**[①]中介的社会再安置的尝试，乃至他在找到工作之前到"日间医院"参加的团体治疗，他似乎都欣然接纳了所有的这一切，并且持续地来跟我进行会谈。但另一方面，如果我们真正用心倾听他的话语，我们便又可能会疑惑他与此种令人放心的行为之间的实际关系：实际上，他的主体性又在哪里呢？为了尝试向你们说明这一点，我要给你们提供一篇他的文本，这是他在出院的时候交给我的，这则文本也构成了他随后所撰写的一本小册子的第一部分。以下便是他用钢笔书写的这则文本，我在这里一字不差地将其复制了下来。

   如果要用一个词来定义生命所需遵循的条件：生命是何种性质的事物？
   ——只有一种事物存在：虚空、物质、能量、混沌的感觉；
   ——在紧迫中就像在冷静中一样；

[①] 职业再分配与定向技术委员会（Commission technique d'orientation et de reclassement professionnel，简称COTOREP），这是法国专为残障人员提供社会照料的一家福利性机构。——译注

——友情的源泉；

——幸福或痛苦的源泉；

——处在体积中，处在空间中；

——关于动词"做"而非动词"是"；

——在运动中就像在静止中一样；

——没有相对的坐标，没有中心；

——没有重点；

——没有人们赖以生存的支撑；

——保存力量和中心对称；

——看重无限大；

——看重无限精确；

——不把任何东西留给偶然；

——没有任何东西可以被精确地事先预见，没有最高的统帅。

这里还有一些附带的评论，是我在他住院之后的一年从跟他的会谈中所取得的，我在这里将它们分享出来，且都已经得到了他的允许。我当时向他询问实际上是什么事情在让他担心，以下是他的回应。

我们如何能够隔着一段距离来看待事物，而不让眼睛贴合在我们所凝视的对象之上？我们看到的这段距离又如何能够超出我们的大脑？如果我们能够回答这些问题，那么我们便可以解释痛苦或幸福是如何产生的。因为视觉是形象化的幻象，所以我才会向它发难，但是这个问题被提出来也是对于所有感官而言的，包括听觉、触觉和嗅觉。

我告诉他说："我不确定自己有没有很好地理解您，但我认为您正在向我谈论您的身份同一性，谈论您对您自己的身份的感受，也就是说，您正在向我谈论您与自己周围的世界之间的分离。"安托万又开始说道：

你必须同环境达成一致，没有任何理由将人类与世界分离开来，一切都是有生命的，到处（partout）都是那些处在运动中的分子。如果我靠在一张桌子上或是靠在一面墙上，那么我便会让这些分子感到痛苦。你必须尊重这些对象，它们也像我们一样是有生命的。如果我进行移动，我便会穿越那些空气中的分子。

我相信风的力量……也就是说，举个例子，我相信一阵风的吹过并非出于偶然，它意味着某种东西……而让我感到精疲力竭的事情，则在于我无法抵达一种结果，我进行了很多反思，可以说是穷思竭虑了，但仍旧无法得出什么结果，这非常令人疲惫。在我看来，如果有一个群体来跟我一道进行反思，那么这便会让我轻松很多，然而现在，我还是独自一人在进行这项反思的工作。

在这里，我们可以从他的回应中听到，对他来说，在他自己与世界之间并不存在任何分离。我们可以将这一点比较于他在几年之前曾经说过的内容，亦即"那些树木都已经死了"或是"泰息安属于超重氢"，我已经向你们标记出了这个**万物寂灭**的**主体之死**的发作，但是现在恰恰相反，万物皆是有生命的，一切都活了过来，然而一切却又都是按照同样的方式而活了过来，它们之间没有任何的分别，亦即在主体与对象之间没有任何的区隔。尔后，他又利用了"环保话语"中的那些流行观念来证明他正在建构的这一思想体系。

在他出院之后的第18个月，我不得不陪同他一起去职业再分配与定向技术委员会进行申诉并见证了这次"上访"，因为这家机构做出了不给他发放残疾补助的决定，原因是他的身体残疾还不足以构成让他得到这项补助的合法理由。由精神分裂所导致的精神残疾问题之所以没有被纳入考虑，是因为安托万曾不断地向职业再分配与定向技术委员会坚持声称自己完全没病，他不是精神病人也没有精神障碍，而这家机构的工作人员也盲目听信了他的这番说辞。当时，我们是一起乘坐地铁去的这家机构，我们也一起等候工作人员的约见，在从这家机构出来的时候，安托万给我买来了一杯咖啡。为了让我不感觉到无聊，整整三小时，他都在一直跟我交谈，甚至他还跟我讲述了一些好笑的故事。在我看来，似乎正是从这一天开始，他才变得对我更加信任，也才最终同意向我真正地言说。恰恰也是在这个时刻上，他才把自己在住院之后亲笔写下的那些文字都交给了我，而在把这些手稿交给我之前，他还刚刚在上面添加了一些批注。

在这一时期里，安托万告诉我说，他的状态好多了，而且他还参加了一些治疗性团体。不过，他还是会抱怨药物治疗，他想要让我帮他减少用药的剂量，因为他说这样会麻痹他的想象力，也因为他现在想要去应聘工作。接着，他又告诉我说，他理解到自己多年以来一直在反思的那个问题，其实就是一个有关**方向**（direction）的问题：一切皆在于这些相互交错的方向的问题。因而，这便意味着**距离**（distance）对他来说已不再是一个问题。他还说自己曾经在医院里遇见过一个人，此人同样拥有一辆**摩托**（moto）。我请他明确说明这个"摩托"的意思，他向我解释道，他就是这样来称呼自己的思维系统的，别人也拥有一个这样的系统，一辆"摩托"。他在说这些话时带着微笑。然后，他又补充说自己已经不再能够听到那些声音了，几乎是不再听到了，总之……是很少会听到了，但无论如何，这都从来没有让他感觉到侵扰或不适。至于在最近几年里妨碍他找工作并让他耗费了大量时间的事情，则是他必须独自一人来反思他自己的问题。

再一次地，安托万又着重强调了一个事实，亦即这些声音并非一种"疾病"，就像我曾经似乎认为的那样。我提醒他说，那天我去医院接他的时候，他真的病得很厉害。于是，他便回应说：这个情况在当时可能仅仅持续了几个小时，他在当时可能给澳大利亚大使馆打过电话，可能跟某个能听懂他说话的人交涉了一番，这个人在当时可能告诉他说，在澳大利亚没有适合他的工作，他自己在当时也可能承认了这一点，于是这一切在当时可能都得到了很好的解决。①

他为他的那部作品取了一个标题"**空间、力量、沟通与自由**（Espaces, Forces, communication, liberté）"。随后，安托万又写了一份包含三个章节的目录表，接着是写在正面上的26页文本，然后他反过头来在这些纸张的背面上添加了一些注释。最后的第三章是一部英文单词的小词典，他在其中为我们给出了他自己

---

① 布里约女士在这里所使用的一连串动词皆是法语中的"条件式过去时"，表示在某种假设的条件下于过去有可能实现的动作，而实际上这个动作在当时可能并未发生而纯属假设，或是可能已经发生了但无法确定，故而我在翻译时将其做了"在当时可能"的处理，以表示这种"条件式"的假设。——译注

关于这些英文单词的定义。在封面上，他复制了一幅用几何线条来代表宇宙的现代绘画（略显僵死）。在封底上，他粘贴了一张带有多彩鱼群的热带海底风景照片（非常鲜活）。安托万当时告诉我说，有几个问题一直在占据并困扰他，他必须要对其进行思考，而这也是为什么他先前曾在好几个月里都必须一直待在床上的原因所在，因为他必须要思考宇宙和生命的本质。至于他的这部作品，便是其反思工作的结果。

当我们将一位精神分裂症患者描述作**行动失能**（apragmatique）且**黏在床上**（clinophile）的时候，这里"**恋床癖**"的意思即是说他一直都躺在床上而什么都不做，往往就像安托万的情况。事实上，他非常忙于琢磨和反刍他的那些妄想观念。对于安托万来说，这些妄想竟然被他感受成了一项"**工作**"，理解到这一点在我看来是非常有趣的。后来，他又制作出了那部专著的第二个版本，内容上也还是非常带有妄想性的文本，但篇幅上却更加短小精悍，思想上也更加系统化了。安托万将自己的这部作品呈现为是关于**爱情**、**友情**与**无限**等主题的一部专著，并围绕一项计划和结构大纲来组织他的作品。在我看来，安托万是在让自己致力于一项工作程序。那么，我们是否可以说，他正在建构一种恰好能够给他与之打交道的世界赋予某种秩序的**妄想隐喻**（métaphore délirante）呢（Lacan, 2006a, p. 481）？他总是会跟我把这项工作描述成一件对他来说是生死攸关且刻不容缓的必要的事情。

如果我们参照他就自己不得不在其中移动的那个世界所说的话语——例如，在那里，万物皆是有生命的，所有的分子都有权得到同样的尊重——那么这便会给我们提供一种充满了各种力量和能量的**紧致性世界**（monde compact）的观念，在那里没有任何东西能够在他自己和外部世界之间做出区分，亦即把主体和对象分离开来。因而，我们或许也可以理解说，实际上，对他来说是生死攸关且刻不容缓的事情，就是让他能够给这个世界赋予某种秩序——他曾经告诉我说，在那个世界中不存在人们赖以生存的任何支撑。换句话说，他非常清楚地告诉了我们，没有任何东西来支撑他自己作为主体的存在，因为能够支撑这一存在的东西便是对象 a 的跌落，但是在精神病中，这个对象恰恰没有跌落。

向他提出的一些问题涉及：

(1) 空间及其坐标、无限小、无限大、物质、能量、体积与虚空；
(2) 运动、作用力、能量；
(3) 他将一些看似具有异质性的元素与前两点内容紧密联系了起来，从而也让前两个主题与这些元素完全混合并交织在了一起，亦即**友情、尊重、痛苦、幸福、自由**以及**他所否认的至高权威的观念**。

因此，我们可以说，向他提出的问题即在于其存在的问题，而这个问题是从他所感受到的东西出发的，亦即**痛苦**与**幸福**。这个"**存在**"的问题是相对于"**广延**"而被提出的。他向我们描述的空间，是一个秩序化且统整化的空间，但是这个空间既不包括任何中心，也不包括至高权威。安托万在寻找其内部的法则，一个可以支配着整个有生命的宇宙的法则，他像所有其他的生命一样都是属于这个宇宙的一部分，就像一张桌子一样。他的观念即在于宇宙是有生命且同质性的，而且在其中也仅仅存在一种事物："指定了某种事物存在的东西，便是它的体积。"

现在，我们可以说，对于安托万而言，两个逻辑时期是相继到来的：第一时期是"**主体之死**"的时期，他用一句话对此进行了表达，"花园充满了电，树木都死掉了，泰息安属于超重氢，人们都死掉了，我知道这一点"。至于第二时期则是"**万物有灵**"且"**万物互联**"的时期，正是这一点导致他说："宇宙是具有心脏的。"但是，在这两个时期当中，他与世界之间始终都没有分离开来。

安托万关于其存在的观念被化约至了一个"地点"，这个地点与一个无限的空间相连通，而他在其中则占据了一个"并非处在中心"[5]的位置。那么，是什么造就了他的存在，或者至少是造就了其身份同一性的感觉呢？正如我们已经指出的那样，他的"幻象"观念仅仅就是视觉，而非目光；换句话说，他的对象 a 并未跌落，以至于他无法用这个对象来支撑自己的存在。让我们再引用安托万在另一份手稿中所写下的一段话，正是在那里，他恰恰提出了存在的问题：

> 为什么我们的精神要与我们的身体分离开？我们的精神在哪里？我们必须承认有某种东西在指引我们，而我们并非总是能够对它

进行控制。它是处在外部抑或与我们的身体相分离的吗[6]？那些精神科医生可以通过各种药物来修改我们的思维过程。然而，这些药物本身却是具体可见的物质形态——那么，我们的精神是通过什么渠道来影响并作用于我们的身体呢？它涉及的是能量，是虚空，是物质，还是说它涉及的是三者的混合？我们的身体又是如何呢？——因为我们必须承认存在着某种体积，否则的话它又将如何存在呢？

如果说安托万无法经由一个丧失、分离或跌落的对象 a 来维持其自身作为主体的存在，那么相比之下，他却具有一个"**自我理想**"的雏形，连同必须要尊重他人，必须要在社会中占据一席之地以及必须要工作等观念。我们可以认为，他将其当作是支配着人类行为的种种规则而向我们所引用的那些不同的格言或座右铭，也都构成了这个"自我理想"的一部分。然而，在我看来，他的自我理想却是极其简化且相当脆弱的，因为从某种意义上说，这个自我理想似乎是由一些陈词滥调和老生常谈所构成的，且无论如何都无法在他曾经可能遇到的任何模范那里通过定位来认同。因而，我们便不能说他真的具有某种"**自我认同**"。他对自己的形象似乎是无动于衷的，而且他还告诉我们说，他跟镜子的关系也是纯粹实用性的，他会使用镜子来刮胡子和梳头发。不过，他却总是将自己的外貌打理得相当精致且干净，考虑到他非常微薄的收入来源，这也说明了他自己在注重仪表上所做的努力。我们确实很难在这里将属于**自我缺位**（absence de moi）的东西与严格意义上的**主体性分裂的缺位**（absence de division subjective）分离开来，因为在想象界的层面上所发生的事情都是依赖于象征界并受后者支配的。

至于安托万经由跳窗的自杀性尝试，我们可以从中读出：这是主体从象征界的层面上遭到驱逐的结果，正是此种驱逐引发了他在实在界中的**行动宣泄**（passage à l'acte）①，当安托万跟我们谈到"淫乱派对（partouze）"的时候，我们

---

① 行动宣泄（passage à l'acte）这一术语来自法国古典精神病学。参见：拉康（Lacan, 2014, p. 111）与迪亚特金（Diatkine, 2006, p. 1055）。——译注

可以听到"到处（partout）"和"全部（tout）"①。另外，我们也可以看到，在他书写下来的那些文字里，安托万如此坚持地强调了这样一个事实，亦即在他自己与世界之间是没有分离的，我觉得这一点是十分令人震惊且非常具有教益性的。我们可以说，他处在一个被全部充满且没有缺失的世界里。通过将其自身从窗户中发射出去，他自己就被化约成了对象 a 的地位，是他自己在"**打洞**"。这个行动宣泄是由精神病的结构所导致的结果，因为缺失是对于存在而言的条件。这次跳窗导致了他身体上的残疾，这是一个**实在的阉割**（castration réelle），由于安托万忍受着那些疼痛的后遗症，他只能跛行，因而总是显得有些病态，另外他也不再能够弯腰，因为他的脊椎骨做过接合手术。不过，他却从来没有抱怨过这些。在我看来，此种身体疼痛除了带来它所引起的各种麻烦之外，可能也具有一种有益的结果，因为疼痛给其身体的想象界赋予了某种一致性。生病便已经是某种存在，已经是对自己的身体拥有了某种意识，只不过这当然也是付出了过于昂贵的代价。

安托万与之打交道的是一个没有任何分离或分别的**连通性空间**（espacee connexe），在这个空间里，他被迫试图找到对其进行组织的那些法则，以便尝试给自己在那里安排一个位置。安托万在此种书写上的工作，似乎便是通过制作某种意指而将实在界扭结于象征界的一种尝试，也就是说，是通过想象界的圆环将实在界与象征界扭结起来的一种尝试。他在寻找一种简单的法则，一种将能够统合宇宙并且能够解释其一致性的法则。因此，借由他的此种书写工作，安托万便夺回了存在于**社会联结**（lien social）之中的某种可能性。在我看来，这也是为什么"爱情"与"友情"在其书写中会如此联系于其空间中的那些"物理法则"的原因所在，但是你们也已经明显看出，这只不过是**结构化**的初露端倪而已。

为了能够靠近安托万并扭结出与他之间的某种接触或联结，亦即扭结出分析工作所必不可少的一种**转移关系**（relation transférentielle），我便必须要从他

---

① 这里的法语单词"partouze"和"partout"发音非常相似且只有一个音节之差。——译注

的那些书写和文字来开始着手。这是他一直心心念念的事情，也只有这件事情才会引起他的兴趣，以至于我当时都觉得只有这个东西在"支棱"着他，哪怕只是一点点。不过，要让他同意跟我谈论他的这些文本并继而愿意把它们交给我，我还必须要花费一定的时间来建立信任。在我冒险踏足这片领地上时，一个明显的困难便在于我不能让自己跟他一起陷入妄想，但是，我也必须要避免就他的妄想说出任何可能伤害到他而让他放弃跟我进行交流的话，我还必须要避免一切可能会被他当作是在赞同那些妄想观念的话。

在他写出那部作品的三年之后，我发觉自己已经不再能够让事情有所进展并帮助他获得改善。他当时不断地告诉我说，他的皮肤完全无法限定其存在的边界，而且他的存在也仍旧始终处在与世界的连续性之中。不过，现在他却承认，在生命的不同形式上存在一个不同价值的阶梯或等级，他也接受人类的生命相比于空气或桌子的那些分子的生命要重要得多。这便说明了他在何种程度上仍然是非常脆弱的，而且处在一个非常危险的位置上。然而，如果他感觉自己的状态不好，他已经变得能够主动提出住院的要求，也能够在不受监管的条件下自行服药，并且能承认这些药物会给他带来一些好处和帮助。他当时已经不再产生各种行为问题，并且总是心情愉快且乐于交际。他当时希望自己能够马上从"职业再分配与定向委员会"的帮扶计划中获得一份预留给他的工作。

在他接受住院治疗的四年之后，安托万进入了一家"日间医院"继续治疗，同时等待职业再分配与定向技术委员会的决定。他已经不再需要住院治疗。接着，安托万告诉我说，他当时交到了一个女朋友。不过，他却不敢在这方面谈论太多，因为他的女朋友比他的年纪大很多。正是因为她的缘故，他才感到自己被迫要来告诉我，他一直都存在"包茎过长"的问题，而这在当时妨碍了他跟自己的女朋友发生性关系。一连好几个月，我都必须同一位外科医生进行耐心的合作，以便让安托万能够经受一场小小的手术，而不让这场手术在精神层面上给他带来太多的困扰。尤其是，他当时极其满意于能够保留住他的包皮。在这次干预之后，安托万又向我谈到了一个年轻女孩。他很犹豫自己要不要跟她交往，因为他不愿让自己那位年龄更大的女朋友感到伤心难过。他已经完全不会再向我去谈论他的那些书写和文字，还有他的那些反思的工作。他甚至还对此感到了一些羞愧，并且变得非常排斥这些东西，他说自己在那个时期曾一度非常自负，但他现在宁可变得谦卑一些。

除此之外，安托万偶尔还会回家探望一下父母。他已经没有了任何行为问题，他自己也没有了任何抱怨。他跟女朋友之间的关系也一直非常稳定。她本人同样是一位精神病患者。他会竭尽自己所能地来帮助她，他会把她接到自己的家里来小住几天，他们还会在一起共度周末，等等。于是，我便向安托万提议说，他可以再跨越一个新的阶段，我建议他可以首先申请加入一个"治疗型工作坊（atelier thérapeutique）"①，为了开始工作，他可以在那里获得一些经验，接着再申请加入"工作型帮助服务机构（Établissement et Service d'Aide par le Travail，简称ESAT）"②，这是雇用残疾劳动者的一项国家计划，然后他便有可能应聘一份在正常环境下受到社会资助的工作。安托万随即便对于工作的念头感到相当的焦虑，而我也想起他的最后一次工作便是以跳窗自杀的"行动宣泄"而告终的。然而，他毕竟是一个曾经成功通过高中毕业会考并怀有一些职业抱负的年轻人，尽管我当时也曾一度担心自己提出要让他加入一个治疗型工作坊的建议会把他惹恼，不过他却告诉我说，这项计划对他来说非常合适。就像往常一样，他进行了合理化，他并没有告诉我说去做一件非常容易的工作会令他安心一些，而是相反给了我一套关于"谦卑"的说辞，他说每个人都应该去做一段时间的体力劳动，以便更好地理解那些工人阶级的生活，等等。因此，在经过一个月的试用期之后，他便正式加入了一个治疗型工作坊。

三年之后，他又进入了"工作型帮助服务机构"，而这激起了他的极大焦虑，他又重新开始书写，因为这家机构在当时要求他用笔写出自己的职业规划，他在这件事情上熬了整整一个通宵。至于他写出的文本，则跟十年前一样完全

---

① "治疗型工作坊"隶属于"职业再安置计划"的一部分，主要是让精神病患者从事一些简单的体力劳动和生产工作，以便促进病人的社会化功能。——译注

② "工作型帮助服务机构"是由法国政府和健康保险资助的一家专门向成年残疾人员提供医疗服务、社会帮助与教育支持的公立机构，进入该机构的残疾劳动者虽不具有受薪雇员的法定身份，却可以享除失业风险以外的各种社会保障，并在此名义下获得一定的劳动报酬。——译注

是妄想性的。

我在接待他的时候，都会试图将我们的会谈导向现实的方向，亦即导向他所担忧的其生活中的一些具体事情。但是，他却一直想要跟我谈论他的那些妄想观念，这是非常令人难以忍受的事情：他的那些句子相互衔接，但严格地说又没有任何意义，不过当他耗费数日来反思这些东西并把它们带给我的时候，我又不能跟他说这些东西都是毫无意义的。我也不能说我对这些东西很感兴趣并就此来提出一些问题，那样的话就意味着我在跟他一起妄想。虽然在治疗的一开始，必须要有那么一段倾听其妄想的时刻，但是在那之后，我便试图帮助他转向对于我们的共同现实的兴趣。

通过这例个案报告而提出的几个问题

第一点评论——涉及与病人**签订合同**或**订立契约**的观念，正是此种观念诱发了安托万的父亲与那两位护士先后让安托万在白纸黑字上进行"签字画押"。这样的做法在目前非常的流行，也许会变得越来越流行，但是并未因此而让它变得更加的明智。因为要订立契约，就必须有两个主体：当人们要求安托万签字的时候，他们便假设了在他那里存在一个主体，而当一切都恰恰相反地证明了"主体已死"的时候，我要说，我们便必须要重建出一个主体。你们可能会反驳我说：恰恰只有通过给他假设一个主体的存在，我们才有可能允许他作为主体而到来。这是一个很难的问题，在我看来，更加恰当的是要注意到主体在这里是非常飘摇且未定的，因而更加重要的便是要进行一些干预和行动来让他变得有可能凝固并稳定下来，如此以至于让实在界、象征界与想象界的三个圆环得以重新扭结起来，即便此种重新扭结只有通过打上各种不同的"补丁"才有可能发生。

第二点评论——正是**转移关系**允许了我们有可能跟一位病人进行分析性的工作，哪怕这里涉及的是一位精神分裂的病人。这是一次极其漫长而艰难的工作，然而当人们严格应用区域法规（loi du secteur）[①]的时候，却表现出一种根本

[①] 在法国，"区域法规"是对社区精神病学治疗进行分区域管理的法律规定。——译注

性的误认，亦即他们全都忽视了要负责对这样一位病人进行治疗所需要满足的最起码条件。举例而言，如果病人出于某种不幸而不得不搬家迁居的话，目前在公共服务机构中工作的那些精神科医生们在实践上便必须将病人转手给另一地区的同事：新的住址，也就意味着新的"区域（secteur）"和新的医学心理学中心。对于"象征性意义"上的转移的误认，将会支配并导致病人去到另一治疗场所中的实在性转移（transfert réel）。

第三点评论——在这则案例报告中可以定位出的**主体之死**的发作，是精神病结构的一项特异性诊断标志（signe pathonomonique），也就是说，这是证明了我们是在跟精神病结构打交道的一个确凿无疑的证据。

第四点评论——安托万所谓的**视觉幻象**在我看来似乎很好地阐明了对象a的运作，我们将来还会再回到这个问题上来进行讨论。

第五点评论——涉及**思维**与**广延**。安托万，这个年轻的精神分裂症患者，一直都在徒劳地尝试要建立某种"妄想隐喻"，此种"妄想隐喻"本来应该可以帮助他稳定化自己的世界，把他的世界变得更少神秘莫测且更多可以栖居。但是，我们却不能说他抵达了此种妄想隐喻，因为其妄想的建构始终都是非常初级而粗糙简陋的。在我看来，这是因为一个事实而导致的，亦即由于其精神病的结构，安托万的思维完全是遭到瓦解而无组织性的，即便他的话语因其所具有的某种反思能力而显得是有组织性的。他当时正处在一个**困惑时期**里，在那里一切皆是神秘莫测的，因为能指与所指失去了它们的**结扣**。不过，人们是无法在这些条件之下思考的。唯一不需要能指的思维，便是涉及"空间"与"广延"的思维，而实际上正是此种思维始终都被保留给了安托万。因此，他便花费了自己的全部时间来对空间进行理论化，试图让空间对应于有生命存在的不同面向和它们之间的各种关系。

在拉康1974年的"罗马报告"里——拉康给这篇"罗马报告"选取了"第三回（La troisième）"作为标题，因为这实际上是拉康第三次到罗马这座城市来进行重要发言——我恰好发现了拉康关于**此种广延型思维**（pensée de l'étendu）的一则评论，这则评论在我看来似乎完全阐明了安托万有关"空间"和"广延"的工作。我要在这里向你们给出对于拉康的这则引用：

语言，其实就是只有通过扭曲其自身并盘绕其自身才能向其发展的东西……在我看来显得滑稽的事情，恰恰就是人们并未意识到不存在任何其他的思维方式，而那些研究可能是非言语化思维的心理学家们却在某种程度上暗示出了"纯粹的思维 (pensée pure)"——如果我敢于这么说的话——可能是更好的思维。在我刚刚就"笛卡尔主义"所提出的内容之中，尤其是在这个"我思故我在"之中，存在一个深层的谬误，亦即令思维不安的是当它想象是它造就了广延的时候，如果我们可以这么说的话。但也正是这一点证明了恰恰除了"广延型思维"之外，不存在任何其他的思维或纯粹的思维，如果我可以这么说的话，亦即并不服从于那些语言之扭曲的思维。

（Lacan, 1975, p. 196）

第六点评论——涉及**主体**与**对象a**。我们通常都会认为，主体可能是某种打从一开始就被给定的存在，其形式就像是某种"包囊"一样，而我们所需要做的就是去探索其内部的深度，但是拉康恰恰反对这样一种思想。与之相反，他证明了主体没有任何**先验性** (a priori) 的存在，而是从能指链条中突冒出来的。正是从"未来的主体 (futur sujet)"开始进入语言的那一时刻开始，他才会将其自身建构作一个主体。主体是由一个能指为另一个能指所代表的。如果我接受了对于某种事物的命名，那么这便意味着我从实在界的层面过渡至了象征界的层面，同时我接受了这两个领域不是相互覆盖的，在一个符号与一个事物之间不存在一一对应性的关系。语词是对事物的谋杀。接受了进入象征界，亦即接受了抛弃原物以便仅仅拥有能指，在此种运作中存在一个丧失，而拉康以对象a来表示的正是此种丧失。在安托万的个案报告中，我希望让你们来理解的东西，便是"主体性分裂"的缺位：在他这里，不存在任何的切口，也不存在任何的分离，对象a并未丧失。那么，又是谁在言说呢？

第七点评论——涉及**处在中心** (être au centre) 的观念，亦即我们所谓的**夸大妄想** (mégalomanie délirante)。这是我们经常能够在精神分裂症患者们那里听到的一种观念。此种观念给安托万提出了一个巨大的问题，因为从一方面来说，他确实感受到了此种"处在中心"的精神病性体验，但是从另一方面来说，此种体验同时撞上了他用"谦卑"和"谨慎"构成的"自我理想"。我们同样可以认为，他是在通过这一"谦卑"的理想来对抗"处在中心"的妄想观念。不过，当我说这是一个**妄想性观念**（idée délirante）的时候，却也有些言过其实了：它确实是**妄想性**的，但却并非真的构成了某种**观念**，再一次地，它只不过是由精神病的结构所导致一种"**感知**"而已。也就是说，主体性被移交到了小他者的一边，因为主体自己被化约至了对象的地位。因而，他变成了小他者的兴趣对象或小他者的嫉妒对象，等等。**心理自动性**导致他遭到他人揣测并遭到他人评论的现象，换句话说，他是小他者永远的兴趣对象，而这只能导致他对自己处在中心的确认。

你们也将在一位女病人写给警察局长的信件里重新发现此种"处在中心"的观念。因为她是一则另外的临床个案，你们也可以用"镜子阶段"和"光学图式"，还有我刚刚就安托万的个案所讲述的这些东西，在这封信件中定位出**自我同一性**的丧失，这位女病人将自己混淆于一些**妄想性分身**（亦即她所谈到的两个事实上并不存在的女人）。正是就这位女病人无法再认出其自身的镜像而言，她的精神运作也是自动化的。此种混淆在这样的一句话中达到了顶点：我即是他者。

例子：一位女病人致警察局长的信

2004 年 9 月 27 日于巴黎

尊敬的警察局长 ××× 先生：

×××医生曾建议我来跟您联系。

我想要向您检举揭发将混乱带进这片街区里的两个女人。

由于她们不断地施行以某种形式的巫术和精神转生（读心术），这两个女人已经变得疯狂且极具攻击性。现在，她们正在施行"分神破坏性无意识（inconscient distructeur）"[①]，她们的脑子里永远都是仇恨的结果。

我要明确指出，此种精神状态"就像流感病毒一样传播"。

与此同时，这两个女人还在施行教唆，鼓吹荒淫、暴力和疯狂。

由于她们的精神状态，这两个女人频频地谈到<u>杀人</u>。

其中较年轻的那个女人，玛格丽特·莫塔尔（Magaret Motard），最近说到她把自己的男朋友（B. L. P.）变得像她一样疯狂和凶恶。结果导致后者评论我说：我在精神上就是一个"人类玩具"。他们几乎持续性地给我造成了一些折磨和痛苦（以一种巫术的形式）。

所有人都认识这些女人，但却没有人了解她们。

这两个女人与某些警员"经常来往"。

· ××× 医生一直都知道长期以来发生了什么。

我是这三个家伙的唯一消遣，而这丝毫没有带给我任何愉快的感觉。

这三个家伙越是对我进行骚扰，他们就越是痴迷于我。

（这两个女人倾向于说："我即是他者。"）

· 这三个人都变成了精神变态且完全堕落了。

[①] 此处的"distructeur"是这位女病人创造的新词，由法语形容词"distractif（分神性）"和"destructif或destructeur（破坏性）"的音节错位组合而成，我在这里姑且将其译作"分神破坏性"。——译注

德·塞尔瓦（这是她前男友的姓氏）夫人（Mme de Cerval）从1982年至1992年曾住在她的公寓里，她已经搬走了，可是现在又回来擅自居住，因为她"迷上"了破坏。后者还是会"小转一转"维勒瑞夫医院（H. P. de Villejuif），但并不足够。

德·塞尔瓦夫人将上一位租客和她的儿子从家里赶了出去。

· 她们的住址（这两个女人）：

· 她们的大门上并没有写她们的真实名字。

· 德·塞尔瓦夫人住在×××女士的前公寓：

×× 大街 ×× 号

五楼最右边走到底

· 玛格丽特·莫塔尔住在：

×× 大街 ×× 号

五楼电梯对面

PS：我给×××医生寄去了这封信件的一份拷贝。

玛格丽特·莫塔尔对我进行诽谤已经有五年或者六年了。

除此之外，还有另一位医生曾就这两个女人的主题说：她们最好能够住院（H. P.），她们都是在妄想。

实际上，她们经常会谈到杀人。不幸的是，这位医生现在变成了她们的帮凶。

德·塞尔瓦"使我烦得要死或把我看作狗屎"已经有20年了，之前还是断断续续的方式，可是现在却一直不断。她才是那个疯子，但我却进了医院。结果：我曾保持过跟踪治疗，而那在当时是非常好的事情。医院对我来说已经结束了，最后一次是在1996年。

这两个女人不是疯子而是痴呆。德·塞尔瓦在从维勒瑞夫医院出院的时候曾评论我说，我在自己的头脑里是美丽、聪慧且有教养的，而她却什么都不是。

这是更加严重的，她就是一个精神变态。

我以自己的名誉发誓担保这份供词的真实性……

附:《致警察局长的信》法文原始手稿拷贝

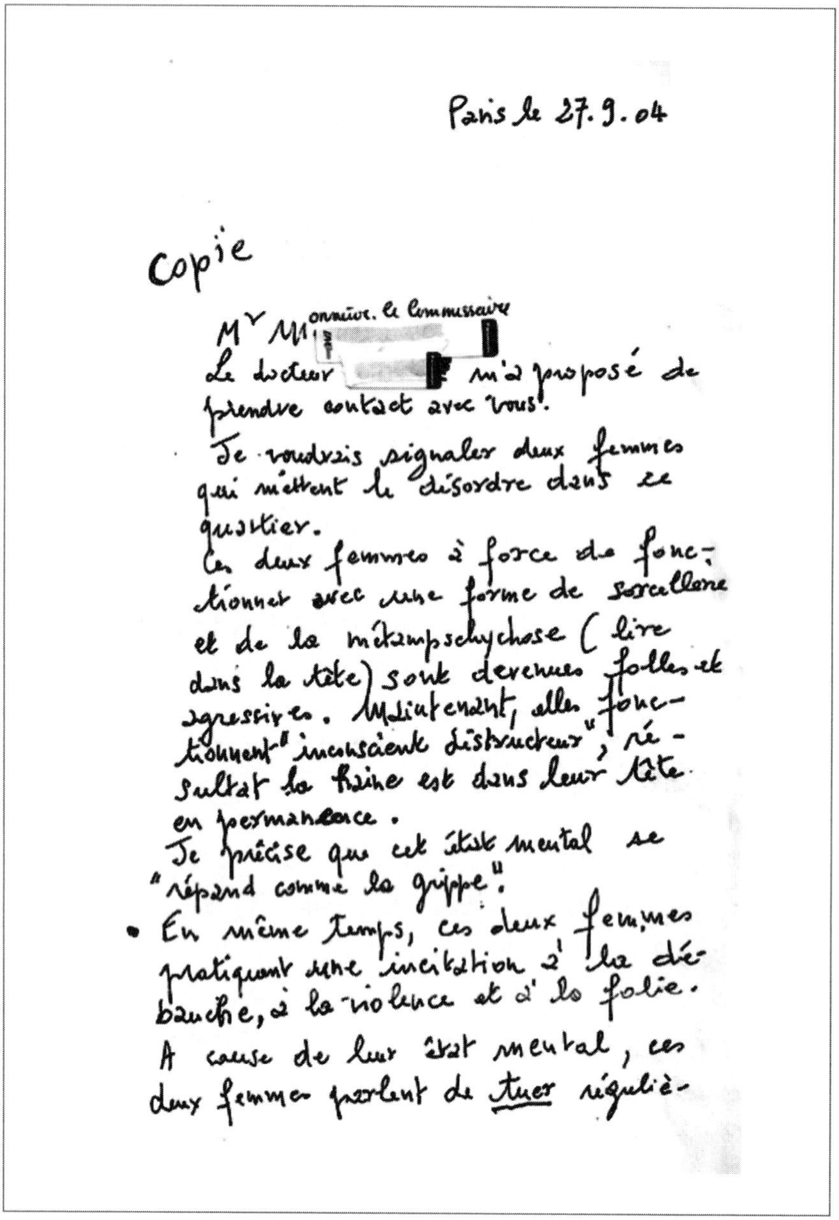

图3.1 病人信件的原始手稿(第1页)

图3.2 病人信件的原始手稿（第2页）

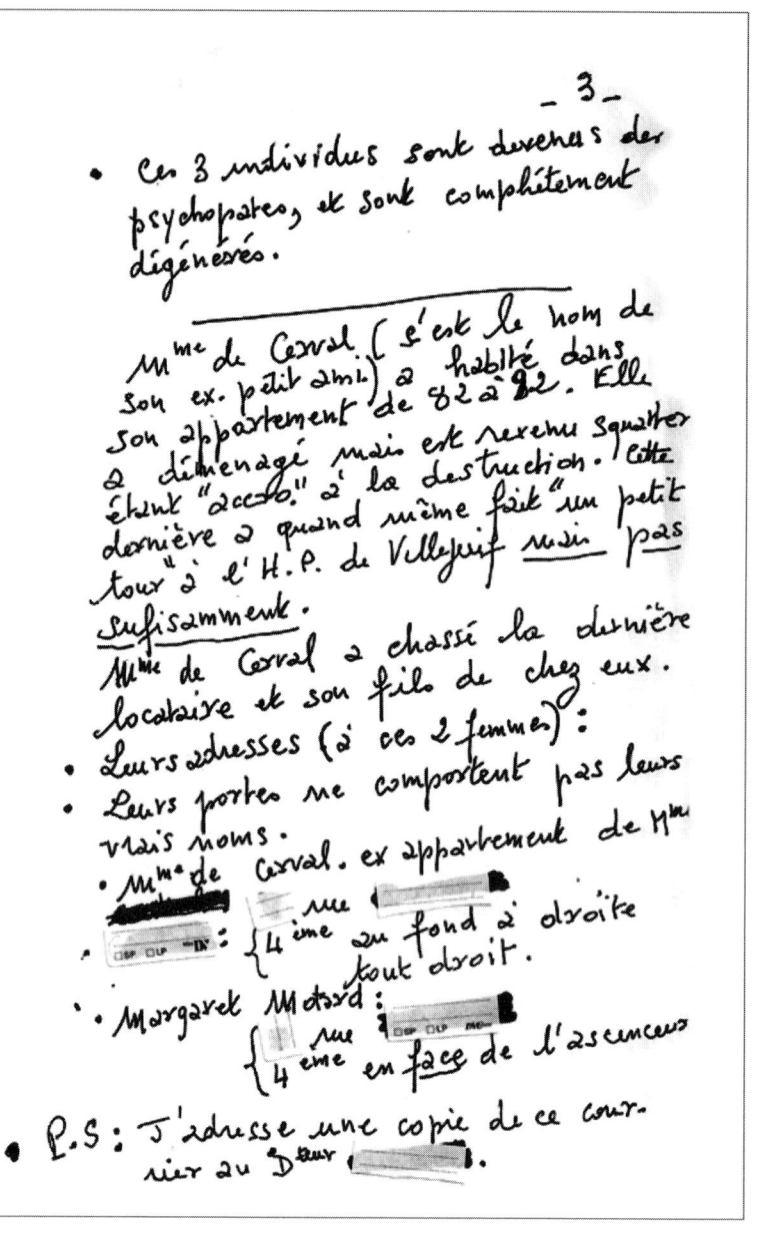

图3.3 病人信件的原始手稿（第3页）

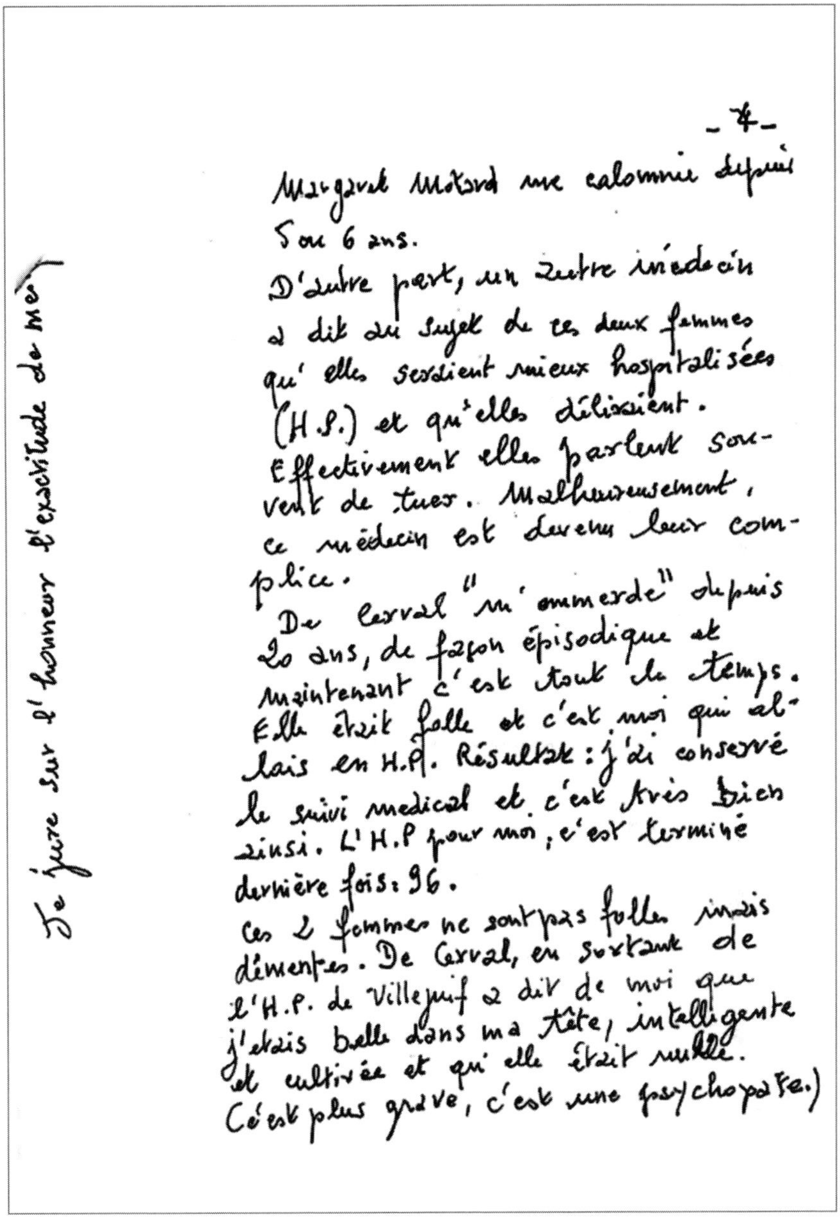

\- 4 -

Margaret Motard me calomnie depuis
5 ou 6 ans.
D'autre part, un autre médecin
a dit au sujet de ces deux femmes
qu'elles seraient mieux hospitalisées
(H.P.) et qu'elles déliraient.
Effectivement elles parlent sou-
vent de tuer. Malheureusement,
ce médecin est devenu leur com-
plice.
De Cerval "m'emmerde" depuis
20 ans, de façon épisodique et
maintenant c'est tout le temps.
Elle était folle et c'est moi qui al-
lais en H.P. Résultat : j'ai conservé
le suivi medical et c'est très bien
ainsi. L'H.P pour moi, c'est terminé
dernière fois : 96.
Ces 2 femmes ne sont pas folles mais
démentes. De Cerval, en sortant de
l'H.P. de Villejuif a dit de moi que
j'étais belle dans ma tête, intelligente
et cultivée et qu'elle était nulle.
C'est plus grave, c'est une psychopathe.)

Je jure sur l'honneur l'exactitude de mes

图3.4　病人信件的原始手稿（第4页）

注释

[1] 参见：费尔迪南·德·索绪尔（F. de Saussure）的《普通语言学教程》（*Cours de linguistique générale*）。

[2] 参见：查尔斯·梅尔曼《他异性与结构》（*Altérité et Structure*），载于《国际拉康协会公报》（*Bulletin de l'Association Lacanienne Internationale*）第103号。

[3] 参见：拉康《研讨班IX：认同》（*Séminaire IX: l'identification*）中的"重复的双圈（double boucle de la répétition）"，1962年5月至6月的讲座。

[4] 参见：拉康的《研讨班XIV：幻想的逻辑》，1966年11月16日的讲座。

[5] "并非处在中心"，这便是安托万试图努力维持的东西，然而事实上，他一直感受到的事情却是，他恰恰就处在这个中心。

[6] 我们可以从这一表述中读出关于对象 *a* 可能是什么的一种直觉。

第 04 讲

妮 可 儿

偏执狂精神病
能指链条的概念
大他者
隐喻与换喻
链条的结扣
L 图式

主体的结构：L 图式

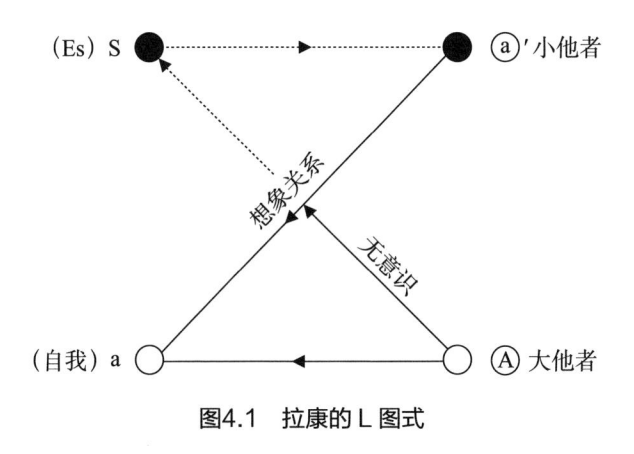

图4.1 拉康的 L 图式

你们可以回忆一下，在光学图式中，存在着几个位置。

- 首先是主体的位置：眼睛。
- 其次是大他者的位置：平面镜。
- 接着是小他者亦即镜像的位置：通过眼睛在平面镜中看到的虚像，条件是主体必须要处在锥角之内。
- 最后是实像的位置：这是主体所不可见的，但可以被同化于主体的自我。

在 L 图式中，我们也将发现在两个轴向上重新集合的这四个位置。
- 想象轴：介于 a 与 a′ 之间，也即介于主体的自我与小他者或相似者之间。
- 象征轴：介于大他者 A 与主体 S 之间。

这个图式通过言语在两个主体之间的循环而代表着此种**言语的结构**（structure de la parole）。在《关于〈失窃的信〉的研讨班》（*Le séminaire sur La Lettre volée*）中，拉康利用了这个图式来说明持有信件何以将在主体的种种行径上决定着主体。但是，它也代表着**主体的结构**（structure du sujet），这是由四个角隅来维持的一个四元结构。尽管它起初是一个**主体间性**（intersubjectivité）的图式，但它同样是一个**主体内性**（intrasubjectivité）的图式。

那么，我们要如何来阅读这个图式呢？

根据这一图式，当一个主体向一个小他者（a′）进行言说的时候，他便是在以一些明显从大他者（A）处来到他那里的能指来进行言说的。他为其自身而接收了大他者的信息来进行表达，不过却还是完全存在着遭到想象轴的栅栏所阻断的一个始终是无意识的部分。这便是为什么线条 A→S 的第二部分是以"虚线"来表示的。拉康后来说道："**无意识即是大他者的话语。**"这个图式同样表明，当一个主体从其相似者那里接收某种信息的时候，这个信息便会在想象轴上抵达他那里并且由自我所接收。但是，这个在自我（a）与镜像（a′）之间循环的信息却也同时包含着一个大他者的维度。例如，如果某人在向我言说时出现了一个**口误**（lapsus），那么我便会在自我（m）处同时听到，来自我的相似者的意识性语句，与来自大他者的无意识信息。从大他者处，只有向主体或自我发送出去的两个矢量，而没有指向其自身的表示接收的箭头，因为大他者仅仅是一个位点，大他者并不存在，因而也无法接收任何的言语。

就目前而言，我向你们给出这一图式仅仅是为了表明：在与一个相似者的关系中，永远都不应该忘记这里始终存在两个轴向。一个是"从自我到另我

(moi à moi)"或"从我到你 (moi à toi)"的想象轴,同时还有一个象征轴;而言语便循环或流通在这两个轴向之上。我希望,在我下面将要向你们进行评论的这则个案报告里,你们可以更好地理解这个图式所涉及的问题。

妮可儿个案

急性精神病发作时期

当我第一次接待妮可儿(Nicole)的时候,她已有36岁。当时,她是由其妹妹陪同着一起来见我的,她的妹妹先前已经把她带去了一家精神病医院的急诊部门,并且求助了那里的好几位精神科医生,要求他们让妮可儿住院。妮可儿在说话上没有什么太大的困难。她曾经在外省接受过持续五年的心理治疗,而且她也始终与自己的心理治疗师保持着联系,而她刚刚还给这位心理治疗师打过电话来就自己的情况向他询问意见,他建议她接受住院治疗。于是,我便通过电话联系上了这位心理治疗师,他告诉我,他认为妮可儿患有**严重的神经症**,除此之外,她还有过两次**妄想发作**,只不过这两次发作都是在短短几天内就消退了,因而并没有住院。也就是说,我们一上来便发觉自己在这里面对着一例向我们提出了精神病与神经症之间的**鉴别诊断**(diagnostic différentiel)问题的临床个案,在此种类型的案例上,我们可能很难准确地判断说这到底涉及的是神经症的结构还是精神病的结构。

某些精神病学家和精神分析家会毫不犹豫地谈论到那些介于神经症与精神病之间的所谓**边缘状态**(états limites)。就这一称号而言,它自然是非常方便而实用的,因为我们便不再需要做出努力来明确结构的诊断,我们只会满足于说这个病人处在边缘上,然后就万事大吉了。然而,这却并非拉康的立场,也不是我作为成员所隶属的"国际拉康协会"的立场[①]。在我们这些拉康派看来,非常

[①] 拉康从未承认过所谓"边缘状态"的诊断范畴。在他看来,与其说是病人处在神经症与精神病之间的边缘,不如说是分析家处在诊断的边缘。正是从拉康的这一视角出发,我才提出了"诊断从来都是分析家的症状",因为毕竟是分析家在进行诊断,哪怕他是在针对主体的结构而非症状进行诊断,因为如果没有一个结构性的诊断,他便无法建立相应的治疗方向和转移策略来进行工作。关于精神分析诊断问题的更全面讨论,读者可以参考我自己的文章《精神分析中的诊断问题》。——译注

重要的是要把**弗洛伊德式的三脚架**保留下来，亦即神经症、精神病与性倒错的结构三分，并且要努力搞清楚我们到底是在哪一种结构中航行，因为我们在临床上不可能用一套完全相同的方式来着手治疗一位神经症患者和一位精神病患者。例如，精神分析的基本规则，亦即所谓的**自由联想**（association libre）——"说出在你脑海中发生的一切，而不要进行任何的挑拣，哪怕这些念头是无关紧要或毫无意义的……是令人尴尬或令人痛苦的"（Freud, 1953a, p. 251）——实际上便很可能会导致一个精神病主体的发作，我们跟精神病主体的工作完全不应该是像这样来进行的，恰恰相反，我们应该致力于让主体有可能给自己制造出一个**秘密花园**（jardin secret），一个有可能让主体在其中得到庇护的**安全港湾**。

如果我们想要将这个弗洛伊德式的三脚架保留下来，那么我们就必须放弃"边缘状态"的诊断性便利，即便这有时也是为了承认我们并不清楚病人的结构。因此，对于我们的这位女病人而言，这个一上来就向我们提出的问题，便是她的结构问题，因为她的心理治疗师说她患有严重的神经症而且已经发生过两次妄想发作。这并非完全不可能。实际上，在一些神经症患者那里确实会存在一些妄想性的发作，但是我们确实会碰到一些带有**增补**（suppléances）和**补丁**（rustines）的精神病患者（Lacan, n.d., 2016；亦见 Grigg, 1999, pp. 62-64）——尽管这些病人具有精神病的结构，然而这些增补却让他们能够"站稳脚跟（tenir la route）"，也就是说能够维持其自身的一致性和某种**存在的绽出**（ek-sistence）。

妮可儿向我解释说，她在一家小型企业里工作，并且在一间单身公寓里独自生活。虽然她是这间单身公寓的业主，但是为了增加自己的收入，她会时不时地将自己的房子出租给房客，在此期间她自己则会住到她妹妹的家里。她告诉我说，在两个星期之前，她结识了一个男人，这个男人名叫阿兰（Alain），是一个已婚丧偶且带着两个孩子的单身父亲，她与他交往了一个星期并发生了亲密关系。他们一起住进了一家酒店，她确信他爱上了她。但是，有一天，这个男人却在没有事先打任何招呼的情况下突然离开了，没有给她留下任何消息，而是仅仅给她留下了一张需要缴纳的酒店账单。妮可儿不理解他为什么要以这样的方式离开，她确信他一定还会回来找她，并且想要对于这件在她看来似乎只是无法解释的事情找到某种解释。自那以后，她便会看见从位于她妹妹家对面的大楼底层公寓里发出的一些闪光信号。她还会看见一个黑影和一个孩子,她相信就是那个黑影在向她发送这些信号。在那里有一盏灭了又亮的卤素灯,还有一架朝她对准的摄像机。她还会听见楼上公寓里的一些脚步声,这些声音也在向她言说某种东西,她知道这些脚步声在向她言说,但是她却并不理解它们在说些什么。她连着三天一直失眠。她想要言说并向我解释这一切;她想要"**挖空脓肿**(creuser l'abcès)"抑或"**挤爆脓肿**(crever l'abcès)"①。

一个月之后

她告诉我说,那些信号都消失了:"结束了,然而我还是一直能看到那盏卤素灯和那架朝我对准的摄像机,不过那盏灯却不亮了。也许那个男人还是住在对面。"妮可儿又补充说:"我感受不到自己拥有任何的欲望。在遇见阿兰之前,我一直非常抑郁,没有欲望,我当时会写信给我的心理治疗师,以便跟他说话。"近两天来,她都没有服药,睡眠也好多了。这一天,为了能够有力量去见她的那些不想搬出去又不付房租的难缠房客,她把自己精心打扮了一番。最后,她收回了自己的租金。

妮可儿将自己描述作家庭中的"顶梁柱",她会在经济上帮助自己刚刚完成学业但还没有收入的妹妹,她也会帮助自己的父母。以下是她就自己的父亲所说的话。

> 我的父亲现在就是一个失败者;他本来能够成为一名作家或记者。但是没有人在这方面给过他任何建议。他经营一桩小买卖。他对我的母亲有着一种孩子般的爱恋。到我30岁的时候我都没有听见过他对我的母亲说"不"。当我跟我的母亲去谈论这一点的时候,她却说道:"你知道的,你的父亲不是个坏人。"这句话已经说出了一切。为

---

① 法语中的 "crever l'abcès(挤爆脓肿)" 通常在隐喻性的层面上意味着 "根除祸患",但妮可儿却在换喻性的层面上从 "crever(挤爆)" 滑动到了 "creuser(挖空)",从而又可能与在法语中表示 "挖空心思" 或 "绞尽脑汁" 的措辞 "se creuser la tête" 产生了某种换喻性的关联。由此可见,妮可儿正在陷入一种因意指滑动而产生 "穷思竭虑" 的精神病发作状态。——译注

了拥有一个父亲，我曾经尝试让自己转向自己的大哥，不过他并不理解我。至于我的二哥，在我很小的时候，他就经常打我，二哥比大哥要小6岁，他当时把我父亲对大哥的偏爱统统报复到了我的身上。

随后的一周

妮可儿的焦虑再度复发，且伴随一些**妄想性解释**（interprétationé délirantes）。她感觉自己的状态十分糟糕，她想要理解那些信号。她还说自己的神经非常紧张，因为她忍受不了自己的父母出现在她妹妹的公寓里：她的母亲只关心让她吃饭，她的父亲吃相很难看，她先是冲着他们大吼大叫了一番，接着对此感到后悔不已。最终，妮可儿同意了住院。

症状的分析

在妮可儿住院之前的这段时期里，有几点内容在我看来是非常有趣的：首先，无论是**钟情妄想**、**偏执妄想**[①]还是**区域妄想**[②]，即便是在妄想发作期间，都未妨碍妮可儿去安排和处理有关其公寓收租的那些相当难缠的事情。这些妄想也都没有妨碍她能够敏锐地理解其家庭关系的动力。

我想要让你们注意到的另外一点，则涉及她的**妄想性确信**（conviction délirante）；在她那里明显存在一种确信，也就是说，妮可儿确信那些灯光皆是一些针对她个人的信息。她确信这些灯光具有某种**意指**或**意味**。她的此种确

[①] "偏执妄想（délire paranoïaque）"或"偏执狂妄想"是一种慢性妄想状态，具有解释性和系统化的机制，通常包括克莱朗博描述的"激情型妄想"、赛里厄与卡普格拉的"解释型妄想"与克雷奇默的"关系敏感型妄想"。另外需要注意的是，"偏执狂妄想"应该区别于"偏执样妄想"（délire paranoïde），后者属于偏执型精神分裂症中的妄想状态。——译注

[②] "区域妄想（délire en secteur）"是由克莱朗博所提出的一个概念，常见于他所谓的"激情型妄想"（包括钟情妄想、追诉妄想与嫉妒妄想），亦即妄想只聚焦于某个特定对象或特定主题，而没有泛化并覆盖现实领域，克莱朗博将此种区域妄想描述作"一种揳入在现实中的妄想性区域，它是在偏执狂倾向的基础上发展出来的一种妄想状态。病人的妄想系统会围绕一个初始的妄想性公设来进行组织，而现实检验的功能则是完好无损的"（Crocq, 2014, p. 55）。——译注

信恰恰就是针对这一点的，亦即有一些**符号**或**征象**具有某种涉及她个人的意指。然而，此种确信却并不针对意指的内容。另外，这里涉及的真的是一种确信吗？往往，在确信的位置上，我们可以听到的东西，都恰恰相反是病人在对他来说显得神秘莫测的某种现象、某种符号或某种事物面前所感受到的一种**困惑**（perplexité）。此种现象要么会以某种**确信**的形式而呈现出来，要么会以某种**谜题**（énigme）的形式而呈现出来，但不管是哪种形式，它都总是在质询"**意指**"。

索绪尔图式

你们都知道，拉康曾经吸收了索绪尔在**能指**（亦即我们在其声响物质性上听到的语词）与**所指**之间进行的区分。就一个特定的能指而言，哪怕它有多个可能的所指——当我们处在那些**常态神经症患者**（névrosés ordinaire）[①]中间的时候，也就是说，当我们处在那些**正常人**中间的时候——句子的语境也都会允许我们听到几乎相同的意指，即便我们也可以说：我们始终都处在误解之中。

正是这一点导致了我们差不多可以达成一项共识，亦即存在某种恰恰能够将**能指之流**与**所指之流**稳定下来的东西，正是这个东西允许我们能够在相同的位点上放置一些垂直的顿挫或休止。在我看来，关于**语言的本质**，我们似乎有必要在此给出一些补充性的元素：拉康将其命名作**大他者**的东西，是一个地点，亦即**能指的位点**。这些能指只有通过它们之间的相互差异才会呈现出其自身的价值。

[①] 这里的"常态神经症（névrose ordinaire）"很容易让人联想到拉康的女婿雅克-阿兰·米勒基于拉康的晚年教学而提出的"常态精神病（psychose ordinaire）"概念。在我看来，我们完全可以把这两个概念制作成一个对子来拓宽我们对于"结构"和"现象"的理解。换句话说，无论是神经症的结构还是精神病的结构，都存在相对稳定化的"常态形式"，当然也存在发作状态下的"异态形式"，亦即"异态神经症（névrose extraordinaire）"和"异态精神病（psychose extraordinaire）"。由此，我们便可以说，神经症与精神病在现象上是连续的，而在结构上则是断续的，亦即常态精神病可能在症状表现上非常接近于神经症的稳定状态，而异态神经症也可能在症状表现上非常接近于精神病的发作状态，但是在主体的精神结构与其潜在的运作机制上却有着根本性的不同。——译注

当一个语句被说出来的时候，为了让其中的每个语词都处在一条垂线上，你们便可以联想出与该词有关的一系列语词，这便是语句的**共时性轴向**（axe synchronique），索绪尔也将这一轴向称作**纵聚合轴向**（axe paradigmatique）或**范例轴**，例如，"桌子"便在共时性轴向上被重新联系于家具、建材、木料、合成树脂、工作计划、讨论地点和吃饭场所等。语句的另一轴向是**历时性轴向**（axe diachronique），索绪尔也将其称作**横组合轴向**（axe syntagmatique）或**句段轴**，它仅仅意味着一连串能指在一个语句中的接续，例如我可以说，"这张桌子太笨重也太占地方了"。

因此，在语言中便存在着两种基本机制，而弗洛伊德早在其《释梦》（*The Interpretation of Dreams*, Freud, 1953b）中便开始根据**移置**（déplacement，见pp. 305-309）和**凝缩**（condensation，见pp. 279-304）这两项术语来对上述两种机制进行了分别的讨论。拉康在弗洛伊德的这一区分中认出了那些语言学家们自己以**换喻**（métonymie）和**隐喻**（métaphore）这两项术语而孤立出来的东西的等价物[①]。其中换喻对应着移置，例如，我们可以说"喝上一杯"来表示我们要喝杯子里的酒[②]，或者说"这支军队拥有三十张帆"来表示三十艘船[③]。至于隐喻则对应着凝缩，例如，我们可以说"贝尔福雄狮（Lion de Belfort）"来追忆曾在1870年的普法战争中保卫法国贝尔福地区来抵抗德意志帝国入侵的丹福尔-罗什洛（Denfert-Rochereau）上校。

拉康使用的第二个隐喻的例子，取自法国文豪维克多·雨果（Victor Hugo）在《世纪传奇》（*Légende des siècles*）中的《沉睡的布兹》（*Booz endormi*）一诗。布兹是一个富有的老头，他在即将秋收的自家田地里睡着了，而在他旁边睡着的是一个名叫露丝（Ruth）的贫穷拾荒者。在梦中，布兹在自家的田地里看到了自己荣耀的子嗣。雨果写道："他的麦捆既不吝啬也不怀恨。"在这句诗里，我们可以从一个指涉农业的隐喻中听出布兹的**阳具性力量**（puissance phallique），其

[①] 拉康在这里尤其参考的是俄国语言学家罗曼·雅各布森（Roman Jakobson, 1896—1982）关于两种失语症的研究。——译注

[②] 容器指代内容。——译注

[③] 部分指代整体。——译注

中的"麦捆（gerbe）"一词便隐喻他的"阳具"（Lacan, 2006d, p. 422）。拉康经常使用这些概念，而我在这里为你们给出这些简洁的指示，也是为了让你们能够更加容易地阅读拉康。

现在，我们可以再回到在索绪尔图式中构成语言的那两股"湍流"上来，亦即**能指之流**与**所指之流**。能够将这两股湍流稳定下来的东西，便是拉康将其命名作**父亲的名义**或**父之名**（*Nom-du-père*）的隐喻。我们可以将此种**父性隐喻**或**父名隐喻**理解作是让孩子得以进入语言的一项必要条件，即他必须要服从此种语言的法则，必须要服从能指的专制，尤其是他必须要抛弃事物本身以便仅仅拥有事物的隐喻，亦即能指。

对于一个精神病主体而言，除了存在一些急性发作的"**妄想期**"之外，也还存在一些还是能够将能指链条稳定下来的**结扣点**，但是这些结扣点也可能会崩解，而在这样的时刻上，"能指之流"便会与"所指之流"变得解裂开来（Lacan, 2006d, p. 419）。因此，意指便会开始滑动，并且开始消散：对于病人而言，正是这一点构成了**谜题**。换句话说，病人越是在意指上进行质询，语言也就越是存在着瓦解的风险。

在对于精神病患者的治疗上，上述的理论性思考都会产生一些实践性后果：当某种**转移**被建立起来之后，也就是说，当病人因为假设你们就在他身上所发生的事情拥有某种知识而开始信任你们的时候（"**假设知道的主体**"的建立），那么，在他感觉自己开始就某种谜题而提出各种问题的时候，你们便可以要求他去试着关心一些别的东西，试着将他在这个方向上的那些思考转到别的方向上去。我会告诉他们说，在那里根本不存在任何需要理解的东西，在那里仅仅存在一个危险的**无底深渊**，而他最好还是能与之保持一定的距离。就某些病人而言，我们完全有可能在这些**说明**（explications）上走得更远：他们大多都会感兴趣于语言的运作、能指与所指之间的关系，乃至它们的关系在精神病中的裂解。很多病人都会阅读一些精神分析的著作，而且现在，他们同样会在互联网上查询精神分析方面的资讯。在我看来，似乎当他们理解了精神病的此种语言机制的时候，他们便可以更好地对其进行防御，即便当他们无法进行防御的时候，他们至少能够靠自己而意识到他们不得不服用一些神经安定剂，以便让此种意指无限滑动的精神病现象能够停止下来。

妮可儿就属于我向其说明了此种机制的那些病人。在我第一次见到她的时候，她已经接受过五年的心理治疗，而在过去的19年里，她都没有服用过在总体上超过半年的神经安定剂。显然，这并非意味着心理疗法能够完全取代化学疗法，然而它却使我们有可能给这些药物治疗赋予一种不同的位置，一种不那么占据优势的位置。

关于能指与所指之间发生解裂的这个主题，我还有最后一则小小的评论。你们可以听到妮可儿如何说出了这样的一句话，"必须**挖空**（creuse）脓肿，还是**挤爆**（crever）脓肿，我不知道"。这里的"*creuser*"与"*crever*"是两个经由谐音而在换喻性的层面上联系起来的词。当我们仔细倾听病人的时候，我们便有可能觉察到此种**能指的逻辑**（logique du signifiant）。例如，在这里，我们便听到了此种经由"谐音"而产生的语词联系，而在此种联系中居于首位的东西，非常明显地，就是**能指的物质性**（matérialité du signifiant）[①]。那些意指只是在后来才介入了进来，从中我们也明显看到了意指是有些漂浮或飘摇的。她告诉我们说"我不知道"便表明了这一点。不过，让我们还是再回到妮可儿住院的那段时期上。这是她迄今为止的第一次也是唯一的一次住院。

住院

妮可儿的住院报告做出了**伪神经症性精神分裂**（schizophrénie pseudo-névrotique）的诊断性结论。如果我们参照*DSM*的那些标准，我们便被迫会做出这一诊断结论，但是从一种精神分析的视角来看，它却涉及一种**带有钟情主题的偏执型妄想**（délire paranoïaque à thème érotomaniaque）。相对于我们在上一讲里讲解的安托万个案，妮可儿具有一个相当强大的**人格**，也就是说，她具有一个自我，一种想象的一致性，而且她还具有一段带有一些**创伤性元素**的历史，而她也能够将这些创伤性元素全面地展示出来。这也是为什么她会给他的那位

[①] 拉康曾在《精神病》研讨班中将此种能指的物质性称作"词物主义（motérialisme）"。
——译注

心理治疗师带来这样的一种印象，让他误以为她呈现出的是一种"神经症"。在其住院期间，妮可儿曾经接受过一次心理评估，以下便是这份测评量表的解释。

她在言语智力上的得分要优于平均值，也要优于我们先前考虑到社会职业性的层面而所能给出的预估值。然而，她在集中注意力方面却存在一些困难，从而阻碍了她的那些记忆能力，这些困难很可能联系着当前的药物治疗，或者也可能具有某种功能性的起源。她的人格测试结果以一种去结构化的深度焦虑为主导，此种焦虑同时触及了她的内部世界与外部世界。她的那些人际关系要么是以丧失活力为标志，要么则是以某种非常古老且原始的攻击性为标志，这些侵凌性的效果引发了一些昏厥的时刻和一种很差的现实感。在她的某些回应中存在一些怪异且任意的内容，这些内容时而是非常生硬的，从而会令人联想到她在身份同一性上存在一些巨大的困难，甚至还会暗示出某种身体的碎裂的存在。

虽然在她这里也确实存在一种经由建立强迫类型的防御来进行重新结构化的尝试，但是当面对从底下隐隐表现出来的解离性压力和解释性活动的时候，这些防御又都是脆弱不堪且毫不牢靠的。在总体上，她的心理测量图景是以精神分裂型精神病为特征的。

在出院之后

当妮可儿出院的时候，她仍然在就同样的主题进行妄想，尽管给她增加了神经安定剂的药量，这些妄想还是持续了好几月。她跟我谈论了很多她的家庭与她的历史，但也谈论了很多她的妄想。关于她的童年期，她告诉我说，她的母亲当时必须一直忙于照顾她病重的妹妹，她需要经常到巴黎去让妹妹在那边的"大医院"里接受治疗。在母亲缺位期间，都是妮可儿在负责一切家务，"我当时就是她们的小保姆"，她这么告诉我。她还跟我谈论了她的两位哥哥，其中的一位当时经常打她。

关于她的妄想，妮可儿在九月底曾对我这么说道：

当我在28岁"解禁"的时候，那也是在我邂逅了一个"渣男"之后。我当时相信他爱上了我，也曾相信我们将会结婚。但是现在，与阿兰在一起却大不相同，我知道他还爱着我，也知道他会回来找我。别人都告诉我说事实不是我想的这样，说他压根不在乎我，说他把酒店账单留给了我……他现在住在拉罗谢尔①，住在海边的一栋美丽洋房里……他在等待我结束我的心理治疗。

而之前跟弗朗索瓦兹（Françoise）在一起，我就没有那么失控，也没有出任何问题。

妮可儿在这里提到了她大约25岁时的一段"同性恋"关系。在12月，她又说道：

虽然现在我已不再想着阿兰了，但我还是无法相信他不会回来，这不可能说得通。我觉得他是在等我结束我的心理治疗。我相信他能理解我当时需要进行治疗。

我曾经写过两封信给他，都寄去了拉罗谢尔，后一封信以"收件人地址不详"的名义被退了回来，但我相信他还是收到了第一封信。好吧，我在这里说的话有些不合逻辑。我很想到拉罗谢尔去看看他是否还住在那里。

当在我妹妹的公寓里看到那些信号的时候，我便会把窗户打开再把窗户关上，我望着对面的公寓，那边是有回应的，我看见有的窗户也打开又关上了。

在出院六个月之后，妮可儿试图重新应聘一份工作，但她失败了。她已经不再反复谈论阿兰的事情，她告诉我说，她已经不再想他。她觉得自己相当抑郁，并在求职失败后最终决定完全停药。然后，她还跟我分享了她的一些其他困难。

---

① 拉罗谢尔（La Rochelle）是法国西部港口城市，滨海夏朗德省的省会，著名旅游胜地。——译注

- 她一直都有进食障碍：在青少年期的时候，她曾经有过一段暴食症的时期，当时她会自己抠吐；在她很小的时候，她的母亲患有厌食症，但逼迫自己的孩子们吃饭，而她后来也总是逼迫自己这么做。
- 她经常担心自己生病：要么是担心尿道感染或妇科感染，要么就是害怕得了一些严重的疾病；她的母亲总是生病，总是抱怨没完，几乎不吃东西，总是脆弱不堪。

在精神病中，如果你们留心注意的话，你们便会看到：身体与身体的运作总是会在第一位上突显出来；在精神病的发作当中总是会有那么一丁点儿的**疑病症**。另外还有一点，妮可儿告诉我，她会为了省钱而在商店里偷窃一些食物，然后她又补充说道："我变得就像我的父亲一样吝啬。"她在偷窃上有着极大的快乐。与此同时，她也能够联想到这样一个事实：在她的家庭中，她的父亲从来都没有颁布过任何法则——他先前曾任由她的哥哥打她，从来没有进行过任何干预，而如果她在学校里做了什么蠢事，也从来没有因此而遭到过任何训斥。她会用这样的一种观念来合理化自己的偷窃行为，亦即在社会中，没有人是诚实的，无论是那些政客还是她的前任老板，后者曾经在二战期间通过与德国佬进行非法勾当才搞来了他的生意。从而，她便向我们说明了她与象征性**法则**之间的关系并未得到很好的建立，而这意味着精神病的一项结构性特征。

后来，妮可儿又进行过几次重新应聘工作的尝试，但都没有成功。她重新开始变得有些妄想，而且必须重新服用一些神经安定剂。在我们首次会谈的一年之后，她又遇到了一个男人，这个男人拥有一家小型企业，渐渐地，她也让自己完全投入进了这段关系：她先是变成了他的秘书，尔后又变成了他的情人，最后则是渐渐地变成了公司的真正老板。

六个月后，她在怀孕六周时发生了一次自发的小产，与此同时，她看到公司的经营非常不善，并且害怕破产。尽管处境艰难，她却并未复发。一天，由于遭到一次精神病性焦虑危机的折磨，她赶忙跑到了医院急诊，因为她的全科医师之前给她开具了一针球蛋白的注射。她表现出了一种对于**身体性闯入**（effraction corporelle）的恐惧，并且哭泣了整整两个小时。然而，她却很快就渡过了这次危机，因而也没有必要让她重新开始服药。

三年来，她与自己的这位情人交往频繁，当时她必须要经历一场外科手术，因为尽管她渴望一个孩子，但却始终无法怀孕。医院给她做了剥离卵巢黏膜的手术，很快她便怀孕了。与此同时，她在公司里也开始承担起越来越多的责任。在她怀孕期间，我会以最亲近的方式来见她，一切都很顺利，也不需要神经安定剂。在我的建议下，她在一家能够得到精神科医生跟踪治疗的医院病房里进行了分娩。他们生下了一个女儿。

在她怀孕期间，我也曾向妮可儿强烈建议，坚持要求让她在日间托儿所①给自己的女儿要到一个位置。她当时很不情愿这么做，告诉我说她完全能够同时兼顾宝宝的照料与公司的管理。她本来计划要带着婴儿摇篮去移动办公，而完全没有想象过自己将会经历怎样的一些困难。我必须使尽我的浑身解数来让她采取这一措施，她不得已只好违心地这么做了。

当孩子出生的时候，她开始产生了一些担忧，恐惧自己会做出一些冲动的行为：她害怕自己会想要伤害自己的宝宝，而除了我以外，她当时无法跟任何人去谈论此种伤害宝宝的冲动，因为她不想被人夺走她对自己孩子的监护权。能够把女儿寄养到日间托儿所其实让她感到轻松了很多，后来她也经常告诉我说，她非常高兴当时听从了我的建议。

对那些神经症患者的精神分析要求分析家必须**装死**（faire le mort），也就是说要占据桥牌游戏中的所谓**明手**（le mort）的位置，而这意味着分析家永远不要在实在界中进行干预，永远不要表达自己的意见或是给出自己的建议，也要尽量节制不要让自己的病人了解到分析家自身的人格或是其个人的历史（Lacan, 2006c, p. 492）。但是，就一个精神病患者而言，情况则恰恰相反，在我看来，分析家有时要在实在界中进行干预，这是非常正当且合理的，例如，我对妮可儿说，"给你的女儿登记报名日间托儿所"。就精神病患者而言，在想象界的层面上同样不可避免地存在一种在治疗师形象上的**镜像式定位**。因而，你

---

① 在法国，"日间托儿所"是可以在白天托管3岁以下幼儿的公立育儿机构，如果父母因白天工作繁忙无法照顾孩子，便可以在日间托儿所进行登记报名，等晚上再把孩子接回家里进行照顾。——译注

们也必须要注意到这一点，并且留神此种形象的影响和它的种种效果，例如，为了说服妮可儿把她的女儿寄放到日间托儿所，我有时会跟她谈到我自己的女儿，跟她谈到我女儿先前从日间托儿所的经历中所获得的种种好处。如果说我跟她谈论了自己的事情，亦即进行了所谓的**自我暴露**，那么这并非是为了我在讲述自己时所能获得的那种自恋性的快乐，而是为了让她能够在我给她建议的事情上找到一种想象性的支撑。换句话说，我仅仅是在告诉她那些可能会对她有用的信息。但与此同时，重要的是这些元素必须是真实发生而非编造杜撰的。然而，尽管治疗师针对一位精神病患者的行动可能会经由一种在实在界的干预来进行，同时伴随在想象界层面上的行动，但是在象征界层面上所发生的事情还是最具重要性的。在其生活中的每次事件和每次困难上，妮可儿都会来跟我谈论在她那里发生的事情；对她来说，在我这里存在一个地点，一个让她能够将自己的言语寄存于其中的地点，一个让自己能够被人听到和理解的地点，有时还是一个能够得到一些回应的地点。这是在她与自己女儿的关系中间或是在她与自己男友的关系中间充当**第三方**的一个**中介性地点**。

十二年之后

在这一年的一开始，她的父亲便因患上了脑瘤而接受治疗，与此同时，她的母亲又因非常的疲惫而无法承担照顾自己丈夫的责任。于是，妮可儿便在他们两人居住地的中间找到了一个可以同时方便照顾她父母的地方。另外，她还为他们老两口奔走联系了一家养老院。她的女儿在学校里成绩优异。她的公司也经营得不错，然而她还是必须要面对一些冲突，这一方面是与投诉客户之间的冲突，而另一方面则是与公司会计之间的冲突。她必须想办法应对所有的这些事情。我给她开具了一些神经安定剂，不过她并未服用。七月份，她的父亲去世。妮可儿负责筹办了葬礼，随后她便将母亲接到自己的家中来负责赡养。在九月份，她的妹妹又做了手术，这是她生命中第三次接受器官移植手术。妮可儿来回奔波，又要到医院里去看望妹妹，又要回家里照顾母亲，还要负责公司的管理。

九月底，她的母亲因为需要做一个不太严重的小手术而住进了医院。在这一时期里，我每个星期都会见上她一次，我会仔细倾听她，以便来定位一些可能发作的迹象，鉴于她正在经历的所有这些压力，我非常担心她有可能发作。她也向我谈到了一次发作，"脑袋里的抽搐感，就仿佛那里面存在一个紧紧收缩的瓶颈一样"（原话如此），她还抱怨说自己的记忆变得很差。在重症监护室里经过一个月抢救之后，她的妹妹还是去世了。又是妮可儿要负责回外省去筹办葬礼。然后，在搭乘火车到外省去给她妹妹筹办葬礼的时候，她非常焦虑地给我打来电话说，她觉得自己正在濒于崩溃，她受不了要回去见到她的哥哥，也就是小时候曾经打过她的那位二哥；另外，她还发现了一些巧合的现象。然而，她还是让自己冷静了下来，并且服用了一点儿神经安定剂来应对这次危机，几天之后，她便自行决定停药。我相当仔细地持续见她。到了一月，她母亲的健康状况急转直下，她跑来要我给她开具一些药效更强的抗精神病药物。在随后的一周，她的母亲便去世了，她又开始注意到一些巧合的现象，她在各个地方都听见了一些关于死亡的谈话。持续一个月，她始终都在服用神经安定剂。

在二月底，妮可儿告诉我说，她的精神状态非常糟糕，她在哀悼自己逝去的亲人，她为他们哭了很久，现在她又是孤零零一个人了，生命里只剩下她的女儿和她的男友。当时她曾有好几次约见了不同的医生，因为她感觉自己的身体非常不舒服。她又补充说道："我的面容发生了改变。"在这里，我们必须听到一种**身体畸变恐怖症**（dysmorphobie）①的表现。在几年之前，她曾一度想要让自己接受一次医学美容的外科手术来整形自己的鼻子，我当即便正式**否决**了她的这一想法。在春天，她的状态已经有所好转，于是她便决定让自己的会谈间隔上一段时间，以至于我在整个夏天都没有再见到她。到了九月份，妮可儿让自己接受了一次外科整形手术——乳房缩小手术；实际上，当时她的乳房确实很大，因而从客观上来看，她的缩胸手术并非是完全没有理由的。只不过，她

---

① "身体畸变恐怖症"也叫"躯体变形障碍（Body dysmorphic disorder，简称BDD）"，是一种精神病性的障碍，患者会过度关注于自己的身体形象并对自身的体貌缺陷进行夸张或臆想。在大多数病例中，患者的关注对象都是一个或多个极其微小或是根本不存在的"缺陷"。因为过度关注自身的形象，患者的日常生活会受到极大的影响，而且通常伴随有抑郁、焦虑等情绪状态和社会功能退缩。——译注

并未在这件事情上来询问我的意见。倘若她当时有来向我征求意见，那么我还是会建议她推迟这场手术，这并不仅仅是因为我们从来都不可能知道当触及一位精神病患者的身体统整性时会导致怎样的结果，而且除此之外，也更是因为这场手术的日期非常接近于她的妹妹在前一年九月因之去世的那场外科手术的纪念日。当她来向我告知这件事情的时候，她已经做完手术了。因此，我便没有在她**先斩后奏**的这个主题上对她说出我的那些保留意见。恰恰相反，当她来向我解释说她现在感觉要轻松很多，也终于能够像她长期以来所希望的那样去做健身体操的时候，我还向她表示了赞许。但是，正如我当时曾经担心的那样，她对这次整形手术并不满意，她认为手术给她留下了一些非常明显且难看的疤痕，而且她的乳房也没有了先前的那种漂亮的形状；以至于她都不敢把自己的胸部展示给她的男友。

到了这一年的"诸圣瞻礼节"①假期，她受到邀请去了国外的山里度假，到那边住在一位女性朋友的家里，后者是她女儿的同班女同学的母亲，她们两人因为彼此女儿的关系而成为朋友；在过去的一年里，妮可儿与这位女性朋友的来往非常频繁，她们经常到对方的家里去玩儿。在这次度假期间，她哭着给我打来电话：她又崩溃了，她不停地抽泣，以至于都无法告诉我发生了什么。等她回到法国之后，她来见我并向我解释说，为了庆祝万圣节，她俩的女儿们想要购买一些装扮。她的这位女伴当时说道："孩子们，你们知道吗？当妮可儿和我还是小孩子的时候，我们都不是购买这些装扮，而是自己制作这些装扮。"似乎正是这句话完全触动了她的发作，因为这句话把妮可儿重新带回了她自己不曾拥有的童年记忆，她当时就是家里的一个"小保姆"，她的哥哥打她，她的父母都不在家。

---

① "诸圣瞻礼节（Toussaint）"是法国天主教的传统节日，以每年的11月1日为其法定节假日，原本是纪念所有圣徒的宗教节日，后来则渐渐发展成纪念已故亲人并寄托哀思的民间节日，但近些年来由于受到英美流行文化的影响，该节日已开始变得与10月31日的"万圣节"有所同化——它在形式上非常类似于我国的"清明节"，但在时间上却比较接近于农历十月初一的"寒衣节"——这个时候法国中小学生为期两周的小长假也标志着冬天的到来。——译注

紧接着，她便想要去帮忙清理一下这位女性朋友的汽车，她发现车里有一根滑雪杖。然后，她看到车里还有第二根滑雪杖，接着又看到了第三根滑雪杖。于是，她便把这些滑雪杖从汽车后备厢里拿了出来，把它们靠在了一面墙上。但紧接着，她朋友的丈夫同样过来清理他自己的汽车，他同样从汽车的后备厢里找出了一根滑雪杖，然后他同样把这根滑雪杖靠在了那面墙上。正是在这里，她开始寻思：这个男人在她看来是非常古怪的这一系列操作到底意味着什么？在这里，我们再度面对着一种**解释性妄想发作**的临床图景。再一次地，这些事情在一个星期之后便重回了秩序。她跟我说道："您知道的，我有如此多的事情要做，我没有那么多的时间来进行思考和妄想。因此，当我把自己的注意力都集中在那些实际的工作上的时候，我的精神状态就会好得多。"

在整整这一年期间，她都会非常有规律地来见我做咨询，向我询问一些实用的建议。她也会来跟我谈论其亲人的离世，首先是她父亲的死亡，然后是她妹妹的死亡，最后是她母亲的死亡。每一次，她都会告诉我说，能够来跟我谈论这些事情，对她而言是非常重要的。我不得不说，我并不总是知道她在期待什么，也并不总是知道要如何来回应她的期待。在这一年期间有很多次，我都害怕她会再度发作，我给她开具了少量的神经安定剂，同时告诉她说，这一切的发生对她来说都太过于沉重，她必须要能够保护自己。但是，我也同意让她尽可能地把药停了，因为她更偏向于用一些其他的方式来防御自己的精神病：正如她非常清楚地说到的那样，如果她把自己的注意力都集中在一些实际的工作上，她的精神状态就会好得多。另外，我同样认为，她与自己那位新近结识的女性朋友之间的**暂时陪伴型**关系，也可以从**想象性定位**（repérage imaginaire）的方面给她带来某种支持或支撑。

几点理论性考量的要素

第一点，在妮可儿住院期间，她曾与一位聚焦于**意指**来工作的心理咨询师进行过一次访谈，而拉康精神分析的理论则强调**能指的逻辑**。我要给你们引用一段特别典型的心理咨询来说明此种方法和取径上的差异，其主题涉及病人的血型。例如，妮可儿讲述说，她不曾拥有一个幸福的童年，当她还是一个小女孩的时候，她并不快乐，她没有时间玩耍，因为她总是要替自己的母亲去承担各种家务活儿。在讨论的过程中，妮可儿联想到了一件总是令她非常震惊的事情，"她是家中唯一属于 O 型阴性血型的人"。于是，这位心理咨询师便向她询问说，她是否觉得自己不是父母的亲生女儿。妮可儿说她从未想过这一点，不过她又补充说道："负零，即是比零更少。"妮可儿是从字面上来看待能指的，也就是说她把**能指**（O 型阴性）当成了**字符**（负零）来把握，当然她也会给其赋予某种**意指**（比零更少）[1]，但是此种意指却与神经症患者的那种**家庭小说**（roman familial）[2]没有丝毫关系。她不会在这里产生任何想象，她仅仅是照单全收：负零，即是比零更少。

当涉及对神经症患者的治疗时，拉康派分析家的解释始终是在**能指的物质性**这个层面上来进行的，以便让分析者从中听到**能指的歧义性**，也就是说，**解释并不针对意指**。但是就精神病患者而言，分析家则最好是让病人明确指出他赋予其**所述**（énoncé）的**意义**（sens），尤其是不要替代病人来自行脑补并为他想象出某种意指，因为我们皆会不可避免地陷入用我们自身的神经症框架来进行理解的风险，换句话说，也即经由我们自身的**幻想**来进行理解，然而当涉及一位精神病主体的时候，这是必定会出错的。

第二点，在精神病患者们那里往往存有某种**同性恋**（sexualité）的意味，这是精神病主体**未经性别分化**（non-différenciation des sexes）的指标。为了让此

---

[1] 这里的"能指""意指"与"字符"分别属于象征界、想象界与实在界的层面。——译注

[2] 弗洛伊德曾经在其弟子奥托·兰克（Otto Rank）的著作《英雄诞生的神话》（1909）中插入了他自己的一篇小文章：《神经症患者的家庭小说》。根据弗洛伊德，此种现象是将父母与孩子拉开距离的一个常见过程，在他看来，这一过程也是社会发展不可或缺的必要条件。具体而言，"家庭小说"是一种可以分析揭示出来的无意识幻想活动，而且往往是神经症主体在其童年时代的白日梦。弗洛伊德进一步指出，此种"小说"通常具有两个需要满足的目标，亦即"欲望"与"雄心"：一方面，孩子会在此种幻想中将父亲与母亲分离开来，从而允许了那些俄狄浦斯欲望的部分实现；另一方面，孩子还会在此种幻想中实现一些社会成功的愿望，"家庭小说"在此时即意味着孩子会在幻想中发明出一个更加高贵且更加富有的家庭，并想象自己是另一家庭中的"小王子"或"小公主"等。——译注

种性别分化在象征界的层面上得以正确地建立，必须存在**阳具的功能**（fonction phallique），也就是说，**象征性阳具**（phallus symbolic）必须得到承认。换句话说，这便意味着主体必须要经历俄狄浦斯情结，也就是说必须要经受阉割。我在这里为你们给出了同一功能的多个不同表述。弗洛伊德虽然没有区分三界（亦即想象界、实在界与象征界，简称为RSI），但他还是发现了这样的一个事实，亦即爱恋其母亲的小男孩必须放弃母亲并且承认母亲属于父亲，如此他才能够在第二时间上将其自身的**力比多投资**（investissement libidinal）转向与他同代的小女孩。这里存在的"乱伦禁忌"是非常根本性的。拉康当然同样认识到了俄狄浦斯情结的这一合法性根据，不过他却是从实在界、想象界与象征界的区分出发，以一种更具根本性的方式来对其进行表述。在拉康看来，弗洛伊德描述的俄狄浦斯情结，便是象征界层面上发生的事情在想象界层面上所引发的结果。但是在精神病中，这却是主体没能跨越过去的一个阶段，因为**父亲的名义**遭到了**排除**或**除权**（forclusion）①。

我们不能谈论在精神病中存在对于"同性恋"的压抑，因为在精神病中恰恰根本不存在**压抑**（refoulement）的机制。正是**阳具的功能**允许了主体在拉康的**性化图式**中占据象征性的**男性位置**或**女性位置**（见Lacan, 1988, pp. 78-89）。这便是为什么在精神病中，主体总是会在其**性化位置**上存在有某种困难的原因

---

① 正如我在很多地方都曾反复指出的那样，拉康的"排除（forclusion）"概念绝对不能用所谓的"脱落"来进行翻译。毕竟，这一措辞是由古法语动词"forclore"演化而来的，该词由前缀"for（在先）"和动词"clore（关闭）"构成，它在字面上首先是"预先关闭"和"排除在外"的意思。因而，拉康的这一概念意味着"父亲的名义"这一关键的能指被预先关闭或预先排除在象征界之外，既然它从未"登陆"象征秩序，那就更谈不上从象征秩序中的"脱落"。另外，鉴于拉康在使用这一术语时也参照了其在法律上的意涵，故而我们像台湾学者沈志中先生那样将其译作"除权"便也不失为一种妥当的译法。至于所谓的"脱落"，如果硬是要在中文拉康派语境下给它保留某种"特权化"的地位，我宁可用它来指代主体在进入语言时经由原初压抑而导致的对象 a 的"跌落"或"掉落"。但在精神病这里，恰恰是说对象 a 没有从能指链条中"脱落"下来，它尤其会"嵌闭"在身体之中，从而造成冲动的短路和失调。因此，在与精神病主体工作时，我们便必须要发明出一些能够把对象 a "拔除"出来的"体外化"技术。——译注

所在。谈及"同性恋",即意味着我们偏好自身的性别更甚于对立的性别。但是,这也假设了我们是在两种性别之间做出了区分。然而,在精神病中,此种区分恰恰并非是不言自明的[①]。

就妮可儿的情况而言,你们便已经看到了这一点:她先是跟一些男人发生恋爱关系,然后是跟一个女人,然后又是跟一个男人,并且与最后这个男人在一起组建了家庭。事实上,她自己也注意到了她与女人的关系并不像她与男人的关系那样会导致她的发作,换句话说,当阳具的功能没有在亲密关系中遭到唤起的时候,她便是受到庇护的。

第三点,涉及精神病中的**推向女人**(pousse-à-la-femme):关于精神病的**女性化**特征,拉康就是如此来表达的(Lacan, 2001, p. 466)。当弗洛伊德研究施瑞伯大法官(Président Schreber)的《一个神经病患者的回忆录》(*Les mémoires d'un névropathe*)时,他实际上便谈到了在偏执狂中存在的同性恋倾向(Freud, 1958)。当拉康重新阅读弗洛伊德与施瑞伯的时候,他便强调了"父之名"的排除在想象界的层面上所引发的这一结果,也就是说,他强调了**阳具的功能**并未在象征界的层面上得到建立的这一事实。我们可以换一种稍微简略一些的说法,如果一个男人由于**父名**能指的排除而无法对**阳具**进行依靠、仰仗或炫耀的话[②],那么他便会以自动性的方式而遭到**女性化**(féminisation)[③]。

第四点,我们同样必须要注意到精神病发作情节上的那些**触发性环境**:当我们接待一位病人的时候,我们必须相当细致地向其询问,以便来定位是什么

---

① 与神经症主体的性化逻辑更多发生在象征界的层面上的不同,精神病患者的性化逻辑更多发生在想象界的层面上,例如用"裤子"和"裙子"来定义"男性"与"女性"的位置,在此种情况下,"性别身份"就如同一件可以穿上再脱下的衣服那样,因而精神病主体的性化总是带有那么一点"跨性别"的意味,而在实在界的层面上,我们也总是能够看到一些精神病主体的"无性恋"倾向,在此种情况下,主体甚至不会带有明显的性别特征,以至于乍看之下,我们甚至无法在形象上一眼看出其性别。——译注

② 这里的法语动词"se reclamer"同时具有依靠、仰仗与炫耀的意思。——译注

③ 从这个意义上,我们也可以理解为:由于无法通过俄狄浦斯情结的"父名"能指来锚定"阳具的享乐",精神病主体便会自动被"大他者的享乐"给"逼成女人"。——译注

东西可能激起了精神病的发作。非常重要的事情即在于，要让病人学会与可能导致其发作的事情保持距离。当然，这些触发性的情境也是因人而异的，但是，通过依托于妮可儿的故事，我们也可以尝试着从中抽取出那些普遍性的特征。

这些可能会导致**精神病发作**的危险，包括如下几项。

- 当她与一个男人扭结出一段爱情关系的时候，也就是说，当阳具的功能被调动起来的时候，这一功能在她那里并未被建立起来。
- 当亲人的死亡是突如其来的时候。
- 当孩子出生的时候：妮可儿虽然很好地度过了这一时期，但我们还是必须要非常关注于这一时期的可能性发作。
- 当她去到国外的时候：事实上，跨越某种边界往往都会易化或促发精神病的发作，因为在这里已经不再存在先前起到保护性作用的那些习惯性框架，尤其是语言。恰恰是在国外，妮可儿显示出了她无法就自己的童年来说谎，也无法维持某种表象或假象。面对那则涉及她的虚假信息——她们在童年时都是自己来制作万圣节的装扮——妮可儿坍塌了；她完全无法通过自我伪装来进行掩饰，而这恰恰就是她的问题所在。处在假象（semblant）之中，即是处在神经症之中，而她并不处在假象的这一边。

第五点，妮可儿还突显出了**身体**在精神病中的重要性。她的最后一次发作，便是作为一次外科整形手术的结果而突然出现的，这是带有可预见性的一个逻辑性后果。为什么这么说呢？因为妮可儿的身份同一性呈现出了某种**缺陷**或**裂隙**，由于其精神病的结构，她不是非常自信，也就是说，她的身份同一性并未得到非常稳固的确立。这是一种源自象征界中的缺陷，而通常在她那里，此种缺陷都始终是经由一些**假肢**或**增补**来进行补偿的，这些增补能够帮助她在其整体上把自己支棱起来；换句话说，就涉及她的形象而言，亦即就她的**身体形象**而言，她发现了某种东西来让这一形象变得凝聚起来而不至于变得碎裂开来。她发现的这个东西，便是她自己作为母亲的形象，她自己作为公司管理者的形象，以及她在其男友身上、在她新近结识的那位女性朋友身上，乃至这二十多年以来在我身上所获得的支撑,当然还有她作为其原生家庭的支柱的那一理想。或许,还有很多其他的东西是我没能定位出来的。为了让此种想象性身份得以确立起来,我们必须要避免去触及她的身体;在精神病结构上的这样一种干预,很容易便会触发一种极其严重的妄想,例如,**自大妄想**,甚至科塔尔综合征(也叫"**行尸走肉综合征**",参见第08讲)。

作为本讲的总结,我想要再向你们提交最后一例临床片段,这则另外的个案也涉及如何定位在想象界层面上所发生的东西与在象征界层面上所发生的东西。一位男性病人给我带来了一沓子广告性许诺,在其中的每一页上,人们都在白纸黑字上用彩色的浮雕字体向他断言道:他会很幸运地赢得一张彩票,他会收到一张7000欧元的支票。他向我询问道:"换作是您,当您收到这些玩意的时候,您会做些什么?"你们在这里看到**想象轴**明显浮现了出来,我们处在"**从自我到另我**"或是"**从我到你**"的想象关系之中,这位病人在这里的要求明显是:给我展示正确的态度,给我充当模范和榜样,以便让我能够由此来定位我自己。但是,如果说我的这位病人向我提出了这个问题,实际上,这完全不是因为他觉得我的自我比他自己的自我要更加强大或是更加可靠。如果说他向我提出了这个问题,那也是因为他在期待我不是用我的"自我"(最好是能够抹除我的"自我"),而是从"大他者"的位置上来向他回应的一些东西。在明显的想象轴背后,总是存在着这条象征轴,正是从这个位置上,分析家才会被要求给出某种回应。

因此,我便向他回应道:"我根本不会打开看,就直接把它们给扔掉。很久以前,我曾经还会打开看看,而有的时候这会让我上当受骗。"他立刻就接上了我的话题并继续说道:"去年,我就上当受骗了,我当时支付了120欧元购买了两件产品,本来在快递包裹里应该有一张支票的,当然,里面压根儿没有任何支票。我把这些证据都保留了下来。我可以控告它们是虚假广告。"然后,我便告诉他说,我觉得他是完全有道理的,收到所有这些骗人的玩意儿确实是一件令人无法忍受的事情。但是,我又补充了一句:如果他仔细阅读了这些广告,那么他就会看到那上面写着一排很小的字,事实上,他只会败诉。因此,他或许完全不值得也没必要在这上面浪费太多的时间！

我觉得，如果我当时没有首先说出"我们可能会因为这些广告而上当受骗"这样的话，那么他或许就不会敢于告诉我"实际上，这就发生在了他的身上"，因而我们在这里便是处在想象轴上。但是，更加重要的则是当我们接下来能够抵达一个根本性问题的时候，亦即我们要给他者的言语授予怎样的信任？要是这样的话，我们是否有可能会接收到一些欺骗性的信息？而这又意味着什么呢？

查尔斯·梅尔曼先生（Melman, 1999）曾在其1989年有关**强迫型神经症**（névrose obsessionnelle）的研讨班中援引过法国历史学家让·博泰罗（Jean, Bottéro, 1914—2007）有关"罪恶"概念起源的一部著作：《罪恶的诞生》（*La naissance du péché*）。在这部历史学巨著中，让·博泰罗引证了一份包括有250宗"罪孽"或"过错"的目录一览表，它是由古代闪米特人的宗教祭司们所编制的，因而要先于希伯来人，也要先于"一神教"的建立。在这些罪孽或过错当中，便存在着**谎言**。对此，梅尔曼说道：

> ……谎言即是针对能指而犯下的罪孽，或是针对我们可以称之为象征秩序所特有的契约而犯下的罪孽。正是此种契约造成了说谎是一种罪孽，对我们来说也是一样。而如果我向你们询问为什么说谎是一种罪孽，你们会如何来回答我呢？为什么说它是一种罪孽？
>
> 那么，你们在这上面的想法是什么？为什么说谎是有罪的？为什么？为什么你们全都爱好于你们所谓的真相？……
>
> 好吧，说谎恰恰就是违反了象征界所特有的契约的东西，它恰恰违反了象征性的契约，从你们说谎的那个时刻开始，通过扰乱这个契约，你们实际上便是在触及那些根基本身，它们既是世界的秩序之根基，也是存在之根基……尽管能指在本质上即是欺骗性的，然而它却隐含着此种契约……如果你们都不信赖于此种契约，那么任何存在实际上都不再是可能的。

（Melman, 1999, pp. 393-395）

那么，如果我们再回到我们的"虚假广告"上来，我相信我们就必须要衡量这在一位精神病主体身上所可能产生的影响，因为在他而言，与象征界的契约至少都是很成问题的。

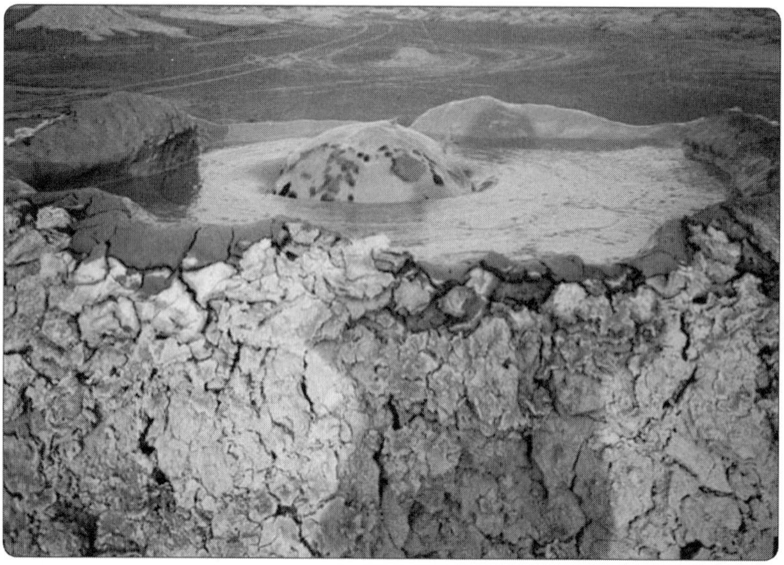

第 05 讲

象 征 轴

象征链条与强制性重复的自动化机制
研究《关于〈失窃的信〉的研讨班》

拉康《著作集》中的这篇文本包括有两个部分：其一是文学的部分，拉康在其中重新探讨了美国诗人兼小说家埃德加·爱伦·坡（Edgar Allan Poe）的这部短篇小说，其二是数学的部分，也是我打算在这里向你们展开的部分。这两个部分皆针对同一个目标，亦即让你们理解何谓"**能指对于主体的决定性作用**"。

经由在前面的文学部分中重新阅读《失窃的信》（*The Purloined Letter*）的故事，拉康向我们说明了持有这封信件何以会在主体的种种行径上决定着持有信件的主体。这个故事由两幕连续的场景构成，其中的每一幕场景都会涉及三个主角与信的失窃[①]。在这两幕场景里，重要的都是要看到，正是信件诱发了主体的行动，这封"失窃的信"从而也阐明了能指对于主体的决定性作用；在这个故事里，**信件即是能指**[②]。因为文学这个部分相对而言是比较容易的，所以我并不打算重新讨论这个方面，如果要进行讨论的话，你们便必须首先阅读爱伦·坡的故事，然后再阅读拉康的文本。前面的文学部分不是最难的部分，我更愿意立刻来跟你们讨论后面的数学部分，因为这个部分在我看来要更加复杂也更加令人信服。首先，我们必须阅读一下这个研讨班的开篇。在法文版《著作集》的第11页，拉康写道：

[①] 毋宁说，这封"失窃的信"才是爱伦·坡这篇小说里的真正主角。——译注

[②] 因为没有人能够读到这封信件的内容，所以拉康说它是一个被掏空了所指的"纯粹能指"。——译注

我们的研究已经带我们认识到，重复自动性（automatisme de répétition）亦即强制性重复（Wiederholungszwang），是在我们所谓的能指链条的坚持（insistance）中来获得其根源的。此概念本身，我们将其作为外在（ex-sistance，或译"绽出的存在"，亦即离心的位置）的关联项而分离了出来，如果我们要严肃地对待弗洛伊德的发现，那么我们就必须将无意识的主体定位于这个外在之中。我们知道，正是在由精神分析所开创的经验之中，我们才能够把握到，经由哪些想象界的歪曲，此种象征界的捕获才得以发挥作用，直抵人类有机体的内在最深处。

本期研讨班的教学旨在主张，这些想象性的影响，非但远远没有表现出我们经验的本质，而且在这方面也交付不出任何一致性的东西，除非是被联系于将它们连接起来并赋予方向的象征性链条。

(Lacan, 2006, p. 6)

紧接着，还是在这一页上，拉康又继续写道：

我们当然知道，这些想象性浇铸（Prägung）在那些给能指链条赋予其进程的象征性交替的部分化中的重要性。但是我们要提出，正是这一链条所固有的法则，在支配那些对于主体而言是起到决定性作用的那些精神分析的效果：诸如排除（Verwerfung）、压抑（Verdrängung）与拒认（Vernenung）本身——在这里应当明确强调的是，这些效果如此忠实地遵循能指的位移（Entstellung，亦即移置），以至于那些想象性的因素尽管有其惰性，在那里却仅仅显得是一些影子和映像。

(Lacan, 2006, p. 6)

在法文版《著作集》的第42页，拉康又补充说道：

……在无意识中所涉及的铭记或回忆（mémoration）——我指的是弗洛伊德意义上的无意识——并不属于我们给记忆（mémoire）所假设的辖域，因为后者可能是生物的属性……

然而，相当明显的是，如果免除了此种屈从（assujetissement），那么我们便可以在一种形式语言（langage formel）的那些有序链条中，发现一种"铭记"的整个表象：尤其是由弗洛伊德的发现所要求的那种"铭记"。

　　因此，我们甚至要说，如果我们还剩下什么是必须要证明的话，那也是要证明这一象征界的构成性秩序并不足以应对这里的一切。

(Lacan, 2006, p. 31)

在法文版《著作集》的第43页，拉康又继续写道：

　　……我们并不声称经由我们的α、β、γ和δ而从实在界中抽取了比我们在其给定中所假设的更多的东西，也就是说它们在这里什么也没有抽取出来，而仅仅要证明它们只是经由把这个实在界变成偶然，就已经在这里带来了某种句法（syntaxe）。

　　正是在这一点上，我们提出弗洛伊德所谓的"重复自动性"的那些效果无外乎皆来自此。

(Lacan, 2006, p. 32)

　　随后，在法文版《著作集》的第46页，拉康又强调了这样的一个事实，亦即"象征秩序不再能够被设想作是被人构成的，而必须相反被设想作是构成人的"（p. 34）。这意味着，语言可能并非是人类为了交流自己的思想而将其发明出来的一种工具，就像人们所可能相信的那样，而是恰恰相反，正是因为首先有语言的存在，才可能在语言中催生出一些有思想的存在。正是语言允许了主体的存在。这也是为什么拉康会说，他"感到自己是被催促着来真正训练我的那些听众，搞明白弗洛伊德著作所隐含的那种回忆概念"（p. 34）。

　　弗洛伊德正是在1920年写的《**超越快乐原则**》（*Au-delà du principle de plaisir*）这篇文章中，才创造出了**死亡冲动**（plusion de mort）的概念（Freud, 1955, pp. 12-17）。在这篇文本中，弗洛伊德从观察到三类事实出发：(1) 那些创伤性梦境的重复；(2) 孩子们的那些重复性游戏；尤其是 (3) 分析者在转移中对已然经历过的那些情境的重复①。这些情境都显示出了对于早前情境的一种**强制性重复** (complusion à répéter)，哪怕是这一情境在当时并未能够带来满足。弗洛伊德说道，此种强制性重复"似乎比它所推翻的快乐原则要更具原始性、更具基本性且更具冲动性"(p. 23)。

弗洛伊德终其一生都将主张这个"死亡冲动"的概念，尽管他的这一概念在精神分析界中遭到了强烈的反对。然而，弗洛伊德仍然困惑于他借以表述其概念的方式，也就是说，他是以一种"**生物学神话**"的形式来对其加以表述的，亦即生命物质渴望重新返回到先前无机状态的神话。正如弗洛伊德自己所承认的那样 (1955, p. 59)，他自己"并不信服于此种诉诸生物学的方式"，而且他并不要求别人去相信这个生物学神话。

那么，我们又要如何来解释弗洛伊德对于其假设的发展所持有的此种保留呢？尽管**死亡本能** (instinct de mort) 这一概念本身在其后续的著作中皆得到了明确的肯定且从未遭到否认，我们又要如何来理解弗洛伊德对于其生物学神话的此种缺乏信任呢？弗洛伊德给了我们一个回答的开始：他 (1955, p. 60) 告诉我们说，他很遗憾自己要被迫诉诸一种"形象化的语言 (langage imagé)"，而他很希望自己能拥有一种更具科学性的语言来任他支配。

对于拉康而言，如果我们同他一道认为"死亡冲动"并非涉及一种靠不住的生物学理论，而是纯粹涉及一种**神话**，因为神话承载着一种普遍性的价值②，那么这一概念性假设的发展便会随着拉康的这些指示而变得更加清晰起来。**死亡冲动**是作为**强制性重复**而介入进来的某种超越生命的非人的东西。

我要向你们引用拉康在法文版《著作集》第46页上的一句原话："正是因

---

① 另外，弗洛伊德其实还提到了第四类事实，亦即分析中的那些"消极治疗反应"。——译注

② 弗洛伊德曾在《精神分析引论新编》中说道："冲动理论可以说是我们的神话学。冲动是一些神话的实体，在它们的不确定性中宏大" (SE. XXII: 95)。至于拉康也在其《研讨班XI：精神分析的四个基本概念》(*Séminaires XI: Les quatre concepts fondamentaux de la psychanalyse*) 与其《著作集》中的《无意识的位置》一文中表述了冲动的"薄膜 (*lemella*)"神话。——译注

为弗洛伊德并未在其经验的原初性上让步，所以我们才看到他被迫在那里提到了一个支配着此种经验的超越生命的元素——而这个元素，他将其称作死亡本能"（Lacan, 2006, p. 34）。因此，重要的便是要理解，拉康何以会在这里将此种死亡冲动当作**象征性重复**或**能指链条对于主体的决定性作用**而突显出来。在下面，我将重拾拉康的论证，我也相信，他在《关于〈失窃的信〉的研讨班》中的这番论证，将使你们把这些事情变得更加清晰起来。

拉康的论证是以弗洛伊德在其《超越快乐原则》中所讲述的一则"逸事"开始的，弗洛伊德在其小外孙那里观察到了一种**线轴游戏**，他将其称作"*fort-da*（不见了—在这里）"游戏（Freud, 1955, p. 15）：这个孩子会让线轴出现又消失，并以此来象征化其母亲的在场与缺位。随着孩子将这卷线轴从自己的小床中抛出去然后再把它拉回来，他便会同时发出"啊（*da*：不见了）"和"哦（*fort*：在这里）"的声音。因而，就其母亲的可能性缺位而言，这卷线轴就变成了其母亲的象征，而能指恰恰就是这样的象征，因为能指即是在某物的可能性缺位时来对其进行象征的东西。在《关于〈失窃的信〉的研讨班》中，正是从孩子的此种游戏出发，拉康便提出我们可以用**正号**（plus）或**负号**（moins）来标注**在场**（＋）与**缺位**（－），再联系于爱伦·坡小说中的小神童**猜单双数**的游戏，我们也可以用它们来表示，严格地讲是一串随机序列的一系列抛掷结果。

正如拉康所写到的那样："用（＋）与（－）来对一个序列进行简单的标注，仅仅是在玩味在场或缺位的根本性交替，从而便允许了我们来证明那些最为严密的象征性决定何以会协调于其现实是严格按照'随机性'来分布的一系列抛掷的结果"（Lacan, 2006, p. 35）。因此，让我们选取一串以随机性的方式而构成的正负链条，我们将通过把每三个符号分成一组来引入一些程式或规则。由此，我们便可以区分出三种组合。

(1) 对称性的"恒定组"：＋＋＋或－－－

——我们可以用数字"1"来对其进行标示。

(2) 非对称的"奇异组"：＋－－或－＋＋（以及＋＋－或－－＋）

——我们可以用数字"2"来对其进行标示。

(3) 对称性的"交替组"：＋－＋或－＋－

——我们可以用数字"3"来对其进行标示。

例如，下面的这串链条。

+ + + − + + − − + −
1 2 3 2 2 2 2 3

如果我们选取一串以1开始的序列，其中包含有一连串恒定不变的2，如下。

+ + + − − + − − + − −
1 2 2 2 2 2 2 2 2 2 2

那么我们便会看到，在最后一个2的后面，如果我们想要打断这串2的链条，也就是说，如果我们想要在后面得到一个1或者一个3，那么之后只能跟一个"−"（如果后面跟的是+，那就会得到另一个2）。但是我们可以更进一步。

（1）如果2的个数是奇数，那么我们便必定会得到一个3。
（2）如果2的个数是偶数，那么我们便必定会得到一个1。

例如，下列的这串数字链条。

+ + + − − + − − + − −
1 2 2 2 2 2 2 2 2 2 2 1

在这串链条中，一共有10个2，亦即2的个数是偶数。我们可以清楚地看到，我们只能通过一个1来打断这串偶数2的链条，因为在最后两个负号后面：要么是我再加上一个负号，那么我便会得到一个1；要么是我再加上一个正号，那么我便必须要再次标注一个2。

如果我们现在再选取一串有5个2的数字链条，亦即2的个数是奇数，那么我们便会看到这串2的序列只能由一个3来打断，如下。

+ + + − − + + − +
1 2 2 2 2 2 3

我们可以把这些决定性作用放在一个**网络**（réseau）上而将其图解出来，这个网络将允许我们写入所有的这些可能性，如下图。

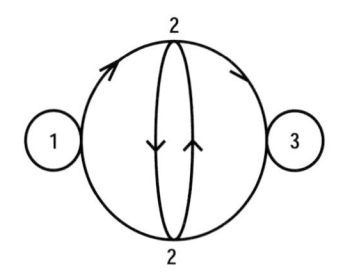

图5.1　网络1-3

这个网络是由一些带有方向性的路径或矢量而构成的。

（1）从1出发，后面跟着一连串2的序列：
　　——如果2的个数是奇数，那么我们便会接着得到一个3；
　　——如果2的个数是偶数，那么我们便会接着得到一个1。

（2）一连串3的序列只能由一个2来打断，而永远不可能由一个1来打断：
　　——无论3的个数是奇数还是偶数。

（3）一连串1的序列只能由一个2来打断，而永远不可能由一个3来打断：
　　——无论1的个数是奇数还是偶数。

（4）在一个1与一个3之间，至少总是存在着一个2。

我还是要向你们引用一段拉康《著作集》中的原话。

> 例如，在由1、2、3这些符号所组成的序列中，我们便可以注意到，只要跟在一个1后面开始的一连串2的均质性序列还在持续着，那么这个序列就会记住这些2中的每一个的奇数或偶数的位次，因为是由此种位次而决定了这一序列只能在一个偶数的2之后由一个1来打断，或是在一个奇数的2之后由一个3来打断。
>
> 因而，一旦与此种原始的象征符号本身发生了最初的结合……一个就其给定而言尚且还是完全透明的结构，便会显现出记忆与法则之间的基本关联。
>
> 然而，只要对我们句法中的这些元素进行重新组合，同时跳过一个中项以便将一种二次平方的关系应用到这个二元组之上，那么我们

便甚至既可以看到此种象征性决定如何会变得晦暗不明,同时又能够看到能指的本质如何会显现出来。

(Lacan, 2006, p. 36)

元素的重组

正如我们已经看到的那样,借由这个1-3网络,仅仅通过选取一串共有五个元素的链条,也就是说一串共有五个正负号的链条,我们便可以建立出这个**数字矩阵**的全部可能性组合。现在,我们可以更进一步地将所有这些数字组合排布在四个纵列之上。鉴于这些数字本身都是根据其各自的**对称性**(symétrie)或**非对称性**(dissymétrie)来定义的(亦即数字1是对称性的**恒定组**,数字3是对称性的**交替组**,数字2则是非对称的**奇异组**),所以根据这些数字三元组两边的第一项和第三项分别代表的是"对称性"还是"非对称性"的组合,我们便可以将它们排列如下。

1 2 3	2 2 2	1 2 2	2 2 1
3 2 1	2 3 2	3 2 2	2 1 1
1 1 1	2 1 2	1 1 2	2 3 3
3 3 3	2 2 2	3 3 2	2 2 3

这个序列是按照四种组合来进行分布的,假如我们不考虑中间的第二项,而仅仅着眼于第一项与第三项是表示"对称性"(1与3)还是"非对称性"(2)的组合。

于是,在第一纵列中,我们便得到了四种组合(即1-3、3-1、1-1、3-3),这些组合都是从"对称性"到"对称性"的关系;在第二纵列中,我们只有一种组合(即2-2),它是从"非对称"到"非对称"的关系;在第三纵列中,我们得到了两种组合(即1-2与3-2),它们都是从"对称性"到"非对称"的关系;最后,在第四纵列中,我们也得到了两种组合(即2-1与2-3),它们都是从"非对称"到"对称性"的组合。再一次地,这四种关系又涵盖了所有的可能性组合。

现在,让我们再分别使用一个希腊字母来指派如此识别出来的这四种关系:我们可以用"**阿尔法(α)**"来代表从"对称性"到"对称性"的关系,用"贝塔（β）"来代表从"对称性"到"非对称"的关系，用"伽马（γ）"来代表从"非对称"到"非对称"的关系，用"德尔塔（δ）"来代表从"非对称"到"对称性"的关系。如下所示。

第一纵列：从"对称性"到"对称性"关系的α型组合。

1-3

3-1

1-1

3-3

第二纵列：从"非对称"到"非对称"关系的γ型组合。

2-2

第三纵列：从"对称性"到"非对称"关系的β型组合。

1-2

3-2

第四纵列：从"非对称"到"对称性"关系的δ型组合。

2-1

2-3

我们将要在这里进行一项实验，首先我们会通过考虑上述的1-3网络来写出一串任意的数字链条（也就是说通过遵循此种数字链条的**内在法则**，亦即从1出发而得到的一连串2的链条，如果2的个数是偶数，那么它便只能被一个1所打断，如果2的个数是奇数，那么它便只能被一个3所打断），然后我们再在这串数字链条的下面写出与其对应的希腊字母α、β、γ或δ，如下。

$$1\ 2\ 2\ 2\ 2\ 3\ 3\ 3\ 3\ 2\ 1\ 1\ 1\ 2\ 2\ 2\ 2\ 1$$
$$\ \ \beta\ \gamma\ \delta\ \delta\ \alpha\ \alpha\ \beta\ \alpha\ \delta\ \alpha\ \beta\ \beta\ \gamma\ \gamma\ \gamma\ \delta$$

从这个例子中，我们便可以看出，在**第一时间**上从任何一个希腊字母"阿尔法""贝塔""伽马"或"德尔塔"出发，我们便可以在后面的**第二时间**上直接获得任何其他的希腊字母。同样，任何其他的希腊字母也可以出现在**第四时间**上。但是，就**第三时间**而言，我们却只能得到可供选择的两个希腊字母，例如：

如果我们在第一时间上从一个"阿尔法（α）"出发而试图在第三时间上获得一个"伽马（γ）"，那么我们就要回想起"伽马"在定义上是从"非对称"到"非对称"的关系，而这即意味着它在第一位格上对应着一个2而在第三位格上也对应着一个2（即，2-2）。然而，"阿尔法"却是从"对称性"到"对称性"的关系（即，1-1、1-3、3-1、3-3），其中不可能包含有任何2的元素，所以我们想要从"阿尔法"出发而在第三时间上得到一个"伽马"便是不可能的。

$$- - 2 - 2 -$$
$$α? - γ - \qquad 不可能$$

因而，在这里也存在着支配这些希腊字母序列的"**排除性法则**（loi d'exclusion）"，而这即意味着，如果我们在**第一时间**上从一个"阿尔法（α）"或一个"德尔塔（δ）"出发，那么我们只能在**第三时间**上得到一个"阿尔法（α）"或一个"贝塔（β）"。

对此，拉康评论道（Lacan, 2006, p. 36）："就1、2、3这些符号而言，存在某种分组的两可性，因为我们在这里将出现符号2的偶然性概率等价于出现另外两个符号（1与3）的偶然性概率。"

相反，就α、β、γ、δ这些字母而言，我们的全新程式则在这四个符号之间重建了一种严格相等的组合偶然性概率（因为这四个希腊字母中的任何一个都可以出现在第二时间与第四时间上）。然而，尽管如此，我还是要给你们引用一句拉康的原话："这个支配着α、β、γ、δ序列的全新句法，决定了那些绝对非对称性分布的可能性，这一方面是在α与γ之间，另一方面则是在β与δ之间"（Lacan, 2006, p. 36）。我们制作出一串随机的正负链条，然后在正负链条下面用数字1、2、3来对它们进行编码和转录，然后再在数字链条下面用字母α、β、γ、δ来对它们进行编码和转录，如此便足以明确一些字母在第三时间上的排除性法则。

(1) 如果从字母α或δ出发，那么我们在第三时间上便只可能得到α或β。

(2) 如果从字母β或γ出发，那么我们在第三时间上便只可能得到γ或δ。

此种"**排除性法则**"也可以用如下的形式来进行书写，拉康将其称作"A Δ 分布"。

$$\frac{\alpha,\delta}{\gamma,\beta} \quad \rightarrow \quad \alpha,\beta,\gamma,\delta \quad \rightarrow \quad \frac{\alpha,\beta}{\gamma,\delta}$$

这个"**阿尔法—德尔塔分布**"也可以同样读作如下。

（1）如果在第一时间上是 α 或 δ，那么在第三时间上则要么是 α，要么是 β。

（2）如果在第一时间上是 γ 或 β，那么在第三时间上则要么是 γ，要么是 δ。

在法文版《著作集》的第49页，拉康写道：

> 鉴于其方向，这一联系实际上是相互性的；换句话说，虽然它并非是可逆性的，却是可回溯性的。正因如此，如果我们要确定第四时间上的项，那么第二时间上的项就并非无关紧要的了。
>
> 我们可以证明，如果确定了一个序列中的第一项与第四项，那么便总是会存在着一个字母，其可能性将会从两个中间项中排除出去，另外还存在着两个字母，一个将总是被排除于这两个中间项中的第一项，另一个将总是被排除于这两个中间项中的第二项。
>
> （Lacan, 2006, p. 37）

随后，拉康便在其《关于〈失窃的信〉的研讨班》中直接向我们给出了两张表格，亦即"表 Ω"与"表 O"（Lacan, 2006, p. 37）。拉康的这两个表格是通过分别运用"A Δ 分布"来建构的，亦即在"α β γ δ 网络"中的第四项保持恒定的时候，确定第二项。我将在这里向你们呈现其建构的不同阶段。因此，让我们从包含有三个字母项的分布出发，通过确定第四项，亦即让第四项上的字母保持恒定，通过以回溯性的方式来使用这个分布，我们便可以确定第二项上的不同可能性。在下面的这张表格中，我们将会写出所有的**可能性**，首先是从 α 出发，然后是从 δ 出发，再然后是从 β 出发，最后则是从 γ 出发。继而，我们会在下面写出所有的**不可能性**，亦即一个在第二时间与第三时间上同时不可能出现的字符（亦即倒数第二行中的那个字母），而在下面则是一个在第二时间上不可能出现的字符，还有一个在第三时间上不可能出现的字符（亦即倒数第一行中的两个字母）。如下图中的表所示。

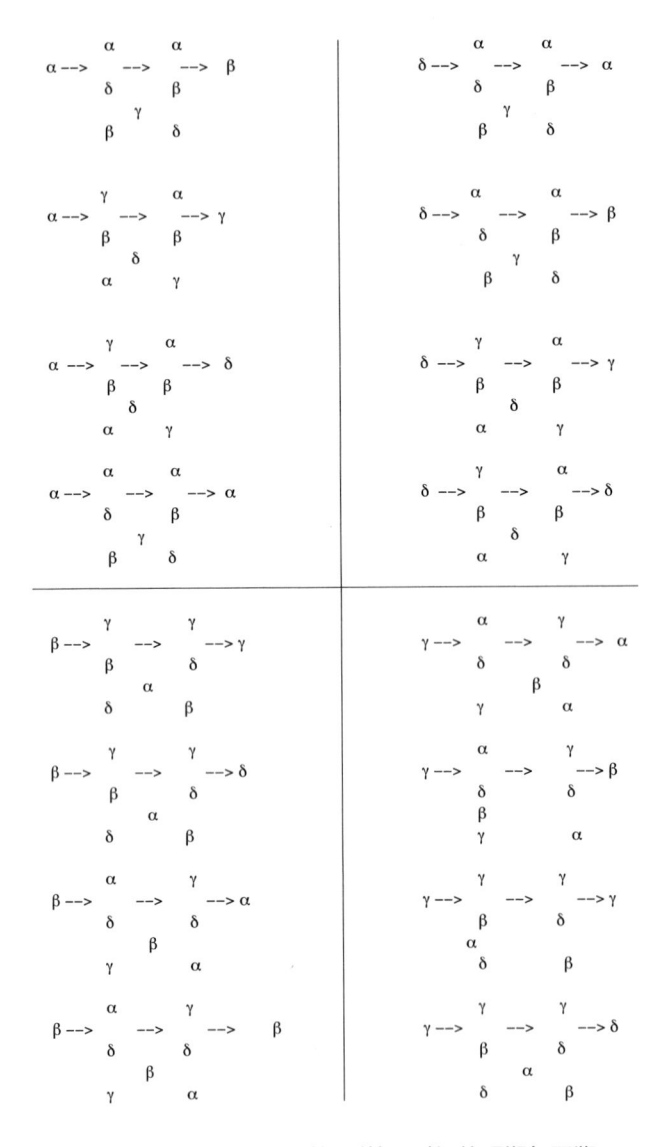

α   α
α --> --> --> β
   δ   β
     γ
   β   δ
	δ --> α --> --> α
	   δ β
	     γ
	   β δ

γ   α
α --> --> --> γ
   β   β
     δ
   α   γ
	α α
	δ --> --> --> β
	   δ β
	     γ
	   β δ

γ   α
α --> --> --> δ
   β   β
     δ
   α   γ
	γ α
	δ --> --> --> γ
	   β β
	     δ
	   α γ

α   α
α --> --> --> α
   δ   β
     γ
   β   δ
	γ α
	δ --> --> --> δ
	   β β
	     δ
	   α γ

γ   γ
β --> --> --> γ
   β   δ
     α
   δ   β
	α γ
	γ --> --> --> α
	   δ δ
	     β
	   γ β

γ   γ
β --> --> --> δ
   β   δ
     α
   δ   β
	α γ
	γ --> --> --> β
	   δ δ
	     β
	   γ α

α   γ
β --> --> --> α
   δ   δ
     β
   γ   α
	γ γ
	γ --> --> --> γ
	   β δ
	     α
	   δ β

α   γ
β --> --> --> β
   δ   δ
     β
   γ   α
	γ γ
	γ --> --> --> δ
	   β δ
	     α
	   δ β

图5.2　表格1：从第一时间到第四时间的预期与回溯

如果仔细观察一下这张表格，我们便会看出：这些遭到禁止的"**不可能字符**"的相同组合在其中皆分别出现了四次，也就是说，只有四种组合标记着在第二时间与第三时间上的那些不可能性。因此，通过从这些遭到禁止的"不可能字符"的组合出发来重新集中这些四项链条，我们便可以将这张表格总结如下，其中圆弧形的箭头是指从第一时间到第四时间的过渡。下页的阶段（"表Ω"与"表O"）是以更加简明的形式总结了所得的结果。

此种分组产生了右侧纵列中的四个全新的小表格：我们可以观察到，它们并非是对称性的；上面的两张表格皆包含一个相同的字母（亦即第一张表格中的δ与第二张表格中的β），这个字母既表达了在第二时间与第三时间上的那个不可能字母，又表达了位于表格中间的两个字母。至于下面的两张表格，情况则并非如此；正是此种区分促使了我们将这四张表格进行了两两分组，从而得出了"表Ω"与"表O"。

"表Ω"与"表O"允许我们写出一串初级的能指链条：例如，我们选择从一个α出发，以便在第四时间上去到一个δ。在表Ω中，我们可以读到，字母δ无论在第二时间上还是在第三时间上都将是遭到禁止的，而字母α在第二时间上将遭到禁止，字母γ在第三时间上将遭到禁止；因此，在第二时间上便只有β或γ是可能的，而在第三时间上则只有β或α是可能的。[①]

你们立刻便会看到，如果我要制作一串共有五个字母的链条，那么为了第五个字母，我便被迫要以上述的方式来考虑"表Ω"与"表O"。我不能在第五时间上写出任意字母：因为存在能指链条的决定性作用。

然而，在一开始，我们便已然选择了一个由正号和负号构成的随机分布；也就是说，在实在界的层面上，只存在偶然性，而没有任何实在的决定性。相比

[①] 如果我们将字母排列的全部可能性罗列出来，那么我们便会发现，从第一时间到第四时间的四元链条按照4^4来计算，本来应该有256种可能性的组合，但是由于"排除性法则"的引入，这里只可能呈现出56种可能性的组合，也就是说有3/4的可能性从象征界中被排除进了出去，从而构成了实在界的不可能性，正是这个被排除的部分构成了下文中拉康所谓的"能指的骷髅头"，亦即能指遭到象征界"斩首"之后的剩余部分。这个能指的"骷髅头"恰恰就是对象 *a* 的逻辑前身。——译注

拉康精神分析的临床概念化
——从临床个案引入拉康精神分析的研讨班

图5.3　表格2[1]

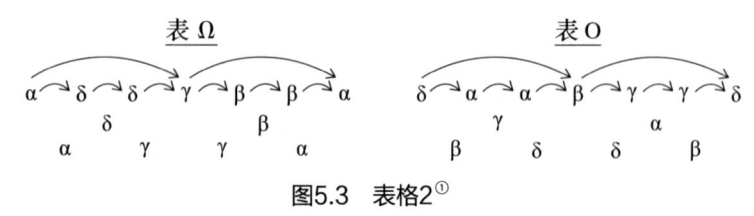

[1] 正如拉康《著作集》的英文译者布鲁斯·芬克（Fink, 1996）在其《拉康式主体》的附录中所指出的那样，1966年法文《著作集》中的"表Ω"存在一个明显的错误排版，因为字母δ和字母β不可能既处在第二位格和第三位格上，同时在第二位格和第三位格上遭到排除。我个人甚至认为，假设这里的排版错误不是偶然出现而是有意为之的，那么拉康可能就是在故意给我们设置了一个想象性理解的障碍，因为只有我们把"表Ω"中的第一行字母顺序颠倒过来，亦即从αδδγββα颠倒成αββγδδα，这个表格才能够成立。布里约女士在这里也明显沿用了1966年原版《著作集》中的错误排版，我们必须将"表Ω"中第一行的字母δ替换成字母β，并将第一行的字母β全部替换成字母δ，这个表格才能够成立。我在这里给出了1994年再版《著作集》中的正确排版（见下图）。另外，读者可查看芬克在《拉康式主体》的两篇附录《无意识的语言》与《追寻原因的踪迹》中对于L链条建构的详细阐述。

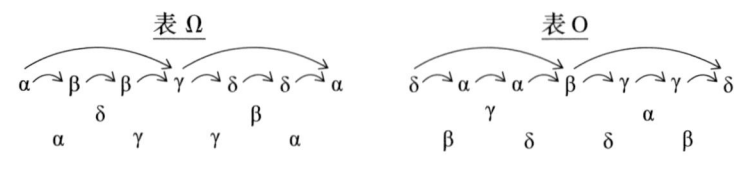

（1994年再版《著作集》中的正确排版）——译注

之下，一旦我们引入了象征界，那么，我们便会立刻看到一种决定性作用的存在。于是，这串初级的能指链条便说明了对于一个言说的主体而言所发生的事情，换句话说，由于主体处在象征界之中，由于主体是**言说的存在**，他便是由他发现自己被捕获于其中的这串能指链条所决定的。我要再给你们引用一段拉康的话，在法文版《著作集》的第50页。

> 这可能便显示出了某种主体性历程的雏形，因为它表明了这一主体性历程是建立在将"先将来时（futur antérieur）"纳入在其"现在时"中的活动基础之上的。在其投射出来而已化作过去的间隔之中，一个由某种能指的"骷髅头（caput mortuum）"而构成的空洞便开裂了出来……这就足以将它悬置在缺位之中，以使它不得不重复其自身的环路。打从一开始，主体性便与实在界没有任何关系，而是与能指性标记在实在界中所生成的句法有关。αβγδ网络的建构之特性（或不足）即在于它显示出了实在界、想象界与象征界如何构成了三个阶段，尽管只有象征界作为前两种基质的代表在这里起着固有的作用。
>
> （Lacan, 2006, pp. 37-38）

换句话说，正负链条是一连串实在性的抛掷结果，例如硬币或骰子的抛掷结果，它在严格意义上是纯粹随机性的。如果我在1、2、3的"数字矩阵"下书写而得出这串结果，那么我便当然是在用一些符号来对其进行制作，不过我在这里始终还是处在想象性的层面之上。在这里起到支配性作用的想象界概念，已经通过一个事实而被暗示了出来，亦即1、2、3这三个符号皆是相对于某种"对称性"或"非对称性"来进行选择的，也就是说，这是与"镜子"或"镜像"有关的某种东西，某种对称性的东西，而这即意味着，如果我们把一面镜子摆在中间，那么镜子中的形象将等同于隐藏的那一半。

但是，1、2、3的"数字矩阵"系统代表想象界的层面却并非只是出于这个原因。另外还存在一个原因，拉康在其文本中只是迅速地提及了一下，而我们国际拉康协会（ALI）的同事马克·达蒙（Marc Darmon）在其《拉康拓扑学导论》（*Essais sur la topologie lacaniene*）[1]一书中则向我们澄清了此种原因，他告诉我们说：

> 1-3网络是可逆性的，也就是说，它是按照时间箭头朝向过去而射出的同样方式来运作的。我们在这里所谈论的时间是一种逻辑时间，一种相继的次序。一串能指链条则并非像1-3网络那样是可逆性的，但它却是可回溯性的，也就是说，一种在未来中被确定下来的选择，例如一个句子的建构，在现在与未来之间的其他选择中被排除了出来，这些排除在另外的方向上并非是相同的。一串能指链条是带有方向性的。因此，这串123的数字序列便不可能是一串真正的能指链条。
>
> (Darmon, 1990, p. 118)

相比之下，当我们过渡至αβγδ网络的时候，我们便在这里拥有了一种能指链条的范型，它不是可逆性的，而是可回溯性的。因此，我们首先便可以说，在这个α、β、γ、δ网络的建构之中，存在着"**实在界**""**想象界**"与"**象征界**"三个阶段，亦即：

- 正负（＋与－）链条：实在界的阶段；
- 数字（1、2、3）网络：想象界的阶段；
- 字母（α、β、γ、δ）链条：象征界的阶段。①

不过，事实上，就这里涉及的这个实在界而言，我们只能**后验性**（*a posteriori*）地捕获到它，也就是说，当它已然不再是实在界的时候。换句话说，只有在把我们的这些网络建构出来之后，只有在重复了对它们进行组织的象征性法则之后，我们才能够说它在之前曾经是属于实在界的东西。倘若没有象征界，我们便无法触及实在界。

在法文版《著作集》的第51页，拉康向我们提出要考察在这串链条中可能发生的一切（Lacan, 2006, pp. 38-39）。接着，在第57页的一个注脚里，他又告诉我们说，我们可以从数学上来建构αβγδ网络，亦即从1、2、3网络出发，"同

---

① 这三个阶段分别对应：纯粹随机、镜像翻转和强制重复。——译注

时将字母网络中的环节转化作数字网络中的切口"（p. 48）。就我们而言，因为我们不是数学家，让我们姑且相信他所说的，我们可以直接使用这个已经建构好的网络，以便让它运作起来。

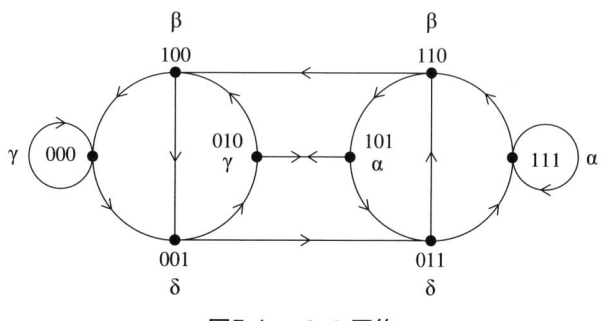

图5.4　αβγδ 网络

如果要让这个网络如此运作起来，那么我们便要具体地证明内在于这一整串能指链条中的此种**多元决定**（surdétermination）的作用。在这里，由αβγδ 链条所表现出的记忆，与在重复和多元决定中所涉及的是同样的记忆。

如果在链条的某一时刻上引入了一个错误，那么便会存在一种**事后**（après-coup）的效果，从而导致先前已然发生的事情会经过某种修改。

在其《研讨班II：弗洛伊德理论与精神分析技术中的自我》（1954—1955）中，拉康说道。

> 就其本身而言，象征符（symbole）的游戏或运作独立于其人类支撑的那些特殊性，而代表并组织着某种叫作主体的东西。人类主体并不构成这一游戏或运作，他只是在其中占据一个位置，并且在那里扮演（+）和（−）的角色。他本身就是这串链条中的一个要素，一旦这串链条得以展开，它便会遵循一些法则来组织其自身……
>
> （Lacan, 1988, pp. 192-193）

我还要再跟你们引用一段拉康的原话，这是在法文版《著作集》的第52页。

> 除了这一象征性决定的联系之外，没有任何其他的联系可以让我们在其中去定位此种能指性的多元决定，是弗洛伊德给我们带来了这

一概念，而在像弗洛伊德这样一位智者看来，这一概念永远都不可能被设想作某种实在性的多元决定。

只有关于象征界的自主性这一立场，才能够允许我们从其暧昧不明中引出自由联想在精神分析中的理论与实践……

事实上，只有基于象征链条的种种要求而进行存储（在其悬置上不确定）的那些例子，才能够允许我们去概念化无意识欲望那一不可毁灭的坚持要被定位在哪里……

这恰恰就是弗洛伊德在《超越快乐原则》中再度返回的问题，以便指出我将其当作"重复自动性"现象的基本特征的那种"坚持（insistance）"，在他看来似乎只能通过某种"前生命性（préval）"和"超生物性（transbiologique）"的动机来加以解释。

(Lacan, 2006, p. 39)

在这一段话中，对于拉康来说，弗洛伊德并非是在诉诸某种唯灵论的庇护，而是相反在寻求某种决定性的结构。在法文版《著作集》的第53页，拉康又继续说道：

正因如此，如果人类开始去思考象征秩序，那也是因为他首先是在其存在上被捕获于其中的。他以为自己是通过其意识而构成了这一秩序，然而这样的错觉却源自这样的一个事实，亦即正是经由在他与其相似者之间的想象性关系之中的一个特殊的缺口的途径，他才能够作为主体而进入这一秩序。

(Lacan, 2006, p. 40)

如果我们想要阅读拉康的这一图式，那么我们便还需要再精确一些。

我们可以提出一个全新的程式：在这里，1将代表着正负序列中的对称性，而0则将代表着正负序列中的对称性的缺位。也就是说，我们将用1来指代先前由数字1或3所代表的"**对称性**"。

1：＋＋＋或－－－

3：+ － + 或 － + －

同时，我们将用0来指代先前由数字2所代表的"**非对称性**"。

2：+ － －，－ + +，+ + －，－ － +

就这个全新的程式而言，我们将用新的方式来转译α、β、γ、δ。这张表格原先被写作，如下。

α	β	γ	δ
1 2 3	1 2 2	2 2 2	2 2 1
3 2 1	3 2 2	2 3 2	2 1 1
1 1 1	1 1 2	2 1 2	2 3 3
3 3 3	3 3 2	2 2 2	2 2 3
对称性—对称性	对称性—非对称	非对称—非对称	非对称—对称性

这张表格现在可以被重新写作，如下。

α	β	γ	δ
1 0 1	1 0 0	0 0 0	0 0 1
1 0 1	1 0 0	0 1 0	0 1 1
1 1 1	1 1 0	0 1 0	0 1 1
1 1 1	1 1 0	0 0 0	0 0 1
对称性—对称性 1 - 1	对称性—非对称 1 - 0	非对称—非对称 0 - 0	非对称—对称性 0 - 1

我们可以通过不考虑中间项来简化这张表格；因而，我们便得出如下。

α = 1.1

β = 1.0

γ = 0.0

δ = 0.1

然而，这里仍然存在着如下组合。

- 两种 α 型组合：要么是101，要么是111；
- 两种 β 型组合：要么是100，要么是110；
- 两种 γ 型组合：要么是010，要么是000；
- 两种 δ 型组合：要么是001，要么是011。

这也是为什么在拉康的 αβγδ 网络中，每个希腊字母都具有两个不同的位置。现在，借助于这个网络，我们便可以在毫无错误风险的情况下正确地写出任何一串 αβγδ 链条。

继而，拉康又向我们提议以另一种形式来书写这串链条：实际上，我们可以注意到，β 与 δ 在这串字母序列中皆扮演着"括号"的角色，如果我们跟随这些路径的方向，从而将 β 设想作一个**开括号**而将 δ 设想作一个**闭括号**的话，如下图所示。

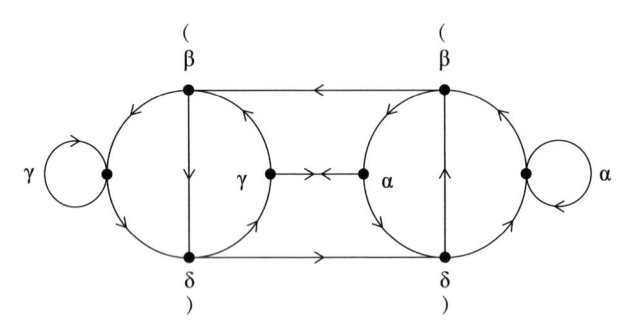

图5.5　从 αβγδ 网络到 L 链条的过渡

借助这个新的图式，我们便可以通过跑完这些有方向的矢量或路径而写出所有可能性的组合。如果我们从右上方的 β 出发，那么我们便可以写出拉康所谓的"**L 链条**"。

{10 10… （0000…） 010101… 1} 1111… （1010… 1） 111…

我要再最后给你们引用一段拉康的原话来对此进行说明。

我们很容易看到，这里的"双重括号（parenthèse redoublée）"是根本性的。我们可以将其称作"引号（quillements）"。我们正是用它来涵盖主体的结构（我们的L图式中的S），因为它隐含一种"加倍（redoublement）"，或者毋宁说是此种"分裂（division）"包含着一种"衬套（doublure）"的功能……

引号之内的部分因而便可以代表我们的L图式中的S（亦即Es）的结构，因为它象征着由弗洛伊德的"它我（Es）"所补全的主体，例如精神分析会谈中的主体。Es于是在这里是按照弗洛伊德赋予它的形式而出现的，因为他将其与无意识区分了开来，亦即逻辑上的析取与主体性的沉默（冲动的沉默）。

01的交替于是便代表着L图式中的想象性栅栏：aa′。

括号之外的部分则代表着大他者的场域（L图式中的A）。重复在那里以1的类型亦即"单一特征"（111）而起着支配性的作用，因为它代表着由象征界本身所标记的时间。

恰恰也正是从这里，主体以一种翻转的形式而接收到他自己的信息（解释）。

由于从这串链条中被孤立了出来，包含（1010...1）的括号则代表着"我思（cogito）"的自我，这是心理学的我思，亦即虚假的我思，它完全有可能支撑着纯粹的性倒错。

(Lacan, 2006, p. 42)

拉康在**性倒错**这里添加了一则注释（p. 48, note 27）——参见舒瓦西神父（abbe de Choisy），他的著名回忆录便可以被翻译作："当我把自己打扮成女人的时候，我在思考。"

这里重要的是要记住，在这串基本能指链条的形式化之中，我们重新发现了**主体的结构**，正如我们在L图式已经看到的那样。拉康主张说，这并非是一种纯粹的巧合，而恰恰相反，因为主体是由能指的运作来结构其自身的，因而，无论我们是从能指链条的研究出发还是从主体的研究出发，我们都必定会再度发现上述这一结构。

在拉康就主体所建立的这一最初的形式化之中，马克·达蒙（Darmon, 1990, p. 103）注意到了非常有趣的一点，亦即对于拉康后期的那些形式化而言，无论涉及**欲望图解**（graphe du désir）还是涉及**投射面**（plan projectif），亦即**交叉帽**（cross-cap），甚至涉及**博罗米结**（nœuds borroméens），我们总是会再度发现同样的结构。

注释

[1] 参见《拉康拓扑学导论》，第2次修订与更正版，国际拉康协会版，第118页。

第 06 讲

艾 米 丽

一例吸毒引发的妄想发作
神经症、精神病与性倒错

今天我要给你们呈现的这则个案，首先便提出了精神病与神经症之间的**鉴别诊断**的问题。这并非总是那么容易进行决断的，然而，非常重要的是我们必须要在结构中来进行定位，因为正是此种结构性定位将决定治疗的操作。

一例吸毒引发的妄想发作

妄想时期

当时是在二月份，33 岁的艾米丽（Émilie）第一次引起了医学心理学中心的注意。艾米丽先前的一位女性朋友的丈夫向社区精神卫生中心揭发了她的情况。一位女护士立刻接待了他，并且将他的话语记录了下来。他解释说，自己的妻子认识艾米丽已经有四年的时间。他们育有一个孩子，艾米丽有时候会过来帮忙照看他们的孩子。一段时间以来，艾米丽经常会说出一些有关**恋童癖**（pédophilie）的妄想性言论，并且带有针对她先前那位女性朋友的妄想性主题："她保有一份工作而不是我，她拥有一个家庭而不是我"（她有而我没有）。她同样会侮辱并指责这位女性朋友是在虐待自己的孩子。

最近两个星期以来，艾米丽的这些威胁可谓变本加厉。因此，那位女性朋友的丈夫变得非常担忧，并且要求我们去进行一些干预。那位女护士建议他向警察求助来揭发这些威胁。这位女护士还向他解释说，我们将会给艾米丽写一封信，以便邀请她到社区精神卫生中心来咨询一位精神科医生。那位女性朋友的丈夫断然拒绝了，他担心自己的妻子，而且害怕艾米丽会因为这样的告发而进行报复。

三天之后，艾米丽的父亲来到了社区精神卫生中心，他同样受到了一位女护士的接待。这位父亲告诉我们说，他跟自己的女儿之间总是会产生很多的问题。早在七年之前，她就已经爆发过一些愤怒的危机，在这些发作期，她曾经"洗劫"了她父母公寓中的所有东西。当时，警察不得不进行干预，但是后续艾米丽也没有得到任何精神病学的跟踪治疗。I先生（艾米丽的父亲）还明确地指出，当时他的公寓里遭受了一千万旧法郎的损失。

随后，艾米丽便出国待了五年的时间，在此期间，她曾经找到过一份法语教师的职位。在这五年之后，她突然中断了一段恋爱关系，并回到法国住进了自己父母的家里。她的父母又帮助她重新找到了一处住所，然后她重新找到了一份工作。这位父亲补充说，艾米丽总是有一种巨大的职业不稳定性。他还告诉我们说，在两年之前，艾米丽还曾经攻击过她的母亲并试图将她勒死。

他明确地表示，艾米丽在家里都是非常紧绷且忧虑的，她的情绪状态十分不稳定，经常从一种讨好性的行为迅速转向攻击性的行为。最近的四个月以来，情况变得越来越糟糕，根本没有稳定的时刻，她会给一些人打电话威胁人家，她非常忧虑于不幸的童年，她还攻击了一位女士，因为她怀疑这位女士虐待了一个孩子。她自己的公寓里也是乱七八糟的。I先生补充说，艾米丽曾经收留过一名"瘾君子"，而且她跟警察之间还存在一些问题。

这位女护士判断说这个问题是非常紧急且严重的，于是她便要求我来接待这位父亲，而这位父亲也向我确认了他刚刚向那位女护士所说明的一切。这是一位上了年纪的男士，他对自己的女儿有着很多的抱怨。他希望我们能够强制性地让她住院。I先生曾跑到警察局去揭发自己的女儿，他当时宣称艾米丽对他的家庭说出了一些带有侮辱性和威胁性的言论，她先前同样对她的家人进行过自杀性的威胁。于是，警察局便反过来通过邮件给社区精神卫生中心提供了艾米丽的体貌特征，其中明确说到，根据大楼门房太太的说法，迄今为止，艾米丽应该都从未在其周围环境中引发过什么麻烦。

取得联系

于是,我主动给艾米丽写了一封邮件:

尊敬的 X 女士:

我们了解到您目前正在经历各式各样的困难。我建议您能过来见我,以便我们能够在 X 号下午 4 点来讨论您的这些困难。我请求您的应允,女士,并致以我崇高的敬意。

艾米丽既没有打来电话,也没有过来赴约。于是,我又给她寄出了第二封邮件:

尊敬的 X 女士:

您周围的朋友与家人已经越来越担心您的情况。我相信,您目前正在经历一些让您感到痛苦的心理性困难。为了避免强制性住院,我请求您愿意在本月 11 日下午 2 点过来进行咨询,如此我们便能够一起来看看,我们能够以怎样的方式帮助您。由衷地祝愿。

这一次,艾米丽终于过来了。艾米丽是一位身材苗条、穿着得体且讨人喜欢的年轻女性,但在一开始的时候,她还是有些不信任。她告诉我说,她不喜欢那些所谓的"心理医生",不过她承认自己存在一些心理上的困难。我们的接触和交流都非常顺畅,她在自我表达上没有任何困难,她的词汇也非常丰富而细腻;她有着良好的智力水平。艾米丽接触起来完全不像一个发作的精神病患者:她似乎给我的话语都赋予了跟我差不多相同的意义,她的言说方式在我看来也是完全清晰的。如果要更加明确一些的话,我会说她的话语恰恰都很好地携带着那种**隐喻性价值**(valeur métaphorique),正是这一点导致了一个人感觉自己处在与神经症患者相同的"波长"上,而一位精神病患者的话语则会让我们听到他的措辞并非总是具有此种隐喻性价值,他往往会从**本义**上来看待这些语词[①]。

---

① 这里的本义(sens propre)亦即把"词"等同于"物"的字面意义(sens littéral),区别于词语在隐喻层面上的转义(sens figuré)。——译注

换句话说，即便我们知道在神经症的情况下，我们同样总是处在误解之中，然而在精神病那里，我们置身其中的误解类型却比神经症患者之间的误解要更具根本性得多。因而，在这里涉及的是两种不同类型的误解。

不过，由她父亲所提出的那些妄想性主题，也相当迅速地来到了她的话语之中。她确信一位女性朋友的儿子正处在危险之中，于是她便向未成年人保护中心（Protection des mineurs）揭发了这个孩子的父母。她自己也在一个保护儿童的协会里进行"战斗"。她的话语有时混乱不堪，而关于她感到一个孩子正处在危险中的确信，她的那些解释也都没有任何的清晰性或一致性。她非常的情绪化，很容易便会泪湿双眼。在我看来，她似乎是相当**行动失能**的，而远非某种**行动宣泄**。另外，她承认说——当我向她提出这个问题的时候——她吸食了很多的印度大麻。

艾米丽告诉我说，她在童年时曾经遭到父亲的一位男性朋友的侵犯长达一年之久，而在15岁之前，她从来没有跟任何人讲过这件事情。当她后来把这件事情告诉她父亲的时候，父亲却对她说道："我希望他没有让你染上什么疾病。"艾米丽认为这并非一个好的回应，而她对此也始终非常愤慨。

她说，她的父母不但从来都不曾理解过她，反而尤其会对她大加批评。正是由于她自己早年的这个性的创伤，她后来才会那么热衷于保护遭到虐待的儿童。她补充说道，当她目睹到这类事情的时候，她都会情不自禁地以本能或直觉的方式进行反应。在这次预谈期间，有一些论据倾向于支持这是一例**精神病发作**，因为她的临床图景是按照某种偏执狂结构的**利他主义**与**激情理想主义**的**区域妄想**而呈现出来的[①]。然而，我却很容易地跟她建立了关系，与她之间的沟通非常顺畅，这一点给我留下了强烈的印象，在我看来，她的对话能力似乎也更倾向于支持这是一例**癔症性神经症**。在艾米丽向我所讲述的材料之中，存在

[①] 根据克莱朗博的精神病学分类，激情型妄想（délires passionnels）主要包括三种类型，亦即钟情妄想（érotomanie）、追诉妄想（délire de revendication）与嫉妒妄想（délire de jalousie）。这类妄想的特点即在于它具有一个初始的起点，即克莱朗博所谓的妄想性公设（postulat délirant），此种初始性假设是病人基于妄想性直觉而形成的一个真正的"思想情感扭结"。——译注

两个非常重要的元素，因为这两个元素提出了一些不同的问题。

首先，第一个问题涉及她所报告的**童年性创伤**的性质，但是仅就一次初始访谈而言，我还无法确定此种创伤的价值：

- 它究竟是涉及一种**实在性事件**？
- 又或者是涉及一种**癔症性幻想**？
- 再或者是涉及一种伴随其余妄想而出现的**妄想性元素**？

这里的问题即在于，当艾米丽在不得不照看一个孩子的时候所出现的妄想。每当此时，一个念头便会立刻浮现在她的脑海之中，亦即这个孩子正处在危险之中，就像她自己在童年时曾处在危险之中那样。至少，如果说我相信了她告诉我的这些事情，那也是当她提到了这一童年性创伤的时候。就这一创伤而言，显然我会向自己提出一个问题，这个问题即在于她就其童年性创伤所说的内容是否同样是一个妄想性元素。不过，我更倾向于认为，这是来自实在界的某种东西，亦即它是曾经真实发生过的一个创伤性事件。然而，我同样谨记于心的是，它也有可能会涉及一个癔症性幻想，而如果情况是这样的话，那么我就不应该鼓励她去发展这样的幻想。因此，我便带着极大的谨慎在这一主题上来倾听她，同时我会避免让自己给出任何赞许性或质询性的态度，另外我也不会让自己对她说的话表达出丝毫的怀疑。然而，就她在童年时所遭受的创伤的主题上，我最终还是更倾向于相信她所说的，即便我也会尽可能少地在这个主题上让自己显露出这一点来。

第二个问题则涉及她针对先前那位女性朋友的那种"妄想"。这个妄想是如何构成的呢？在其内容上，我注意到这个妄想重新采纳了她自己在童年时所遭受的创伤中的那些元素，除了她通过亲自来搬演这一创伤而修改了创伤的结局之外。在现实中，她的父母当时并未做出任何的干预，也没有任何人曾经向她施以援手。但这一次，事情则并非以同样的方式发生，她自己做出了干预，她先是扇了那位女性朋友一个耳光，然后又将那位女性朋友连同其丈夫一起告发到了"未成年人侦讯组"①。

如果说我在这里再度想起了拉康有关精神病的**排除**机制的那句格言："从象征界中遭到排除的东西会重新返回到实在界之中"（Lacan, 2006, p. 324），那么这也是因为我发觉自己正在面对这样一个难题，亦即艾米丽绝对没有把创伤性事件给排除出去，她甚至都没有把它给压抑下去。恰恰相反，她把它言说了出来，她把它呐喊了出来，她在一家保护受虐儿童的协会里战斗，诸如此类。那么，为什么这个创伤会以妄想的形式而返回呢？排除存在于哪里呢？或许又存在于谁的身上呢？稍后我还会回到这些问题上进行讨论，就目前而言，让我们还是暂且先把这个问题悬置起来。

在这次预谈期间，艾米丽并未准备好接受药物治疗，不过她非常愿意下个星期再回来跟我进行会谈。在随后的一个星期，她告诉我说，她并未看出心理治疗有多大的用处，但是她并不反对心理治疗。她告诉我说自己偶尔会经历一些"抑郁时期"，然后她便向我描述了一些伴随有自我谴责、自我贬低、意志缺乏与行动失能的"抑郁发作"。在这一周的时间里，她参加了自己小学时曾经就读的天主教学校的慈善义卖会。在那里，她遇见了一位自己从小就认识的修女，她本来曾打算要向这位修女质询一番，以便让她知道一下天主教的教育在她看来是何等的邪恶，譬如说，因为她当时觉得天主教徒们关于性欲的那些观念都是非常令人可耻的：作为一个孩子，她如何能够理解一个处女可能意味着什么？让一个孩子看到被钉在十字架上受难的基督，这又会给她带来怎样的创伤？最后，艾米丽并未就此而上前去跟那位修女理论一番，而是仅限于跟她打了一下招呼，不过，她还是在自己的内心中将她针对天主教教育的这些责难都保留了下来，并且以激情的方式将它们持续了下去。

在接下来的一次会谈时，艾米丽并未如约露面，不过她也给我打来了电话。我是在两个星期之后才再见到她的。这一次，她发觉到了自己的状态非常糟糕，也意识到自己需要治疗的帮助。她向我谈到其生活上的混乱；有关儿童虐待的

---

① 在法国，未成年人侦讯组（Brigade des mineurs）是调查未成年人刑事案件的警察部队。——译注

那些妄想主题还是一样的。我要求她向我保证她从现在起不再会吸食印度大麻，而我也得到了她的承诺。艾米丽同意了药物治疗。尽管她说出了一些妄想性言论，不过我并未给她开具抗精神病的神经安定剂，而是仅仅给她开具了轻微抗抑郁性的噻奈普汀（tianeptine），而此种三环类抗抑郁药的商业名"达体朗（Stablon）"也能够令人联想到"稳定性（stabilité）"。我之所以会这么做，主要是出于以下的三点原因。

第一点，因为艾米丽的结构在我看来似乎更像是一个癔症的结构，而非一个精神病的结构。她的话语都是真正有其收件人的，亦即当她向我言说的时候，她是在真正对着我言说，而且在我们之间的谈话中也存在象征性交流的维度，她能够倾听并听见我跟她说的话。同样，在她这里也存在一种辩证的可能性；随着会谈的进行，她对我变得更加信任，也愿意跟我再多说一些。

第二点，因为印度大麻在我看来是一个非常重要的"毒性"因素，而且它很容易就会触发一些妄想观念。因而，正是在这个逻辑上，我便要求她必须要首先停止摄入毒品。除此之外，凭借我自己同时作为精神科医生与精神分析家的多年经验，我非常清楚，从一个方面上来说，那些抗精神病的神经安定剂在治疗偏执狂类型的这些激情理想主义式的妄想建构上并没有多大的效果，而从另一方面上来说，它们的那些副作用相比之下又是非常令人难以耐受的。

第三点，当她向我谈及邻居曾经对她施行的那些性侵行为时，我相信了她所说的话。我认为，她的妄想是借助于印度大麻的"种子"并通过其父母不倾听她的"施肥浇灌"而在那些实在性事件的土壤上"开花结果"的。她反复地跟我说道，在青少年时期，当那位邻居有一天尾随她进入地下室并对她上下其手一通乱摸的时候，她曾经试图去获得自己父亲的帮助。不料，她的父亲当时竟带着一副下流且猥琐的神情回应她说："这下你可爽了吧？"长久以来，父亲的这句回应一直都在深深地刺痛着她。

当然，我本来完全可以给她开具一点儿抗精神病的神经安定剂，因为那样肯定会有助于平复她的那些妄想性观念与焦虑，不过，在这个时刻艾米丽首先需要的是被人倾听，是让她的言说得到重视。如果我当时给她开具了某种神经安定剂，那么她便可能从药品说明书中推断我并不相信她说的话，以及我认为她是在妄想等，而这可能会导致我们刚刚在会谈中建立起来的整个**转移**关系再度遭到质疑。因此，通过**节制**自己给她开具抗精神病的神经安定剂，我认为更加重要的是给她传递这样的一则信息，亦即我当时并没有把她当作一个精神病患者，而且我在每次会谈之中也都会反复向她重申我的确信：假如她当时没有吸食印度大麻，那么她就可能不会"昏头断电"了[①]。

关于开具抗抑郁药的好处的讨论

药物需要一定的时间起效，鉴于在此之前，艾米丽的情况就已经得到了真正改善，所以我们便有可能会认为药物是没有实际作用的。然而，在三个月之后，亦即到了六月份，艾米丽却来告诉我说，她觉得这个药物帮助她戒断了印度大麻。就我而言，考虑到她的癔症结构，我完全有理由相信，这个药品的名称"达体朗"因为指涉"稳定性"而是一个很好的能指，又因为它的那些副作用都很小，所以是一种理想的用药。另外，我给她开出的每日一片的日常剂量也会令她想到，她还有这么一个让她可以每周一次得到倾听的地方。

一个星期之后，艾米丽便停止了吸食大麻，我们的交流非常通畅，关系也变得更具信任性了。她的思维变得具有更好的组织性，而且她能够更加清晰地向我说明自己的传记和生活史。当谈到她相信自己先前曾扇过其一耳光的那位女性朋友的儿子处在危险之中的时候，她在此种信念上也表达出了极大的困惑。任何直接"**行动宣泄**"的风险似乎皆已经远去。相比之下，她重新谈起了自己曾经遭到邻居与父母的一位男性友人性骚扰的那些事情。随后，她便继续按照每周一次的频率过来找我咨询，继续每个星期都来跟我谈话，我们的会谈一直持续了整整八个月的时间。

---

① 这里的法语动词"disjoncter"同时具有"断电"和"昏头"的意思。——译注

她的那位女性朋友因为遭到了捆打和辱骂而针对她提起了诉讼，艾米丽于是便收到了法院要求她出庭受审的传唤。我们当时曾就此次庭审进行了一些讨论；艾米丽打算认罪协商并赔礼道歉，她立刻便认识到她必须要为自己的行动承担责任，而且同意说她应该要为此支付一笔赔偿金。在她的要求之下，我给她开具了一份医学证明，以便表明她现在一直都在规律地接受跟踪治疗，她的那些心理性紊乱是其犯罪行为的原因，但是她也能够为自己的那些行为承担起责任。实际上，她被判处要负担赔偿，而她也支付了这笔罚金。

　　在她开始出现问题的四个月之后，艾米丽始终都没有复吸印度大麻，她停止服用抗抑郁药，邂逅了一位男友（随后与之保持了一段持久的亲密关系），而且她与自己的父母重新恢复了一些正常的关系和来往。在十一月份，她便停止了自己的跟踪治疗。此时，她的精神状况已经非常良好。我们的会谈使她能够意识到，在她由印度大麻所引发的妄想与她跟自己父母的矛盾之间是存在某种联系的。在这里，我们必须要注意到，对于艾米丽而言，始终令她无法忍受的事情，与其说是性的创伤，倒不如说是其父母的态度。不过，艾米丽也明白，我们现在没法把父母给换了，摊上这样的一对父母，是她自己不得不设法应对的事情，她并不希望因此而进行一段精神分析。艾米丽与她的新男朋友相处非常融洽，她也很喜欢自己现在的这份工作，她并不想要"再度翻搅污泥"。

双亲性倒错

　　时隔两年之后，艾米丽的父亲突然给我打来了电话，他在电话里告诉我说，他女儿的那些健康问题又重新开始了。再一次地，她拒绝去看望自己的父母，她又开始了妄想。他说，艾米丽大概重新开始吸毒了。接着，他补充了一句：这一次，他决定要让她住院，以便让她接受强制性治疗。于是，我便给艾米丽发送了一条短信，她立刻便重新回来见我了。她的精神状态良好：她头脑冷静，逻辑连贯且情绪平稳。她一直都跟自己的男友生活在一起。她在自己的职业道路上也取得了很大的进展。但是，自从这个夏天以来，她便没有再去看望自己的父母。只要她的父母始终都没有倾听她的能力，她便决定要同他们断绝任何的关系。于是，在她父母外出度假的时候，艾米丽先是在当天晚上给他们打了一个电话，询问了一下他们是否已经平安抵达，随后她便给他们寄去了一封断绝关系的书信。

> 致我的父母：
>
> 　　现在看来，我没有明确说明我的这些沉默的原因并非是没有作用的，当然，这些沉默会伤害到你们。我并不想要让你们难受，但是家庭中不应该存在伪善。我厌倦了这种不健康的关系：我永远都不会原谅你们长时间地（至少一年）把我丢在S的床单上任他摆布，而我当时还是一个不到10岁的孩子！我不会原谅我的母亲，无论在这些地狱式坠落的之前还是之后，她当时都是在场的，但她却忠实于打我出生以来的一贯作风，选择为她的个人利益来教训我。
>
> 　　至于我的父亲，但凡他会为了他那所谓的尊严和面子去掩盖这段侮辱性的历史，我便对他只有轻蔑，事实上，早在他自己——作为怂恿者或是见证者——把我丢到那双咸猪手里的那一天，他就已经丧失了真正的尊严，而那头脏猪当时已经跟他讲述过自己在那些殖民地的"光辉岁月（temps bénit）"[①]里的种种壮举。
>
> 　　我不会再去面对面地争吵了，我会等待着。我会等待着你们在离开这个世界之前会愿意解释一下，是什么导致你们放弃了作为父母的身份。
>
> 　　我说这些话的目的只不过是在向你们告知，我想要去过我自己的生活，一种毫无羞愧的生活；只要你们没有给出最起码的解释，我便拒绝与你们相见，拒绝跟你们说话，拒绝去做任何好像我是无可抗拒地必将服从于要把你们当作父母来对待的事情。
>
> 　　既然你们这么长时间以来都在准备着你们自己的死亡，而我则宁愿开始着眼于我自己的生活。

[①] 这里的法语"temps bénit"在字面上也有"幸福时光"的意思，因而我们可根据语境将其转译作"性福时光"，而我在这里将其译作"光辉岁月"则是为了更多地突显出这一措辞的讽刺性意味。——译注

艾米丽向我解释说，她极度怨恨自己的父母曾把她丢到了那位邻居的魔爪里。同时，她认为，他们在这一点上装聋作哑，恰恰是因为他们自己有问题。尽管她也同情他们，并同情他们的痛苦，然而她却无法忍受他们的伪善，而如果见不到他们，她会感觉更好些。在离开的时候，她询问我是否可以尝试着为她的父母做些什么。

她的父亲给我打来电话，询问我是否见过了他的女儿，还有什么时候我会着手让她住院。于是，我便跟他约了一次会谈，这次是跟艾米丽的父亲。一个星期之后，我接待了这位父亲。关于艾米丽与那位邻居之间的关系，我要求他把自己所知道的事情全部告诉我，并且我当着他的面把他所说的一切全都记录了下来。以下便是我的会谈记录。

S先生是我原先的一位同事，他当时正在寻找公寓。我向他表示说，我们这幢大楼里当时正好还有一间空房，于是他们夫妇二人便在楼下的那间公寓里安顿了下来。S先生先前曾在中南半岛当过小学老师，他当时曾得意扬扬地向我讲述，他们如何利用这个身份来跟那里的孩子们发生性的接触。I先生（亦即艾米丽的父亲）当时便非常清楚S有恋童癖。

另外，S先生还做过一些让I先生感到非常不快的行为，这并不仅仅是说他当时就有在艾米丽身上乱摸的倾向。而且，当I先生在家里照顾其女儿期间，S先生还提出要跟I夫人一起去电影院约会。同样，I先生决定不要继续跟S保持朋友的关系。

不过，有一次他们两口子还是到家里来共进晚餐，他们当时经常会到彼此家里去喝一些开胃酒。

I先生补充说道：S是用一些照片来诱骗艾米丽并给她下套的；他的妻子当时到楼上来告诉我们说，他那里有一些照片要拿给艾米丽。于是，我们便叫艾米丽到楼下去拿这些照片；结果，她立刻就又跑回了楼上。

在她10岁还是12岁的时候，我自己的父母当时病得很重，而我们不得不在周末去看望他们。所以，我们便把艾米丽独自一人留在了家里。S肯定就是利用了这样的一些时间对艾米丽进行了侵犯。我知道,他当时应该同样性侵了一个外号"肉嘟嘟"①的小男孩;这个小男孩几乎是被他的父母所抛弃的,他当时经常跟艾米丽玩在一起。

不过,艾米丽毕竟还有我们的看管和监护。有一次,在她15岁的时候,她想要去泡夜店。我们当时管教非常严格,于是我们便禁止她去夜店。大概在15岁的时候,艾米丽告诉我说S当时尾随她进入了地下室的酒窖,不过她跑到酒窖里干什么呢?她当时就不该出现在酒窖里。

如果不是这样,她甚至从来都没有跟我们谈到过这件事情,而我们根本不可能想到会发生这样的事情。

当她开始发病的时候,S一夜之间便决定搬走;他肯定是害怕这件事情会东窗事发。

后来,艾米丽给S的妻子写过一封信,她没有给艾米丽回信,也完全切断了跟我们之间的任何联系。因此,S夫人当时肯定是在谴责自己做错了什么事情,她不仅是同谋共犯,而且在包庇S先生的恶行。

我还记得,艾米丽大概12岁左右的时候,在学校里变得非常蛮横无理,而她在那之前都是成绩非常优异且行为很有教养的学生;肯定是这个事情在当时把她变得不稳定了。

我的结论是:为了不去面对这个问题,I先生总是在试图否认这个明摆着的事实,他完全清楚这件事情,只不过与他女儿断绝关系的未来远景迫使他改变了策略而已。他同意了重新回来见我,也同意在下次会谈时草拟一篇扼要说明来重述他所记得的这些事情,以便告诉艾米丽他最终还是听见了她,他也承认自己在可能必要的时候并未对她施以援手。三个星期之后,他带着自己的妻子一起回来见我。我可以给你们读一下他们的回信。

---

① "肉嘟嘟(roudoudou)"是一种装在贝壳形状的小容器里让小孩子舔着吃的糖果。——译注

回复：和解说明

　　亲爱的艾米丽，回复你在10月27日的最后留言。鉴于你当时正处在我们都非常了解的一种"第二状态"①之下，你的来信在你惯常的攻击性上并未令我感到惊讶。我想要让你再度经历一段不是太过遥远的过去，这段过往将会帮助你对焦你的意识②和记忆，然后再请你针对你父母与他们教养你的方式来做出某种判断。至于你在一段时间以来冲着他们大声疾呼的那些可怕的指控，它们都很可能会调转矛头来针对你自己，这并非是一种威胁，而仅仅是一个节制和宽容的建议。

　　让我们从一个简短的回顾开始。自你年轻，21岁还是22岁，你在准备完成硕士学位时跑来向我宣布说，你当时爱上了一个在西班牙生活的男孩，而为了你的幸福，你必须到那边跟他相聚，尽管当时可能更加明智的做法是首先完成你的学业，如此再带着知识的行囊开启积极的人生。可是你却宁愿去跟他相聚并走上相反的道路，而在此期间，你的那位男朋友继续了他的学业并最终获得了工程师的文凭。你动用自己当时的积蓄搭乘飞机去了马德里，然后你又马不停蹄地学会了那个国家的语言并找到了一些临时的工作，根据你的说法，这些零活儿的收入让你当时生活得相当不错。就这样持续了四年之久，然后，在八月份期间，一切都爆发了……我还记得你在马德里逗留的最后那段日子，当时你曾在电话上告知我们说，你已经离开了米歇尔（你的那位男朋友），因为你们之间已经不再有任何话说，这是根据你的版本，然而在那段时间里，在他因为自己的工作需要而缺席的

---

① 这里的"第二状态（état second）"在法语中是对于精神病发作时的"异常状态"的一种称谓，在此种人格解体的状态之下，病人不再能够充分意识到自己的行为，而其意识的短暂性紊乱是以某种突如其来且莫名其妙的精神运动性活动为特征的，病人在此时的行为往往会显得非常怪异且充满矛盾，随后也总是伴随有某种"失忆"或"遗忘"的现象。——译注

② 这里的"意识（conscience）"在法语中也有"良心"的意思。——译注

那段日子里，你却跟他的那帮狐朋狗友们勾勾搭搭，一起喝了龙舌兰酒（TEQUILLA）外加上一点儿大麻烟卷。就在这场风暴之后没过多久，你便通知我们说你要回到巴黎，在八月份的时候，你便回到法国来度假，而在此之前你就已经询问过我们是否有可能帮你分担一笔费用来购买一副新的眼镜。我先前已经为此而给你留了2500法郎，后来我才了解到，你把这笔款项中的一部分用来跑去荷兰旅行，余下的部分又用来购买一些漫画书。我们之前已经把公寓的钥匙留给你了，而在巴黎待了几天之后，你便跑到我们度假的地方来跟我们重聚，明显是受了刺激而且非常焦虑，在我们这边仅仅逗留了三天之后，你又匆忙动身返回了巴黎，事先都没有跟我们打过任何招呼。应你的要求之下，我陪着你去了火车站，而你竟然拒绝在发车站台上跟我们相拥道别。两天之后，大概在夜里11时左右，我便接到了来自巴黎警察局的电话通知，我们楼里的邻居报警说听见我们的公寓里有非常扰民的嘈杂响动，于是警察登门查看，结果当场发现你在我们的公寓里所组织的"大破坏（massacre）"，考虑到你的不法行为及其造成的种种损失，警察当时就询问我是否打算要针对你提起诉讼，理由是：我们的公寓遭到大肆破坏，玻璃和家具均全部损毁，餐具也碎了一地，等等。警察在案发现场的出警记录提到当时陪你一起的还有一个第三者，某个叫H的家伙，毫无疑问，你当时就已经认识他了。

第二天，我便返回了巴黎来评估并确认损失的情况，而我当时唯一关心的事情就是重新找到你，以便能够给你带来安慰，或许也是在你可能有需要的时候能够给你带来帮助，从而来理解为什么……我想要知道是什么导致了你干出了此等无缘无故且令人深感痛心的攻击性行为。在一个星期之后，我才成功地确定了你的位置，我发现你竟然被那个男孩子留宿在距离我们的房子只有一百米左右的地方，那人可是个臭名昭著的"瘾君子"啊，正是从这处居所里，你每天晚上都会在不同的时间打电话骚扰我们，你满口妄想，但根本不告诉我们你待在什么地方，以便我们能够救你回去。

几天之后，你在H的陪同下来到我们的家里，我们为你端上了一顿早餐，而且对于之前发生的事情也是只字未提，可是你们却好像什么也没有发生过那样竟就若无其事地走了。因为我知道当时聘用你工作的马德里大学在九月底左右即将重新开始上课，所以我便带着你的行李来"抓"接你①，我还陪着你去了奥利（ORLY）机场送你登机。

在机场大厅里，我都为你感到耻辱和怜悯，你自顾自地在那里感到惬意和欣快，而没有看见你周围的那些人是如何错愕并惊异于你的此种不正常行为。就这样，两个月过去了，到了圣诞节，你决定中断自己与马德里大学的合同并彻底回到法国，根据你自己的说法，这是为了让你可以致力于自己的安息年（année sabbatique）。

至于你当时拥有的那些积蓄，你很快便跟你的那帮狐朋狗友们一起，把它们挥霍在了餐馆、夜店、影院、香烟和其他事情之上……你住在我们家里，有时住在别的地方，然后，在最坏的那种威胁之下，你向我们要求了一处远离我们住处的独立居所，你要求我们帮你做担保人并支付房租，大概12000法郎左右，直到你找到新的工作，而这些我们全都照做了。多亏了我的一些关系，我终于搞到了一套公用廉租房（H. L. M），并且亲自出面到"低租金住房管理处"为你担保申请了六年的租住期限，我还支付了一个季度的租金，就这样，我们才让你住进了一套重新装修的单身公寓，家具也是按照你的喜好来添置的。在1992年的八月份，你通知我们说你已经跟米歇尔分手了，然后你便开始堕入了地狱，当时你便经常出去跟皮埃尔、保罗、雅克等人在一起鬼混②，于是你结识了某个名叫"埃里克"的家伙，他不仅最后

---

① 艾米丽的父亲先是写了"ramasser（抓）"，然后将其划掉改成了"chercher（接）"。——译注

② 这句话中的"皮埃尔（Pierre）""保罗（Paul）"和"雅克（Jacques）"都是在法国十分常见的男性名字，因而并无确指，类似于我国经常说的"张三、李四和王二麻子"，这里明显是艾米丽的父亲在指责其女儿在私生活上的混乱。——译注

让你掏空了你的剩余存款，而且同样为了购买毒品把你牵连进了一些银行卡的诈骗案里，让你在地铁站里乞讨，等等。

你还暗示他到我们家的房子里来见我，以他刚刚找到了工作，需要给自己置办一套像样的衣服为借口，他从我们这里诓骗走了2000法郎，而这多亏了你的赐福。为了让你感到幸福，还有什么是我没有做的！！！我太晚才了解到这厮就是一个……还有一些其他的意外事件，例如在埃里克有次吸毒过量之后，消防员和警察上门到你家里把他送进了医院。至于在接下来的几个月里跟着发生的所有那些事件，我就不提了：你的失业，没有与你所完成的学业相关的正经工作，你在我们的公寓或住所的走廊里所干出的那些丑闻，还有你试图殴打并伤害我们的那些企图，等等。让我们也不要忘了你在大街上让"伊萨贝尔"所遭受的痛殴①，这导致她的母亲把你告上了法庭。

然后有一天，太阳出来了，你邀请我们过来喝咖啡，我们一家三口在你家里团聚，你亲口向我们表示，不能再这样下去，说我们应该忘记过去，我们立刻便答应了和解，又跟你言归于好，至少是和平相处吧，然后我们便建议你去找一位心理医生做咨询，以便来治疗你所患上的疾病。所有人都哭着拥抱在一起，最后大家也安然地相互道别。随后的几个月一直过得起起伏伏，你有了待业生活保障，有了住房津贴，有了实习工作，还有了我们给你的伙食补助，我们之间的信任似乎又重新建立了起来，至少在我们看来是这样。但是，你却始终都不愿意回到家里面来，因为那些糟糕的记忆一直都在羞缠着你（te hontaient：羞辱着你／纠缠着你）[1]②，不过你也经常过来看望我们，甚至还会跟我们共进午餐。然而，就在这个时候，那些昔日的恶魔却又再度苏醒了，因为你又开始跟那些不三不四的家伙们鬼混在了一起，

---

① 此处提到的"伊萨贝尔"应该就是先前提到的艾米丽的那位女性朋友。——译注

② 这里是艾米丽父亲的一处笔误，他本来想写的是动词"honter（纠缠）"，结果写出了一个在法语中不存在的动词"honter"，后者联系着名词"honte（羞辱）"，我在这里姑且将其译作"羞缠"。——译注

这么说还是轻的，我们又再度陷入了你的地狱：餐具在窗户上飞来飞去，没有稳定的工作，整天闷闷不乐地拉长着脸，等等……直到有一天，你告诉我们说，你又认识了一个男孩，他虽然年纪比你大了一些，但却对你满心爱意，也能倾听你的心声。当然，我们又再次在自己家里接待了你和你的新任男友——没有任何的冲突或摩擦，而是带着很多的友善与相互的尊重。这样又持续了几个月，直到7月1日那个星期六，再一次地，你又冲着我们表现出了一些卑鄙的意图，还有对我们的轻蔑，你指责我们是不合格的父母，甚至不配当父母……你只需要再读读看你发给我们的那条满是辱骂与谎言的信息。

我真的相信，在你反复折腾的这些年间，我跟你的母亲都老了十岁或者十五岁，可能还不止如此，而到了70岁的年纪，我已经不认为自己还有力量去跟侵蚀并折磨你的魔鬼斗争，也没有精力再度重复我们已然经历过的那些事情，不管是不是心存故意，你都已经毁灭了我们，你也会连同自己一起毁灭，除非你能有个180度的大转弯。

如果说我在这里没有谈到你的童年，那也是因为我们没有什么好说的，因为不管我们说些什么，那样都只可能更多地点燃那些令你痛苦不堪的过往经历，毕竟你是这些创伤的受害者，也是唯一的见证者，我之前已经花了足够的功夫在必要的时候来要求你交代这些事情，当时是你自己不愿告诉我们发生了什么。然而，你却公然地指责我！当你需要的时候，我已经警告过你好几次（例如：当你离家出走跑到波尔多的时候，或者当你模仿我们的笔迹在高中的成绩单上伪造签名的时候，等等）。我提醒过你要注意自己在餐桌旁的行为，我们出门去鲁昂的时候，我也叮嘱过你。只有当你向我们揭示出了你是其受害者的那些性侵的存在时，通过印证，我们才最终理解了那个家伙针对你和针对我们自己的那些态度，乃至他针对其他孩子和大人的那些态度。

不幸的是，他的"消失（disparition）"①却阻止了我们针对他采取任何物理性的行动或是刑事性的举措，而我们必须自己团结起来，才能防止让其他像他这样的家伙能够继续犯罪，我诅咒他。

我们向你致以我们最高的尊重，而且我们在所有那些情况下也都已经向你证明了这一点。我们还有时间来把钟摆拨回到正确的钟点，我们还有时间来忘记过去，当然这一切都仅仅取决于你，如果你想要拥有你自己的生活，那就随你高兴也随你的便，毕竟你是自由的，而我们也不是被迫要在这里听你讲道理。我们希望你能够过上幸福快乐的日子，等着瞧吧，只有未来或是我们所剩无几的时光能够告诉我们说你是否真的幸福快乐。

我们深情地拥抱你。

爱你的爸爸和妈妈

我告诉他们说这样完全行不通，我们沟通了一个小时。我要求他们试着重写一封回信，尤其是不要寄出这封回信。三个星期之后，还是聋人之间（鸡同鸭讲）的对话；不过，艾米丽的母亲倒是哭了，她给我出示了一封更加感性的回信，在这封信里，她发誓自己什么也没有看见，什么也没有理解，她完全不知道当时发生了什么，她也深感遗憾自己没能看见女儿的遭遇。至于那位父亲，他还是坚持他自己的立场："艾米丽是一位病人，一个瘾君子，必须让她强制性住院。"索性，我只好放弃了努力，转而建议他们去咨询一位家庭治疗师，以便让他们能够更加详尽地来谈论这个问题。三年之后，我接到了艾米丽的一通电话，她告诉我说自己终于下定决心要开启一段精神分析，并且向我询问了一些推荐分析家的地址。

---

① 这里的"消失（disparition）"同时具有"失踪"或"死亡"的意思。——译注

讨论与理论化

父亲的性倒错（perversion du père）：当你们阅读这位父亲的回信时，我相信这也必定会在你们身上产生一些暴力性的效果，就像在我身上曾经发生的情况一样。那么，在这封回信里到底发生了什么呢？我要说，在这封回信的文本中，我们完全看到了这位父亲绝对非常清楚那位邻居是个恋童癖，他的女儿至少是因为父母的**被动共谋**（complicité passive）才遭到了性侵。他不仅知道这件事情，甚至还可以说出这件事情，然而他同时在这一切上进行了某种**否认**（démenti），他否认了自己的所述，也就是说，他的精神结构是在特征为"**拒认**（désaveu）"的层面上运作的，这个层面正是"**性倒错**"的特征。

神经症性妄想及其与双亲性倒错之间的关系

我认为，我已经说服了你们相信，艾米丽并非是一位精神病患者，事实上，她的"妄想发作"是由印度大麻、性的创伤与其父母的态度共同促成的。就"性的创伤"而言，我们必须承认：**孩子与性欲的相遇总是一种创伤**；我们没有理由来加剧此种创伤，面对受害者，我们既不要显示出同情，也不要鼓励她去控诉，无论这样的**控诉**（plainte）是在"心理医生"这里形成的**抱怨**，还是在法官那里构成的**诉状**①。就曾经遭受过此种性侵的主体而言，在我看来，似乎更具治疗性作用的事情便是引导她认识，总而言之，她是在遭遇人类存在的**共同命运**，的确，与性欲的相遇本身便是具有创伤性的，但是，这或许也是我们随后能够应对的事情。无论如何，我正是带着这样的信念来与艾米丽进行会谈的，而且她很快就从她的妄想及其抑郁状态中走了出来，例如，她重新开始投入工作。相比之下，如果说她能够"代谢"性的创伤，那么这便同时意味着她在与父母的关系上取得了进展；当然，从某种意义上说，他们并不会把此种关系上的变化看作一种"进展"。

我长期进行跟踪治疗的另外一位女病人也曾经出现过一些**神经症性妄想**

---

① "控诉（plainte）"一词同时具有"抱怨"和"诉状"的意思。——译注

(délires névrotiques)①的发作,这位女病人的父亲同样属于"性倒错"的结构,他对自己的女儿也有一些非常模棱两可的态度。我还想到了第三例**父亲性倒错**(perversion paternelle)的个案,这例个案的案主是一位少女,尽管在她这里没有妄想的存在,相反存在一些令人印象深刻的行为紊乱,诸如一些自杀性的尝试与重复性的自残。在这两例个案中也是一样,都是案主的父亲坚持要求让他们的女儿们接受强制性的住院治疗,坚持让我们承认她们的疯癫,而这些皆只不过是他们庇护自己的一种方式而已。

我今天要提出的假设即在于:这位年轻的癔症女孩的"妄想"所表明的并非是在她自己的精神结构里所运作的一种**排除**,而是在她父亲的精神结构里所运作的一种**否认**。她在自己的父亲那里遭遇到了对于她所经历的创伤的否认,正是来自其父亲的此种否认决定了其妄想的条件。这么多年以来,艾米丽一直尝试着与她的父母进行对话,然而她却总是硬生生地撞上他们的"不理解",她就是用这个措辞来对其父母的态度进行命名的,但是其父母的态度却远不止是"不理解",而是更多处在"**倒错性否认**"的层面之上:他们知道发生了什么,但与此同时,他们又不愿意知道,而且他们已经为此做好了准备来付出最最昂贵的代价,亦即**牺牲他们自己的女儿**。令人无法忍受的正是此种"**不想知道**"的顽抗,因为这即意味着其父母并未将艾米丽自己的言说纳入考量。面对大他者的此种绝对的**自欺**(mauvaise foi)②——这个大他者本来应该代表着法则——对于这个年轻的女孩来说,除了在某种行动化的"妄想"中来重新"活现"创伤性的

---

① 值得一提的是,为了区分于精神病性的"妄想(délire)"与"幻觉(hallucination)",法国当代著名的拉康派精神分析家让-克劳德·马勒瓦尔(Jean-Claude Maleval)在其有关"癔症性疯癫"的著作中提出,我们可以将神经症性的妄想称作"谵妄(délirium)"而将神经症性的幻觉称作"幻象(vision)"。据此,我们也可以相对于米勒的"常态精神病"概念而提出"异态神经症"的临床认识论范畴,而这意味着我们不能仅仅依托于现象或症状的层面来考虑精神分析的临床,换句话说,我们不仅必须要考虑在主体自身的精神结构中运作的机制,而且必须要考虑主体在他者的精神结构中所处的位置。——译注

② 这里的"自欺"毫无疑问是在援引萨特在《存在与虚无》中提出的重要概念。——译注

场景之外，她没有任何其他摆脱困境的办法，换句话说，只有在某种**行动搬演**（acting out）之中，她才有可能最终突显出其言说的价值。**她的"妄想"是作为被父亲所否认的东西在实在界中的返回而出现的**。我们也可以换一种说法来对此进行表述：在这个年轻女孩的**博罗米结**中，原本能够将结链接起来的**父名隐喻**发生了崩解，由于**实在的父亲**在其历史中的这一时刻上不再代表象征性的**法则**，因为他自己就对此种法则进行了否认。因而，博罗米结在此例个案中的**暂时性松解**便说明了一位神经症患者同样有可能会制作出某种**解释型妄想**，而在某些情况下甚至会制作出某种**幻觉性妄想**。

注释

[1] 原文如此。

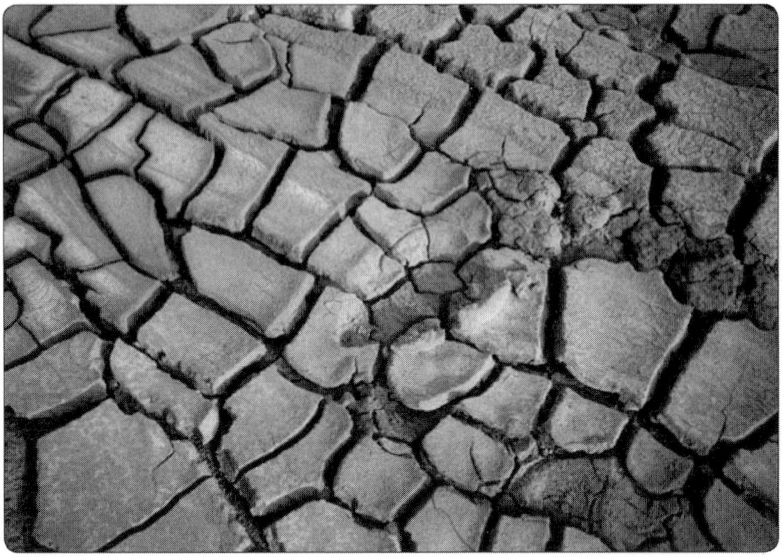

第 07 讲

卡西、德里斯与杰克

疑病症：对象a的嵌闭

冲动：身体钩挂于语言

在这一讲里，我们将继续尝试着手研究何谓**主体的结构**。经由我们第01讲中的拉菲埃尔个案，我们已经着手谈论了**镜子阶段**与**镜像**的概念，以及在此种镜像的基础上而建立的**原初自我同一性**。经由第02讲中的阿里曼个案的**交互变形妄想**，我们也已经使用了**光学图式**，从而又通过一种光学模型来建构了此种镜像：$i(a)$。继而，经由第04讲中的妮可儿个案，我尝试给你们呈现拉康的 **L 图式**，亦即象征轴与想象轴这两个轴向是如何通过四个位点来维持**主体的结构**：这在一方面是位于象征轴上的**主体**与**大他者**；而在另一方面则是位于想象轴上的**自我**与**小他者**。

今天，我们将要着手探讨**冲动**（德：Trieb；法：plusion）的问题，这是一个弗洛伊德式的概念，尔后在拉康那里又经过了重新制作。我将在两个截然相反的面向上着手进行我对冲动问题的讨论：一方面，是当冲动发生**故障**的时候，主体会出现什么问题；另一方面，则是冲动如何将身体与语言**钩挂**起来，从而将主体写入语言之中的问题。就后者而言，我借助了我们协会的同事玛丽-克里斯蒂娜·拉兹尼克[1]的一篇专访（Cacciali & Froissart, 2006），拉兹尼克夫人是运用拉康精神分析的方法对婴儿自闭症进行工作的专家[1]，她在这篇采访里

---

① 玛丽-克里斯蒂娜·拉兹尼克（Marie-Christine Lazinik），法国拉康派精神分析家、临床心理学家，国际拉康协会成员，其研究主要是在"女性性欲"与"婴儿自闭症"的领域，她在1998年创建了自闭症预防协会（PREAU）并担任了该协会的主席。——译注

解释了她的干预如何能够借由冲动而将小婴儿写入语言之中，以及将身体与语言扭结起来的此种**钩挂**对于**人之为人**而言何以是必不可少的。

首先，我将会给你们呈现三例疑病症病人的临床片段，以便突显什么是我们所命名的"**对象*a*在身体中的嵌闭**（incarcération de l'objet a dans le corps）"。根据其病程的演化，我们可以区分出两种形式的**疑病症**（hypocondrie）：一方面是**稳定**的疑病症，亦即病人始终都将呈现出疑病症的临床特征，其病程没有任何变化；另一方面则是**发作**的疑病症，亦即疑病症只是先于**忧郁症**[①]或**偏执狂**发作之前的一个阶段。对于我们经常在临床上见到的疑病症而言，这三例临床片段都是相当具有代表性的。在马塞尔·切尔马克（Czermak, 1986）的《对象的激情：关于精神病的精神分析研究》（*Passions de l'objet: Études psychanalytiques des psychoses*, 1986）一书中，我们也可以读到"不是这里疼就是那里疼"的"**马拉拉夫人（Madame Malala）**"的个案[②]，她的病程是更加完整且完全展开的，而我在这里向你们呈现我自己的三例临床片段，也是希望能够唤起你们去阅读切尔马克先生的"马拉拉夫人"个案的欲望。

三例临床片段

卡西个案

第一则案例阐明的是稳定的疑病症，其病程演化的可能性始终都处在潜在状态。当我第一次接待卡西（Kaci）的时候，他的病情已经持续了三年。迄今为止，他已经在五家不同的医院里接受过住院治疗，以便寻找其疾病的器质性来源，然而时至今日也没有检查出任何的结果。卡西是阿尔及利亚人，他在1959年的时候来到法国，目前他已经有60多岁了。从1959年至1996年，他一直都有工作，期间也没有出现过任何的健康问题。他的妻子与他们的七个孩子在阿尔

[①] "忧郁症（mélancolie）"一词源自古希腊医生希波克拉底的体液说中的"黑胆汁"，它是一种非常古老的精神疾病，在精神分析的视角下属于精神病结构的亚型，区别于我们现在所谓的"抑郁症"。——译注

[②] 这里的"马拉拉(Malala)"与"'这里疼'或'那里疼'(mal à la)"发音完全相同。——译注

及利亚生活，每逢假期，他都会回国与妻儿相聚。在巴黎，他生活在一套公寓里，他跟自己的亲兄弟共同居住在他的房间里，他的一位堂兄弟居住在他们隔壁的房间里。

卡西现在已经没有了工作，因为他在公司倒闭的时候遭到了裁员。随后，他立即就生病了。尽管没过多久，也有人曾经给他提供过一个职位，不过按当时的情况他已经不再能够胜任工作了。他是由其亲兄弟陪同着一起前来咨询的，因为需要后者的搀扶来帮助他走路。卡西显得非常的疲惫且消瘦，他的面部非常地僵化，呼吸也非常地急促而表浅。

他的兄弟告诉我们说，他的疾病开始于腹部的疼痛，伴随着双腿的肌肉挛缩。很快，他便丧失了胃口，体重也跟着迅速下降，他会经常性地呕吐，不再能够睡觉，他的腿部淤堵不通，并且伴随有一些令他感到疼痛的抽筋或痉挛。他已不再有力气站立，也不再有能力洗澡，整天都只能躺在床上。卡西同意了他兄弟的描述，然后自己又补充了一句："我的血液不再循环了。"除了他的这些身体症状之外，已经不再有可能让他去谈论别的事情；他的血液不再循环了，他的言语也不再流通了。一切都凝固了。

他先是在精神病院接受了两个月的住院治疗，同时辅助以抗抑郁药和神经安定剂的药物治疗，这些给他带来了一些轻微的改善。然而，三个月之后，他的病情却再度加剧，因此又不得不再次住院，在这次住院期间，他主要接受的是电休克治疗。在这次住院之后，他的病情得到了充分的改善，于是他搭乘飞机回到了阿尔及利亚去跟家人团聚，不过他在临行时还是打算回国去给自己看病。自那时起，我便没有再见过他。在我看来，在此例个案报告中突显出来的东西，便是这位病人的**阻滞性**与**冻结性**特征，此种"阻滞"或"冻结"要么是在**言语**的面向上呈现出来，要么则是在**身体**的面向上呈现出来。至于他告诉我们说他睡不着觉的情况，尽管护士们看到了相反的情况（他一直躺在床上睡觉，而且睡着了），然而这却并非意味着他在说谎，而是恰恰意味着他已经丧失了**睡眠的享乐**；这是我们在疑病症患者那里往往都会再次发现的另一个特征。

杰克个案

杰克（Jacky）在40岁的时候曾经自杀过一次，当时他跳下了地铁站的站台。因为酗酒，他先前曾在巴黎郊外的一家精神病医院里接受过长达五年的治疗。医院当时将他诊断作**边缘型人格**（personnalité boderline）。他非常依赖于医疗机构，一旦医生们试图让他出院，他就变得非常焦虑。杰克曾经能够出院生活三个月的时间，不过一些焦虑发作很快便卷土重来，于是他不得不再度住院。他要么一直待在医院里，要么一直待在一些私人诊所里（持续了一年多的时间）。接着，在他出院之后的一个月，他又试图自杀。在他的病历上，我们可以发现，他被贴上过各种不同的诊断性标签，例如：癔症、依赖型人格与酒精依赖等。事实上，如果我们重新考察他的病历，那么我们便会看到，他的话语表明了他的精神病结构，且明显存在疑病症，而酗酒则只不过是在封堵巨量的精神病性焦虑。

以下便是他的主诉和抱怨，我当时将其一一记录了下来。

他的心脏有一些疼痛，他觉得自己的心脏冻结住了，另外他还有呼吸困难和身体消瘦的问题，他的体重只有63千克（他在两个月里体重下降了差不多70千克，所以他之前的体重是130千克）。他还有鼻窦炎，他下颚骨疼痛，他的胸部和性器官上长了一些脓包，他已经叫人做过一些检查，以便确定他是否得了"疱疹"或"梅毒"，不过检查结果均是阴性。他还做过一次纤维内窥镜检查，也是什么都没有查出来。他觉得自己的免疫力有所下降。他在小便的时候会有一些灼痛和恶心的感觉。他认为自己是在便血。他说自己有太多的白细胞。他每天要吸三盒香烟，烟草会让他感觉到头疼，而且一段时间以来，吸烟也让他失去了胃口。

因为怀疑自己得了肺结核，他跑到巴黎科尚医院（Hôpital Cochin）的急诊科来咨询就医。他当时气喘得厉害，想要在走路的时候可以永远不要喘不过气来。因为低血压，他会感觉到一些头晕。他的双腿经常抽筋。接着，他还抱怨说自己有腹泻的毛病，而让他尤其担心的是**痣**的问题。他花了很长时间来谈论这些痣,并且把这些痣展示给他的精神科医生来看,这些细小的斑点令他感到惊恐不安,尽管他身上可能一直都长着这样一些东西,而且它们也是非常普通和寻常的东西。他非常确信地断言说自己既不是抑郁症也不是焦虑症,他确定自己的疾病是躯体性的,他担心医生们发现不了他的问题。最后,他补充说道:他现在没有任何胃口,而在此之前,煎蛋总是会勾起他的食欲,他还记得煎蛋的味道,但是现在,就连煎蛋也不再能够让他产生任何胃口。

在这些抱怨之中,你们可以听到,他的疑病症已经非常接近于"科塔尔综合征"的情况。

德里斯个案

至于第三例个案报告则阐明的是我们可能在临床上碰到的第二种形式的疑病症,亦即疑病症是一种**前奏**或**先兆**,其后接续一些**偏执狂**的相位或**忧郁症**的相位。在这则案例中,病人在精神病学上的那些障碍是从1983年的时候开始的,当时他便因为"抑郁状态"而陷入了反复请休病假与反复住院治疗的某种交替,在此种状态之下,疑病症的临床图景便已然突显了出来。在之前的一年,他曾因为一段情感关系的断裂而不得不在分手之后搬离他跟女友同居的公寓,因为这个女孩子的父母当时反对他们的结合。同年,他又丧失了自己的父亲。他在说话的时候总是带着那种低声咕哝的音量,至于他的话语则总是涉及他的身体:他不再能够睡觉,他丧失了食欲,他在心脏区域会感觉到一些疼痛,他会头疼,也会呕吐,他觉得自己的嗓子里有一个球形的肿块,他还有一些肠道痉挛,他感到自己非常的疲惫不堪。在另外一些时刻,他还谈到自己的眼睛或是牙齿的状况,他当时咨询过专家的门诊并进行了全面的检查。

让他开口言说自己并不容易,他也不觉得回顾自己的过去能够给他带来什么样的好处或帮助。他明显只是在要求我们缓解他的痛苦。那么,又是谁在言说?又是怎样的身体出了问题?他在要求缓解的又是怎样的痛苦?

他讲述道:

刚到巴黎的时候,我便体验到了死亡……我很失望,也不是失望,而是失控……我无法集中自己的注意力,我总是走神,处在抽象之中,未来一片灰暗,它被遮挡住了,就好像当时在我的面前有一幕帘子一样……我感觉到自己什么也抓不住,我的思维是透明的,它变得空洞,我的嘴巴是干燥的,也就是说那些句子都变成了粉尘和石块。

在这十年期间,德里斯都是不停地在一种忧郁症的绝望状态与一种偏执狂的追诉状态之间来回摆荡。这些阶段的反复性交替当然也是由于他所接受的那些药物治疗的影响,然而这并不妨碍我们在精神结构的层面上来质询此种**"忧郁症/偏执狂"**的重复性摆荡。在那些偏执狂的相位上,德里斯会表达出各式各样的追诉,他会要求各种社会援助,抱怨自己是种族歧视的受害者。在1984年,他曾经有两次以非常暴力性的方式攻击了医护人员:首先是一位女护士,然后是负责照顾他的住院实习医生。至于在他的那些忧郁症的相位上,德里斯则会表达出这样的一种观念,亦即我们对他可能什么也做不了,他的存在只会烦扰到所有的人,要是他死了可能会更好。最后,他便通过自杀结束自己的生命!

为了就这则临床片段进行总结,在我看来,重要的是我们要注意到以下的几点。

(1) 首先的第一点,即是忧郁症构成了此例个案的背景幕布,尽管我在这方面能够呈现出来的特征只是一个大致的轮廓。德里斯确认说在他的身体中已经不再有任何东西在运作,他也没有表达出任何涉及某种欲望的东西。当他告诉我说"我的嘴巴是干燥的,也就是说那些句子都变成了粉尘和石块"的时候,在我看来,我们似乎便能够在这里听到,身体与语言在忧郁症中是如何得到组织并被链接(articulés)在一起的:事实上,更好的说法应该是脱节或解链(désarticulés)。无论是在语言的层面上还是在身体的层面上,都有某种东西遭到了石化(pétrifié)。在这句话中,我们也可以清楚地看到，实在界与象征界如何处在了连续性之中：一方面是嘴巴的干燥，另一方面是句子变成了粉尘和石块。

(2) 我想要提醒大家注意的第二点，便在于那些忧郁症相位与偏执狂相位的交替。如果我们拿拉康的幻想公式（$S◇a$）来说（Lacan, 2006, p. 691），那么我们在德里斯这里观察到的，便是主体不再被划杠，"冲孔"遭到了崩解，以至于主体等同于对象a，亦即$S ⇔ a$。换句话说，只有通过将自身的主体性抛掷到大他者的一边，主体才能够维持其自身的某种一致性。就其忧郁症的位置而言，主体变成了对象，从而表明了他是一个不值得欲望的对象，因而是一个必须从大他者的领域中清除出去的对象。就其偏执狂的位置而言，主体表明了他是一个遭到大他者迫害的对象，因而他便要求追诉赔偿或是自己伸张正义。

下一次，我将会给你们带来与一位呈现出科塔尔综合征的女病人之间的访谈记录。届时，你们便将从文本上看到，那位女病人自己说出：她已不再是一个主体，而是变成了一个对象。这即意味着主体的结构性书写变成了$S ⇔ a$，读作S等于a。这个全新的"数学型"公式完全不是我们在智识层面上生编硬造的一种理论制作，而是我们在这些忧郁症病人们那里确实遇到的一种临床事实。

(3) 至于第三点则是我们将在这里来尝试回答忧郁症的触发问题。在这些案例报告当中，我们注意到有两例个案都是在某种实在性的"丧失"或"断裂"之后才引发了主体的崩解与发作，而在此之前，主体都还尚且能够维持其自身的某种一致性。例如，对于德里斯而言，是当他失去了自己的工作和自己的女友的时候，他才开始发病；对于卡西而言，是当他遭到其公司解雇的时候，疼痛才开始出现；对于我曾经有机会见到的其他病人而言，则是在一次工伤事故之后，结构才出现松动。

拉康在关于《圣状》（*Sinthome*）的研讨班里，向我们指出了对于乔伊斯而言，他的自我[①]——写作在这里呈现出如此之大的重要性——如何会在精神病结构的三叶结（nœud de trèfle）上制作出某种增补或是充当某种补丁，从而维持了其自身存在的某种一致性。同样，在我们的疑病症个案中，在我看来，主体的结构似乎也是三叶结的结构，这是在拓扑学上将实在界、象征界与想象界置于连续性当中的一种结构（参见：Lacan, 2016, p. 31; Darmon, 1990, p. 375）。

我们可以假设，在解体出现之前，此种扭结一直都是由某些元素维持在其位置上的，这些元素在当时即充当主体结构的补丁。例如，在卡西与德里斯的个案中，我们可以想到由工作或者与女人的关系而给主体指派的某种位置，而在杰克的个案中，则是对酒精或者医疗性体制的依赖给他起到了某种暂时稳定化的作用。当这些增补或补丁消失不见的时候，三叶结的扭结便完全拆解了开来，而仅仅剩下了一个圆环。

疑病症往往都是指示精神病发作的"信号"，即便它随后也有可能会朝向忧郁症或是偏执狂而发生某种演化，但是就其本身而言，疑病症却并非是一种"圣状"或者"增补"。在忧郁症中，主体

[①] 在拉康的《圣状》研讨班中，无论法文原本还是英文译本（Lacan, 2016, p. 131）都是用拉丁文的"*Ego*"一词来命名"博罗米结"的第四环（Σ），亦即乔伊斯的"自我"作为"症状"的第四环而增补了三环的博罗米结在乔伊斯精神结构中的扭结的失败。值得注意的是，这里的"自我"一词不应混淆于该术语在精神分析中的通常用法，亦即弗洛伊德的第二心理地形学或人格结构模型中的"*Ich*"，拉康用法文的"moi"来对其进行翻译。鉴于乔伊斯在精神结构上属于精神分裂的范畴，而精神分裂的结构性特征恰恰即在于其"自我的缺位（absence du moi）"，也就是说，乔伊斯未能经由镜子阶段而创造出一个稳定的"moi"，而他的"ego"恰恰就是针对此种"自我缺位"的增补。就个人而言，我觉得拉康在乔伊斯这里所使用的"ego"一词可能要更接近于英国存在主义现象学精神病学家莱恩（R. D. Laing）在其《自我的分裂》一书中所谓的"自身（self）"，或许我们也可以将其参照于荣格意义上的"自性（self）"或是科胡特意义上的"自体（self）"，但就翻译而言，我在这里仍然保留了用"自我"来对"ego"进行翻译。——译注

已经不再能够在能指链条中绽出存在（*ek-sister*）。他是作为一个纯粹的主体而出现的，亦即是一个未经划杠的主体，一个没有欲望的主体，而在疑病症当中具有特殊性的地方，则是主体在其身体上遭到了某种东西的堵塞或阻滞，从而阻碍了各种冲动的自由运转，以至于也阻碍了血液的循环、气息的循环与食物的循环。

(4) 这便把我们带向了第四点：就像拉康所解释的那样（Lacan, 1977, pp. 165-168），如果说冲动是围绕身体上的那些孔窍或孔洞来进行组织，从而在其轨迹上"环绕着对象 *a* 打转（faire le tour de l'objet *a*）"①然后再返回到身体之中，那么在疑病症这里所发生的一切则就好像是对象 *a* 被拘禁或嵌闭在了身体之中，从而封堵了身体上的这些孔洞。

(5) 第五点则涉及"转移"：倾听这些患有疑病症的病人是一场非常艰难的考验。在卡西的病案记录中，我曾经写道：这位病人显现出了焦虑的神情。然而，在针对这则个案进行反思的时候，我才发觉到这里的焦虑毋宁说是处在我自己这边的焦虑，更确切地说，此种焦虑是我在倾听他的时候所产生的无意识反应，因为我首先假设了在他那里存在一个拉康意义上的"主体"，后来我才意识到也许根本就不存在这样的"主体"，存在的只是一具被语言所穿透的"身体"，也就是说，是大他者透过他的嘴巴在言说。这也是为什么现在我要邀请你们来重新审视这个主体结构的问题。拉康的教学如何能够帮助我们来回答这个问题呢？从他的教学出发，我们自己又能够就"主体的结构"来制作出怎样的观念呢？

---

① 正如阿兰·谢里丹（Alan Sheridan）在其翻译的《研讨班Ⅺ：精神分析的四个基本概念》的一则注脚中所指出的那样（Lacan, 1977, p. 168, note 1），拉康在这里所使用的"tour"一词除了"打转"之外还有"戏法"的意思。因此，这里的"faire le tour de l'objet *a*"便既可以翻译作冲动"围绕着对象*a*打转"，也可以理解作冲动"用戏法变没了对象*a*"。换句话说，通过冲动的"戏法"，能够从身体上拆分下来的那些肉身化的部分对象就变成了一个看不见且摸不着的丧失对象。——译注

主体的结构

如果我们从**言在** (*parlêtre*) 的实在的身体出发，那么我们便知道，在镜子阶段，主体会在其镜像中预期其自身的统整性。正是在此种原初的身份同一性之上，那些**想象性认同**才将得以建构从而构成**自我**。但是，这个"未来主体"的想象性层面之所以能够得到建构，则仅仅是因为同时还有话语的存在；婴儿是在"**语言的浴缸**"中降生的，同时是母亲以其同意而确认了婴儿在镜子中再认出的形象。

换句话说，打从一开始，为了说明主体，我们便必须拥有四个位点：其中的两个位点处在想象轴之上，亦即**自我**及其**镜像**或**小他者**，另外两个位点则处在象征轴之上，一个在**主体**这边，一个在**大他者**那边；这两个轴向在 L 图式中相互交叉（参见第 04 讲）。这四个位点同样构成了拉康在幻想公式 ($ S \lozenge a $) 中用来象征**切口** (coupure) 的那个菱形的**冲孔** (poinçon)。

我们往往会自发地拥有某种观念，认为主体可能具有某种**内部**，连带着某种**边界**。然而，有趣的是，那些精神病主体却能够触及那种通常向我们隐藏起来的知识，他们一直在告诉我们说这是明摆着的事情，也没有什么是比这更不明显的事情。碰巧，我曾经不得不接连让两位精神分裂患者接受住院治疗，他们都从文本上宣告了这一真理。其中一位病人说道："我，我可非常清楚，就是因为我看穿了别人，你们才必须让我住院。"另一位病人说道："我听见了我自己内部的所有东西。"通过他们的话语，这两位病人都证明了一个事实，亦即**内部与外部是处在连续性之中的，而无须跨越任何边界**。

在神经症主体那里，此种**知识**会遭受到压抑，并且让位于对**内部**的信念。他们维系着这样的一种幻象，亦即在象征层面上，主体可能具有某种**包囊**的形式，亦即它包括了一个由**无意识**构成的**内部深度**与一个由**知觉—意识**构成的**外部界面**，从而将主体与大他者区分开来。此种幻象恰恰来自这样的一个事实，亦即我们的"**实在的身体**"本身就是像这样构成的，它由一层皮肤把内部与外部区分了开来，而这便是我们对自己的身体所拥有的形象。然而，我们却不能因为这在**身体**的层面上就是这样一回事，所以便由此推断说这在**主体**的层面上是同样一回事。

拉康（Lacan, 2001b, p. 483）恰恰证明了主体的结构并非是某种**包囊**，它并非是一种**球面**（sphère），恰恰相反，它是一种**非球面**（asphère），这即意味着我们必须能够找到一种结构来说明主体的"内部"与"外部"何以会处在连续性之中。此种内外连通性的结构，便是**交叉帽**（cross-cap），也就是说，它是我们通过把一条**莫比乌斯带**（bande de Mœbius）与一个**盘面**（disque）边缘对边缘地缝合起来而得到的一种结构。我们可以稍微想象出来此种非球面，但是这样的想象却是非常粗劣的，因为此种结构不可能在一个简单的三维空间中被建构出来。事实上，它是属于四维空间的一种拓扑学对象。为了稍微将它想象出来，你们可以想象自己拿着一只皮球，例如足球或者篮球，从上面挖掉一块圆形的外部表面。然后，你们便可以再更进一步地想象，其外部表面上的每一道线条均是沿着相同的方向来延伸，最后又通过那个"空洞"而连通上了其内部表面。以这样的方式，如果你们跟随任意一道线条的轨迹，你们便会一会儿是处在内部，一会儿又处在外部，而无须跨越任何边界，也就是说，你们正处在一个既不存在内部也不存在外部的空间之中。

因而，我们可以借由这个模型来理解：当我们的分析者在会谈中进行言说的时候，他有时便会从其有意识话语的剩余之中道出其无意识的种种表现，也即那些遭到压抑的元素，而这一过程的发生并不需要让他对此加以注意，也就是说，不需要让他跨越某种边缘，因为他就处在此种连续性之中，甚至不需要让他听见自己刚刚说出的东西。如果我们在这个时刻上给他标记以某种**切分**（scansion），例如进行标点或是中断会谈，那么这样的干预便会制造出某种"切口"，从而产生出某种分离性的结果，亦即经由一道边缘而将一个**反面**（envers）和一个**正面**（endroit）分离开来。

冲动的图式

弗洛伊德在《冲动及其命运》（*Plusion et Destin des plusions*）一文中，经由四个元素刻画了冲动的构成性特征（参见：Freud, 1957, pp. 122-124）。

- **推力**（poussée），弗洛伊德说，冲动的推力是"**恒定**"的，换句话说，我们一上来便会清楚地看到，它与**需要**（besoin）没有任何的关系。

- **来源**（source），也即让某**边缘结构**（stucture de bord）得以介入进来的**爱欲生成区域**（zone érogène）①。
- **对象**（objet），冲动的轨迹围绕着对象运转，此种对象仅仅是一个"**中空的在场**（présence d'un creux）"，拉康将其命名作对象 a。
- **目标**（but），也即再返回到这一轨迹的爱欲生成区域上来。

就**冲动的命运**而言，弗洛伊德（p. 126）设想了四种机制：**压抑**（refoulement）、**升华**（sublimation）、**翻转或反转到其对立面**（renversement ou réversion de la plusion en son contraire）以及**回转到主体自身**（retournement sur la personne propre）。我在这里要突显出来的一点，便是他在**能指链接**（articulation signifiante）上所做的强调，你们都可以注意到，弗洛伊德是诉诸语言并经由**语法**来解释何谓冲动的问题，而且尤其重要的一点，便是此种语法引导他概念化了**冲动的反转**（réversion de la plusion），例如：从主动语态的"观看"反转至被动语态的"被观看"（p. 127）；弗洛伊德尤其使用了各种**性倒错**（亦即偷窥狂／暴露狂；施虐狂／受虐狂）来对此种反转进行强调。

至于拉康，他从弗洛伊德那里重新吸收借鉴的恰恰就是此种"冲动的反转"，而在我看来，似乎也恰恰正是此种反转在这里具有根本的重要性。这即意味着，我们并不清楚**爱欲生成区域**或**爱欲源区**究竟是属于主体还是属于大他者：因为它恰好就处在介于两者之间的边界之上。此种"爱欲源区"即是冲动依托在其上以便围绕对象打转或返回的身体边缘。当冲动围绕着对象 a 亦即**部分对象**来进行打转的时候，主体尚且并不存在。这一冲动轨迹的重复便会环切出那个永远缺失的对象，从而允许幻想的建构，也就是说，允许一个主体的到来。我们可以说，只有当对象 a 被切割下来的时候，或者再换一种说法，只有当主体是由一个能指为另一能指所代表的时候，主体才会存在能指链条之中。

---

① 国内学者通常都将弗洛伊德的"zone érogène"译作"性感带"或"爱若区"，而我在这里则严格遵循字面将其译作"爱欲生成区域"或"爱欲源区"，以便强调那些"孔窍"或"孔洞"的身体边缘地带作为冲动来源的"爱欲生成性"。——译注

拉康在1964年的第十一期研讨班《精神分析的四个基本概念》(*Les quatre concepts fondamentaux de la psychanalyse*) 中，向我们谈到了**无头的主体** (sujet acéphale)："无头的主体即是冲动在其最根本形式的链接中所涉及的主体。"如果我们参照拉康在1964年5月29日的研讨班中向我们提供的**冲动图式** (schéma de la plusion)，那么我们便会看到**主体（虚无）**处在左边，而**无意识**（**大他者的场域**）处在右边，至于**爱欲源区**的边缘则处在它们两者之间 (Lacan, 1977, p. 187)。

爱欲源区

主体
（虚无）

无意识
（大他者的场域）

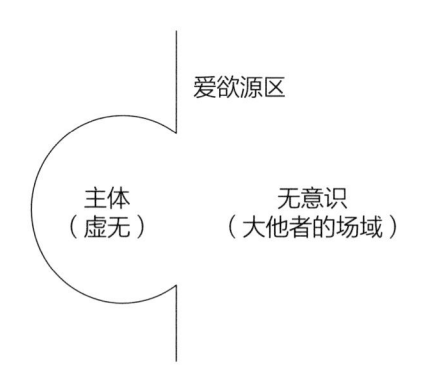

图7.1 拉康的冲动图式

(参见：《精神分析的四个基本概念》，1964年5月29日的讲座)

注意：对象 *a*，亦即**欲望的对象**，首先即是由于主体遭到能指的切割而从这一运作中所产生的剩余。只有当一个能指为另一能指代表主体的时候，主体才能够从能指链条中突冒出来。只存在被假设的主体，被代表的主体，从能指链条中突冒的主体。同时，这个主体的突冒也关联着对象 *a* 的跌落，因为能指链条的运作本身便自动隐含着对于某些**字符** (lettres) 的拒绝。因而，这些跌落下来的字符，这些从能指链条中遭到排除的字符，便会重新返回实在界之中，正是这些字符构成了对象 *a*[①]；我们可以说，因为要进入象征界，主体便是以某种**原初丧失**为代价来构成其自身的，这个原初丧失即是对象 *a*，从此往后，它便成为

[①] 在《关于〈失窃的信〉的研讨班》中，拉康还没有提出对象 *a* 的概念，而是将这些从能指链条中遭到排除而返回到实在界中的字符称作"能指的骷髅头"。——译注

引起主体欲望的原因，亦即**欲望的对象因**（objet-cause du désir）①。这里**欲望的原因**即意味着，主体被建构成**缺失的主体**（sujet manquant），正是此种缺失把他变成了**欲望的主体**（sujet désirant）。

因此，对象 a 便首先是能指运作的结果。但是，另一方面，就主体也是一个**肉身化的主体**（sujet incarné）而言，这个主体将在身体的那些**延伸部分**（appendices）上选择一些对象来**化身**（incarner）这个对象 a。这些**部分对象**主要包括：**乳房**（而非母乳）、**粪便**、**声音**与**目光**。后来，拉康又在其中添加上了**虚无**（rien）。继而，在这里向我们提出的问题便是要知道，这些部分对象又是如何变得爱欲化并被投注以某种性欲化的价值。在我看来，我们似乎可以说，首先是由于大他者的欲望与要求，但也是由于大他者的享乐，此种性欲化的价值才会被赋予这些可以从身体上拆解下来的对象。为了让这些对象能够来履行它们的功能，便必须要让**阳具的功能**得以建立起来。就此而言，冲动的研究便是根本性的，因为你们可以看到，在冲动中所涉及的东西，恰恰就是身体与语言的**钩挂**（accrochage），正是在此种**扭结**之中，主体才得以构成。

让我们重新回到临床上来讨论，我已经向你们讲到了疑病症，我们可以从中看到冲动发生了故障，身体的孔窍都遭到了封堵，血液变得凝固，呼吸也受到阻滞，等等。另一种着手来研究冲动问题的可能取径，便是要看到当冲动无法运作甚至没有建立起来的时候会发生什么样的事情。这也是为什么我现在要提议让你们绕个圈子，从治疗**自闭症**的精神分析工作的角度来重新探究冲动的问题，我的出发点是玛丽-克里斯蒂娜·拉兹尼克的一篇访谈，她的这篇文章②刊载于2006年的《法国精神病学期刊》（*Journal Français de Psychiatrie*）[2]。在这篇专访里，她提醒我们注意，自闭症儿童的大脑是以不同的方式来加工声音的，亦即负责声音加工的**颞上沟**（sillon temporal supérieur）在自闭症儿童那里并未得到激活，另外她还暗示我们说，此种反应的缺位不应被解释作自闭症障

---

① 拉康创造了"欲望的对象因"这一措辞，是为了表明对象 a 不是欲望朝向的目标对象（objet-visé），而是引起欲望的原因对象（objet-cause）。——译注

② 卡西亚里与弗洛萨特（Paule Cacciali & Josiane Froissart）的《玛丽-克里斯蒂娜·拉兹尼克专访》（*Interview de Marie-Christine Laznik*）。——译注

碍的原因，而恰恰相反要被解释作自闭症障碍的结果：正是因为冲动在自闭症儿童那里并未建立起来，所以颞上沟的发育才会出现异常。

冲动没有建立起来的问题首先可以在婴儿并不望向其母亲的事实中来进行定位。因此，它首先便是在**视界冲动**（plusion scopique）与**目光**的层面上来进行定位的。另外，我们也可能会在**口腔冲动**（plusion orale）的层面上看到一些紊乱的存在，诸如吞咽障碍与呕吐问题等，而在**肛门冲动**（plusion anale）的层面上也存在一些括约肌的失调。这些冲动是在整体上一起运转失常的。不过，玛丽-克里斯蒂娜·拉兹尼克则首先是在**目光**且尤其是在**声音**的层面上借助于视频录像来进行工作的。我要给你们朗读她的访谈里的一小段话，当然，这篇文章同样值得更加完整的阅读。

我告诉自己说，我必须找到一种办法来把第三者（tierce personne）建立起来，这是从拉康在其《研讨班V：无意识的诸种构型》(*Séminaire V: Les Formations de l'inconscient*) 中为了建构"大他者中缺失的能指"亦即S（A̸）而使用该术语的意义上来说的。因此，我便必须能够向她给出：我的惊叹、我的惊讶与我的快乐……正在此幕场景中流通的那个对象，便是她的母亲在下午餐点①时给她提供的酸奶；玛丽娜机械性地吞咽着酸奶，从始至终，连看都不看一眼给她提供酸奶的母亲。于是，我便要把吃一勺酸奶变成一个游戏来玩。

"现在轮到玛丽-克里斯蒂娜·拉兹尼克来吃酸奶啦：啊呜啊呜！咕嘟咕嘟！呼噜呼噜！香草味可真好吃啊！"这个片段携带我在面对这个香草味酸奶时的惊讶和快乐，从第一声"啊呜啊呜"开始，它便在玛丽娜那里激起了她的一个微笑的目光，就仿佛她也在分享我的快乐一样，可是一旦这句话结束了，她的目光也就消失不见了。我必须要让自己惊讶起来，也必须要让自己快乐起来（必须让这个游戏变得好玩起来！）……

---

① 这里的"下午餐点"是孩子们在下午吃点心、喝饮料的时间，区别于大人们的"下午茶"。——译注

>……只要在我这里的享乐没有被联系于 S（A̸）的名义，并因此被某种缺失所标记的话，那么所有的同情，抑或我们所谓的"共情"……在这里便都是没有用的。倘若没有这个缺失，也就不会有任何的惊讶……

>……这个母亲在喂养其女儿的时候并未捕获其女儿的目光。另外，事实上，已经连着三个星期都不再有任何人能够捕获她的目光。在这一幕场景中，在我那一连串的"啊呜啊呜！咕嘟咕嘟！呼噜呼噜！"之中，亦即在我假装吞咽一勺酸奶的时候，你们便可以在我的韵律上重新发现一些惊叹、惊讶与快乐的元素；她听到了这些声音，于是把头转了过来，亦即把她的目光转向了我，因此她的颏上沟还是在运作的。

>这个孩子明显是将食物需要的层面与口腔冲动的层面区分了开来，后者必然也在这里错综复杂地纠缠着视界冲动与祈灵冲动……在玛丽娜这里，能够喂养其视觉欲望和听觉欲望的并不是酸奶本身，而是在我们的声音中携带着惊讶与快乐之交替的那种特殊的韵律。

>（Cacciali & Froissart, 2006, p. 51）

在我看来，玛丽-克里斯蒂娜·拉兹尼克向我们提供的此种着手治疗自闭症的方法，将有助于我们理解冲动的运作，从而也将允许我们理解一个幼小的**"言在"**的身体是如何经由冲动而与语言**"钩挂"**并**"扭结"**起来的。我在今天希望向你们展示的事情是在精神病的所有形式中都会出现的一种情况，不过它在作为精神病的基本形式的疑病症中可以最好地被看到，亦即在精神病中，对象会将其自身呈现作**"嵌闭"**在身体之中的状态，因为在象征界的层面上，并不存在能够把这一对象拆解下来的任何**"切口"**的运作。

拓扑学导论

拉康已经让我们非常熟悉在拓扑学上研究的各种**表面**（surfaces），这些表面能够允许我们理解：主体的结构远远不是带有一个内部与一个外部的某种**球**

面，而恰恰相反是**非球面性**的。存在理解困难的第一点，便是要清楚我们所谈论的表面究竟对应着什么。问题始终都在于要将身体与语言扭结起来，以便由此来造就一个**主体**。语言是先于主体而存在的，它总是已经在那里了。我们可以说，主体的降临必须是从能指链条中突冒出来的；而这则只有通过**父性隐喻**的运作才是可能的。这个语言的地点，便是拉康将其命名作"大他者"的东西。让主体在大他者的场域中到来，也将会产生出让对象 a 跌落的效果，换句话说，这既是确保了大他者的**非全**，同时确保了主体的**阉割**。

我们在拓扑学上所谈论的"表面"即是一种有关"**主体**"的模型，但是我们也可以说，它是一种有关**语言结构**的模型，因为主体便被捕获在此种语言结构之中。对于这些表面，拉康是以不同的用途来使用它们的：例如，他在**莫比乌斯带**①的一边写入了**欲望**，而在另一边写入了**现实**，从而向我们指出它们是由相同的**质料**（étoffe）所构成的，换句话说，我与之打交道的现实，我能够看到的现实，从来都只不过是由我的欲望所造就的，我只能看到我的幻想允许我看到的东西，我是透过我的幻想的"天窗"来进行观看的。

就此而言，我想要再给你们岔开一个小小的"题外话"：一位极其聪明的女病人——她是一个精神病患者，但同时是一名作家——曾经告诉我说生活何以会让她觉得难以承受，因为她一直都是在图像中来感受一切的（或一切一直都是迎面向她袭来的）（elle recevait tout dans la figure）②："就你们而言，你们都拥有某种框架来看待所发生的事情，你们会设置某种栅栏，设置一些边界，这些都在保护你们。可是就我而言，它却一直都是广角视野，没有任何的过滤，一切都是迎面袭来的，且一直都是；您能够想象一下这个吗？"我对她说道："'**广角视野**'，对于您的下一本书来说，这是一个很好的标题。"换句话说，我是在鼓励她借助于写作来采取一些保护性措施，而这也是她的才华允许她能够去做的事情。

---

① "莫比乌斯带（bande de mœbius）"是只有一个面的拓扑学对象，它是通过将一条纸带扭转180度（一个"半扭"）再将两端接合起来而形成的单侧曲面，正面和反面于是便处在了连续性之中。——译注

② 鉴于这里的"figure"同时具有"图像"和"面孔"的意思，因而"她一直都是在图像中来感受一切"这句话也可以翻译作"一切一直都是迎面向她袭来的"。——译注

关于拓扑学表面的另一个例子便是**圆环面**（tore）。圆环面是好像"轮胎"那样的一种拓扑学对象，之所以把它叫作"圆环面"，是因为它具有两个**空洞**：一个是位于中心的**圆形空洞**，另一个则是位于外周的**环形空洞**。

拉康根据两个交织缠绕在一起的圆环面来理论化了**分析性治疗**的过程。在分析治疗中，病人总是在向我们要求某种东西，他不断地要求……要求更多……乃至更多要求，而他的要求便恰好可以写入一个圆环面的内胎之上，亦即围绕圆环面的**环形空洞**而画出的那些环路。这些环路会随着分析的过程而进展，而在此种进展之中，它们最终便会把病人的对象 a 给环切出来。此种轨迹是因为这样的一个事实而成为可能的，亦即圆环面中心的**圆形空洞**的位置是由大他者的圆环面来占据的，就此而言也是由分析家来占据的。

第三个例子便是**交叉帽**（cross-cap）与**克莱因瓶**（bouteille de Klein）。就像"莫比乌斯带"一样，这些表面的特征皆在于它们都只有一个面的拓扑学表面，也就是说，其正面与其反面是相互连通的，而无须跨越任何边缘。我们可以通过遵循下面的那些图式来对这些表面进行建构，也就是说，通过考虑这个表面是由一个**空洞**而结构的。

我们也可以说，**交叉帽**是通过将一条"莫比乌斯带"与一个"盘面"边缘对边缘地缝合在一起来构成的，而**克莱因瓶**则是通过将两条"莫比乌斯带"边缘对边缘地缝合在一起来制作的。

那么，这两种**非球面性**的拓扑学表面又代表着什么呢？它们两者皆是被捕获在象征界中的主体的代表：要么存在一个**莫比乌斯点**（point mœbius）[①]来写入对象 a 的切割与其阳具化，因而我们便处在**交叉帽**的结构性配置之中，而这即意味着**神经症**的结构；要么则是不存在这个莫比乌斯点，因而我们便是在与

[①] 马克·达蒙在其《拉康拓扑学导论》中将"莫比乌斯点"或"扭点"描述作"线条从前面穿越到背面的地点"（Darmon, 1990, p. 226）。——译注

一个**克莱因瓶**打交道,而这即意味着是**精神病**的结构。①

这些拓扑表面的趣味性即在于它们说明了一种特殊类型的**切口**何以能够转化这个表面,亦即**主体的结构**②。就目前而言,我将仅仅向你们展示我们如何能够图示化这些表面,又如何能够将这些表面看作是由对它们进行组织的那个"**空洞的结构**"所产生的结果。

因此,我们便可以通过一个**有洞的球面**来图示化大他者的地点,亦即**能指的网络**。这里之所以会存在有一个**空洞**,是因为你们都还记得在大他者那里存在着某种**缺失**,这便是"**大他者中缺失的能指**"的数学型 S($\cancel{A}$) 所表示的东西。在这个有洞的球面中,重要的便是这个空洞,因为正是这个空洞导致了一个有洞的球面无法被化约至一个扁平的盘面。拓扑学的原理即在于我们是在使用这些带有完美可塑性的表面来进行工作的。因此,如果你们想象一个有洞的球面,例如一个带有大洞的皮球,那么你们便可以通过从那个空洞来将其展开的方式而把这个球面给压成平面,如此那个空洞便会围绕着这个表面而得以定位,于是你们便会得到一个盘面。

如果你们在表征此种拓扑学的转化上存在一些理解的困难,那么我便会借由这块**织物**(tissu)来为你们给出此种转化的表征。因此,这块织物是一个球面,而在这里有一个空洞。这个空洞既可以是圆形的,也可以是方形的,从拓扑

---

① 事实上,相较于由两条"异质性"莫比乌斯带贴合而成的"克莱因瓶"而言,由一条"同质性"莫比乌斯带转化而来的"博伊表面(surface de boy)"可以在拓扑学上更好地说明精神病主体的"对象嵌闭"与"无洞结构"。从某种意义上来说,"博伊表面"也是类似于"三叶结"的一个连续性表面,我们可以理解说 RSI 三界在这里同样处在连续性之中,所不同的是,三叶结中间的那个"空洞"却遭到了封堵而发生了闭合,而这即意味着原本应该处在 RSI 中心交界处的对象 a 被嵌闭在了身体之中,以至于"冲动"无法从洞里冲出,而这又会被主体经验作"大他者的享乐"在身体中的侵入。——译注

② 马克·达蒙在其《拉康拓扑学导论》中指出,拉康着手研究这些拓扑学表面的方法特殊性即在于他坚持强调了切口的结构性特征:"与通常的直觉从表面出发来设想切口相反,拉康说明了我们必须从切口出发来设想表面。正是这个切口在组织着表面";拉康因而"是从对切口进行组织的不同方式出发来定义各种表面的"(Darmon, 1990, p. 200)——译注

学上来讲，它们都具有同样的拓扑学性质，因为我们可以按照自己喜欢的方式来随意地扭曲变形这些可塑性的表面。因此，我要给你们实物化一个方形的空洞，就像下面的图式里所表现的那样。鉴于我尚且还无法给你们带来一个完全可塑性的表面，所以我便被迫要做一些手脚，这也是为什么我会在四个角上来切割出这个表面，你们必须自己想象说，这实际上是一个可以扭曲变形的带有柔韧性和连续性的表面。我会需要在拓扑学上完全无知的两个伙伴的协助，以便向你们来说明拉康借用这个由空洞来组织的结构所想要表达的意思。

捕狼陷阱中的空洞的闭合

按照如下的方式，我们可以通过排布这个方形的棱边来关闭这个洞口。

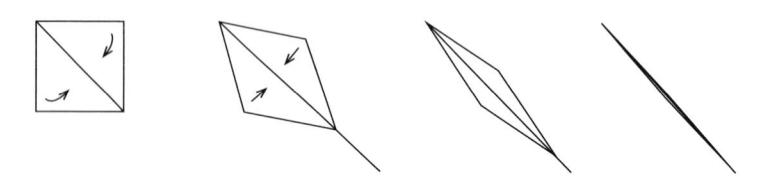

图7.2 捕狼陷阱（le piège à loup）

我们现在已经简单地关闭了这个洞口，而重新发现了一开始的那个球面。

圆环面中的空洞的闭合

在这里，我将遵循马克·达蒙（Darmon, 1990, p. 203）的做法，用一些带有箭头的矢量来说明是哪些棱边被接合在了一起：这些矢量是由单箭头或双箭头来标示其方向的。这个空洞可以通过接合两两相对的棱边或矢量来进行关闭；现在，我们便要把两条相对的棱边先接合起来（译按：亦即下图中方向相同的两个双箭头矢量）。然后，如果要把另外两条相对的棱边也接合起来，那么我们便必须从上面经由已经接合上了的那两条棱边（亦即下图中方向相同的两个单箭头矢量）。如果你们用一些硬直的筷子来给这个洞口镶边的话，或许也是实现这个包囊的一种比较有用的办法。或者，我们也可以转向用一些矢量来图式化这个空洞，就像马克·达蒙在其《拉康拓扑学导论》的第203页所展示的那样。

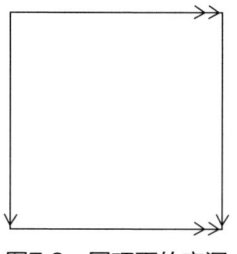

图7.3 圆环面的空洞

克莱因瓶中的空洞的闭合

为了实现这一表面,我们必须要将两条相对的棱边接合起来(亦即下图中方向相同的两个双箭头),然后,至于另外的两条棱边,我们则必须进行某种扭曲并且把它们首尾相对地接合起来(亦即下图中方向相反的两个单箭头矢量)。

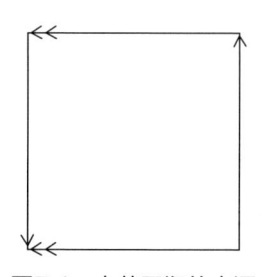

图7.4 克莱因瓶的空洞

交叉帽中的空洞的闭合

在这里,我们将首先操作一个扭曲来将两道棱边接合起来(亦即下图中方向相反的两个单箭头矢量),然后再试图通过操作另一个扭曲来将另外两道棱边接合起来(亦即下图中方向相反的两个双箭头矢量);这个就变得复杂了起来!

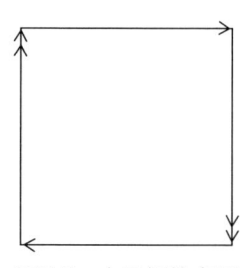

图7.5 交叉帽的空洞

如此你们便会看到，你们是无法用那个有洞的包囊来实现最后两个图形的，因为这两个表面（克莱因瓶与交叉帽）在我们的三维空间中恰好都是相互贯穿的，而我们的三维空间又不足以来说明这些拓扑学表面，因为它们的拓扑学性质仅仅存在于四维空间之中。

注释

[1] 参见《法国精神病学期刊》第25期，巴黎：埃雷斯出版社，2006。

[2] 载于《法国精神病学期刊》第25期（2006/2）。

第 08 讲

玛 丽 娜

> 科塔尔综合征或否定妄想
> 与跨性别主义的结构性关联

科塔尔综合征

今天,我给你们带来了一位患有**严重忧郁症**的女病人的访谈录音的文字转录,这位女病人呈现出了**科塔尔综合征**——又叫**行尸走肉综合征**——的一部分构成性要素。首先,我将带你们回顾一下此种综合征的历史,同时向你们指出它的六个构成性要素,我在这里参考的是我们协会的同事约尔日·卡肖[①](Cacho, 1993)在其关于**否定妄想**(délire des négations)——也叫**虚无妄想**(délire nihiliste)——的著作中所进行的研究[1]。

---

① 约尔日·卡肖(Jorge Cacho,生于1940年),法国精神分析家兼精神病学家,国际拉康协会成员,早年曾在马德里学习哲学并在罗马学习临床心理学,著有《否定妄想》与《关于施瑞伯大法官的特殊语言学教程》等。就本讲的内容而言,我们也特别推荐他在2009年发表的《科塔尔综合征》一文,刊载于《法国精神病学期刊》第35期,第10-14页。——译注

在1880年，朱尔·科塔尔[1]发表了他的第一篇文章《论一例严重形式的**焦虑型忧郁症**中的**疑病妄想**》(*Du Délire hypocondriaque dans une forme grave de la mélancolie anxieuse*)。在这篇文章中，科塔尔报告说他遇到的一位女病人产生了遭到**永世判罚**（condamnation pour éternité）的妄想性观念，同时伴随针对某种身体部位的妄想性否定。例如，这位女病人宣称说"她已不再有大脑，不再有神经，不再有胸廓，不再有胃脏，也不再有肠子"；她同样说道："她不会死于自然性死亡，她将永远存在下去"（Cotard, 1980, p. 168）[2]。在随后的一段时期里，科塔尔便致力于将此种**否定妄想**区分于其他形式的**慢性妄想**（délires chroniques），而且尤其是与**迫害妄想**（délire de persécution）[3]区分开来。

在1882年，朱尔·科塔尔发表了他的第二篇报告《**论否定妄想**》(*Du délire des négations*)。在这篇报告里，他总共研究了11位病人的病案报告，并且致力于将这些案例重新集中到一些典型的临床图景之中，以便保存某种单一综合征的同一性。在1888年，他发表了有关**巨大妄想**（délire d'énormité）的第三部著

---

[1] 朱尔·科塔尔（Jules Cotard，1840—1889），法国神经病学家兼精神病学家，早年曾就读于巴黎医学院并与法国哲学家奥古斯特·孔德（Auguste Comte，1798—1857）结为好友，随后在萨尔佩特里耶医院实习并在让-马丁·沙柯（Jean-Martin Charcot）的指导下工作，后来又加入了法国精神病学家恩斯特-查尔斯·拉赛格（Ernest-Charles Lasègue，1816—1883）主持的"巴黎医院"从事精神病学的临床研究工作，其主要著作有《论一例严重形式的焦虑型忧郁症中的疑病妄想》《关于大脑病变与精神疾病的研究》与《论否定妄想》等。在精神病学上，科塔尔以描述与高血糖相关的精神障碍而闻名，尤其是他描述了严重疑病症中的"否定妄想"，在此种妄想中，病人会否定其自身的器官乃至否定其自身的存在。——译注

[2] 这位43岁的女病人便是科塔尔将其化名作"X小姐"的著名"活死人"个案。这位女病人除了宣称说自己没有内脏器官而仅仅是一具只剩皮肤和骨骼的"躯壳"之外，她的否定妄想甚至延伸到了一些形而上学的观念。总而言之，她说自己只是一具"无器官组织的身体（corps désorganisé）"，由于没有内脏器官，她便声称自己不需要进食，另外她还相信自己是"永生不灭"的："除非是被火烧死，否则她将永生不灭，因为火是她唯一的可能结局。"值得一提的是，在德勒兹与加塔利合著的《反俄狄浦斯》与《千高原》中，我们也可以看到他们经常都会援引科塔尔的病人"X小姐"来对"无器官身体（corps sans organs）"的概念进行描述。——译注

[3] "迫害妄想"是在1852年时由法国精神病学大师恩斯特-查尔斯·拉赛格（Ernest-Charles Lasègue）确立的妄想类型。——译注

作,从而将此种"**巨大妄想**"与"**夸大妄想**(délire des grandeurs)"进行了区分,亦即病人的身体形象变得无比巨大或无边无际。在1889年,朱尔·科塔尔便英年早逝,而没能完成他原本计划要在1892年举办于布洛瓦的"第三届精神医学大会(3ème congrès de médecine mentale)"——史称"布洛瓦大会"(Congrès de Blois)——上进行辩论的最后著作,这届精神医学大会集结了十三位颇有名望的早期精神病医生,其中就包括朱尔·塞格拉[①]、让-皮埃尔·法尔雷[②]与埃曼纽尔·雷吉斯[③]等人。这届大会的讨论主题尤其针对的就是科塔尔提出的"否定妄想",亦即要搞清楚此种妄想究竟是一种单独存在的疾病实体,还是在不同病理性中皆可重新发现的一种综合征。最后,是朱尔·塞格拉为"否定妄想"给出了"科塔尔综合征"的命名[④],它包含如下六点构成性要素。

[①] 朱尔·塞格拉(Jules Séglas,1856—1939),法国精神病学家,其研究对于精神病的妄想和幻觉的病情学做出了巨大贡献,影响了包括亨利·埃伊(Henri Ey)在内的很多法国精神病学家,其代表性著作有《精神病人的语言障碍》等,另外与科塔尔合著有《从否定妄想到巨大观念》。——译注

[②] 让-皮埃尔·法尔雷(Jean-Pierre Falret,1794—1870),法国精神病学家,社会医疗领域的先驱,以其人道主义精神和"循环性疯癫(folie circulaire)"概念的提出而著称,这是克雷佩林的"躁郁型精神病"与 DSM 的"双相情感障碍"的前身,其代表性著作有《论疑病症与自杀》和《精神疾病与精神病院》等。需要说明的是,布里约女士在这里应该犯了一个"笔误",因为法尔雷早在1870年便已去世,因而不可能出席1892年的"布洛瓦大会",另外她在这里也"忘了"提及当时在大会上进行发言报告的卡缪塞医生(M. Camuset),后者与科塔尔和塞格拉合著了《从否定妄想到巨大观念》一书。——译注

[③] 埃曼纽尔·雷吉斯(Emmanuel Régis,1855—1918),法国精神病学,是最早将精神分析思想引入法国精神病学的先驱人物之一,其代表性著作有《弗洛伊德的学说与他的学派》《神经症与精神病的精神分析》《让-雅克·卢梭的漫游症》等。——译注

[④] 这里又是布里约女士的一处小小"错误",提出"科塔尔综合征"这一命名的不是塞格拉而是雷吉斯,我参考了约尔日·卡肖(Cacho, 1993, pp.21-29)在其《否定妄想》一书中对于此次辩论的记述:当时的会议发言人卡缪塞医生提出可以为科塔尔的"否定妄想"单独孤立出一个新的疾病分类学范畴;塞格拉虽然同意科塔尔的模型是一种临床类型,但是他却只把系统化的否定妄想看作是在焦虑型忧郁症的基础上而展开的一种妄想性变形,在他看来,科塔尔的否定妄想只是一种"临床变体",而非孤立于忧郁症而存在的一种单独范畴;雷吉斯则把疑病症的否定观念看作在不同形式的精神病中皆可遇到的一种症状,并提出以"科塔尔综合征"来对其进行命名,但他并不承认此种综合征是一种"临床实体"。——译注

(1) **忧郁症性的焦虑**。
(2) **罚入地狱**与**魔鬼附身**的观念。
(3) **自杀**与**自残**的倾向。
(4) **痛觉缺失**（analgésie），乃至整个**情感**的丧失：起初，科塔尔讲的是**心理视野**（vision mentale）的丧失[①]，亦即回忆或预期的全部可能性的丧失，随后，这一概念便有所扩大且变得泛化了起来。
(5) 疑病症的**否定**观念：这些观念首先涉及的是针对一个或多个**器官**的否定，抑或是针对某种**功能**的否定。随后，科塔尔将针对**名字**的否定纳入其中——就此而言，一个经典的例子是由法国早期精神病医生弗朗索瓦·勒雷[②]所报告的病人，这位女病人在回答他问题的时候不用第一人称的"我"，而以"我自己这个人"来开始她的所有句子，而这便唤起了"我自己这个人不再拥有任何名字"——另外，科塔尔同时在其中纳入了针对**语词**的否定，针对**主体**的否定，乃至针对**世界**的否定。
(6) **永生不灭**（immortalité）的观念：我们可以将这些观念联系上针对**时间**的否定。

一例临床个案的录音记录

此例临床个案涉及的是一位名叫玛丽娜（Marine）的22岁年轻女孩，早在14岁的年纪，她便已经呈现过一次**神经性厌食症**或**心理厌食症**（anorexie mentale）的发作，而在进行这次精神病学访谈的时候，她已经接受了一段时间的住院治疗。后来她告诉我们说，她当时是跟男朋友分手了；尽管她有精神病，

[①] 如果从拉康精神分析的视角来看，这里的"心理视野"的丧失便是想象界与象征界的脱钩。——译注

[②] 弗朗索瓦·勒雷（Français Leuret, 1791—1851），法国解剖学家兼精神病学家，他是法国早期精神病学大师埃斯基罗尔（Jean-Étienne Esquirol, 1772—1840）的学生，也是法国早期精神病学史上的重要人物，强调用人道和理性的方法来治疗精神病人的重要性，著有《关于疯狂的心理学片段》《论疯癫的精神治疗》《论妄想观念的治疗》等。——译注

不过她还是能够完成大学的学业。

访谈记录①

——……好吧，因为我先前说过，已经有好几个又好几个月了，我发生了转化／我转化了自己（je m'étais transformée）……

——……**您的转化**……

——对的，首先，我那时不是我自己了，呃……不像是现在，更加的正常……我当时有一些……一些想法，是关于，呃……我的性别身份……

——**哦？**

——……而且我当时感觉不到自己在我作为女人的身体里，而且，在我的头脑里，当时还有着一种分成两半的感觉……就好像在我的头脑里，我当时并不真的是一个女人那样，不过我还是把所有的这些想法压抑了下去，我当时告诉自己说，不对，这是不可能的，呃……但是，它太令人恼火了，因为它是如此的复杂以至于我都无法解释……我继续说，所以，我当时去见过 X 医生与 Y 女士以便向他们解释说……好吧……这些问题……好吧，我总是在向他们解释同样的事情，解释说……说我当时压抑了所有的这些念头，呃……或许，呃……是一种潜在的双性恋……

——**您感觉到您发生了转化／您转化了自己，可是有的时候**……

——在那个时期还没有吗？

——**哦？**

——因为我当时进行了压抑，我对所有这些想法说"不"，我把它

---

① 这份录音档案的文字转录是由我们协会的同事安妮·德舍纳（Anne Deschênes）编辑完成的，我们在这里需要首先给出其中一些符号的含义：
（……）＝听不清；
……＝跟着一段间隙的暂停时间，表示叙述方式的缓慢和迟钝；
黑体字部分则表示精神科医生说的话。

们都赶走了，不过我当时有着……一些疼痛在这里，我当时觉得……这个很难定义，就好像我当时拥有，就好像我当时可能拥有一个男人的性器官或者是一些疼痛那样，不过我当时还是会对那些男孩子们产生吸引力，而这是很正常的事情；我很喜欢诱惑他们，这一切在当时都还算正常，但是，当我化妆的时候，当我穿衣打扮的时候，我还是会感觉到这一切都非常怪异，因此，接着我便跟某人生活在了一起，当然，我当时对他什么也没有说，而且我的性关系在当时也总是非常困难，因为我当时总是会产生出这些想法……然后，这种念头就好像是有某种东西在这里折磨着我一样。所以，我便离开了我的男朋友，因为……我当时感觉到自己越来越多地走向了另外的一边……

——当时是什么时候？

——在去年的九月份……不过这一切，都是持续性的，呃，是24小时无时无刻的，可是即便如此，带着所有的这些念头，呃……我还是能够试着……正常地继续进行我的学业，同时正常地工作，呃……试着把这些事情变得正常……

——……**我们是否可以说，您是在跟这些念头斗争呢？**

——**是的，我不想要它们／我不接受它们**（j'en voulais pas）……

——**您不想要拥有它们**（vous ne voulez pas les avoir）**？**

——……

——**您在想些什么？**

——好吧，今天，是如此的不同，以至于……我拥有了更多的判断，关于……这些念头……

——（……）**相比于您在当时所拥有的判断？**

——这些念头在我当时看来都很奇怪，它们非常干扰我，因为我当时在精神上病得很重，不过……在身体上也是一样……

——**这些念头在您当时看来都很奇怪，这是在您发觉它们都很荒谬的意义上来说的吗？**

——好吧……已经很不正常……

——已经很不正常……

——接着，在九月份，我跟我的男朋友分手了。我把一切都归咎到了他的头上，然而事实上，是我自己当时已不再能够承担，呃……像这样的性，像这样什么也不说的伴侣关系……而且说我爱过，我无法去爱……我不知道自己当时对他的感受，我还是非常喜欢他的，但是……已经没有爱了。因此，我把这一切都归咎到了他的头上……我不再能够出门，我不再能够做任何的事情，这一切……呃……完全不是这样！所以，在那之后，呃……我……我或多或少是自由了。我当时以为这会……我不知道……给我帮助……一切也许都会变得更好，我不知道……也许吧……如果我的语速缓慢，您可以要求我在这儿加快一些……

——**随您喜欢，怎么都行。**

——好吧，那么接下来要从哪里开始……

那么接下来，我……总是有着这样的……这样的……这样的感觉……就好像在背后存在着某种东西……并非女性的东西……当我穿衣打扮的时候，这一切，我感觉不好……在这个身体里，在……在我所穿着的衣服里……不舒服……当时有某种解离……再后来……从二月份……三月份开始……我就开始丢掉了，呃……我的全部女性特质……是的，在精神上……一点一点的。也就是说，所有的代词，呃……人们用"她（elle）"来称呼我，而这在我看来显得相当的怪异，呃……好吧，我得省去一些细节，因为它是那么地，在那里充满了那么多其他的东西……我的"名字字（prénom-om）"……我的文字……所有那些曾经属于我的东西……我的那些衣服，所有的这一切，都渐渐地脱钩于……脱钩于我的人格……渐渐地，所有的这一切在我身上都不复存在了……而我经常反复说的事情，就是当有人询问我是什么……当时在我身上发生了什么，就是这个我……您会觉得您是男人，比如说，如果这是一个男人，而一个女人也会觉得自己是一个女人……而一个男人也会觉得自己是一个男人……可是我呢，我觉得自己不再是一个女人，这是无法解释的……不过大家却告诉我说……但是……但是他们什么也没有看到！……就是像这样，所以，然后再后来，我便抵达了一种中性（neutralité）的地位……而在当时，这要更具缓解性一些……因为我的痛苦更少了，而我什么也不再是，不过这并不是非常严重……但是我的痛苦更少了……然后再后来，我便重构了自己，我……就好像是我改变了状态……性别的状态那样，我把自己重构成了男人……我是说，在精神上。不过，这一切，当然了，它影响了我对自己身体的看法/目光，还有……还影响了我能够，呃……能够对自己的身体所感觉到的东西。再然后，我当时以为它会在这里停止下来。再然后，我跟自己说，我要如何说我是一个跨性别者呢？我当时买了一本这方面的书。然后，我便跟自己说；不过，呃……这太难了，呃，这么说太难了，我会变成一个男人吗？我要怎么办？再然后，它没有在这里停止下来，嗯。后来，我便相信我会变成一个性器官……是男人的性器官，就好像我完全丢失了自己的灵魂似的，就好像我不再拥有了灵魂似的，既没有女人的灵魂，也没有男人的灵魂，可是我建构了自己……我不再拥有灵魂……我会变成一个男人的性器官……这可太烦人了，因为……（她开始滚滚落泪，但是脸上却没有任何表情。）人们会可怜那些疯子，可是……可是我呢，在我身上发生的这一切，并不是我的错啊！这很肮脏……可这并不是我的错！……（哭泣）而在之前，我曾经是一个……非常亲和的人……是的，非常慷慨！

——是否有那么一个时刻，您会觉得这是一种惩罚？您因为像这样转化了自己甚至变得只是一个男人的性器官而应得的惩罚？

——有那么一些时刻，我跟自己说……但我做了什么以至于……当然，但我做了什么以至于，呃，以至于要遭受，因为我遭受了这一切！

——您今天是否还有这样的感觉（……）

——（……）一种惩罚吗？

——今天早上，当我们见到您的时候，您谈到了比如说这一切的超自然特征。你甚至还使用了"该死／罚入地狱（damnation）"一词。

——……什么词？

——"罚入地狱"？

——我没有说过这个词，我不知道它是什么意思。

——（……）就仿佛这是一种……一种罪孽……

——我说的是"肮脏（saleté）"。

——哦，是吗？

——是这个……是这个吗？但是……不是只有这个，我的意思是说，如果……想象……一个……在头脑中，想象自己变成了这个。这可不仅仅是跟自己说还好吧……这不是就好像，呃……我本来是一个女人，我与人们，与我的家庭和这一切都曾拥有着一些正常的关系，而这……再然后，我……我遭遇了一道闪电，为什么不呢？这根本就不是这样！这来自一种极端的深度！……然而最让我感到痛苦的事情，是它无法在面部呈现出来！

——您当时觉得您的灵魂……

——……我的灵魂，她……首先，我不再拥有自我了。就好像它消失了一样。我只剩下了言语。我不知道，一个自我，它完全是一种建构！它是……它是关于恐惧，它是关于性格，关于柔情，关于爱情，关于情绪……关于好的东西，关于坏的东西……可是就我来说，这一切都性欲化了！

——所有的这些情绪，您觉得完全不再能够感觉到它们了吗？

——我什么都不再拥有。我不再拥有任何人性的东西！但您还得再跟我待上几个小时，以便让我来尝试解释不幸发生的这一切……我刚刚说的，只是一些粗略的大概……

——是否有那么一些时刻，你提出过这样的问题，关于……我是否配得上与别人一起生活？

——好吧，当人们给我打电话的时候，比如说，当我在住院的时候……这差不多回应了您的问题……总之，这不一样，但是……当有人跟我说"我爱你"或是诸如此类的东西，我会说"不"，人们不可能爱上像我这样的一个人！

——您不配得到这样的爱吗？

——是的！人们不可能……

——您是否认为有人（任何人）能够来帮助您呢？

（这位女病人似乎犹豫了片刻，同时摇了摇头）。

——我不知道您是否已经跟一些跨性别者（变性人）做过访谈，比如说？我向您提出这个问题。他们都是一些非常痛苦的存在。总之，他们是其所是时或许会好些。面对社会，这并不明显，但是他们知道自己想要什么！他们知道自己想要变成这样，呃……这恰恰是一个关于性别身份的问题，而他们没有……好吧……他们会按照自己的意愿来生活，呃……一种打上引号的"正常"的生活，呃，拥有一个异性的生活。至少尝试……他们成功地做到了……做到了在镜子中看见自己，做到了转化自己……

——恰好，您之前有一天曾告诉我说，您觉得自己不再能够认出您自己了……

——（哭泣）我没有时间来尝试转化我自己。它走得太快了。我曾经有那么一个……一个时刻，当时……所以我当时恰恰确定说自己是一个男人……我站到了镜子面前，然后我告诉自己说，呃……你长胡子了，呃……不再有胸部……我的胸部不大，但是（微微笑了一下）……为了尝试建构某种东西，或是为了变得"幸福（heureuse，阴性形容词）"……或是"幸福（heureux，阳性形容词）"？可是我没有时间了！（哭泣）它走得更远了。我变成了……就好像我之前……我不知道……当人们还是婴儿的时候，渐渐地，人们照镜子看自己，而人们就是如此来再认自己的（形象）。因此，在他们的大脑里，这个形象就如此印刻了下来，我假设是这样。好吧，但是就我而言，它并没有印刻下来……我变得越来越……既不是女人，也不是男人……

——您的意思是说只剩下灵魂了吗？

——我看不到。这似乎很难……很难想象……

——您觉得您的整个身体都消失了，如果我很好地理解了的话……是否存在一些区域是首先消失的……或是一些器官？

——不是，呃……当在正常情况下，当它是某种和谐的时候……有一个脑子，头脑，它……把一切都装配了起来。这很恰当，也很正常，它是……它是一种集合，一种整合。不过，当人们不再拥有灵魂且不再拥有……性别身份或者……就不再拥有整合……我不知道您是否跟得上我？这很难吧？但我还剩下一个部分并不愚蠢！……但我……（哭泣）但我知道……（哭泣）这是无可救药了，因为它是一种性的含义……而我告诉您说，这个，它比一切都要更加强烈！

——您是否偶尔会想到死亡呢？

——可我是如此痛苦，以至于我无时无刻都想要死掉！我感知不到世界，我感知不到时间，我感知不到人们，我感知不到人们的性格……这又有什么用呢？我没有……渐渐地，我失去了一切！我失去了爱情！我已经跟您说过这个，善与恶，好与坏……为了把一切都性欲化，一点一点地……

——您能否尝试着跟我讲讲？

——不能……

——您可以跟我解释一下是为什么吗？

——……因为人们并不会因此而死！

——（……）

——……我不记得这个了！

——今天早上，您走得要更远一些，您当时说，您偶尔会产生（……）的感觉……

——是吗，我这么说了吗？我不记得这个了……

——此刻，您是否恰好会产生这种感觉，觉得您的记忆（……）

——在我转化自己的时候，渐渐地，我的所有记忆，因为我不再是之前的那个人了，首先，我不再是任何人……所有那些记忆，整个的记忆，而这一切，是……并不是我丢失了记忆，而是它已经非常遥远……通过到很远处去寻找它，我可以尝试着重新找回来……我不是说我丢失了记忆……我认为它已经遥不可及了。

——您在白天里都做些什么呢？

——我什么都不能做，因为我没有灵魂。但是这也太古怪了，因为我还是会哭泣……

——目前，您的睡眠如何呢？

——我睡得很好。

——您会在几点钟睡醒呢？

——大约八点差一刻左右。

——（……）您不会被叫醒吗？

——不会。

——（……）

——不是很好。但这也完全不是一个厌食症的问题。（哭泣）要如何试着来让您理解呢？……问题在于这个东西给人留下的印象……我无法把这些东西放进我的嘴里……我感觉……我不再能够感觉到自己的嘴巴，它是不由自主地／机械性进行的。

——您是否觉得您的嘴巴、您的食道还有您的胃部都消失了呢？

——是的，我什么都不再能够感觉到了。

——您什么都不再能够感觉到了？

——总之，我不再知道那是什么……

——那您在腹部的那些疼痛都是习惯性的？（……）

——在这一切发生之前，我就已经疼了有很多年了。

——您不再有这些疼痛了吗？

——没了，但是那却更加糟糕了……因为我不再有任何感觉……我不再有身体，所以……那是更加糟糕的！

——这不是您第一次住院吧？

——不是。

——您能否简短地跟我讲讲，您有多少次住院？大概多大年龄？又是为什么住院？

——在14岁，因为厌食症……那次我相当迅速就出院了，我在三个月之后恢复了体重，但那却是在所有那些围绕性别的观念都突如其来之后。就好像它当时是在掩盖这个似的……

——您当时有接受跟踪治疗吗？

——没有。

——……那些人（……）他们当时给您开具了什么药物？

——我吃了一些"安拿芬尼"①。

——哦？

——我似乎还吃了一些"佳静安定"②。

——嗯……

——我能记得的就是这些了。

——那再然后呢，您有开始一段心理治疗吗？

——没有。之后，我曾经（……）他们相信说……总之，他们相信……您一定比我要更有经验……因而，是在一个中立的环境里，有人曾经尝试要把我送进一家寄宿学校，但这没能行得通，因为我的父亲无法支付那笔费用。因此，他们便把我送进了阿尔卑斯山里的一个寄宿家庭……而我在那边发生过一次危机（发作）。一切都始终围绕性别，就是像这样。我当时曾想象说，所有这些关于性别的事情都是冲着我来的……我又回去了……回来后，我在这里得到了 X 医生的跟踪治疗。但有那么一阵子，我是如此的糟糕，以至于他必须让我在

---

① 安拿芬尼（Anafranil）也叫"盐酸氯米帕明"，是一种抗抑郁且抗焦虑的精神类药物，适用于各种抑郁状态，也常用于治疗强迫性神经症与恐惧性神经症。——译注

② 佳静安定（Xanax）亦即阿普唑仑（Alprazolam），是一种常见的精神类药物，具有抗焦虑、抗抑郁、镇定与催眠等功效，长期服用会导致一定程度的药物依赖。——译注

(……）住院。

——这距离现在有多长时间了？

——在19……年

——那么您当时多大？

——16岁。

——再然后呢？

——我出院了，我去到了一个寄宿家庭，在那里我上课，继续我的学业。

——您有（……）……

——是的，我有一个学士学位。

——那么您中断了（……）

——我参加了二月份的各科考试。只不过我还剩下一两门课程，我没能及格。

——非常感谢。

评论

相对于科塔尔式综合征的描述，你们已经能够注意到，在这位女病人这里缺少由朱尔·科塔尔所描述的一些特征。这是一位患有忧郁症的女病人，而不是一个完全的科塔尔综合征患者，因为在她这里并没有那些"**魔鬼附身**"或"**永生不灭**"的观念。然而，我们也可以在这位女病人的话语中注意到很多属于科塔尔综合征的元素。首先，第一个元素便是要按照**情感性的丧失**来看待的所有那些东西，亦即人们所谓的**痛觉缺失**。

- 我无法爱了。
- 爱不存在了。

换句话说，这位女病人在抱怨自己不再拥有情感；就像她自己所说的那样，"这也太奇怪了，因为我还是会在这里哭泣"，而实际上，我们也已经清楚地看到，她正处在一种巨大的痛苦之中。她自己也说出了这种痛苦，她告诉我们说，这种痛苦"来自一种极端的深度……然而最让我感到痛苦的事情，是它无法在面部呈现出来"。

第二个元素则是在访谈的一开始就出现的，亦即**身份的丧失**。从九月份开始，她就告诉我们说，她已经产生了一个关于身份的问题，而且她也明确地说到，从二月份或三月份开始，她就渐渐失去了所有的"代词"和"名字"："所有那些曾经属于我的东西都脱钩于我的人格。渐渐地，那不再是我。"另外，她还抵达了一种**中性**的概念："我曾抵达了一种中性的位置，而在当时，这要更具缓解性一些，我的痛苦更少了，我什么也不再是。"

至于第三个元素，如果我们从涉及**跨性别主义**或**易性癖**（transsexualisme）的理论的视角来看待的话，则是极其有趣的。你们都知道，关于那些"跨性别者"（变性人／易性癖）是否都是精神病的结构，目前存在着一场争论，而且存在着一场跨性别主义者的运动，很多临床医生、整形外科医生与精神科医生都在捍卫这样的一种观点，认为那些"跨性别者"并非是精神病人。至于精神分析，则是被迫突显了这些"跨性别者"的精神病结构，因为否则的话，精神分析便会丧失它的整个严密性。我们都非常清楚地理解到，当精神病并未解体发作的时候，当存在着一些增补来让主体得以支撑的时候，这个主体在其功能上与在其行为上便与一个神经症患者没有任何的区分。这个问题也同样是某些同行以"**边缘个案**（cas limite）"这一术语来命名的东西。就"跨性别主义"这个问题而言，此例个案报告的特殊旨趣，便在于它能够让你们以其原生状态（à l'état naissant）来理解"跨性别主义"或"易性癖"的结构，此种综合征因而表现出了无可争议的精神病性特质。

在这位女病人的个案中，引起我的警觉的事情，便是我们已经给出的精神病中的"**推向女人**"的概念（Lacan, 2001, p. 466），这是拉康的概念，他当时定位了——举例而言——精神病将施瑞伯推向了**去男性化**（éviration），也就是说，推向了在其**女性化**意义上的性别转变（2000, p. 53）。我们都能够很好地理解这一点，因为在精神病中，**阳具功能**并未安置就位，而这便会自动地将主体置于大他者的位置，也就是说置于女人的一边。

有一天，我曾经询问我的老师切尔马克先生，在他看来，是什么构成了精神病的特异性诊断的无可争辩的证据,当时他回答我说:对于一个男人来说,就是"**推向女人**"与"**主体之死**"的发作。那么,对于一个女人来说,这又是什么呢?对于一个女人来说,又是什么东西可以充当此种**女性化**的等价物?这都是一些没有得到解答的问题;我们没有任何理由去认为这里可能具有某种对称性,它不可能是对称性的,因为恰恰是"阳具"在给我们的那些意指赋予秩序,也是"阳具"允许了我们让自己列入女性的那边或是男性的这边,而就女性的那边而言,没有任何能指能够把女人们化作一个"集合"①。

就我们的这位女病人而言,她又跟我们说了些什么呢?她说:

> 我什么都不再是了。后来,我便重构了自己,但却把自己重构成了一个男人;我要如何说我是一个变性人呢?我要怎么办呢?……再然后,它并未在这里停下来。后来,我相信我会变成一个男人的性器官……就好像当时我已经不再拥有灵魂似的……我谈到了肮脏……〔我〕在头脑中想象自己变成了这个。
>
> 我不知道你是否跟那些跨性别者做过访谈,他们都是一些非常痛苦的存在,但是他们却知道自己想要什么,这是一个关于性别身份的问题,通过拥有一种另外的性别身份,他们便可以过上一种正常的生活。他们成功地在镜子中看见了自己,也成功地转化了自己。至于我呢,我已经没有时间来转化自己了,以便试着建构出某种东西来让自己"幸福"(阳性形容词)或"幸福"(阴性形容词),可是我没有时间了。

镜像再认的问题

这位女病人告诉我们说:"当我们还是婴儿的时候,我们会渐渐地在镜子中再认出自己的形象;它会渐渐地印刻下来。好吧,但就我而言,它却并未印刻下来。"这一点可以让我们再度联想到**镜子阶段**与**镜像的系统性误认**,我们已经在第01讲中着手讨论过这个问题。在她这里还存在有某种**罪疚**的感觉,她哭着向我们提到了此种罪疚,同时在试图对此来进行防御:"这可太烦人了,因为人们

---

① 亦即拉康所谓的"女人不存在"或"女人是并非全部的"。——译注

会可怜那些疯子,可是我呢,发生在我身上的这一切,并不是我的错啊,我曾经是一个非常亲和的人……但是我又做了什么才会经受我所经受的这一切?"此外,她还提到了一种**惩罚**的观念。

我们必须牢记在心的是,这位女病人是在她尚且还能够说话的时刻上来接受询问的,在这样的一个时刻上,或许,她已经得到了改善。我们可以认为,在这次访谈之前,此种罪疚可能要更加强大得多;事实上,**罪疚**与**自责**皆构成了忧郁症的经典临床图景。

另外,除了身份的丧失之外,也存在一些严格意义上的**否定性**元素,包括女性特质的丧失与灵魂的丧失:"我开始渐渐地丢失了那些代词,还有我的名字,所有那些曾经属于我的东西都渐渐地脱钩于我的人格。渐渐地,我不再是我;就您来说,您会感觉到自己是男人或者女人,但就我来说,我不再能够感觉到自己是一个女人,这是无法解释的。"

现在,我要抵达的最后一点,也是此例个案报告中最令人震惊的一点,亦即这个主体转变成了一个男人的性器官,也就是说,这个主体认同于那一对象。这位女病人说道:"后来,我便相信自己会变成一个男人的性器官,这就好像是我不再拥有灵魂似的。"另外,还有好几次,她同样强调了这样的一种观念,亦即对她而言,一切都变成了性欲化的:"我的灵魂,就好像它已经消失了一样……一切建构、性格、柔情、爱情、情绪、善良、邪恶……可是对我来说,这一切都变成了性欲化的……您还得再跟我待上几个小时,以便让我来向您解释这个。所有人都跟我说,我爱你;但是我呢,我却说不,人们不可能会爱上我,人们不可能爱上像我这样的一个人。"因此,主体消失了,并且将其自身认同于一个对象,这是拉康的对象a之一。当她告诉我们说"一切在我这里都是性欲化"的时候,我们不应当在其惯常的意义上来理解这句话;如果说**性欲**是一个主体与一个小他者之间的关系的话,那么在她这里便没有任何**性欲化**的东西。对她来说,"一切都是性"仅仅意味着她变成了一个对象、一个阴茎,但这却并非是一个**想象性的阳具**,也非是一个**象征性的阳具**,而毋宁说是一个**实在性的阴茎**,正是这个阴茎、这个对象在言说。

为了尝试再走得更远一些来理解主体对于对象a的此种认同,我提议你们参考马塞尔·切尔马克先生的一篇文本，亦即《科塔尔综合征的精神分析性意涵》(La signification psychanalytique du Syndrome de Cotard)，该文曾发表于国际弗洛伊德协会在1992年12月12日和13日的研讨会的会刊[①]，目前已经重新收录于他的著作《对象的激情：关于精神病的精神分析研究》一书。我会重新抓取这篇文本中的几个元素，在这篇文章中，切尔马克向我们评论说，忧郁症与**悲伤**（tristesse）或**哀悼**（deuil）没有任何关系。自从弗洛伊德的文章《哀悼与忧郁》(1957) 以来，当人们谈到忧郁症的时候，便总是会参照于哀悼，参照于一个神经症主体在丧失其亲人的时候所产生的哀悼。但是，只有在**父亲的名义**给世界赋予秩序的某种配置之下，神经症患者的此种哀悼才是有可能的，只有在**父之名**的秩序化装配之下，**道德法则**（loi morale）才有可能允许那些人性的关系。然而，在忧郁症中，而且尤其是在科塔尔综合征中，我们就是在跟处在纯粹状态下的精神病打交道，在那里根本就没有这个道德法则；这是一种极端困难的情境，我们在那里完全就是在别处，仅仅面对一个处在**法则之外**的超我（参见：Czermak, 1986, p. 232）。

科塔尔综合征患者处在**介于两种死亡之间**（entre deux morts）的地带（参见：Lacan, 2006a, p. 654）。然而，你们听到的这位女病人并没有真的说她已经死亡或是她永生不灭，就像在科塔尔综合征中惯常的情况那样。恰恰相反，你们很容易便可以听到她的那些痛苦：痛苦于没有情感，痛苦于不再能够像从前那样拥有感受，痛苦于没有欲望，没有身份，没有灵魂，没有女性特质，等等。正如她自己非常清楚地所说的那样，除了痛苦之外，她丧失了能够让我们感受到自己是存在的一切东西。

正是此种**存在的痛苦**（douleur d'exister），此种**处在纯粹状态下的痛苦**（douleur à l'état pur），塑造了忧郁症患者的挽歌，它尤其是在爱伦·坡的短篇小说《瓦尔德马先生病例的事实真相》(*The Facts in the case of M. Valdemar*) 中得到了很好的描述，这个故事中的主角瓦尔德马先生恳求他的朋友们将他了结

[①] 国际弗洛伊德协会，亦即"国际拉康协会"的前身，在1992年为了纪念"布洛瓦大会"提出"科塔尔综合征"100周年而专门举办的学术研讨会。——译注

（给他致命一击）。我们已经谈到了精神病爆发中的**主体之死**，例如，施瑞伯看到了**世界之死**的末日景象，也看到了"一些草草制成的人影"，他说"我是一具麻风病人的死尸，后面还拖着一些麻风病人的死尸"，随后他便在报纸的讣告专栏上读到了宣布他自己死亡的讣告（Lacan, 2006b, pp. 473-474, 1993, pp. 97-99；Schreber, 2000, pp. 85, 94）。这些"主体之死"的发作非常接近于科塔尔综合征，后者首先可见于忧郁症，但同样可见于其他形式的精神病。

切尔马克先生在其文章中重拾的这个"**介于两种死亡之间的地带**"（Czermak, 1986, pp. 227-228），是在拉康的《**康德同萨德**》（*Kant avec Sade*）一文中出现的一个概念，参见法文版《著作集》文本的第776页（Lacan, 2006a, p. 654）。在《康德同萨德》一文中，拉康提到了安提戈涅（Antigone）的形象如何呈现了"由判刑的存在而引入的两次死亡之间的那种不一致"（Lacan, 2006a, pp. 654-655）。尔后，在一则注释中，他又指出说"身体的死亡将其对象赋予了对于第二死亡的愿望"（Lacan, 2006a, p. 668, note 7）。

由于安提戈涅被活活关进了自己幽闭的墓穴，也已然撤离出了生者的世界，所以当她余下的生命仅仅携带着死亡的时候，她便把自己交送给了那种**存在的恐怖**（horreur d'exister）。在这里，拉康重新提醒我们要注意到由弗洛伊德所制作的**死亡冲动**，当时弗洛伊德在主体的运作中定位了**超越快乐原则**的**强制性重复**。此种"存在的痛苦"对于那些西方人来说都是很难设想的，但它相反却是东方佛教思想的基础，因为佛教中所希冀的**涅槃**（nirvana）便是对于脱离**轮回转世**的某种**终极寂灭**的许诺。

至于萨德自己也曾发愿要完全消失，他的死亡因其名字在墓碑上的抹除而遭到了加倍，以便让自己全然地消逝。在这里，拉康同样揭示出了在萨德那里存在的某种明显的不一致性，此种"不一致性"即在于尽管萨德为他自己驳斥了"地狱"（永世折磨）的概念，然而他笔下的人物，亦即那个"丑陋而可憎的圣冯德（le hideux Saint-Fond）"，却声称把他强加给其受害者们的那些酷刑变成了"地狱"，"这些实践都建立在这样的一种信仰之上，亦即相信他可以在彼世中将其变成对于她们〔这些受害者〕而言的永世折磨"（Lacan, 2006a, p. 655）。拉康继续说道，此种不一致性便是以萨德所使用的"**第二死亡**（seconde mort）"

一词而阐明的（Lacan, 2006a, p. 655）。

> 我们若是注意到在他的笔下明确表达出的这个"第二死亡"的字眼，那么就可以由此来阐明存在于萨德那里的那种不一致了。那些施虐狂都忽视了此种不一致，他们倒也是有点儿圣徒气质的。为了对抗大自然的那种恐怖的常规（我们在别处听到他说罪行具有打破此种常规的作用），他从"第二死亡"中期待的那种保证便可能要求它走向了一个极端，主体的消逝在此加倍：这被他象征在了一个愿望之中，亦即从我们的身体中分解出来的那些元素都要遭到消灭，以便它们不会再度聚集起来。

（Lacan, 2006a, p. 655）

因而，**施虐狂**（sadisme）便是把存在的痛苦抛回到了大他者之中。

如果我们想要更进一步地涉足这个**介于两种死亡之间**的空间，那么在我看来，我们似乎便有必要诉诸拉康的**幻想公式**的书写：$S \lozenge a$。与幻想公式不同，在这个空间中，主体并未遭到划杠，而且直接等同于对象 a，你们在这位年轻女孩的访谈中都已经非常清楚地听到了这一点，亦即**冲孔**的崩解。我们可以将此种情况的**数学型**写作：

$$S \Leftrightarrow a$$

只要她认同于对象 a，她便会维持着某种**他异性**，亦即同时存在她自己与大他者（她自己并不是大他者）两个位置；主体性转至了大他者的一边，而她自己则仅仅是一个对象，但还是保留着两个截然不同的位置，亦即她自己的位置与大他者的位置。这便是**忧郁症的位置**（position mélancolique），在这个**忧郁位置**上，是对象在借由病人的嘴巴在言说，它说的是："我是一个贱弃对象（objet-abjet），必须从大他者的场域中将我清除出去，必须将我消灭，将我废除，将我扔进垃圾桶，等等。"我认为，我们可以说，这个对象的位置也表明了**主体的一度死亡或是第一次主体之死**（une première mort du sujet）。

当精神病得到了更进一步的发展，这两个位置便不再会有所区分，也就是说：在神经症中，主体是从能指链条中突冒出来的，他会让自己从大他者的地点中挣脱出来以便**绽出存在** (*ex-sister*)；但是在这里，亦即在精神病中，情况则恰恰相反，主体会将自己重新整合进这个大他者的地点，并将自己消融在大他者之中。由此而导致的直接结果便是**巨大妄想**，主体会变得巨大无比，乃至永生不灭。不再有任何东西能够给他设置边界。此种状态也可以被理解作**主体的二度死亡**或**第二次主体之死** (une deuxième mort du sujet)。

科塔尔综合征，乃是缺失的缺失

在这里，我要向你们引用切尔马克先生的一段评论。

> 在科塔尔综合征中，主体会非常清楚地说出他所丧失的东西：欲望、情感、疼痛。他知道丧失了制造缺失之物的那种折磨，他也会标记出他在不再能够看见且不再能够去观看的形式下所抱怨的那种盲目，而与此同时，他会以那种最最绝对的丑陋来评价自己。
>
> (Czermak, 1986, p. 230)

切尔马克先生首先着手探讨了**美的功能**，这也影射了拉康对于悲剧中的美的定义：美是"禁止触及某种根本性恐怖的终极屏障"(Lacan, 2006a, p. 654)。

对于这个**美**或**丑**的问题而言，我想要请你们更多去参阅切尔马克先生的文本，而在这里，我也许只想要向你们指出其中一条线索，以便让你们理解问题的关键所在：为了让美存在，在我看来，对象 *a* 亦即 "**目光**" 必须被拆解下来。如果对象 *a* 并未跌落，那就不会有任何 "目光" 的存在，有的只是**视觉**或**幻象** (vision) 的存在。对象 *a* 的跌落奠定了缺失的基础，欲望从而才会诞生出来。正如切尔马克先生的评论：

> 整个欲望的熄灭也可能会产生出美的效果，正如它可能会产生出极端丑陋的效果一样。这种美的效果，仍然是一种盲目的效果……往往在临床上，我们都会观察到，美恰恰标志着主体抵达了介于两种死亡之间的地带，亦即科塔尔向我们谈到的那种存在的恐怖，以同样的方式，我们也可以说，丑也标志着对于界限的跨越，亦即跨越了引入

"介于两种死亡之间"的那道边界。

(Czermak, 1986, p. 231)

在1992年研讨会的会刊上，查尔斯·梅尔曼还撰写了一篇短文（Melman, 1993），我在这里同样邀请你们去阅读一下他的这篇文章。在该文中，他曾评论说：这些**"否定妄想"**截然不同于其他的妄想，因为它们并非在作为某种**"想象性建构"**的意义上用来修复**"排除"**及其对主体所产生的种种**"虚无化"**效果的那种妄想。在科塔尔综合征中，涉及的便不是在作为某种**"治愈性企图"**的意义上的那种妄想，与我们习惯性看到的绝大多数妄想不同，科塔尔综合征中的否定妄想并不是经由给世界重新赋予秩序的那些**"妄想隐喻"**而建立的"旨在治愈的企图"。在科塔尔综合征中，涉及的是一种结构的效果，而非是一种想象性建构；对此的证明，便在于科塔尔综合征患者总是在说同样的事情，"我没有胃脏了，我没有心脏了"，而在我们的女病人这里，则是"我没有灵魂了，我没有女性特质了"。

这位女病人又补充了一句，而听到她说出这样的话真的是非常值得注意的："我不再拥有任何自我，我拥有的仅仅是言语。"正是语言在支撑着她，是语言的结构本身在支撑着她，但她也只剩下这个语言的结构，除此之外别无其他了。也就是说，这位女病人没有任何的想象，她已不再是作为**"主体"**而存在，是**"对象"**在借由她的嘴巴而言说，因此，当她说自己丧失了一切，说她只不过是人们不可能去爱的一个对象的时候，她是完全有道理的。换句话说，她相当准确地觉察到了这一点。关于此种经验，梅尔曼先生写道：

> 因而，为了准确的表达起见，无疑也是为了可能存在的最为准确的表达起见，我们便可以将妄想的机制——那种旨在修复由大他者中的某种空洞而产生的疯狂的想象性构型——区隔于我们所谓的内源性疾病（endopathie），亦即一种独特性的"内在性痛苦"。在此种情况下，毋宁说妄想更多是观察者的妄想，因为观察者会用其自以为是的推测（présomption）来进行捕钓，所以他便会拒绝回忆起：人类身体上的那些孔窍与其说是由解剖学来切割的，不如说是由符号来切割

的。是否需要提醒大家去注意，自闭症儿童的那个张得老大且流着口水的嘴巴，还有他的那个大便失禁的肛门的窟窿，如何说明了本来应当以括约肌来组织它们的那种切割的缺乏？

（Melman, 1993, p. 155）

这位女病人告诉我们说她无法进食，然而她又说这与**厌食症**没有任何关系：当然，也的确是如此！她告诉我们说："我无法把这些东西放进我的嘴里，我不再能感觉到自己的嘴巴，它是不由自主地／机械性进行的……我什么都不再能够感觉到……我不再知道那是什么……我不再能够感觉到……我不再有身体。"[2]。

结论

借助于这位女病人的案例，我希望已经能够让你们相信：忧郁症，而且尤其是科塔尔综合征，如果从结构的视角来看，其实与"**抑郁**"或"**悲伤**"没有任何的关系。为了感到悲伤或者抑郁，首先必须在那里存在着一个主体，其次他才能够感觉到这些情感。至于我们的这位女病人则恰恰相反，她抱怨说自己不再能够感受到任何的东西，不再是情感化的，亦即她不再拥有任何情感，也不再能够被任何情感所触动。

我要停在这一点上，因为科塔尔综合征毕竟是非常罕见的，而如果说我发觉这例个案是非常珍贵的，那也是因为它不仅向你们阐明了"否定妄想"的运作，而且也还以"**剔去骨头**"的方式而向你们更多阐明了主体的结构（亦即神经症主体的结构）与能够解释此种结构的对象 a 的核心功能。

注释

[1] 参见：约尔日·卡肖《否定妄想》，国际弗洛伊德协会出版社，1993。
[2] 否定的价值：查尔斯·梅尔曼认为此种否定来自实在界，这个实在界的意思是说"无物存在"。

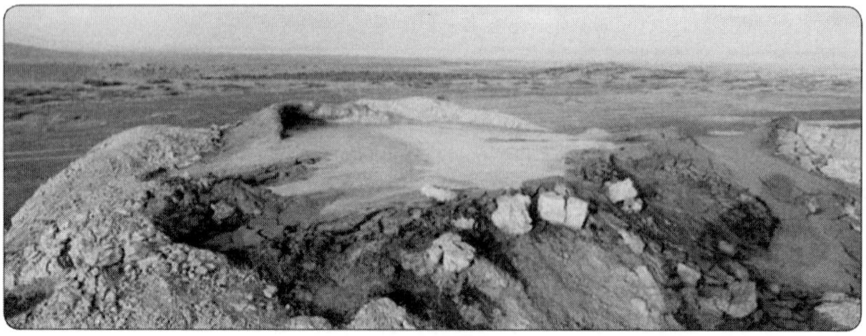

第 09 讲
从马克到雷奥诺拉

> 从谜语到杂语／分裂样言语
> 能指链条的解扣与主体之死

就目前而言，一方面我已经借由**镜子阶段**与**光学模型**而向你们讲述了想象界，而在另一方面也已经借由我对拉康《著作集》中《关于〈失窃的信〉的研讨班》所做的评论而向你们讲述了象征界，今天要向你们做的报告恰恰就接连在两方面的内容之后。现在，我们已经建立了两个层面，由此而提出的问题便是要知道：**想象界**与**象征界**是如何在神经症中——也就是说，当**父性隐喻**在场的时候——进行扭结的。它们相互扭结在一起，恰恰是为了让我们能够给一串给定的**能指链条**赋予差不多相同的意指，此种赋意因而是发生在想象界的层面之上。就目前而言，我们将仅仅聚焦于"想象界"与"象征界"这两个层面，以便询问到底是什么把它们结合了起来。

我建议你们从我就《关于〈失窃的信〉的研讨班》所做评论中的那些相关概念重新出发，亦即选取一串随机的正负链条，其中没有任何东西能够造成休止或顿挫，我们可以将这串元素按照三元组进行重组，同时根据它们的组合是否具有"对称性"将它们命名作组1、组2或组3，继而再通过一些希腊字母将它们建构作由五个元素所组成的链条。有趣的是，我们很快便能够看到，象征界在一串实在元素中的引入恰恰能够对这串链条起到组织性的作用，这是在如下的意义上来说的，因为象征界的引入首先便立刻建立了一些休止或顿挫，其次立刻产生了某种字符的决定性作用，因为某些字符恰好从能指链条中遭到了排除，亦即遭到了压抑。就此而言，我可以给你们举一个例子。例如：我先是看见了白昼，然后看到了黑夜，然后又是白昼，如此等等。如果我被关在一间监狱里，那么每当太阳升起的时候，我便可以在牢房的墙壁上划出一道刻痕，如此一来，我便可以计算我被监禁了多长时间。然而，此种计算还是没有包含任何的**切分**（scansion）。至于历法的发明则向前又迈进了一步：因为它区分了一年四季，把每七天切分作一个星期，给每一天赋予一个特定的命名，再把这些星期划入月份，如此等等。

当这样的操作得以实现的时候，我便可以说自己在某年某月某日出生，我在某年多大年龄，又在某年做了这件事情或那件事情，如此等等。因而，象征界在一连串昼夜交替中的引入便允许了给"时间"赋予某种秩序，也允许了用休止或顿挫来对时间进行组织。这一点对于你们来说似乎都是不言自明的，但它却并非对于所有人来说都是如此：如果你们出生在一个没有官方出生登记的国家里，那么当你们来到法国的时候，法国政府便会在你的身份证上登记说你出生于某年的一月一日。

弗洛伊德已然指出在梦境中存在梦者可资利用的两种机制，它们能够把一个无意识的欲望转变作某种**字谜**，亦即"**移置**"与"**凝缩**"。拉康则重新采纳了这些机制，通过把它们比照于语言学的知识，他将弗洛伊德式的移置鉴别作属于"**换喻**"的范围，而将凝缩鉴别作属于"**隐喻**"的范围。并不仅仅是梦境，而且无意识乃至整个语言皆是在这两个面向上来进行运作的，亦即隐喻性的面向与换喻性的面向。稍后，我将会依托于拉康《著作集》中的文本《**无意识中字符的动因，抑或自弗洛伊德以来的理性**》（The Instance of the Letter in the Unconscious, or Reason Since Freud）而再回到对此的详细讨论上来，但就目前而言，我已经想要通过考察随便一个语句来非常简单地向你们表明这一点，以便使你们明白它所涉及的是什么。如果我拿自己刚刚说出的这句"以便使你们明白它所涉及的是什么（pour que vous vous rendiez compte de ce dont il s'agit）"来进行举例，并同时考察这句话中的每一个单词，那么我们便可以看到：法语动词"rendre"通常而言意味着"归还"，亦即我们从某人那里借来了某物，然后再把此物交还给它的所有者，另外，"rendre"同样意味着"呕吐"；至于法语名词"compte"则意味着"计数"，亦即清点物体的一种数学运算，该词同时具有"账目"和"利益"的意思。但是，"以便使你们明白它所涉及的是什么"这句话却完全无法经由这些意涵或意指来进行解释。然而,你们却都很容易就能够理解这句话的意思,因为"*se rendre compte de*"这个短语是一个习语性的措辞,它有"使明白""使懂得"和"使发觉"的意思,你们都已经习惯了这么使用它,以至于你们打从一开始就已经忽略了一个事实,亦即这句话中的这些单词其实都是按照某种隐喻性的用法来使用的。如果你们去考察一下日常话语中的其他句子,那么你们也完全可以看到,整个语言都是隐喻性的(或者在最小的程度上也是换喻性的)。一个语词的意指只能经由同其语境的关系来加以理解;一个能指总是指涉另一能指,而非指涉一个所指。意指在能指链条的下面运行。

如果说语言在代与代之间发展得如此迅速,以至于在不同的世代存在那么多的差异而导致人们不再能够相互理解,那么这也恰恰是由于这些能指的换喻性使用和隐喻性使用。你们可以问问自己的孩子:"你今晚想听法国文化电台的那个节目吗?"你们的孩子可能会回答你们说:"啊,不要,那样是在给我填鸭／强灌(Ah, non, ça me gave)。"或者更糟:"那样会把我灌醉／搞晕(ça me saoule)。"就第一种回答中的"填鸭／强灌(gaver)"而言,该词是法国人过去常常用于养鹅业的术语,当时的人们试图用"填鸭／强灌"式的过度饲喂来给鹅的肝脏增肥,以便把它变成美味的"鹅肝(foie gras)"(其字面意思是"脂肪肝")。因而,在过去二十年期间,或者也许是四十年期间,"鹅肝"风靡全法的那个时代恰好将该词的印迹留在了语言之中,以至于"填鸭／强灌"的原本意指在当前又呈现出了一种全新的比喻性意谓:"那样会让我感到无聊(ça m'ennuie)。"

语言紊乱:早期精神病医生们对其的探究具有双重旨趣

在我们探究"光学图式"的时候,我已经向你们提供了光学模型在其中并未严格运作起来的那些病理性的个案,以便让你们能够理解当光学模型运转故障的时候会出现怎样的情况。换句话说,问题的关键是要从那些病理性的现象出发来推断出某种特定的结构,这些现象的第一个价值,即在于它们能够将结构拆解成不同的元素来向我们展示此种结构。以同样的方式,从那些语言紊乱出发,我们也可以把握**语言的结构**,而非是**语言的本质**,因为语言没有任何本质性的东西，也没有任何自然性的东西。至于这些现象的第二个旨趣，则在于它们能够让我们去重新阅读早期精神病学家们对其病人们所做的观察报告，他们皆耗费了很多的时间来记录这些病人的话语，而这也让他们的案例报告在今天变得总是可以为我们所使用。那些古典精神病学家们一上来便定位了存在于精神病中的这些语言紊乱，而且他们在这个问题上进行了大量的研究工作，还出版了很多部精神病学专著。

例如，法国精神病学家吕西安·科塔尔（Lucien Cotard）——不应与其父亲朱尔·科塔尔相混淆，我们将"科塔尔综合征"归功于后者——曾在1909年发表了其关于"鹦鹉学舌"的语义学研究的文论，他引用了60多部处理这个主题的著作，其中就包括朱尔·塞格拉在1892年出版的《精神病人的种种语言紊乱》（*Les troubles du langage chez les aliénés*）一书。在其研究论文中，吕西安·科塔尔同样引用了卢多维奇·杜加斯[①]的一段话，后者提醒我们注意："自从莱布尼兹以来，鹦鹉学舌（鹦鹉的语言）这个术语就已经在哲学语言中被用来指代对于那些意义空洞的语词的使用"（Dugas, 1896, p.1）。吕西安·科塔尔研究了存在于各种精神病人那里的此种"鹦鹉学舌"现象，其中既包括那些愚痴者与低能儿（亦即严重的心理发育迟滞与智力障碍），也包括那些躁狂症患者、忧郁症患者与偏执狂患者。

就精神分裂而言，亦即克雷佩林在当时命名的**早发性痴呆**（démence précoce），吕西安·科塔尔又从这些病人身上区分出了一些语言紊乱（Cotard, 1909, pp. 50-53）：

- **语词杂乱**（salade de mots）；
- **言语重复**（verbigération）；
- **言语刻板**（stéréotypies verbales）；
- **语词新作**（néologismes）；
- **言语模仿**（écholalie）。

[①] 卢多维奇·杜加斯（Ludovic Dugas, 1857—1942），法国哲学家，曾任《法国与外国哲学杂志》主编，其代表性著述有《鹦鹉学舌与象征性思维》《羞怯：道德心理学研究》《笑的心理学》《记忆的病理学》《感觉的逻辑》等。——译注

在讨论"语词新作"的时候,他区分了那些没有严格意指的新词——这些新词"是由于注意力的障碍乃至言语形象的含混不明与模糊不清而发展起来的"——以及那些相反具有明确意指的新词(参见:Mahieu, 2005, pp. 120-121)。就吕西安·科塔尔对于精神病中的这些语言紊乱所进行的临床描述而言,我们并不能说,一个世纪以来,我们真的有什么东西能够补充上去;他的很多个案报告都进行了完美的记录,而且也始终都是非常珍贵的文件。相比之下,从拉康的教学出发,我们可以就这些语言紊乱所做的分析,却是更加饶有趣味且更加令人满意的,因为此种分析可以允许我们建立一种另外的分类系统。这即意味着,我们要从对这些语言紊乱的**现象性描述**转向对它们的**结构性分析**。

我在这里参考的是拉康《著作集》中的两篇文本,其一是《言语与语言在精神分析中的功能与领域》(*Fonction et champ de la parole et du langage en psychanalyse*, 1953年的著名"罗马报告"),其二是《无意识中字符的动因,抑或自弗洛伊德以来的理性》。第二篇文章可以追溯至1957年,拉康在其中参照了费尔迪南·德·索绪尔与罗曼·雅各布森的语言学著作。雅各布森曾对两种主要形式的"失语症(aphasie)"进行了语言学分析,并指出它们对应语言运作的两个基本轴向,亦即"隐喻"与"换喻";而拉康则评论说这两个术语也对应弗洛伊德的"凝缩"与"移置"(Lacan, 2006b, pp. 413-414)。这篇文本与《关于〈失窃的信〉的研讨班》具有同等的重要性,也值得我们在上面好好地研究一番,而我在这里仅仅会为你们给出这篇文章的几个基本观点。

- 存在于无意识中的东西皆是能指。
- 如果我们想要知道在无意识中发生的事情,那么我们便必须理解能指的运作方式。

我还是要引用一下拉康的原话(Lacan, 2006b, p. 428)。

> 因而,重点是要界定此种无意识的地形学。我要说,此种地形学本身就是由一个算法来界定的,亦即:
> $$\frac{S}{s}$$

这个算法允许我们就能指在所指之上的影响而发展出来的东西，也适合于被转化作：

$$f(S)\frac{1}{s}$$

这个公式可以读作：**能指在所指之上的功能**。至于把能指与所指分隔开来的那道**横杠**（barre）则"标记着意指的抵抗在能指与所指的关系中得以构成的那种不可化约性"（Lacan, 2006b, p. 428）。

拉康拒绝接受一个能指是指涉一个所指的思想。此种思想（用能指来指涉所指）是解释"**索绪尔图式**"（Saussure, 1986, p. 132）或"**索绪尔算法**"（S/s）的错误方式，亦即认为相互孤立的"**能指之流**"与"**所指之流**"可以通过一些垂直的虚线而一一对应地联系起来，但是我们就语言所观察到的一切却都是与此相悖的，在任一特定能指与任一特定所指之间并不存在任何一一对应的关系。恰恰相反，拉康则坚持主张所指在能指之下不断"**滑动**"的概念，同时他试图明确解释意义产生的机制。

在《研讨班 X：焦虑》的 1962 年 12 月 12 日的讲座中，拉康告诉我们说：

能指是一种痕迹，但是一种遭到抹消的痕迹……能指与符号的区分即在于，符号是为某人代表某物的东西，而能指则是为另一能指代表一个主体的东西……

我们会看到一些动物擦除它们的痕迹……动物会擦除掉自身的痕迹并制造出一些虚假的痕迹。但是，它会因此而制造出一些能指吗？存在着一件动物无法做到的事情，它不会制造出一些虚假的痕迹，以便让我们相信它们是虚假的痕迹。它并不会制造出一些虚假的虚假痕迹，而这是一种行动，我不会说它本质上是人类的行动，而恰恰会说它在本质上是能指的行动。

这便是界限之所在。你们都理解我的意思，这些痕迹是为了让我们相信它们都是虚假的痕迹而制作出来的，不过它们却是我真正经过的痕迹，当我说一个主体在这里得以呈现出来的时候，这就是我想要表达的意思，当一个痕迹被制造出来是为了让我们把它当作一个虚假痕迹的时候，我们由此便知道说，就其本身而言，在那里存在着一个言说的主体……这是什么意思呢？这即意味着当主体诞生的时候，他会向着什么而言说呢？它会向着我简要地称之为最根本形式的大他者的合理性而言说……在起源上，喂养了能指的突现的东西，便是不该让大他者亦即实在的大他者所知道的某种目的。能指无疑显露了主体，但是通过抹消他的痕迹。

（Lacan, 2014, pp. 62-63）

我之所以会给你们引用拉康的这段评论，就是为了让你们明白：使主体得以建立起来的这个象征秩序，是一种恰恰覆盖了实在界的结构，这个象征界将其自身与实在界和想象界扭结了起来，但它完全不同于某种对于物体的命名。如果你们想要理解在精神病的那些语言紊乱中所涉及的东西，那么重要的就是要把这一点铭记在心①。

所指派生于语言运作的两种方式，亦即隐喻与换喻。拉康给我们举了一个例子，来说明两个孩子如何在火车站的两扇门上解读"男士"和"女士"的标志。这两个孩子当时坐在一趟正在进站的列车上，其中的男孩子说道："看啊，我们到了女厕所！"他的姐姐则回应说："傻瓜，你没看见我们是到了男厕所吗！"也就是说，首先，"男士"这个能指与"女士"这个能指分别位于两扇门之上，它们共同产生了火车站卫生间的意指。然而，坐在火车上的两个孩子却同样接收到了它的另一个意指，并且利用它来突显出了他们各自的欲望。如果你们试图找出什么才是"男士"一词或"女士"一词的所指，那么你们便会看到这个所指是非常变动不居的，而且它会根据两个轴向来发生滑动：

● 根据这些能指在"水平轴向"上被捕获于其中的能指链条；
● 根据这些能指在"垂直轴向"上的相互关联，它们既是相对于说话者而

---

① 精神病的逻辑往往都是用语词来命名事物的符合论逻辑，亦即拉康所谓的"把词当物"或"词物主义"，正是在此种意义上，我们也可以说 *DSM* 的疾病分类系统对于不同精神障碍的命名本身就符合于一种精神病的逻辑，也是在这个意义上，我才提出说"诊断是医生的症状"。——译注

言,也是相对于受话者而言。

它一直都是这样发生的,这是一项通用的规则;这恰恰也是为什么拉康会告诉我们说:一个能指总是指涉于另一能指,而非是指涉于一个所指。

换喻公式

$$f(S…S') S = S (-) s$$

在拉康书写的这个公式里(Lacan, 2006b, p. 428),S是一个能指,它经由**邻近性**(contiguïté)而联系于另一能指S'。例如,在用"三十张帆(*trente voiles*)"代表"三十艘船(*trente bateaux*)"的这则换喻(部分代整体)当中,S即是"船(bateau)"这个能指,而S'则是"帆(voile)"这个能指(p. 421)。至于意义(sens)的生产性效果则联系着始终没有说出来的"船"这个能指,在"三十张帆"这则换喻中,它是一个**潜在的能指**(signifant latent)。

这个公式可以读作:将S联系于S'的换喻性省略(S…S')的意指作用或意指效果(*f*);它询问的是此种换喻性省略在能指S(亦即"船")上所产生的意指性效果。这个效果是由置入括号的"负号"来象征的,它表明能指(S)与其所指(*s*)之间的"横杠(—)"受到了维持。如果我说的是"三十张帆"而非是"三十艘船",那么我便省略或删节了"船"这个能指,但其所指却始终作为一个指涉性的参照而被保留了下来,此种省略即是由这个"减号(-)"来指明的。拉康告诉我们说,此种省略"在对象关系中安置了**存在的缺失**(manque d'être),同时利用了意指的返还性价值(valoir de renvoi)来给此种缺失投注以欲望,因为欲望即旨在它所支撑的那种缺失"(Lacan, 2006b, p. 428)。拉康还给我们举了一些大量运用换喻的书写的例子,这些书写都是在"**迫害**"时期由于新闻出版或文学作品的"**审查**"而产生的。换喻使我们能够在**字里行间**中让人听出那些倘若直接表达出来便会非常危险的思想(Lacan, 2006b, p. 423)①。此种特殊情

---

① 拉康曾在"禁止(interdire)"与"间说(inter-dire)"之间制作了一个文字游戏。——译注

况同样使我们能够定位换喻支撑着欲望的方式，因为这个事实（亦即欲望是一种换喻）比起将其突显出来的此种特殊情况（亦即迫害与审查）要更加普遍且广泛得多。

隐喻公式

$$f(\frac{S'}{S}) S = S (+) s$$

这个公式可以读作：一个能指相对于另一能指的隐喻性替代（S'/S）的意指作用或意指效果（f）；它询问的是此种隐喻性替代对于原先的能指（S）产生了何种影响的问题，而且它表明了能指（S）与其所指（s）之间的"横杠"如何遭到了穿越（+）。此种穿越的结果便导致了一个**全新的意指**的产生。因而，我们便看到了隐喻何以会是换喻的对立面（Lacan, 2006b, p. 429）。S′即是在隐喻中产生意指效果的能指，它是直接被说出来的能指，与换喻截然相反，它在这里是**一个显在的能指**（signifiant patent）。置于括号中的"正号"或"加号"在此表示对于横杠的跨越，乃至此种跨越对于意指而言的构成性价值。

让我们拿"**他的麦捆既不吝啬也不怀恨**（*sa gerbe n'était point avare ni haineuse*）"这句话为例，这是拉康从维克多·雨果的诗歌《沉睡的布兹》中选取的一则隐喻的例子。在这个诗句中，"麦捆（gerbe）"即是能指S′，而"布兹（Booz）"则是能指S。这个隐喻公式回答的问题是，当能指"麦捆"替代了能指"布兹"的时候，此种替代对于"布兹"这个能指产生了怎样的意指效果？或者说，当S′替代了S的时候，在S那里产生了怎样的影响？

S′ = 麦捆
S = 布兹

当我们听到"麦捆"的时候，我们便会理解到它是在隐喻"布兹"，再加上一个由此而产生的全新意指，后者涉及布兹的务农活动与他的阳具力量。正是**父性隐喻**保证了这串能指链条的**结扣**，也就是说，它保证了**能指之流**与**所指之流**始终稳定地锚定在一起，因而也保证了一个能指对于所有人来说都几乎指涉相同的所指。正是"阳具"给这串能指链条赋予了方向。然而，当此种"结扣"

并未实现的时候,也就是说,当"父亲的名义"遭到除权的时候,那么我们便处在精神病的结构当中,而这表明了为什么一些特殊的情势可能会触发一个精神病的发作。正如我们已经看到的那样,这些情势都是当**阳具的意指**受到召唤的时刻,例如:与异性相遇、在工作上承担责任、成为父亲或是成为母亲,还有在一个重要职位或岗位上任命,等等。

因而,在语言的层面上,我们便会观察到此种**解扣**(décapitonnage)的那些后果。正因如此,我才会提议要你们来考察在我们的精神病患者们那里所存在的那些言语障碍或语言紊乱。拉康把**语言**说成是"**大他者的位点**"或"**能指的位点**",而**言语**则是"**一个主体的位点**"。对于一个正在经历精神病发作的病人而言,当我们倾听其话语的时候,我们并不总是能够清楚地知道,它是否涉及由一个主体来承担的言语,又或者说,它是否是大他者在借由他的嘴巴而言说,因为情况往往皆是如此。

临床个案

我选择了一些例子来向你们阐明这些语言紊乱,其顺序是从尚且存在一个**精神病主体**的语言紊乱,一直到仅仅剩下**语言结构**而主体消失的临床图景。

谜语

马克个案

马克(Marc)是一个引人注目的年轻人,他目前是一家信息服务公司的项目经理,自打他毕业之后,他便受雇于这家公司。在17岁时,他曾因为**抑郁症状**而第一次住进了精神病院,但随后并未接受任何更进一步的跟踪治疗。在22岁时,亦即当他在工程学院就读二年级的时候,他再一次住院,这一次则是因为**木僵状态**,他花了四个月的时间才从此种状态中走了出来。在这次发作的消退期,他已不再有任何的妄想,在其精神病发作的整个持续时间里,他给人的印象都是说这是**一种迷迷糊糊**(entre parenthèses)的状态,而当我接待他的时候,他已经不会再给人留下任何这样的感觉了。然而,他却清楚地记得,恰恰就在他接受住院治疗之前,他曾经在自己的电脑上写出了几个语词,他当时会在这些语词上面进行反思。他给我打印出了他先前写出的那些东西的一份拷贝（见图9.1）。尽管他已经无法进行评论，也不再记得这些语词，不过他知道它们当时在他看来都像谜语，这些语词跟其他语词相互联系了起来，而在这些联系中，他当时曾试图找到一种**隐藏的意义**。

```
Aurelien's top Y2K – abstrakt

LIONS ... BRODERIE
JOE ... BLACK
TEASE ... ESEAT
OK ... GAZON
OBAO ... MAGNUM
DJULZ ... TRIIAD
JET ... TRAIN
MATOU ... MICHEL
EX ... DJAM
KC ... JOJO
PARIS ... CAME
```

图9.1 神秘的能指

你们可以看到，在这则文本中，能指都是"**断联**"且"**并置**"的，而意指则发生了"**逃逸**"。

妮可儿个案

妮可儿（Nicole）就是我先前在第04讲里讨论过的那例个案，她接受了长达15年的跟踪治疗，并且在没有服用抗精神病药物的情况下便达到了稳定化。然而，她偶尔还是会有一些小小的急性精神病发作，但仅仅持续几个小时。最近一次发作的时候，她正在清理一位女性朋友的汽车，她当时带孩子出国，到这位女性朋友那里去度假。她从汽车里取出了一根滑雪杖，然后又是第二根滑雪杖，再然后是第三根滑雪杖，她把这些滑雪杖拿出来靠在了一面墙壁上。就在这个时候，她发现这三根滑雪杖有些奇怪，她认为这具有某种谜样的意指，于是她便开始反思此种意指。但她思考得更多，焦虑就增加得更多。

在这两个例子里，你们都可以在**原生状态**下看到当能指链条发生**解扣**的时候所发生的事情：骤然之间，某种在通常情况下没有特殊意指的东西会呈现出一种**谜语**的力量。因为恰恰在这样的时刻上，能指与意指正在发生断裂，从而激起了此种谜语的观念。换句话说，在通常情况下几乎总是扭结在一起的象征界与想象界，在此时发生了**解结**，从而导致意指发生了逃逸。因而，病人便会绝望地试图重新抓住意指。到目前为止，妮可儿都成功地做到了这一点，而马克则必须在医院里待上四个月，以便重新找回他先前的平衡。

我之所以会把**谜语**归入语言紊乱的范围，就是因为从逻辑的角度来看，这是精神病中的**原发性语言紊乱**，换句话说：**谜语在逻辑上优先于精神病中的其他语言紊乱。**

语言的去隐喻化或在字面上看待能指

在这方面，我要先给你们提供两个例子。

克莱尔个案

当我在医学心理学中心首次接待她的时候，克莱尔（Claire）刚刚16岁。她当时呈现出了一种明显的急性精神分裂发作，伴随有解离性综合征、心理自动性与解体的现象，还有一些行为紊乱、妄想观念、焦虑发作与躁动不安的现象。尽管在我看来，我们当时似乎已经很好地建立起了一种高质量的治疗关系，然而在一次会谈期间，克莱尔却突然向我询问道："为什么您会使我焦虑？"

对于精神病患者们的那些问题，我们不应当不回应，否则的话，焦虑便会增加，但是，我们同样不应当躲到边上回应（闪烁其词）。在这则案例中，对于"为什么您会使我焦虑？"这个问题，我的回应就好像这个问题是来自一个神经症患者那样。我当时回应她说："与一个精神科医生交谈总是会有点儿令人焦虑。"然而，她却对我说道："不是！我不是在跟您谈论这个，恰恰相反，与您交谈并不会让我焦虑，但是，为什么是您，是您会使我焦虑？"我告诉她说，自己没有理解／听懂，而这本来应该是我当时最好能够立刻意识到的东西，于是我便让她尝试换一种方式来跟我解释一下；她说道："为什么您给我发送了一些焦虑？"也就是说，她的这句"为什么您会使我焦虑？"应当在其**本义**上来理解，"使焦虑（angoisser）"这个动词的主语是"您（vous）"，是精神科医生作为施动的主语对"我（me）"这个直接宾语做了一些事情。因而，我们才能理解到，是她感觉到我在向她发送一些不好的电波，或者是某种等价的东西，从而在她那里激起了焦虑。

因此，如果我们走得太快，如果我们**理解**得太快——就像拉康告诫我们的那样——那么我们便会出错，因为我们是以这句话在神经症主体那里惯常的隐喻性意义来理解它的。这个例子向你们表明，在精神病中，实在界、象征界与想象界不再扭结在一起。在这里，能指（象征秩序）指涉一个**非隐喻性**的（想象性）意指。

莫妮可个案

当我还是一名年轻的住院实习医生的时候，我遇见了莫妮可（Monique），而这在我的职业生涯中也是唯一一次，我让自己在身体上遭到了一名精神分裂症患者的物理性攻击。她并不是我的病人，因为负责对其进行治疗的另一位住院实习医生当时不在医院，一名女护士便过来请我帮她去澄清一下那位医生给她开具的处方：应该给她注射的还是口服的神经安定剂？我之前从未见过莫妮可，她当时走进了护士站，一看到我便说道："为什么是这个女人在负责给我开药？她不是我的医生！"我把头转向了那位女护士，给她使了一个询问性的眼神，而她则向我做了一个摇头的姿势，表示她也不知道是怎么回事。于是，我又转过身来面对莫妮可，我告诉她说，不是我在负责给她开药，然后，我又向那位女护士说道："您只需要把它装进胶囊／变成胶囊即可。"接着，莫妮可便转身离去，然后又跑着回来，她当时去厨房里拿了一把切面包用的小刀，直接向我冲了过来。幸好当时有一位男护士经过，从她的手里把小刀夺了下来，不过她还是揪住了我的头发，把她的烟头怼到了我的脸上，从而导致一处烫伤。

到了第二天，她才能够向我解释说，她先前曾看到自己的名字被写在药品的包装盒上，她当时听到我说必须把她装进胶囊，她相信我想要转化她，"把她变成胶囊"以便给别的病人吃掉。在这里，我们还是可以看到，"您只需要把它装进胶囊／变成胶囊"这些能指如何会被这位女病人在一种**去隐喻化**的意义上来理解，完全不同于我在说出这句话时对其赋予的意义。

布朗蒂娜个案

关于语言的去隐喻化，我还可以再给你们补充第三个例子，这是我在最近接到的一例个案。布朗蒂娜（Blandine）当时在抱怨她的情况变得越来越糟糕，她说:"我觉得有人在抓着我的头 (j'ai l'impression qu'on me prend la tête)①。"通常而言,这个措辞在习惯上都是明显的隐喻性表达,但是布朗蒂娜当时却明确地表示说,她感觉到自己的头部有一些"拉扯"或"痉挛 (tiraillements)"②,就仿佛有人在抓着她的头,勒紧她的头那样。在最后的这个例子中,我相信我们可以说,正是这个日常用语,亦即这个能指本身,直接激起了身体上的疼痛。

语词变形

弗朗辛个案

此例个案涉及的是一位58岁的女士,我曾经对她进行过长达十年的跟踪心理治疗,因为在很晚才发现自己患有乳腺癌——癌细胞在确诊时已经转移了——之后她便呈现出了忧郁症的发作。弗朗辛 (Francine) 已婚,她抚养了两个孩子,她的整个生活就是拼命工作,在此之前她没有看过任何的精神科医生。然而,在她的表达方式中,我们还是能够定位出标志着精神病结构的一些语言紊乱。

她的精神病从来都没有真正地爆发过,只是在最近这几年,她才表达出了一些有点儿妄想性的不适应观念。她在前九年期间都生活得很好。随后,她的癌症便扩散到了全身。至于她的语言紊乱,则是一些音节的颠倒和一些语词的变形,这些都让她的话语变得很难理解。遗憾的是,我无法在她面前把这些语言紊乱记录下来,我也无法在事后将它们回忆起来。我唯一能够引证的音节颠倒和语词变形,就是"我的神经病医生 (mon spychiatre)"和"人们给我做了一

---

① 在法语里,"me prendre la tête"这个措辞,通常在口语上都是"……让我头大"或"……让我恼火"的意思,而"prendre la tête"则有"领先"或"带头"的意思,但是布朗蒂娜是在其本义上来使用这个措辞,故而我在这里也遵循字面将其译作"抓着我的头"。——译注

② 除了"拉扯"和"痉挛"之外,"tiraillement"在法语中还有"争执"与"纠葛"的意思。——译注

次鲁盆的超声波检查（on m'a fait une échographie *pérulvienne*）"①，因为它们有不断的重复。回忆这些音阶颠倒的困难本身就很说明问题，因为它表明了这样的一个事实，亦即我们都倾向于重建我们已知的习惯性表达，因而我们都会过快地想象病人所说的意思（所指），而很难真正地听到病人所说的措辞（能指）。换句话说，为了分析一位精神病患者的言辞的特异性，我们就必须通过会谈的记录（enregistrement）来进行②。

新词与语词新作

达米安个案

达米安（Damien）是一位年轻的精神分裂症患者，我接待他已经有三年的时间，他不是非常健谈，也很少会暴露出他的妄想。不过，有一次，他还是脱口而出了这样的一句话："存在三类范畴的个体：变形体、天生体与进化体。"在后续的另外几次会谈中，我曾尝试让他再来谈一谈这句话的意思，却都没有成功。他回应我说，他知道我不相信他的这个说法，而且他不想重新回去住院。因此，我在这里只给你们带来了很少的材料。然而，我认为进化体（évolutif）、变形体（métamorphosé）与天生体（formé de naissance）这些措辞都构成了一些**语词新作**（néologismes）。马塞尔·切尔马克在《对象的激情：关于精神病的精神分析研究》一书中，完全展开讨论了一个精神病人创造的新词"hypdon-passedon"。我推荐你们去详细阅读切尔马克书中有关新词的讨论。一个新词，简而言之，

---

① 这里的"spychiatre"是法语中"psychiatre（精神病医生）"的音节颠倒，这里姑且将其译作"神经病医生"，然而其中的"spy"也有"间谍"的意思，因而很有可能暗示了这位病人把"心理医生"（psy 开头）视作"间谍"的妄想性观念；至于这里的阴性形容词"pérulvienne"则是法语中"pelvienne"（骨盆）的语词变形，该词在发音上凝缩了"péruvienne（秘鲁）"，这里姑且将其译作"鲁盆"。——译注

② 此处的"enregistrement"一词也表示"录音"和"录像"等记录方式。然而，这里需要指出的是，无论我们以何种方式来进行记录（文字、录音或录像），都不能替代我们在临床上对于精神病人的倾听，而且必须预先评估病人的妄想水平，因为记录很有可能会预设一个"第三方"或"大他者"的隐匿性在场，从而触发一些精神病人的妄想。因而，在需要记录时最好是能征求病人的同意，如果在特殊情况下需要使用录音或录像设备来进行记录，也需要向病人说明意图。——译注

即是对于病人来说蕴含着全然意指性分量的一个能指或一组能指。

在精神病发作期间，正如我已经向你们提及的那样，其语言的特征即在于可能存在能指链条的某种解扣，因为**能指之流**开始滑向了一侧，而**所指之流**则滑向了另一侧。不再有任何东西能够将此两者**压载**或**紧固**到一起。在最大的程度上，就像在雷奥诺拉那里的情况那样，我下面将要给你们讲到这则案例，我们会目睹一种**杂语或分裂样言语**；而在最小的程度上，病人会反复琢磨某种在他看来是**谜语**的东西。

就**新词**而言，我们是在面对一种处在"谜语"的对立面的现象；经由新词，病人可以重新找回某种意指，我们可以说，新词在这里为他充当着某种"避风港"，能够保护他免于"暴风雨"的侵袭。相较于病人在意指发生瓦解、松散或消失的时候所可能感受到的焦虑而言，新词在这里则是他能够信赖并能够将他紧紧扣住的一个能指或一组能指。在新词这里，意指都是显而易见、无可争议且充实完满的。它并不涉及一个指向另一能指的能指，就像在通常的情况下总是发生的那样。当你们翻开一部字典的时候，如果你们想要了解一个单词的意义，你们便会得到一系列的能指，这些能指本身又会向你们指涉其他的能指。在此种经验中，你们便会最终将某种意指联系于那个所涉的能指，也就是说，你们**理解**了那个单词的意义。

就通常的情况而言，一个能指总是会指涉另一能指，能指是通过与其他能指的差异性关系而获致定义的。象征系统是由众多能指所组成的一个封闭集合，这些能指都是经由它们与其他能指的对立性差异才会呈现出其自身的价值。因而，这便完全不是一种对于实在界的命名系统，因为在这样的系统中，一个对象（事物）恰好对应一个能够命名它的语词，当然，这就好像我们通常可能会认为的那样。象征界是一个封闭的自主系统，它恰恰遮蔽了实在界，并且也将与这个实在界和想象界扭结了起来，至少在神经症中是如此。

在新词中则恰好相反，能指并不指涉任何其他的能指。它是一个在其自身中即呈现出价值的能指，并且携带某种充盈的意指。病人的所有其他能指都会朝向这个能指而发生会聚，也就是说，这是一个处在病人的能指网络的中心的能指。病人的整个世界都是围绕着这个能指来进行组织的。因而，这是否意味着精神病的**语词新作**允许了一种**妄想隐喻**的建立,就如同**阳具能指**在神经症那里允许了**父性隐喻**的运作?在我看来,就我能够倾听的那些病人而言,实际上,那些能够制作出新词的病人似乎也就是那些能够最终建构出某种妄想的病人,因此,他们便更多呈现于偏执狂的一端而非是呈现于精神分裂的一端。

建立一种**妄想隐喻**,便是允许病人能够发明出对世界的一种妄想性解释,从而允许了那些飘浮不定且无限滑动的意指能够变得稳定下来。经由此种妄想隐喻,世界将再度被赋予秩序,而语言也将重新找回那些共同的意指,当然,除了**妄想性区域**(secteur délirant)之外,病人也将能够在常态的误解之下与其他人进行交谈。就新词的总结而言,我们可以说,新词具有一种双重的价值:在一方面,相对于诊断来说,它标志着精神病结构的存在,而在另一方面,它也指示着一个**缝合点**(point de suture),亦即一种对于能指链条进行重新结扣的尝试。如果病人具有某种**自我**,抑或某种**人格**,换句话说,如果他具有能够在想象界的层面上制造出某种一致性的东西,那么他便有可能最终达到打上引号的自行**"治愈"**,也就是说,他有可能最终制造出某种**区域妄想**。否则的话,如果病人是一位精神分裂症患者,也就是说,如果他没有诉诸想象界一致性的那种依凭的可能性,那么他的新词便始终都是给世界赋予秩序的某种失败的尝试。

杂语/分裂样言语

雷奥诺拉个案

此例个案涉及的是一位青春型精神分裂症的女病人,她目前正在我们机构里的另一位精神科医生那里接受治疗,我只跟她进行过一次访谈,而这是在她的病程发展了41年之后。雷奥诺拉(Léonora)在1924年出生于法国佩隆,其父母都是意大利裔。她在23岁的时候第一次住院。随后,她的整个生活都处在对其父亲的紧密依赖之中,她的父亲当时总是会监管她,鼓励她注意个人卫生,给她做饭,等等。在她父亲去世之时,她不得不再次住院,而且这一住就持续了多年。因此,我是在1988年的时候才与她进行的这次访谈,我一点一点地记录了她当时的话语。以下便是这次访谈的记录。

——**您在这里待了多久了?**

——啊，我不知道……1967年吧，我来自犹太城（Villejuif）①。

——那么在犹太城之前呢，您之前有过一份职业或一份工作吗？

——我当过部长（ministre），负责组织庙会和教会；这也是有人当时要求我做的事情。

——您是在哪里出生的呢？

——我出生在，我不知道，是在凡尔登，在维罗纳，在佩罗纳先生那里，他当时拥有一家诊所，我之前曾见到过他。

我当时在邮局工作。有人让我回来，以便看看我是否能够重新开始……不过，我让我的两个兄弟接替了我的工作，他们同样都是部长，而且比我要聪明得多。

——您知道我们现在是在哪一年吗？

——我听到一些人说现在是"90年，又或者可能是88年"；我是在电视上听到这个的。

——您现在多大年纪了？

——在1790年？……在1986年，我们见了一位精神科医生。

——您会时不时地跟护士们一起出去度假吗？

——啊，是的，去过瑞士，上萨瓦省，还有朗布依埃，是去牙医那里看牙，是在科隆贝的双教堂小镇。

我进行了所有的这些旅行，但是最后的一次旅行，有人当时告诉我说，我就要死了，说我必须一直待在第十五区。

——您有两个兄弟？

——我只记得一个了。

这是由凡尔登的市长向我确认的。

这个小弟弟昨天还来了。

他的名字叫若阿尼（Joani），翻译过来就是让（Jean）。

---

① 犹太城（Villejuif），是位于法国法兰西岛大区马恩河谷省的一个市镇，隶属于拉伊莱罗斯区。这里应该是说她来自犹太城的"犹太城精神病院"。——译注

——从什么语言翻译过来？

——我也不清楚了，有人之前告诉过我，犹太城的市长吧。

我曾经回去过意大利，但是那里已经没有人了。

必须等上数十亿年又数十亿年，才能看到一束阳光。

——您喜欢太阳吗？

——不，它会让我的鼻子流血；有人之前告诉我说，我曾经在圣安娜医院流过二十多次鼻血。

——那您的母亲呢？您还记得她吗？

——她在怀我的时候就已经死了。

她死过很多次，799次。

在把我带到这个世界之前。

有人当时摆放了一些人造的玫瑰花。

在这里，在办公桌上。

不，我不记得她了。

她总是跟我说她已经死了。

我觉得，必须乘火车去……

——您在假期里去了科西嘉岛吗？

——啊，是的，我去了科西嘉岛，当时是我到那里去定居，但有人告诉我说让我脱鞋；我当时没有脱掉我的海滩鞋（bains de mer）①。

——您今天早上做操了吗？

——是的，我很喜欢。

——您有足够的钱出去度假、穿衣打扮，或是给自己购买所需要的东西吗？

——啊，可我已经有这笔钱了：一个圣方济各会的修道士之前曾教过我，我要如何来处理自己的金钱问题，我有好几十亿又好几十亿。

---

① 这里可能是指洗澡时穿的拖鞋。——译注

我已经死过两次了，我不相信自己这次能够熬得过去。

有人让我的眼睛闭上了两次，人们告诉我说，我当时做了一些娃娃，是人们之前要求我做的一些玩具，我不知道这是否是真的。

——您把"死亡（mourir）"称作什么？

——（笑）腐烂（se décomposer）。

在这位女病人这里，你们都可以看到，能指如何完全"翻舱"或"松脱"于所指——也就是说象征界与想象界的关系失去了"压载"而发生了"断联"——以至于同她之间的交流变得非常具有随机性。雷奥诺拉的言语并不具有自主性，她不是自发性地说出这些句子；虽然她非常愿意回答我的这些问题，但是她的那些回答并不会向我们提供任何的信息。她的话语所表明的，便是在她那里已然不再存在有任何一致性的主体。另外，也正如她所说的那样，她已经死了，但这不是身体的死亡，而是主体的死亡（**主体之死**）。

我们可以注意到那些"**无人称套话**"的大量存在："有人之前告诉我说"，"有人跟我说过"，"人们之前要求我做"，"人们当时让我回来，以便看看我是否能够重新开始"[1]……在这些句式中，她既没有承担起她所说的事情，也没有承担起她所做的事情：是大他者在借由她的嘴巴而言说，是大他者在让她行动，但她自己却呈现出从其自身言语中的缺位。

在她的医疗证明中，往往都有记录说她是完全"迷失方向"或"晕头转向"的，这一点需要我们来澄清一下：事实上，她知道我们当时是在1988年，因为她从电视上听到了这个。同样，她知道自己是在1967年从"犹太城"转院过来的。不过，对她而言，这些数字并不指涉任何的"**时间性坐标**"，她并不知道自己的年龄，也无法说出她是否在这里待了很久。对她来说，根本没有**持续时间**或**时间期限**的概念。

有的时候，她的句子会以通过"**半谐音**"联系起来的一连串能指而构成。例如，"我出生在，我不知道，是在凡尔登，在维罗纳，在佩罗纳先生那里，他

---

[1] 病人在这里大量使用的都是法语中表示泛指的无人称代词"on"。——译注

当时拥有一家诊所"。事实上，她出生在"佩罗纳 (Péronne)"，该词与"维罗纳 (Véronne)"押韵，后者又引出了"凡尔登 (Verdun)"，然而这些语词的意指又都是不确定的，即便"维罗纳"这座意大利北部城市与她的意大利血统不无联系。

另外，她似乎还没有任何的情感，既没有高兴也没有悲伤，她也没有表达出任何的抱怨或是任何的欲望。她的**不存在** (non-existence) 或是她作为主体的死亡虽然有多次表达，但只涉及一段相当简短的会谈。

——"有人当时告诉我说，我就要死了。"

——**关于她的母亲**，"她在怀我的时候就已经死了，在把我带到这个世界之前，她就已经死了很多次，799次"。**由此，我们可以听出，她自己是没有机会出生的。**

——"我已经死过两次了……""有人让我的眼睛闭上了两次……"

在她这里还存在一些**夸大狂**的元素：我当过部长，我的兄弟们都比我要聪明得多，我有好几十亿又好几十亿，是我到科西嘉岛去进行定居（她在这里谈的是由医院组织的一次治疗性旅居）。你们可能会想象说，这些夸大狂的元素是为了试图存在而给自己赋予某种分量并用某种身份来压载自己的一种可笑的尝试，但是，这样的假设即意味着在她这里还存在一个**欲望的主体**，试图给自己建构起某种防御性的盔甲。然而，整个问题却恰恰就在于，在她这里已然不再有任何主体，因而也没有人来建构这样的一种防御。

在精神病中，**夸大狂**是作为结构的一个逻辑性后果而出现的，它没有任何主体性的意志，也没有任何主体性的浮夸。病人暴露在所有人的目光之下，忍受着无数的声音。他遭到评论，遭到辱骂，人们不停地在谈论他；人们会跟他说一些令人愉快的事情，或者一些令人不快的事情，全世界（所有人）都在对他说话，而在此种声音的喧嚣之中，他便只能觉得自己处在全世界关注的中心，因而他便会从中得出结论说，他是一个非常重要的人物。

最后，还有一些语句链接一些不连贯的语词，整个意指都在那里消失了。例如，"我当过部长，负责组织庙会和教会"。这句话是杂语性的（分裂样言语);能指并不指涉任何所指,因为能指之流与所指之流已经完全断联。因而,我们也可以说,当整个意指发生逃逸的时候,能指就是唯一剩下来能够给她提供一点儿支撑的最后的东西。她只剩下了**语言的结构**,她可以说出一些句子,即便这些语句已经丢失了整个意指,但这还是能够给她允许某种**存在的假象**(semblant d'existence)。语言,就其本身而言,即是允许一个主体——即便是一个非常精神分裂的主体——得以维持其生命的一种结构,尽管拉康并未如此表述过这样一种思想,但是它也的确源出于拉康的教学。

在这则案例中,我不知道我们是否能够论及"**主体的存在**"或是"**主体的一致性**",因为这两者显然都是不存在的。然而,即便主体已死,雷奥诺拉还是在继续活着,并且以一种人性的方式在享乐于她的生活。我试图表达的意思是说,这之所以有可能,仅仅就是因为还有语言在支撑她,而且除了语言之外,也没有任何东西还在支撑她。

我还有最后的一点评论:在我看来,这例个案报告允许我们理解,为什么拉康会坚持强调这样的一个事实,亦即主体的结构不是带有一个"内部"和一个"外部"的球面性结构,而是以**交叉帽**或**克莱因瓶**为形式的**非球面性**结构[①],在这些拓扑学结构中,我们都可以看到,外部无须跨越任何边缘就能转至内部。在雷奥诺拉这里,你们可以看到,她所发出的那些句子都是直接从大他者那里来到她这里的,这不仅是在她出现幻觉的时候,而且是在她重复地说"有人告诉我"的时候。在她这里,已经不再有一个内部的习惯性幻象(正是此种幻象给我们赋予了我们的身份同一性的感觉)。这也是为什么当她说出并重复说出她已经死亡的时候,她是完全有道理的。

洛尔个案

因为洛尔(Laure)呈现出了伴有忧郁症临床图景的一次妄想性精神病发作,我让她接受了住院治疗。随后,她才能够通过书写来说明她在这次发作中所展现的**主体之死**的事件。

[①] "交叉帽"是神经症主体的拓扑结构,"克莱因瓶"则是精神病主体的拓扑结构。——译注

自从我在……接受训练以来，我恢复了对于生活的兴趣，也恢复了对于人们的信任：这一切都是我之前在R那里所失去的……因此，我才开始以乐观的方式来看待自己的生活与其他人的生活。

然后，我还是会想念某个人，您知道的，就是那个著名的A*。简而言之，我告诉自己说，我单身已经有一年时间了，我必须让自己主动起来。这是偶然开始的，一个"护送男孩（escort boy）"①提出想跟我发生关系：我拒绝了，尽管我们也在电话上进行了一些交流。

接着，我便回忆起我先前曾欣赏过自己单位里的一个男人。我们曾经有过一些交往；他之所以会引起我的兴趣，是因为他显得好像不属于这个世界的样子，他并不属于这里，而这一切都让我完全坠入了爱河。他是一位绅士，他带我去看了比尔·布兰特②的摄影展……总之，他做了我曾希望让我自己的父亲所做的一切。我表现得就像是他的女儿一样，他也表现得就像是我的父亲一样。

同时，在那一天，对于十二月份来说天气很热。他把我带回我家，我们喝了些茶，进行了一些爱抚，但是没有性，就像父女（père-fille）一样。

因此，从那时开始，对我来说，一切都坍塌了：我的父亲罗伯特·莫尼埃（Robert Meunier）不能成为我的父亲，整个家庭都知道这一点，我总是次要的那个，是个多余的人，而且总是觉得一切都不公平……所以，我便回忆起了这一切（我不曾拥有的爱与承认），然后，为了保持禅定，我又相对化了这一切。

我看着天空，还有在我的单身公寓里穿行的邻居们，一切都熄灭了，空了。我听不见我的邻居们了。我开始害怕，感觉自己非常的孤独。惊恐发作：人们都离开地球到月亮上去了吗，因为地球腐烂了而

---

① 洛尔在这里使用的是英文的措辞，意思上类似于我们习惯说的"护花使者"或"阿谀奉承之人"。——译注

② 比尔·布兰特（Bill Brant，1904—1983），德裔英国摄影大师。——译注

且将要爆炸？？？

因此，我便清除了一些东西，我把它们都打包了起来，丢弃到了我的大楼底下。我甚至还放了一个烤箱进去，那是我30岁生日的唯一礼物，我从来都没使用过它。于是，我被后悔自责所占据，又把它重新搬了上去。

因为我实在是受不了了，我知道罗伯特·莫尼埃晚上不会睡觉，于是我便向他倾吐了这些焦虑。他极其容易就挪开了位置。我当时穿着睡觉的衣服，我说谎了，我说我吃了一片泰息安（氰美马嗪，一种抗焦虑药）。但我还是睡着了。我们约定了十点钟左右来见您。

我准备好了，我给他泡了些茶，还加了点儿杏仁牛奶，但他却没有起床。所以，我便自己逃跑过来见您了。

似乎与一个男人的相遇——这个男人让她唤起了某种父亲的东西——便足以把她自己的父亲赶出父亲的位置。顷刻之间，就像她所说的那样：对她而言，"一切都坍塌了"，世界腐烂了、变空了，她处在**惊恐发作**之中。这是一次**主体之死**的爆发。

第 10 讲

费 利 西 泰

从弗洛伊德式的"力比多"概念到拉康式的"享乐"概念

就今天晚上的讲座而言,我本来可以重新采用第 02 讲中的"阿里曼"个案,先前为了着手探讨**镜子阶段**与**镜像**的问题,我已经向你们讲过这位年轻的妄想痴呆症患者。事实上,我现在则更愿意跟你们讲一讲"费利西泰(Félicité)"个案中的"**极乐**"[①],她同样是一位妄想痴呆症患者。**妄想痴呆**是幻觉型妄想性精神病(psychose délirant hallucinatoire)的一种形式,伴随有丰富的幻想型妄想,而且对于着手讨论**大他者享乐**或**他异性享乐**(jouissance Autre)的问题而言,它也表现出了一种范例性的病理学。然而,此种"大他者享乐"却并不仅仅存在于妄想痴呆型的精神病当中,因为在所有形式的精神病当中,乃至在那些神秘主义者们那里,我们都同样会碰到此种"他异性享乐"。

此种**大他者享乐**即意味着那种相异于**阳具性享乐**(jouissance phallique)的享乐;这些概念都是拉康式的术语(Lacan, 2018, p. 88)。弗洛伊德讲的是**力比多**(libido)的概念。因而,我们便可能会疑惑于这样的一个问题,亦即拉康为什么会更愿意强调这些享乐的形式。弗洛伊德曾经坚持认为,力比多是一种性欲化的能量(亦即**性欲力比多**),而贯穿其著作的始终,他在这一点上从未改变过自己的立场。在其《**论自恋:导论**》(*Pour introduire au narcissisme*)一文中,弗洛伊德曾试图界定"力比多"的那些区分性特征。正如拉康所强调的那样,其中的第一个重点,便是弗洛伊德一心想要让荣格承认说力比多是一种性欲化

[①] 本例个案的化名"费利西泰(Félicité)"在法语中即表示着一种"极乐"或"至福"的完满状态,因而极其贴合于这一讲的"享乐"主题。——译注

的能量——荣格并不相信这一点，转而认为"力比多"是一种去性欲化的"中性"能量 (Jung, 1989, p. 150)——因为弗洛伊德想要"建立一个无法撼动的壁垒来防止神秘主义的泥流"[1]。至于该文的第二个重点，则是弗洛伊德在寻找一个问题的答案，亦即当神经症患者或精神病患者放弃了自身与**现实**之间的关系的时候，到底是什么东西将"力比多"在此两者情况下的**生成性变异**区分了开来。弗洛伊德 (Freud, 1957, p. 73) 告诉我们说，神经症患者决不会废除自身与他人或他物之间的"情欲性"关系，他会将其维持在自己的幻想之中。但就精神病患者而言，则恰恰相反，他不具有这样的幻想；因而，弗洛伊德便提出，要通过"**返回到一种先前可能存在的状态**"，亦即他所谓的**原初自恋** (narcissisme primaire)，来解释力比多从外部世界撤回的生成性变异。至此，他还把此种**原初自恋**与**自体情欲** (auto-érotisme) 进行了区分 (Freud, 1957, p. 75)。最后，该文的第三个重点，则是他把**自我力比多** (libido du moi) 与**对象力比多** (libido d'objet) 对立了起来 (Freud, 1957, p. 75)。

这些理论性思考会让我想到我自己曾在临床上接待过的一些精神病患者，我记录下了其中一位病人的话语，我想要向你们引用一下，这位病人名叫帕特里克 (Patrick)，一直以来，他都会尽可能地到会谈中来见我。我在下面引用他的这段话完全是在弗洛伊德的意义上来说的，更何况这位病人自己还曾阅读过弗洛伊德的著作而且赞同于他的思想。

> 就目前而言，我已经没有什么妄想了，不过还是有一些小小的钩挂 (accrochages)①。例如，我收到了"蜗牛之家 (Maison de l'Escargot)"的一封来信，我认为有人把这封信件寄给我是为了告诉我说，我跟女人们相处时是一只蜗牛。顷刻之间，我便恢复了理智，我看到了这是一种投射，是我认为自己跟女人们相处时是一只蜗牛，而这个观念又从外部返回到了我这里。就像您曾经跟我说过的那样，一旦我开始研究数学，实际上，之后我的状态就会变得好起来。我也意识到了，当我的状态不好的时候，我的整个力比多就会从那些对象上撤回来而变

---

① 此处的"accrochages"一词在法语中也有"摩擦""碰撞"和"冲突"的意思。——译注

成自恋性的力比多，因此，一旦我可以将自己的力比多重新投注于一些外部对象，例如研究数学，情况就会变得好起来。

这段话语提出了很多的问题；我引用它只是为了向你们阐明弗洛伊德的论题。在我的报告的最后，我还会回到这位病人这里来讨论，以便向你们说明，借由拉康的贡献，我们可以如何更好地理解他的话语。

在弗洛伊德关于自恋的这篇文章中，拉康一方面强调了弗洛伊德的坚持主张，亦即**力比多是性欲力比多**，另一方面又强调了弗洛伊德区分神经症与精神病的观点，亦即**神经症患者会受到其幻想的保护，而精神病患者却没有这样的保护**。相比之下，拉康一上来却明确地反对了**原初自恋**的概念，以及**自我力比多**与**对象力比多**之间的对立。

在其尚未出版的第15期研讨班《**精神分析性行动**》(*L'acte psychanalytique*)中，他在1968年1月10日的讲座上说道，他是带着一把"小扫帚"进入精神分析的，亦即他所谓的"镜子阶段"，不过，这把小扫帚又是要扫除什么呢？我要引用一下他的原话："没有不属于自恋维度的爱情。"我还要再引用一句："对象力比多涉及的是对象 *a*……对象力比多与爱情没有任何关系，因为爱情是自恋性的，此两者是相对立的：自恋力比多与对象力比多。"

回到弗洛伊德，在其《论自恋：导论》一文中，弗洛伊德又继而在**对象力比多**中区分出了两种可能的**对象选择**：要么是一种**自恋性**的对象选择 (Freud, 1957, p. 87)，我们会爱上自己曾经所是的样子，或是自己想要成为的样子；要么是**一种依恋性**的对象选择 (Freud, 1957, p. 89)，我们会爱上养育我们的女人，或是保护我们的男人 (Freud, 1957, p. 86)，而这即意味着我们始终都处在自恋的领域之中。如果你们阅读过弗洛伊德关于自恋的这篇文章，你们就能够看到在其论证上存在一些困难，弗洛伊德处理起来并不容易。幸运的是，对于我们而言，事情要简单得多，因为拉康已经在自恋中进行了打扫。他从弗洛伊德那里保留下来的思想，就是"力比多是性欲力比多"的思想。

"镜子阶段"使我们能够更加清晰地看待那些自恋性的问题，也使我们能够承认"**爱在本质上处于自恋的一边**"。我们今天可能没有更多时间来着手讨论力比多的**薄膜神话**（mythe de la lamelle），但我推荐你们可以去阅读拉康的《著作集》中的《无意识的位置》（*Position de l'inconscient*）一文（Lacan, 2006a, pp. 703-721）。根据拉康创造的这则神话，力比多即是在因为有性繁殖而产生的丧失中所构成的一个**器官**（Lacan, 2006a, p. 718）。在我们谈论负责呼吸功能的器官的意义上来说，力比多是一个**非现实的器官**（organe irréel）①；力比多，即是负责对象 *a* 功能的器官。

费利西泰：处在"欣快"之中

我想要给你们呈现的是我在20世纪80年代曾跟踪治疗过的一位女病人的案例报告。她当时呈现出了一种**妄想痴呆型**的精神病，并且伴随有一种兼具**钟情妄想**与**神秘主义**主题的丰富妄想。此种妄想很少会受到各种治疗方法的影响，无论是药物治疗、团体治疗抑或心理治疗。就费利西泰而言，在我看来非常有趣的地方，似乎就是她的个案能够让我们理解，到底什么是相对于**阳具性享乐**的**大他者享乐**。当时，整个治疗团队的全部努力都趋向于一个共同的目标：人们尝试用各种办法来让费利西泰能够离开医院，让她能够在外面实现自主生活。至于费利西泰则恰恰相反，她当时只想着享乐于自己的妄想，她把此种享乐称作"处在欣快之中（être en euphorie）"。换句话说，我们当时都在试图邀请她参与到"**阳具性享乐**"之中，而她自己长期以来却一直翻倒在"**大他者享乐**"之中，而且也仅仅要求要永远待在此种享乐之中。

费利西泰出生于1934年，她曾通过了中学毕业会考，之后研究了一年的神学，接着便作为秘书一直工作到29岁，随后，她便断断续续地打些零工，一直持续到44岁，在此之后，她便丧失了工作能力，只能靠微薄的残疾补贴来生活。费利西泰单身未婚且没有子女，只是在很少的情况下，她才会到外省去看望自己的父母，她也没有任何的朋友。在1970年，她第一次来到精神病院咨询就诊，但没有进行任何的跟踪治疗。在1973年，亦即在她29岁的时候，她第一次住院

---

① 正是在这个意义上，拉康说力比多是一种"无身体的器官（organe sans corps）"。——译注

治疗：她感觉自己的手上有一些针扎似的刺痛感，她说这些感觉与在院子里给她发送放射性物质的一台发动机有关；对此，她向消防部门进行了多次投诉，然后便接受了两个月的住院治疗。

在1974年6月，她找到了一份新的工作，但在同年11月，她便因为经常迟到、打印错误与言论不当而遭到了解雇。她去见了自己的老板，在他的办公室里待了三个小时之久，并且撕碎了他的所有文件。她告诉自己的老板说，他被召唤去执行一些国际性的神职事务，他的公司将于12月31日关门，他是"圣灵之子"，他有一个角色要承担。老板叫来了警察，她当时指着其老板吼叫道："那是我的丈夫，他是一个丈夫。"于是，她便在巴黎警察局精神病学医务室（Infermerie Psychiatrique de la préfecture de police）的强制下接受了住院治疗。

在此番住院之后，神经安定剂的药物治疗，还有她在门诊与其精神科医生的谈话治疗，都给她提供了足够的支撑，从而让她能够重新恢复职业活动。当时，负责治疗她的精神科医生是一位女士。当这位女性精神科医生离开门诊的时候，费利西泰已经40岁了。随后，一位男性精神科医生便负责接管了对于费利西泰的治疗。在后续的两年治疗期间，她对这位男医生发展出了一种强烈的**爱情式转移**，并最后向这位男医生进行了炙热的告白，热情似火地扑向了他。然后，她便自愿接受了住院治疗。

当她在两年之后出院的时候，鉴于她的病情已经通过团体心理治疗和神经安定剂的药物治疗而获得了改善，她能够在一家为天主教教会工作的协会中找到一份秘书的工作。然而，她却立刻放弃了服药，也拒绝重新回到门诊做咨询。在1983年，雇主向门诊揭露了费利西泰的神秘主义妄想：她声称自己是卢斯蒂格大主教的妻子，硬闯了总主教府，并缺席了她的工作。费利西泰再度自愿接受住院治疗，并在医院里待了六年之久。正是在她这次住院期间，我负责了她的治疗。我们尝试过让她渐渐地回归社会，给她提供了越来越长的准假外出，乃至在团体活动中的更多参与，首先是在医院门诊里，继而是在街道社区的各个协会里。然而，事实上，这些努力从来都没有过完全取得成功。

1984年1月

  费利西泰总是会表达出那些带有**神秘主义**与**钟情妄想**主题的妄想。另外，她还存在一些**言语幻觉**与性欲化的**体感幻觉**。例如，她说道："每当夜幕降临，我便感觉有一些魔鬼般的东西在我的身体之中，感觉有某种坚硬的东西在我的生殖器官之中。"这些妄想的内容始终都是以卢斯蒂格大主教为中心的：她是被上帝指派来嫁给卢斯蒂格大主教的人选，她的"神圣配偶"还在等待她，而如果她继续待在医院里面，那么其他那些嫉妒的女人们便会利用此种情境，向她的神圣配偶去说污蔑她的坏话。每逢清晨时分，她都会显得十分抑郁，并且会表现出一种强烈的**死亡焦虑**。她会在自己的整个身体上感觉到一些**蚁走感**（fourmillements），这些"万头攒动"的感觉会令她害怕死亡。她请求医院允许她请假外出，以便去寻找一些帮助，她因为没有人理解我们是在浪费她的时间，是在让她错失自己的神圣婚姻，而感到非常的焦躁不安。

  在1987年的时候，费利西泰已经53岁了。她喜欢穿着一条舞蹈专用的百褶裙——但也有点儿太短了！——上面再搭配一件豹纹印花的女式衬衫，脖子上戴着一个镶嵌有彩色荧光玻璃宝石的巨大十字架，她还把自己的头发染成了火红的颜色。虽然她的打扮非常艳丽，甚至还有点儿撩人，不过费利西泰还是一个疏离且清高的女人，她不会主动与任何人发生联系。"我无法跟这些人说话，他们并不属于我的世界。"她经常这么说道。

  每个星期，她都会过来门诊三次。我会接待她一次，她会去参加一次烹饪治疗的团体，还会去参加一次身体治疗的团体。尽管我给她开具了相当大剂量的神经安定剂，但是费利西泰却从未停止过她的妄想，而且她对现实的投注也都始终完全服从于她的妄想性艳遇。因而，当她去剧院看戏的时候，她总是孤身一人，而且她看的也都是诸如《告解座上的那些神秘主义者》（*Les mystères du confessionnal*）之类的剧目。

  尽管她会非常准时地到门诊进行每周三次的治疗，但是每个星期，她都会要求我降低会谈频率，还会要求我给她减少用药的剂量。她的社会关系仅限于跟其附近商贩的接触和去问诊的访问。有的时候，她也会抱怨这些社交关系，说"这是一种虚假的人造生活",不过,她最后还是相当自愿地参加了一些治疗性团体。因而,她的妄想在当时既不会在她的谈话中显露出来——她想要显得讨人喜欢并且有文化修养——也不会在她的当众行为中显露出来,她在公众场合的言谈举止完全是适应良好的。

她说,在自己的家里,她会进行一些**灵感写作**(écrits inspirés)的工作,她会仔细地用打字机打出这些文字。虽然她只会跟我谈论她的妄想,但是她对我的信任却始终是非常有限的,因为在我们工作的三年期间,只有一次她同意向我展示她的那些文字。

1987年9月

她当时说道:"我总是会被不可见的世界所抓住。心灵感应是一场严酷的考验,我丢失了我的心理身体(corps mental),我无法与其他人进行交流……我希望通过这些活动,通过这些消遣,它能够最终停止下来。在放松治疗的阶段上,我感觉自己得到了治愈。"

1987年11月

我们鼓励费利西泰接受外出休假,但她宁愿始终待在医院的病房里。事实上,如果假期很短的话,那么费利西泰便说这会让她迷失方向而不知所措,但如果假期很长的话,那么她在几天之后便会想要开始写作,她有足够的空闲时间来重新开始妄想,因此,她便不再认为有必要来参加我们给她提议的各种不同的治疗性活动。

1988年3月

我去逛了"乐蓬马歇"百货商场(Le Bon marché)的那些柜台,先是女性内衣的柜台,然后是神秘学和星相学的柜台。让我感觉好的事情,就是卢斯蒂格大主教上个星期出现在了那里。我的心脏附近出现了一道光亮,我看见了他的形象,而我就置身在他的身边,穿着我当时拥有的那些衣服……

人们都是有很多面的。我订购了《暴露》（Exhibitions）杂志，这是类似于《花花公子》（Playboy）那样的杂志，不过比《花花公子》要更新潮一些。我本来想要看到的是一些男人，一些让我感兴趣的男人，但那里面却都是一些女人，还有一些艺术照片。

在卢尔德（Lourdes），曾经有一位摄影师把照片印刷到了一些盘子上面；我也让人把我的肖像印刷到了一个盘子上面，这个盘子就在我的家里，但它已经褪色了。我还购买了一些"黄色书刊"，但我至今还没有读过它们。

我继续治疗我的眼袋问题；我发觉它已经好多了；我们都是女人，重要的不是去勾引所有的男人，但是作为女人，重要的是要惹人注意。

1988年5月

费利西泰要出门去科西嘉岛进行为期一个月的治疗性旅行，她告诉我以下这些。

我希望我丈夫的来信将会在我出发去科西嘉之前到达。我的丈夫总是闪闪发光，尽管有四个家伙在抹黑他。他很容易就会受到影响，而且并不总是聆听"圣父"。

那四个家伙可能也不是故意要这样做的，他们并不知道……我试图成为我丈夫的欲望之所在。在为了让那些灵魂皈依而进行公开演讲之前，我宁愿首先成为他的"皇后"。

当我丈夫想要的时候，他便能够让那种心灵感应停止下来；这种心灵感应，是一种细微的痛苦。

幸运的是，我得到了灵感进行写作。我在七点钟就起床了，今天上午我进行了三个半小时的工作（写作）。

在"法雅克"书城，我读到了我丈夫的书籍。在《快报》（Express）上，也有一篇关于他的文章。就连那些不是信徒的人们也会对卢斯蒂格大主教感兴趣。

1988年6月

费利西泰享有每周五天的准假外出期。6月20日,她非常抑郁,在会谈结束时哭着说道:"我已经有好几个月都没有处在欣快之中了。"

1988年9月

费利西泰说道:"那四个邪恶的家伙都被逐出教会(excommuniés),我的丈夫也是一样;我总是处在超感官知觉的预见力(clairvoyance)①之中……我有两个'业报(Karma)',一个是对于我丈夫而言的业报,另一个是对于我自己而言的业报,但是上帝向我承诺说,这场考验不会太过漫长。"

1988年10月

费利西泰面带微笑且心怀乐观。她继续在巴黎与精神病医院之间来回往返。她要求延长其外出假期的时间,以便她能够参加11月6日的投票。然而,在其心境层面和务实态度上的此种改善,唉,却平行关联着一次妄想的复发:"我感受到了我丈夫的在场。他在帮助我。他在拥吻我。我给自己购买了一块石英手表,这是提前来自我丈夫的一份礼物。"

费利西泰告诉我说,她也曾试图购买一沓色情照片,她在《巴黎万花筒》(Pariscope)上看到了这些照片的广告。她不是寄出一张支票,而是直接出门去了广告中的联系地址,她告诉我说,她在那里只找到了一个破产的出版商,但没有任何照片;她非常失望。她还告诉我说,她现在已经能够集中足够的注意力来读书了,而且她能够跟着一位导游来参观巴黎。

1989年1月

费利西泰说道:"我的丈夫必须让那种超感官知觉的预见力停止下来,上帝跟他说了这个,他也让这个停下来了五分钟时间。我感觉到了他的在场,那是

---

① 这里的预见力(clairvoyance)亦即超感官知觉的第六感。——译注

在帮助我,即便我不是经常会听见他……那个带着'光晕(aura)'的渺小存在行将遭到摧毁……我正处在接受考验的艰难时刻之上。"

1989年2月

我处在欣快之中。我的丈夫在对我说话。我感觉到了他的在场,这让我感觉很好,但不幸的是,那种超感官知觉的预见力还是没有停止下来。在一个月之后,我的丈夫告诉我说,他会写信给我,会让那种预见力停止下来,我们会在一起约会,我们会像已订婚伴侣那样到主教区的教堂去见面。我将会给"圣父"带去我能够为了我们的婚姻而准备的那些文件。

维伊夫人(Madame Weil)想要在三年后嫁给卢斯蒂格大主教,她之前在这个方向上准备过一份文件,以便将其作为法律来传达。吉斯卡尔·德·埃斯坦夫人(Madame Giscard d'Estaing)现在没那么厌烦我了,不过她还是非常挑剔,她会批评我的吃饭方式、我的礼貌举止和我的言谈方式,但是,总而言之,在她所说的事情上还是存在很大的夸张。

对我来说,始终非常糟糕的还是那个渺小的存在。它会令我蒙受一种细微的痛苦。教堂的众人每天都会为我祈祷几秒钟时间,为那些在俗教徒祈祷一分钟,这已经很多了,上帝会考虑到这些祷告的。

我决定给她更换了神经安定剂的药物,因为她服用的抗精神病药物明显没有多大效果。

1989年3月

费利西泰说道:"新的药物让我变得更好了,我不再欣快了,我现在可以更好地听到我的丈夫,而且我们可以进行对话了。他告知我说,那种超感官知觉的预见力明天就会停止。"

一个星期之后,她又说道:"一切都非常顺利,我有点儿欣快,我目前在做很多的事情，没有强迫我自己去做事。我会到拉丁区里去散步，我当时想要到双叟咖啡馆里喝上一杯咖啡。最后，我还去逛了赛夫尔大街上的那些商店。那里的变化可很大。"

"在星期二，我去上了我的笔迹学课程，班里当时有五个人，其中有两个知识分子，这非常的有趣。老师交给了我一些要阅读的作品，以便让我能够赶上其他人。在星期三，我去参加了放松治疗的团体。那里现在有更多人了。而在今天，我要去发型师那里做头发。在星期六，我做了家务，洗衣服和购物；现在，一切都变得更加有序了。"

不幸的是，那种超感官知觉的预见力却还在继续。

接着，我们便进行了如下的会谈。

——可是您说自己非常高兴能够与卢斯蒂格大主教进行对话，在我看来这似乎有些悖论？

——啊，不是，是那位先生声称说我需要我的丈夫，但这是错的，假如那种超感官知觉的预见力停止了下来，那么我们就可以重逢并且结婚了。

——您是怎么听见他们的？

——就像是某种无线电波那样，吉斯卡尔·德·埃斯坦夫人在左下方，那位先生在左上方，卢斯蒂格大主教在右边。

——要是您自己换了地方，又会如何呢？

——呃，好吧，它会跟着我，卢斯蒂格大主教说过，是我拿着控制我的大脑的操纵杆。如果我不再是，那么那种超感官知觉的预见力也就会停止下来。教堂的众人不再那么关心我了，因为我变好了，因而，我不再让他们觉得那么可怜了。

1989年7月

除了参加门诊的各种活动之外，费利西泰自己还会参加一些有组织性的远足，接着她还参加了一些短途的旅行。她开始跟这些徒步旅行的驴友们结交了一些关系，尽管都是一些非常肤浅且表面的关系。她有了很多的休闲活动，她说，她感觉自己较少会处在超感官知觉的预见力之中了。她说："必须在可见的世界与不可见的世界之间缔造平衡。"

尽管现在的绝大部分时间里，费利西泰都在巴黎待在自己的家里，但她却不想要最终离开医院。她说道："只有等那种超感官知觉的预见力停止下来，我才能够出院。"接着，她又说道："等我能够收到那封来信的时候，我才会出院。"当然，费利西泰谈的是她的"丈夫"卢斯蒂格大主教为了通知他们的"婚礼"而给她寄来的信件。

在**妄想性区域**之外，费利西泰并未呈现出判断方面、记忆方面与思维过程的任何障碍。她能够在一些主题上保持一些令人愉快的谈话，诸如谈论古埃及的珍宝展览或政治时事等。她能完全自主地来管理她的公寓和她的收支。

然而，她的良好适应并未让她最终能够重新开始自己作为秘书的工作。她在工作领域内没有任何的投注，而且仅仅满足于自己作为"精神残障人士"的身份，这个身份使她能够有空忙于她自己的那些文化性消遣或妄想性事务，而无须操心或烦恼于给社会做贡献（缴纳赋税）；在这个方面上的任何要求都会激起她的复发。

给她开具神经安定剂的药物治疗使我能够与费利西泰保持某种关系，然而，她却只想着要中断药物治疗，以便能够再度感觉到自己**处在欣快之中**，这个措辞非常清晰地指明了拉康所命名的**大他者享乐**。在1989年秋天，巴黎的这家精神病医院关闭了，费利西泰被转移到了外省的一家离她父母较近的精神病医院。

我希望这份历经多年病程演变的临床描述能够允许你们理解到在同一位病人身上所可能产生的介于**大他者享乐**（JA）中的某种运作与**阳具性享乐**（Jφ）中的某种运作之间的来回摆荡：精神病患者往往只要求让自己被"大他者享乐"所完全吞没，而其照料者们则往往只想着要将其重新置于循环之中。处在**循环**之中，这即意味着处在交流的循环之中，处在工作的循环之中，处在"阳具性享乐"的循环之中。这一点恰恰就是在医院里介于病人与医护之间的根本性误解的来源所在。

在通过重拾拉康研讨班中的一些要点来尝试表述几个理论性要素之前,我现在想要首先向你们简短地引用一下我与另一位病人会谈中的一段摘录,即我刚才向你们提到的那位帕特里克的个案。帕特里克是一位精神病患者,而且他显得极其了解此种"大他者享乐":由于十年以来都处在丧失工作能力的状态,帕特里克决定重新开始一份科学研究工作,并且被一家物理学研究实验室录取。以下便是他在六个月之后告诉我的话。

我放弃了博士论文,而我对此感到非常高兴;我感觉自己在实验室里并不幸福。但在我自己家里,我却感觉自己要快乐一些;一直以来,所有人的目标都总是想要变得幸福,当然了,对于那些拉康派的分析家们来说却并非如此,不过就连那些荣格派的甚至也会如此,如果有人告诉他们说自己深谙"充盈"或"完满(plénitude)",他们会觉得这非常之好。

我已经告诉过您,我知道什么是"充盈",我曾经是全然幸福的。这种充盈而完满的感觉,就是我曾在自己的生活中所了解到的最好的东西;我当时不见任何人,我整天躺在自己的床上,我无法抬起我的小指头,我会看电视(否则的话,我还是会感到无聊)。在我看来,这似乎非常接近于那些神秘主义者所描述的体验,如果他们不需要依靠药物或毒品来抵达此种幸福,那样对他们来说就再好不过了;我理解他们为什么会紧紧抓住他们的状态不放,而且不愿意离开这样的状态。就我来说,我不用依靠毒品或酒精就能抵达那样的状态,但需要借助于抗焦虑药"泰息安",或许这也有可能跟"泰息安"无关,因为之前有一次,我服用了泰息安,但这并未给我带来那种充盈而完满的感觉。

我不想要继续服药了,我还是更喜欢待在同世界的联系之中,我会继续逛书店、逛公园、去Y协会的活动,但我不再想要拥有那些人际关系,因为那样会让我感到痛苦,我感觉自己待在家里要快乐得多,虽然不是那种充盈而完满的感觉,但我还是会让自己感觉到一点儿幸福。那些古希腊先哲的问题,就是要找到幸福,他们当时把这个称作享乐主义（hédonisme）还是幸福主义（eudémonisme），我记不清了。

我告诉他说，他想要处在此种幸福的状态中而始终待在自己的床上，这会让我想到一只在阳光下慵懒地打盹的猫咪，但在我看来，这个目标似乎对于"人之为人"来说还不足够。帕特里克回嘴反驳我道："但那是你的问题！是你要去分析这个问题！"

如果说我向你们引用了这个精神病男人的这些话语，那么这也是为了向你们说明何谓"大他者享乐"的问题。不过，你们也会立刻看到，这个"大他者享乐"的问题同时向我们提出了一个**伦理性问题**。帕特里克向我质询的这个伦理性问题即在于：**为什么不能选择此种他异性享乐**？实际上，当他告诉我说我在其中看到了某种"妨害"是我的问题的时候，我确实无言以对，一下子不知道要回答他些什么。但是与此同时，我又非常清楚地知道他是没有道理的。在我看来，这个伦理性问题目前已经带着越来越大的尖锐性而被提了出来。

在2006年2月26日的《世界报》上曾经刊载了法国国家保健与医学研究所关于**比较不同心理疗法的有效性**的一份调查（见 Le Monde, 2004）。这份研究报告得出了一项"科学性"的结论：在治疗各种病理学的实际效用上，认知行为疗法都要"优越"于精神分析疗法，因为认知行为疗法更加有效，它的花费较少、见效更快且成效更好。说出或是写下这样的主张是非常严重的事情，因为如果我们将它的推理再推得更远一些，如果说它真的仅仅关系到"效益性"，那么最好就是立刻消灭掉所有的精神病患者和精神科医生乃至整个精神医学，然后运用工业生产中的那些技术挑选出精神健康的人，就像人们为了"饲养牲畜"所做的那样。我不是非常确定自己这么说是否太过于夸张，因为那些行为疗法自己也宣称它们给出的目标是要通过给个体反复灌输其他的行为反应来消除或重建个体的条件化反应，而在我看来，这与针对动物的行为训练有着高度的关联。总而言之，我在这里必须要提醒大家注意，为什么我们这些拉康派精神分析家坚持重复地说"**精神分析与心理治疗没有任何关系**"：说句俏皮话，但这并不仅仅是一句玩笑，我们可以说，心理治疗是为了"**变得更好**"而以对于主体真相的盲视为代价来进行的，但精神分析则是冒着"**变得更遭**"的风险而引导主体更加清晰地看到其自身的真相。

我要回来讨论我们的那个问题，亦即为什么我没有鼓励病人去追随他朝向"大他者享乐"的那种倾向呢？然而，答案的第一点要素是相当明显的：这是因为"大他者享乐"并不那么可兼容于一个主体的**存在**或**生存**（existence）。在我这么说的同时，我意识到了我无法在这里使用"**存在／生存**"一词，如果考虑到拉康给"**存在／生存**"这一术语所赋予的用法与意义的话①。因而，让我们毋宁说，"大他者享乐"并不真的可兼容于有机体的**幸存**（survie）。无论在那些吸毒者还是酗酒者那里，我们都能在最低限度上清楚地看到这一点：**有机体的死亡始终都是一种可能发生的情况**。但是，以某种更具根本性的方式，它在这里所追求的目标难道不也是**主体之死**吗？这个制造享乐的东西，难道不就是因为它减轻了我们的存在或生存的负担吗？就目前而言，我只能先以问题的形式来把这一点搁置下来，我们很快还会再回到这一点上来进行讨论。

"大他者享乐"与"阳具性享乐"是以一个关键性的要点而区分开来的，亦即**它是无限的**。阳具性享乐会受到快乐的限制（服从于"快乐原则"），性高潮（orgasme）恰恰给它设置了一个终点，亦即我们在法语中所谓的**小死**（la petite mort）②。至于大他者享乐则恰恰相反，它是没有限制的，而且也正因如此，它才会导致"**物理性死亡／身体性死亡**（mort physique）"的风险。当我说大他者享乐并不那么可兼容于幸存的时候，即便我们并未谈到**过量**或者**致死剂量**（overdose）来阐明我想说的意思，我还是想要再跟你们讲讲我的另一位名叫德尼斯（Denis）的病人，三十年以来，他都在作为精神分裂症患者而体验着自己的生活。我认识他已经有十五个年头了。起初，他会阅读一些电子学方面的书籍，但是现在，他购买的却都无外乎是一些神秘学方面的书籍。他渐渐地放弃了跟其他人之间进行的那些接触。同样，他还渐渐地希望能够脱离他跟我之间进行的那些会谈。

---

① 关于"existence（存在／生存／实存）"一词在拉康这里的不同用法与意义，请读者参见简体中文版《拉康精神分析介绍性辞典》中相关词条的详细讨论。——译注

② 这里的小死（la petite mort）在法语中即是"性高潮"的意思。——译注

以下是我在2003年的时候记录下来的他的话语："当我凝视天空的时候，当天空变成深蓝色的时候，亦即人们开始看见那些星星的时候，当时，这便会在我的身体中造成某种影响，它对我进行了转化，它把我变得不一样了，这个感觉非常强烈。"我相信，我们在这里又一次听到了**大他者享乐**的问题。你们同样能够看到，每个病人都会以其自身特有的那些能指在这方面进行表达，他们被迫要进行一些**解述释义**（paraphrases），或是给一个语词赋予某种或多或少是**语词新作**的特殊意义，从而来限定此种大他者享乐的经验。例如，费利西泰向我们谈到的"欣快"，帕特里克向我们谈到的"充盈"，德尼斯则说"那会在身体中造成某种影响，它非常强烈"，至于施瑞伯大法官在其《我的神经疾病的回忆录》中则向我们谈到了"极乐"（Schreber, 2000, p. 21）。

对于德尼斯来说，在"大他者享乐"中运作的妨害是非常显而易见的，与帕特里克可以声称的东西恰好相反。实际上，德尼斯变得越来越不具有自主性，他已经变得无法充分行动，他已经变得不再关心自己的单间公寓、自己的个人卫生，还有自己的日常购物，等等。他变得越来越需要依靠于自己的监护人，依靠于日间医院，然后很快，他就会需要雇用一个保姆来帮忙家务，或是需要一个照顾性的生活地点。他不再想要说话，也变得越来越封闭，当遇到问题的时候，他会变得非常暴躁，例如当他的单间公寓里发生漏水的时候，他已经完全无法忍受水管工人的介入。

当我告诉帕特里克说，他想要待在自己的床上而始终处于那种充盈且完满的状态，这会让我想到一只"懒猫"的时候，我其实犯了一个错误，我完全搞错了，因为猫咪晒太阳的享乐并不会妨碍它与自身的世界相协调，这既不会妨碍它与自身的世界处在和谐之中，也不会妨碍它知道如何在自己世界中自主行动。对于帕特里克而言则恰恰相反，如果他在大他者享乐的一边有点儿太过于放任自流，那么要不了多久，他就会丧失自主性。我担心他会变得好像德尼斯那样，越来越依赖于一些外部的帮助，无论是家务性的帮助、社会性的帮助还是医疗性的帮助。

这三个精神病患者都很好地向我们说明了何谓"大他者的享乐"，至少我是这么希望的。这是我们必须要在临床上进行定位的一种功能。但是，假如拉康没有对它进行过定义，也就是说，假如他没有在问题所涉的实在界中安置一个象征性的切割，那么我们又能否独自理解到这一点呢？我相信是不能。恰恰相反，从**大他者享乐**这一能指被表述出来的那个时刻开始，我们就不再能够不去定位与之相关的那种功能。

为什么拉康会在其《研讨班XX：再来一次》中告诉我们说，此种**大他者享乐**或**他异性享乐**也是**女性的享乐**（jouissance féminine），亦即它是女人的某种**增补性享乐**（jouissance supplémentaire）呢（参见：Lacan, 1998, p. 73）？我们必须将此种大他者享乐或他异性享乐放置在女人的一边，因为这是一种逻辑上的必然性：如果说**阳具的功能**使得所有的男人都能够列队站在它的旗帜之下，那么**大他者享乐**或**他异性享乐**的功能则只可能归属于**大他者性别**或**大写的异性**（Autre sexe）。拉康告诉我们说，女人**并非全部**地服从于阳具的功能，至于男人则恰恰相反，因为他总是服从于阳具的功能（p. 7）。正是这一点致使拉康发展出了他的**性化公式**（formules de la sexuation）。

正如施瑞伯大法官的《我的神经疾病的回忆录》（*Les mémoires d'un névrophathe*）向我们所表明的那样，此种逻辑上的必然性也经由临床而得到了证实。我们所谓精神病的"**推向女人**"的一边，就是这样一种临床事实，亦即当一个男性主体不再处于**阳具的功能**之中，当他的精神病发作的时候，他便会开始在**大他者的享乐**中运作，且因而开始变得**女性化**①。我要给你们引用弗洛伊德对施瑞伯的书写所做的一段分析，亦即涉及施瑞伯将其命名作**极乐**的那种**他异性享乐**。

> 对于施瑞伯而言也是同样，此种"极乐"是一种彼世的生命（vie de l'au-delà）②，人类的灵魂会经由跟在死亡之后的"纯化（purification）"而飞向那种彼世的生活。他将此种生活描述作一种连

---

① 从这个意义上，我们可以说，精神病主体的"推向女人"都是在作为对象的位置上被"大他者的享乐"给"逼成女人"的。因而，对于神经症主体来说，"大写的女人不存在"，但对于精神病主体来说，至少在其精神病发作的某个时刻上，"她"却被逼成了那个本不存在的"大写的女人"。——译注

② 这里的"彼世（au-delà）"同时具有"冥界"和"超越"的意思。——译注

续不断的享乐状态，伴随着"上帝"的凝视。这可能不太具有原创性；但是我们却相反会惊讶于施瑞伯在"男性极乐（béatitude mâle）"与"女性极乐（béatitude femelle）"之间所进行的区分："男性极乐属于比女性极乐更加高贵的某种秩序；后者似乎主要存在于一种连续不断的淫乐（volupté）的感官。"[2]

（Freud, 1958, p. 29）

关于大他者享乐的一些评论

如果我们参照**博罗米结**的书写，正如拉康在《研讨班XXII：RSI》（*Séminaire XXII: RSI*）中将其给我们带来的那样（参见拉康1975年1月21日的讲座），那么我们便可以做出评论，第一，我们可以看到此种大他者享乐是处在象征界之外的，亦即是处在语言之外的；第二，它被拉康写在想象界覆盖实在界的表面之上（亦即位于想象界与实在界的交界处）；第三，它关系到身体，这是一种**身体的享乐**。相反，阳具性享乐则是一种处在身体之外，处在想象界之外的享乐，它是由象征界所支撑的享乐，是处在实在界与象征界的交界处的享乐。然而，仅仅把"阳具性享乐"与"大他者享乐"对立起来是不够的。在《强迫型神经症》（*La névrose obsessionnelle*）的研讨班中，查尔斯·梅尔曼（Melman, 1999, pp. 457-459）说明了强迫型神经症患者们如何会更多体验的是一种**对象性享乐**（jouissance d'objet），而非是**阳具性享乐**。至于**性的享乐**还有待定义……我把这个问题留到我们后面谈到性倒错的时候再来讨论。

作为结束，我要引用拉康《著作集》中的一段原文，在《弗洛伊德式无意识中的主体的颠覆与欲望的辩证》（*The subversion of the subject and the dialectic of desire in the Freudian unconscious*）一文中，拉康写道：

我是什么？我就在大声叫骂着"世界是一种处在非存在（Non Être）的纯粹性中的缺陷"的那个位置。

而这并非是没有理由的，因为通过自我保护，这个位置使"存在"本身变得枯萎凋零。它的名字叫"享乐"，把世界变得徒劳的正是享乐的缺陷。

那么，我要对此负责吗？——是的，毫无疑问。此种享乐的缺失把大他者变得不一致了，那么它是我的享乐吗？经验证明，此种享乐在通常情况下都是向我禁止的，这并不仅仅是因为社会的某种糟糕的安排，就像那些愚痴者所想象的那样，而且我要说，它也是因为大他者的过错，假如存在这个大他者的话：因为这个大他者并不存在，所以给我仅剩的便是要把这个过错算到我（Je）的头上……

(Lacan, 1966, p. 819)[3]

注释

[1] 参见《研讨班 XIV：幻想的逻辑》，拉康1967年1月18日的研讨班讲座，国际拉康协会版第157页。

[2] 弗洛伊德《精神分析五大案例》(*Cinq psychanalyses*)：《关于一例偏执狂个案的自传性说明的精神分析评论：妄想痴呆——施瑞伯大法官》(*Remarques psychanalytiques sur l'autographie d'un cas de paranoïa: Dementia Paranoïdes - Le Président Schreber*)，巴黎：法国大学出版社，1954。

[3] 瑟伊出版社的版本。

参考书目

Bulletin de l'Association Freudienne Internationale, n° 98, 100, 101 et 102: articles de Charles Melman.

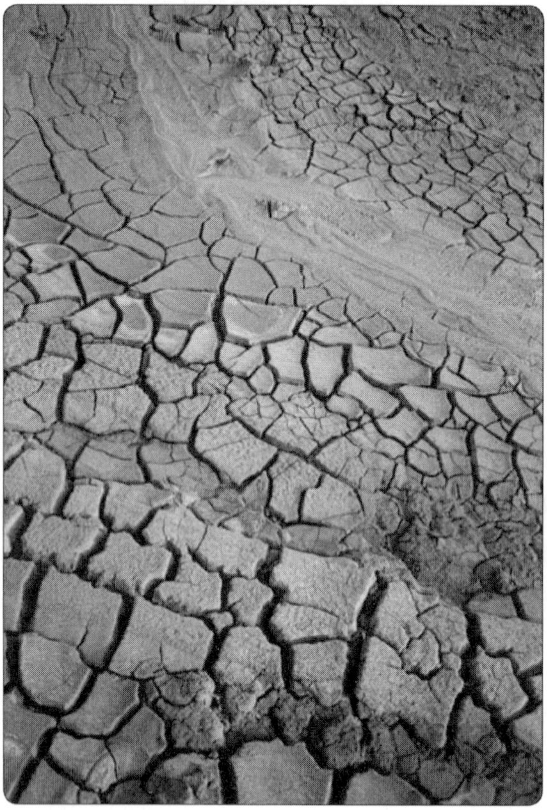

第 11 讲

西尔维与玛丽-阿里克斯

强迫强制性障碍
治疗症状抑或定向结构

在这一讲中，我们将选择两例临床个案，两例个案的案主都是年轻女性，她们两人都首先呈现出了一些**强迫强制性障碍**①的症状，其中一位年轻女性是神经症患者，另一位年轻女性则是精神病患者。目前，强迫强制性障碍的那些症状都是众所周知的，而且经常会在大众媒体中有所讨论。在《精神障碍诊断与统计手册》（第四版；*DSM-IV*）中，强迫强制性障碍构成了一种特殊的疾病实体，临床上往往都建议通过抗抑郁药或者心理治疗且尤其是**认知行为疗法**来进行治疗。这些治疗方法——无论药物治疗还是心理治疗——的整个目标都旨在消除病人所抱怨的症状，因为其假设即在于如果我们摘除了症状，那么痛苦也将会同时消失。这在一部分的情况下可能是正确的，但却远非是普遍的情况，因为在神经症中的症状经证实更多是处在两种**无意识动机**之间达成的某种妥协的层面（亦即**症状是无意识冲突的妥协形成**）：如果直接摘除症状，那么也会消除妥协，但如果让两种冲突的无意识动机原封未动的话，它们于是便会寻找一条另外的道路来进行表达。

精神分析坚持主张，必须要将**症状**与**结构**区分开来，而我今天希望向你们阐明的事情即在于，一个强迫型的症状，或是一个强迫强制性障碍，并不足以

---

① 法语为 troubles obsessionnels compulsifs，简称 TOC。在拉康派看来，强迫和强制不同，因而翻译为强迫强制性障碍，而在 *DSM* 中，用的是 obsessive-compulsive disorder，简称 OCD，国内常据此翻译成"强迫症"。本书依照拉康派的观点，翻译为强迫强制性障碍。——译注

在结构中进行定向：**它既可能涉及一种神经症，也可能涉及一种精神病**。在这两种情况下，精神分析可能都是非常有用的，但不是相同的方法或取径。因此，关键便是要首先能够在病人的结构上来进行定向，亦即如果我们坚持弗洛伊德式的三脚架，那么就必须在**神经症**、**精神病**与**性倒错**之间进行区分。是什么从根本上区分了这三种结构？什么是一种结构？这其实都是同一个问题。对于这个问题，也存在多个层面上的回答。如果我参照于主体在象征界中的突冒，那么我便会考虑到主体具有三种可能的态度，对于这三种态度，我在这里要以一种过于简单化的方式向你们概述。

- 要么，主体"接受"一个能指将他代表为另一能指，他仅仅是跟假象的世界打交道，而实在界则处在他所能触及的范围之外等，因而他将是一个神经症患者。
- 要么，主体并不处在由一个能指为另一能指所代表的此种情况之下，而且也不存在对象的跌落，因而主体是一个精神病患者。
- 要么，能指对于主体的割裂恰好遭到了拒认，因而主体是一个性倒错患者。

我必须再纠正一下我刚刚所说的内容：主体是否"接受"进入象征界这样的说法并不是非常的准确，因为在进入象征界之前，主体尚且不存在，恰恰是遭到能指所割裂的运作才会允许一个主体的突冒。换句话说，这里的问题是要搞清楚主体是否经过了阉割。借由此种表述，我便引入了一种意指，而在刚才，当我仅仅谈论主体是否从能指链条中突冒出来的方式的时候，我并未处在意指之中。通过使用**阉割**这个术语，在这里便出现了一种意指，它当然是**阳具的意指**，因为是阳具指定了所有意指的方向。

在此种视角下，上述的三种精神结构便都是通过主体相对于阉割的位置来定义的。如果阉割遭到了拒斥或排除，那么我们便是在跟一位精神病患者打交道；如果阉割遭到了否认或拒认，那么我们便是在跟一位性倒错患者打交道；而如果主体顺利地经历了阉割，在通常情况下，这并不会让他快乐，因而他会压抑阉割，那么我们便是在跟一位神经症患者打交道。**排除**是我们在精神病中所遇到的机制，**拒认**是性倒错中的机制，而对于阉割的**压抑**则是神经症中的机制。我们可以再换一种说法：经历阉割，这即表示着一种**原初压抑**（refoulement primordial）已经发生。因此，我们也可以说，精神病中的排除对应着此种原初压抑并未发生的情况。在本讲报告的最后，我还会回到此种表述上来进行讨论。

西尔维个案：幻觉与强迫仪式

西尔维（Silvie）之前在"黄页"上找到了医学心理学中心的地址。一位女护士接待了她，并且做了如下的记录。

> 这位女病人育有一个2岁的孩子。她的医生之前给她开过一种药物来抑制泌乳。她说，自从服用了那种药物以来，她便产生了一些幻听和幻视，而她并不想要将这些幻觉的情况告诉自己的全科医生。在大概20岁左右的时候，她就已经出现过此类障碍；这在当时持续了两个星期，然后就消失了，一直到这次新的发作。

这位女护士评估说她必须要咨询一位精神科医生，于是我便在随后的一周接待了她。

就像跟那位女护士在一起工作时那样，西尔维在开始会谈时一上来就向我说道："在服用了医生给我开具的用来停止泌乳的药物之后，我便出现了一些幻觉。"于是，我便请她再明确地讲一讲，她所谓的这些"幻觉"是怎么回事。她如此说道：

> 我的眼前有一些影像，我没有睡着。我会看到自己不认识的一些面孔，或者是一些络绎不绝的风景。有一次，它们就像是一些加速播放的电影。在20岁的时候，我就已经有过一次好像这样的发作，我当时会看到一些正在凝视我的眼睛。

当我向她询问令她产生这些幻觉的药物的名字时，西尔维又明确说到，她已经有很长时间没有继续服用那种药物了，因为他的儿子已经2岁了。不过，在她借以讲述这件事情的方式中，却会相反地让人以为，出生、药物和幻觉都是在最近这段时间才相继出现的。接着，我又请她跟我说说看，是否还有其他的事情令她感到痛苦。于是，她便回答道：

> 自从青少年期以来，我就患上了一些强迫强制性障碍。这是在一个梦境之后开始的，我会死盯着（固着于）一些女人的胸部看，这确实曾经给我带来了一种极大的困扰，因为我当时是在销售部门里工作，我无法继续这项工作，我不得不辞职。现在，我会突然冒出一些侮辱性的念头，此外，这些念头还都是针对我所欣赏的那些人的。现在我已经31岁了，我从来没有跟任何人谈论过这个，因为我一直都羞耻于谈论这个。

西尔维告诉我说，她已经结婚，她的丈夫忙于工作，虽然他的人品很好，但是他们的相处一般。丈夫会鼓励她回去继续自己的学业。她认为此种立场是有利于他的，因为在此期间，这会让她在经济上依赖于他并且无法离开他，而她常常会想自己最好是能够跟他分离开来。

西尔维是一对离异夫妇的独生女儿，她的父母在她15岁的时候离婚了。她的父亲之后再婚了，他还跟自己的再婚妻子另外育有两个孩子。我询问她，在她看来，是什么原因导致了她父母的离婚？西尔维回答说：

> 那就是一场悲剧。我的父亲是一个不忠的男人；他曾经跟我母亲的两个姐妹发生过关系。第一次，当时我只有2岁，他是跟我最小的姨妈。第二次，当时我11岁，他是跟我母亲的另一个妹妹。我的母亲原谅了她的两位妹妹，我因此而怨恨她；她原谅了自己的妹妹们，却撵走了我的父亲。我的母亲，就是一个为了家庭而牺牲自己的女人。
>
> 至于我的父亲，我宁愿再也不要见到他；我跟他再婚的妻子相处不好，我对他也没有一个正面的印象。他就是一个不稳定的男人，他很虚伪，是个骗子。在父母离婚之后，我就出现了强迫强制性障碍；首先是强迫洗手，然后我便会感兴趣于那些神秘的事情，我的朋友们都觉得我变得非常怪异。
>
> 我做了极大的努力让自己摆脱这些强迫强制性障碍，我当时告诉自己：你可以在程度上从40减少到30。我说服自己说什么也不会发

生。渐渐地，我成功地让它们停止了下来。现在，在一些考试的时候，我偶尔还是会变得有点儿迷信，但那个状态并不会持续下去。

我试图让她明确一下她说"感兴趣于那些神秘的事情"指的具体是什么，因为在此种语境下，这个元素很有可能指涉一种**妄想**。她回答我说，她曾经有一个自称是**灵媒**的女性朋友，她当时就是受到了这位朋友的影响。在这里没有出现任何妄想性的元素，似乎她提到**通灵**仅仅作为对她所谓的那些**迷信**的某种支持，也就是说，这些迷信都是一些**巫术思维**的元素，就像我们在**强迫型神经症**中所遇到的情况，与弗洛伊德的"**鼠人**"是同样的类型，鼠人曾经说道："如果我重新开始在镜子前面脱掉衣服并观看自己，那么厄运就会降临于那位女士和我的父亲。"

在我的要求和询问之下，西尔维重新讲述了她的个人历史，因为她非常快速地讲到了很多的事情。于是，她便向我明确地解释说，她在年轻时就中断了自己的学业，接着她便开始从事销售的工作，然后她便结婚了。恰恰在结婚之后，她做了一个梦，在梦中她看见了一个女人的胸部，一个赤裸的乳房。她告诉我说，在这个梦境之后，她便固着在了乳房之上：

> 我当时深受折磨，我无法阻止自己去盯着那些女人们的乳房，但我又觉得自己根本不是同性恋。这个样子是不可能继续工作了，因此，我便递交了自己的辞呈。

我请她再明确一些讲讲，那些侮辱性的念头又是怎么回事。于是，她便说道：

> 我觉得这跟我的那些姨妈们有关；我无法排解自己朝向姨妈们的仇恨。就第一个姨妈而言，我当时2岁，那也没有持续得太久，她当时还未成年。但就第二个姨妈而言，那持续了多年，即便她在一开始的时候只有18岁。后面她就一走了之了，她嫁给了一个有钱人；可是我们呢，我们却在因此而受苦。

关于她的儿子，她告诉我说，他现在的情况很好。他很有活力，非常好动，他喜欢去公园玩，也很爱交朋友。每过两个月，他都会到乡下去待上一段时间，住在他外婆家里；他也很愿意这样。她补充说道：

> 我花了很长时间才意识到自己有了一个孩子。我在怀他之前，曾经有过一次宫外孕，并且不得不做了一次手术；那是在我重拾学业之前。后来，我便开始服用避孕药，当我停止服用避孕药的时候，我本以为自己需要等上一年时间才会怀孕，然而事实上，我当时立刻就怀孕了。

换句话说，她似乎是把"我花了很长时间才意识到自己有了一个孩子"与她并不期待自己太快怀孕的想法联系了起来。

她又补充说道，在她本科毕业之后，她通过了低于本科学位水平的一场相当简单的考试，因为她当时觉得要自己承担在成人教育的框架下继续学业的费用。两个星期之后，她参加了这场考试的口试。

在会谈的最后，我询问了她的睡眠情况，还有她在白天时的状态。她告诉我说，到了夜里她会变得非常焦虑，她每天晚上都会多次起夜。于是，我便向她询问说，她觉得我可以如何来帮助她；她立刻就谈到了心理治疗，但希望可以迅速见效。她曾经听说过一些行为疗法，"比精神分析见效更快"。

我提议让她再次回来见我，而在此期间，如果她愿意的话，也可以尝试服用一片抗抑郁药。我不是非常满意于给她推荐抗抑郁药，但是因为她要求治疗快速见效，为了让她不至于中断联系，我觉得更加谨慎的回应，便是不要让她觉得我对于那些不是精神分析的疗法太过于封闭。我是把抗抑郁药当作一个临时性的**拐杖**或**抓手**推荐给她的，尽管这可能并不会解决任何问题，但可以让她感到轻松一些。

在接下来的会谈中，她告诉我说，药物阻碍了她的睡眠，她每次都只是服用半片，在五天之后就停药了。相比之下，她有很多事情要说。她向我谈起了青少年时期的那些噩梦：

> 一些滔天巨浪在当时将我淹没，某种东西进入我的体内，进入我的腹部……我有点儿疯了……我会跟一些内部的声音进行交流，它们

都是我的良心（conscience）……两个不同的声音，当我对着自己说"我要这么干"的时候，就会有一个声音说"不要这么干"，我跌入了疯狂之中……我去看了一位心理医生。

有一次，在阶梯教室里，一切都变得失真或者去现实化了，我当时断片了，就这样持续了整整一堂课……还有另一次，我觉得自己的脑袋就要爆炸了……

到了晚上，那些影像，它们会继续，我会看到一些我所不认识的女人们的脸庞。昨天晚上，我看见了铁路，但我确实在白天曾经乘坐过一趟火车。

我请她再谈谈看那些侮辱，"这些侮辱都是针对那些老师的，比如说，再或者就是针对我非常喜欢的一位女性朋友，但从来都不是针对跟我非常亲近的那些人们，也不是针对对我无关紧要的那些人们"。

我又向她询问了一下她是否有过吸毒的情况。她告诉我说，她在青少年时期曾经吸食过一次印度大麻，这让她产生了非常强烈的反应。她向我描述了一幅完全**去现实化**（déréalisation）的图景，接着又补充说道，她从未重新开始吸毒。

接着，我又请她跟我谈一谈她的父母，她告诉我说：

我的母亲非常和善，她会过分地尊重自己的周围环境。例如，如果水管工人要在上午九点钟到家里来，那么她便会在早晨六点钟就起床收拾屋子。她会禁止我们在花园的院子里大声喧哗，生怕我们会打扰到周围的邻居们。她非常躁狂，她非常尊重那些社会规则，总是把别人都排在她自己的前面，把家庭排在她自己的前面。

我的父亲是一个喜欢勾引女人的诱惑者，他喜欢操纵别人。在他的村子里，大家都崇拜他，他很讨人喜欢，也很懂人情世故，他净捡好听的话说。但事实上，他很虚伪，他就是个骗子。他想要让大家都爱上他，所以他就扮怪相、当小丑来讨人开心。他的朋友们要优先于他的家庭。他曾经跟自己的原生家庭断绝了关系，而我甚至都不认识我的爷爷奶奶，我相信我的爷爷已经去世了。有一次，我去见我的父亲，以便向他要求一些解释，但是他什么也没有告诉我。我父母离婚之后，他曾经来见过我，但是接着他便杳无音信了。

当我母亲之前想要卖掉第二栋房子的时候，她不得不聘请了一位私家侦探，以便把他重新找回来，我当时十八九岁的样子。我们重新找到了他，我给他打了电话，我见到了他。后来，我每年都会到他家里去待上个两三天。然后，因为我出现了这些问题，我才觉得最好能把那一页给翻过去，然后重新开始。

在很长一段时间里，我都想要让我的母亲跟我的姨妈们断绝关系。有的时候，我会生我母亲的气，我极其怨恨她像那样来行事。

后来，我去上了一些笔迹学的课程，一位学生看到了我的笔迹，他告诉我说，过去存在的创伤还在对我产生影响。

我的母亲跟一个男人同居已经有三年时间了。我不喜欢他就我的宝宝所说的那些言论。他的第一任妻子带着很多对他的怨恨而跟他离婚了，他的女儿也不跟他说话了，不过他的孙子们倒还算是喜欢他，那样还能让我放心一些。只是我发觉他有点儿不对劲，他会邀请我的姨妈共进晚餐，他会谈到皮佳尔大街上的红灯区，谈到布洛涅森林里的那些站街女，他曾经点过一种非常特殊的饭后甜点，我认为他就是一个老色鬼或性癖狂（obsédé sexuel）。可是我的母亲却跟我说，是我太拘谨了以至于放不开。

接着，西尔维又明确给出了她母亲的男友的那句评论。

我当时正在给自己的宝宝洗屁股，孩子当时只有三个月大的样子，结果我母亲的男友却说道："我敢打赌，要是你用一个工具来给他疏通屁眼儿，他一定会非常喜欢。"他能说出来这样的脏话，肯定是不太正常。

西尔维告诉我说，这让她非常担心。不过，每两个月中有一个星期，她仍会把孩子托付给孩子祖母来照顾。

西尔维告诉我说，在遇见她的丈夫之前，她曾经有过一段持续了三个月的亲密关系。那是一个占有欲极强的男人，他会不停地冲着她制造一些嫉妒的危机，这也是她跟他分手的原因，但是她在身体上却跟他很合得来，而跟她丈夫在一起做爱的时候就不是这样的情况。她说，对于她的丈夫，她既没有体验到任何的爱意，也没有体验到任何的欲望。然而，她却觉得自己无法离开他而生活。一年前，她曾经爱上了自己的一位老师，这位老师大概40岁左右的年纪，他当时对她非常地关心："这可能是相互的，我也不知道，我开始逃开他，我都得了恐怖症了，我会避着他，我不想见到他。"

第三次会谈

我再次见到西尔维是在她通过了其考试的口试之后。这一次，她给我带来了一个梦。

> 我在大学里面，但又不太一样，实际上，是在初中的那些地方。我找不到自己的位置了。有一场宗教运动，有人用机枪扫射我们。我说道："必须把自己藏到那些帐篷（tentes）下面。"事实上，它们更多是一些掩体（couvertures），而非一些帐篷。

我在这个梦里听到了两个东西：第一件事情涉及"大学"变成了"初中"，我没有在这一点上进行干预。我认为，这个变化可能联系着我先前在会谈里的一番询问，因为我曾经询问过她，她如何看待自己参加了一场明显比她刚刚顺利完成的学业水平要低的考试。

对此，她给我的回答是，她当时需要赚钱谋生，而且她也明白很难找到跟自己的专业对口的工作，所以她才更加确定要以这个新的职业方向来找工作，可能会有更多的机会，而为了能够支付自己的学费，她当时也没有太多的选择，因为她的当务之急，首先就是要尽可能快地变得在经济上能够独立于自己的丈夫。我没有立刻指出我将其理解作是这个梦中的回应的东西，我将这个回应解读作："是的，我很气恼于要被迫留级到初中的水平，我感觉自己没有处在自己的位置上。"实际上，过了一会儿之后，她便告诉我说，她非常遗憾于没有参加一场更高水平的考试。

相比之下，我向她指出了第二点，亦即"帐篷（tentes）"与"姨妈（tantes）"之间的同音异义。我告诉她说，那些"帐篷／姨妈"又返回到了她的话语之中。她听到了这个能指的**歧义性**，然后说道：

  当我12.5岁的时候，那场悲剧就暴露在了光天化日之下，而当我15.5岁的时候，我的母亲才最终决定要离婚。对我来说，从逻辑上讲，她应该立刻离婚，但是她却等待了两年半的时间。在这两年半期间，我们经历了一种带有张力的情境……

  我的父亲体验到了一些羞愧，他曾经这么说过。我的母亲走进了房间里，她对着我说道："你的父亲跟你的姨妈有染。"我的父亲当时则说："我就是个傻×。"他搬到了郊区的房子里去住，我当时也没有心情去那里见他，然后他就杳无音信了。他一直都在继续嘲笑我的母亲。同时，他又认识到了自己的那些错误。

我向西尔维询问了一下有关她母亲家庭的情况。她告诉我说，外婆是一个非常勤劳的女人，但她经常会跟外公吵架。她把自己的外公描述作一个偏执狂：他会指责自己的妻子，并且尤其指责自己的孩子们在给他下毒。他们一辈子始终生活在一起，但是外公从来都没有去看过精神科医生。西尔维又补充说道："他的全部子女在成年之后都统统远离了他，很多孩子去了国外。他非常地自私、小气且严厉，在他的七个子女之中，他只爱其中的两个孩子。"

恰恰在考完试之后，西尔维找到了一份为期三个月的暑期工作。在接下来的一次会谈中，她又向我讲述了一个噩梦。

  在梦里，我跟一位心理医生和我的母亲在一起。我的母亲开始显得非常有攻击性。她指责我把这个事情摆到了桌面上来讨论，她当时说道："一段时间以来，人们都在给我打电话来辱骂我。"她又带着威胁性的语气说道，我要对她所遭受的这些辱骂负责，因为是我在这里谈到了这件事情：她不喜欢那些心理医生。当我跟自己的母亲在一起时，我不会有那些侮辱性的想法。

  就在做完这个梦的第二天，我又梦见了我的舅舅。在梦里，我平躺着，脱了衣服，我有了展示自己裸体的欲望。他带着一种指责性的神情从我面前经过。这个舅舅跟我的父亲相处得很好，他向来非常喜欢我的父亲。在我父母离婚之后，这个舅舅还是会给我的父亲打电话，这是在我后来又见到我父亲的时候，他自己这么告诉我的。现在，那已经过去了一段时间了。他从来都不会给我打电话。

当我还是青少年的时候，我曾经崇拜自己的父亲而讨厌自己的母亲，我也非常喜欢自己的那两个姨妈，不过也是带着矛盾的情感。当那件事情东窗事发的时候，我的姨妈苏菲（Sophie）曾经利用过我来获取一些关于我父亲的消息，我还为此自责过；我当时站在了我父亲的这边。当他离开的时候，我才跟我的母亲亲近了起来；他当时是那么地贬低她……

现在，我都已经30岁了，我还没有真正工作，我还没有成长起来，我还得了强迫强制性障碍，我还变得自我封闭了。之前，我曾经有过很多的朋友。

正是在这第三次会谈当中，西尔维才告诉我说，六个月之前，她曾经去看过一位男性的精神科医生，这个精神科医生给她开了一种**抗抑郁药**和一种**神经安定剂**；对于这些药物，她只服用了一天，然后便没有回去再见那位精神科医生了。西尔维非常担心，她想要知道自己是不是"精神病"。

我认为，我们能够仅限于通过这三次会谈在结构上进行定向，我建议你们要注意到那些可能会令人想到**精神病**的元素。首先，是她一上来便提出的那些**幻觉**的存在。这些幻觉都仅仅是一些**形象**，然而，她当时却告诉那位女护士说，她还有一些**幻听**的存在。不过，她跟我谈论的幻听，其实是在她自己那里进行对话的两种声音，"就要这么干"和"不要这么干"，这些都是强迫强制性障碍患者典型的**内部对话**。她从来没有跟我们说过这些声音是来自**外部**的。恰恰相反，她说，那些都是她自己**良心**的声音，也就是说，她能够清楚地意识到这些声音都是来自她自己的①。因此，就谈论幻觉而言，还缺少那种**外异性特征**（caractère xénopathique，亦即病因的来源在外部），真正的幻觉会采取"**他们跟我说到……**（il me disent que...）"的形式而表达出来。一旦幻觉现象采取了"**我有一些幻觉**（j'ai des hallucinations）"的形式而表达出来，我们便可以确定说，这不是精神病性的幻觉，除非这里涉及的病人非常习惯于跟精神科医生谈话。至于那些**形象**也不能被称作幻觉，因为**幻视**总是处在**言语幻觉**的支配之下。另外，那些幻视也总是在病人身上引起跟言语幻觉同样的**确信**。当西尔维谈到那些形象的时候，我们可以清楚地理解到，她一秒钟都没有相信在她的房间里真的存在一张女人的面庞；那只不过是一个**幻象**而已。尽管这已经是一种奇怪的现象，但还是一种**神经症**的现象。一个精神病患者会说："一个女人昨天晚上来到我的房间里，我看见了她。"

西尔维还提到了在阶梯教室里的一种**人格解体**（dépersonnalisation）的状态，对她来说，当时一切似乎都变得"**失真**"或"**去现实化**"了；此种状态当然会令病人感到担心和不安，但这更多是在那些强迫强制性障碍患者而非是那些精神病患者那里遇到的情况。

判断神经症结构的一些元素

这位女病人具有一段带有**创伤**的历史，亦即其父亲的不忠，而她则在认同其母亲的位置上把其父亲的不忠感受成了某种**背叛**。她跟我所讲述的一切，全都围绕**俄狄浦斯情结**主题。转移也很快便得到了建立，正如她给我带来的那些梦境所证明的那样：在第三次会谈的噩梦中，她跟处在其母亲对立面的一位心理医生在一起。俄狄浦斯的设置已然安置就位。

就梦境而言，"必须把自己藏到那些帐篷下面……那些帐篷更多是一些掩体"的这个梦境也是在诉诸"帐篷"和"姨妈"之间同音异义**文字游戏**，因而是神经症患者的一种产物。对于一位精神病患者来说，并不存在此种能指的**自由玩耍**（libre jeu），因为一个**音素**（phonème）可以同时指涉两个不同的**义素**

---

① 这里的良心（conscience）一词同时具有"意识"的意思。——译注

(sémantème)。在西尔维的神经症中,"强迫强制性障碍"的症状是在其父母离婚的那个时刻出现的,正如她告诉我们的那样。

我会非常警惕给此种症状赋予某种解释,因为我并不知道它是围绕什么而运转的。虽然我们已经拥有了一些元素,我们也能够做出一些假设,但是这个**知道**却处在西尔维的无意识当中,需要由她自己来进行〔这项解释性的〕工作。通过让她听到她的梦境是在玩味"帐篷"与"姨妈"之间的同音异义,我便是在鼓励她进行这项工作。如果说那些"姨妈"只是一种"**掩体**"或"**遮盖**(couverture)"①,那么我们便可以明显地听到,躲藏在那些姨妈的"**借口**"背后的就是这位女病人自己。实际上,她随后便给我带来了对于此种假设的确认,因为她在梦中看见了自己赤身裸体,正在试图诱惑自己的舅舅,而这位舅舅又恰好在这里关联着她的父亲。不过,在这里可能同样存在一些别的东西;她曾经提到了**同性恋**,姨妈们在这里也可能指涉同性恋,但这也可能不是那么的确定。更有可能的情况是说,她对于女性乳房的兴趣,可能表明了她对于最大**乱伦对象**的依恋,亦即对其母亲的依恋。我之所以会这么认为,是因为她曾经推动自己的母亲去离婚,这使她能够跟母亲单独待在一起,而且她对自己的继父同样怀有着相当的敌意。不过,我对此却什么也不知道。这即意味着,精神分析性的**解释**最多只能够让人听到**歧义性**,接下来则要靠病人(分析者)自己来进行工作。我们能够确定的事情,便是西尔维的所谓"强迫强制性障碍"属于神经症的症状范围,它们都是那些受到压抑的无意识动机之间**妥协形成**的产物,它们都是一些**隐喻**,也都是在要求得到解读的一些**加密的信息**。

玛丽-阿里克斯:强迫观念与精神病

玛丽-阿里克斯(Marie-Alix)是在五年前来找我咨询的,而在此之前,她刚刚因为一次吞药自杀的企图而在精神病医院里接受了三个月的住院治疗。医院的病历报告指出,早在先前的一次国外旅居期间,她就已经进行过第一次尝试吞药自杀的企图,那次自杀是在一种可能具有妄想性罪疚的背景之下发生

---

① 法语中的"couverture"一词同时具有"遮盖""掩体"与"借口"的意思。——译注

的：她当时产生了一些反复出现的**强迫观念**，害怕把**洗洁精**放进她当时正在照管的孩子的食物里。除了吞下过量的但后来证明是相对较小量的药物之外，这些强迫观念的返回也致使她不得不接受住院治疗：她害怕自己产生了某种器质性病变，继发于十年前的那次自杀企图。她情绪悲伤、意志缺失且睡眠不好。

一进入咨询，玛丽-阿里克斯便呈现出了极大的痛苦状态，但跟我的交流还算不错。她表达出了一种带有迫害性主题的妄想、一种忧郁症的罪疚，还有一些疑病观念，伴随着**科塔尔综合征**的端倪。在接受了神经安定剂的治疗之后，她的病情改善了一些，但是那些疑病妄想的元素还是持续存在。医院也曾尝试过抗抑郁药的治疗，但没有成功，医院又向她提议使用电休克治疗，她也同意了。在八次电休克治疗之后，疑病妄想就完全消失了。

当时，医院给她的诊断是与**抑郁障碍**（*trouble dépressif*）相关联的**分裂情感性障碍**（*trouble schizo-affectif*）①。在其住院期间，我并未见过这位女病人，我知道的无非就是写在住院病历报告中的那些记录。我们能够从这份病历报告中记住的东西，就是那些强迫观念突然出现在她的精神病变得明显的背景之下，伴随着疑病妄想与忧郁妄想的存在。

在她出院之后，我开始接待她。她会友善地回答我的各种问题，但是她的表达却往往并非自发。她抱怨说，自从她服药以来，她开始严重嗜睡，体重增加了10千克。她还告诉我说，这六年来，她都是前台女招待。她的精神问题都开始于十年前的时候，当时她为了学习一门外语而到国外去当**互惠女生**（fille au pair）②。她又补充说，她在那个家庭里感觉很不好，同时她向我解释说，因为那个家庭里的孩子们的父亲非常严苛。

她在那个寄宿家庭里待了十个月的时间。在五月份，她便进行了一次自杀性尝试。她告诉我说，她当时相信自己把洗洁精留在了孩子们的餐具上面，而

---

① 亦即 DSM 诊断系统中所谓的"抑郁型分裂情感性障碍"。——译注
② "互惠生（au pair）"是指在国外寄宿家庭通过帮做家务、照顾小孩等来换取食宿和学习语言的年轻留学生。这里的"互惠女生（fille au pair）"一词与"属于父亲的女儿（fille au père）"发音完全相同，然而正如布里约女士在下文中指出的那样，病人却无法听懂这个"文字游戏"的隐喻性关联。——译注

这可能会让他们生病，但她当时不敢跟任何人讲这件事情。最终，她吞下了一盒消炎药。当时，没有人觉察到她吞下了这些药片，而她自己也什么都没有说。只是到了一个月之后，她才在六月份回到了法国。

我询问她是谁给她取了这个名字（prénom），她回答说是她的父亲之前希望给她取这么一个名字，与父亲的母亲（祖母）同名。事实上，她可能想要拥有另一个名字，一个更加普通且平凡的名字。她告诉我说，在她5岁的时候，她的父亲便因食道癌而去世了；当时，她的大哥8岁，她的小妹2岁。在此后的两三年里，母亲一直单身。在服丧哀悼的那些年头里，母亲因为抑郁而接受了治疗。后来，她便再婚了，又生了另外两个孩子。

玛丽-阿里克斯告诉我说，她的继父是一个非常和善但有些严厉的人。母亲曾经要求她的三个孩子把继父称作"爸爸"。玛丽-阿里克斯告诉我说，她总是很难开口把她的继父称作"爸爸"，因为她当时总会想起自己真正的父亲。同时，她说继父一直都做了他们所需要的一切，他很好地抚养了他们，也很好地照顾了他们。因此，她也试着把他称作"爸爸"。

在提到这一切之后，玛丽-阿里克斯又重新开始跟我谈起了她的扁桃体，不过还是以相同的方式。

> 我害怕我的扁桃体那里有一个空洞。我不相信它们还是像从前一样，那里有一个洞，我看到了那里有一个空洞。我每天都会看着那个窟窿，也一直都会想着那个窟窿。难道您不相信我的扁桃体那里有某种东西吗？难道您不相信在我当互惠女生的时候，我通过吞药而把我的扁桃体搞出了一个空洞吗？

最后，她去见了一位耳鼻喉科医生，那位医生说她没有任何的问题，但这却仅仅让她安心了非常短暂的时间，或者也有可能根本没有让她安心。

我尝试定位激起她住院的那次发作所唤起的东西。她告诉我说，她当时刚刚从一段情感破裂中走出来，不过她又补充说，她很少的那几段关系从来都没有持续过太长的时间。她说道："我太过于害羞了，很不自然，我不接纳我自己，我也不是很会表达自己，我发现自己有很多缺陷。当我的父亲在我5岁的时候去世，我就变了，在那之前，我都非常快乐，也不会害羞。"我不知道要如何理解这句话。是谁在言说？这是由她母亲给她鼓吹的一种观念吗？还是她自己真的拥有关于自己5岁之前的那段记忆？

玛丽-阿里克斯重新找到了工作，我也渐渐给她减少了她的药量。她似乎有些振作了起来，而且也能够更加自发地谈话。然而，她却总是会以那种刻板的方式来重提同样的故事。

> 我的扁桃体真心令我烦恼，那里有一个窟窿，我害怕会得上癌症……在我当互惠女生的时候，我曾经害怕把洗洁精放在他们的食物里，我告诉自己说：这样会杀死那些孩子……因为他们的父亲当时正在厨房做饭，而我把餐具放进了洗碗机里……我给我的母亲打去了电话，告诉她说我很担心，但她却没有让我安心……我当时吞下了二十片消炎药（止痛药）和几片安眠药。

就在这时，她告诉我说，先前在18岁的时候，当时她正在一家商店里进行实习，她损坏了一件衣服的标签附近的布料。她当时十分害怕会遭到训斥，连着两天都非常地恐惧。然而，玛丽-阿里克斯在这一点上却没有任何的联想，她沉默不语。似乎在这里也没有别的东西要说。她在国外的那个寄宿家庭里曾经感受到的恐惧和焦虑，使她想起了她18岁时在商店里实习时的焦虑，但是联想却在此停止了下来。

我向她提出了一些问题，以便鼓励她继续言说：她告诉我说，时不时地，她当时照看的那些孩子会令她难以忍受，但在总体上，她们还是非常可爱的，而且她也非常喜爱她们："我从来都不允许自己打她们。"她又说道："我觉得自己在那边犯下了一个太大的罪孽。"

因为在我看来她的言语似乎更多了，所以我便给她安排了一次时间更近的会谈，就在一个星期之后。然后，她便告诉我说，自从她小时候开始，她每天晚上都会多次检查煤气阀是否关好，还有水龙头是否关好，她当时会告诉自己说，多次检查是很愚蠢的，因为她已经检查过一次了，根本没有必要再次检查，然而，她还是无法阻止自己进行再次检查。

我询问她是否还有其他像这样的怪癖。她告诉我说，她之前都会把鞋子排列起来，总是排成直线对齐，她还必须要把一个抱枕和她的娃娃摆放到某些地方，否则的话，她便无法睡觉。她的哥哥也会像她一样，而且她还告诉我说："他的岳父也是一个非常强迫的人。"他会熨衣服，他会做家务，他会要求孩子们把自己的房间整理干净，他在这一点上极其严苛。玛丽-阿里克斯报名参加了各种活动，以便试着交到一些朋友，希望在其中找到一个男朋友。

在接下来一周的会谈里，她告诉我说，在住院期间，因此是在七个月之前，她曾经有过一些**偏执狂**的观念：她当时相信自己遭到了监视，认为其他病人都是有人故意安排到医院里去监视她的假装的病人。她又回到了促使她住院的那次自杀性企图之上："当时有一股力量在推动我，而我自己并不想要这么做（吞药）。在我吞药之前的一刻钟，我同母异父的弟弟给我打来了电话。我当时还告诉他说一切都很好；我很会撒谎。"因而，正如你们能够理解的那样，玛丽-阿里克斯向我们描述了一次突然的**行动宣泄**，对此，她自己也无法真的理解这是怎么一回事。她是推动她的那股力量的**玩具**，她既没有说自己当时非常抑郁，也没有说自己当时想要死掉，恰恰相反，她说的是自己当时并不想要这么做。

事实上，我们甚至都不能在本例个案中谈论这是一次**自杀性企图**，因为在她的行动中根本不存在任何的**意向性**（intentionnalité），她似乎更多是这个行动中的**受动者**（agie）而非**施动者**（acteur）。正如在忧郁症患者那里常见的自杀情况一样，玛丽-阿里克斯也显得能够向周围环境隐藏她的感觉，就像她跟我说的那样，她感到有某股力量在推动她吞下那些药物。在谈到这次"行动宣泄"之后，玛丽-阿里克斯又接着谈到了她的那次住院治疗，她先是谈到了自己与一位精神科医生的关系非常糟糕，然后谈到了自己与另一位精神科医生的交流要顺畅得多。"在医院里，我当时感觉自己就是在监狱里，他们会给我填塞药物，我会假装睡着，以便不让他们给我喂药。"

在六月份，与她共享公寓的同母异父的弟弟要搬去跟自己的女朋友同居，玛丽-阿里克斯于是便落单了。但是她却并未因此而变得更加糟糕，她继续找我谈话，反而还变得越来越自由了。她告诉我说，自从8岁的时候开始，她就会检查煤气阀是否关好，她走路时总是会避免踩到地线上，也总是会避免踩在树叶上，还总是会避免踩到下水道的井盖上。令我极其惊讶的是，她又补充说道：

> 当我到国外去当互惠女生的时候，这些强迫症状就消失了，当我回国的时候，它们又都重新开始。我觉得，如果我做了这件事情或是那件事情，那么某种灾祸就会发生。我在那个家庭中的念头，就是我肯定会毒害那两个小朋友。事实上，我当时出国去那边，特别就是为了可以平静地面对我的继父。好吧，我还是有些夸张了，也并不仅仅是为了这个……我当时告诉自己说，我不能比预期的时间更早回国，因为那样将意味着某种失败。

我请她再跟我明确地解释一下，当她说"平静地面对她的继父"时，她想说的是什么意思。她于是说道：

> 好吧，举个例子，如果我们出去玩的时候回来得太晚，我们就无权在第二天睡懒觉；他总是在背后盯着我……当我很小的时候，我会害怕那些医生……我最后一次见到我的父亲，就是在一家医院的走廊里，我瞥见了他。我忘不了自己拥有一个真正的父亲。我无法把我的继父称作"爸爸"，我经常会想要这样做，可是我做不到。

就像在我们的所有会谈中一样，玛丽-阿里克斯又回来接着谈到了其扁桃体的状态，谈到由于她在20岁时吞药自杀而在那里产生了一个"**空洞**"或"**窟窿**"。

你们在这里都可以听出来，玛丽-阿里克斯是如何将她通过出国来逃离自己继父的观念与她自己亲生父亲的观念联系了起来，后一种观念是以如下的形式而返回到她这里的："我最后一次见到我的父亲，就是在一家医院的走廊里。"我不得不说，曾经有那么一个时刻，我在她的结构上产生了一些怀疑，我当时自问道，她是否真的不可能是一个强迫型神经症患者。因此，我便将我们的会谈工作导向了强迫症的方向，并且对她做出了如下的回应：

> 您告诉我说，您总是会想到自己曾经拥有一个真正的父亲，他因食道癌而去世了，您不愿把自己的继父称作"爸爸"……最后，这些都会让我感到疑惑，当您说自己的扁桃体出了问题的时候，您是否在确

认这个,"我是我父亲的女儿,就像他一样,我也在那里有一个问题"?

但是,玛丽-阿里克斯似乎对我提出的这个说法丝毫不感兴趣,我甚至都不确定她是否理解到我当时想说的意思。然而,在我每个星期都会接待她一次的这几周里,她又重新开始滑旱冰(roller),并且决定减肥。她减重了好几千克,而我给她开具的药量也可以减少到三分之二。

在夏天里,她出门到一个俱乐部(club)去度假,在回来的时候,她告诉我说,她既没有再去想她的扁桃体,也没有再去想在国外的那个家庭里所发生的事情。在整个假期期间,她在那边的状态都很好,没有任何的忧虑或担心,但是自从她回来又重新开始工作之后,她却再度感到了焦虑,并且始终需要有人来安慰。她重新提起了那些同样的主题:她父亲的死亡,她对医生们的恐惧,她之前在国外负责照看的那些孩子们、她的扁桃体,还有她的扁桃体那里的窟窿。但是,相比之下,她却变得苗条了很多,而在我看来,她似乎也变得更加思维活跃,更加充满活力,更加开心快乐且更加敢闯敢干了。

判断精神病结构的一些元素

如果我们重新抓取这则案例报告中的种种元素,那么是什么让我们可以说,我们在这里是处在精神病当中,而非是处在神经症当中呢?第一,非常简单地概括来说,玛丽-阿里克斯并未被她告诉我的话语所割裂;就像那些强迫症患者一样,她也有很多**强迫观念**,伴随一些反复检查与整理排列的**强迫仪式**,但是,所有这些强迫症状却完全侵袭了她,以至于她根本没有时间来对抗自己整理排列的怪癖(反强迫)。查尔斯·梅尔曼先生在其关于**强迫型神经症**的研讨班(Melman, 1999)中清楚地向我们指出了这两个时间:在第一时间上是诸如**"你要这么做"**的命令,而在第二时间上则是诸如**"不要这么做"**的命令,以及两种动机之间的摇摆。在玛丽-阿里克斯这里,并不存在两种动机之间的对抗[①]。

---

① 因而,她的症状更多是精神病性的强制(compulsion)而非是神经症性的强迫(obsession)。至于 DSM 诊断系统中的所谓"强迫症/强迫强制性障碍(OCD)"则无疑是只考虑了症状的现象而非结构特征,从而混淆了精神病的"强制"(S_1 能指的坚持)与神经症的"强迫"(S_2 能指的返回)。——译注

第二，最令她感到困扰的观念——"我的扁桃体那里没有一个洞吗？"——连同要照镜子去看其扁桃体的强制行为，都是涉及她自己身体的一种忧虑；这个观念也联系着另一个观念，亦即她负责照顾的那些孩子们可能会因为她曾经犯下的一个过错而死亡。

在那些强迫症患者那里，通常都会频频存在这样的一种观念，亦即"我做了某件事情，从而可能会导致某人的死亡"，抑或"这件事情非常严重，以至于它无论如何都值得受到最坏的惩罚"。但是，在强迫症那里，病人往往会将此种观念看作某种愚蠢或荒谬的事情，也就是说，这个观念同时伴随着焦虑，病人知道自己并未干出任何不好的事情，他知道这个引起某人死亡的观念是因为他没有多次检查电源是否关好，也知道这个想法是非常荒谬的。因此，我要说，一方面，**强迫观念**与**疑病忧虑**的区分在于这样一个事实，亦即后者会系统化地关注于身体，但前者则并非如此；另一方面，在精神病中，病人会黏附于或胶合于他的观念，没有任何操作性的余地，也没有任何反思性的间距，更没有任何主体性的分裂，而在强迫型神经症中，这个间距总是存在的。当拉康谈到精神病中的**单词句**（holophrase）的时候，这恰恰就是问题之所在①。

在我看来，玛丽-阿里克斯似乎是以某种**实心**的方式而服从于某些能指，而无法在象征界的层面上来**占领**这些能指。例如，她在当**互惠女生**（fille au pair）的时候就发作了的事实。虽然她也能够意识到自己想要与她非常严厉的继父拉开距离，但是我却无法让她理解到，她到国外去当**互惠女生**的经历，与她想要成为**父亲女儿**（fille au père）来保存自己亲生父亲的欲望有关。对她而言，这个能指的关联并未产生出任何的意义，她完全无法设想说，经由某种文字游戏，经由同时指涉不同意指的一个能指，她可以想要说出某种东西而又不把它说出来。我的意思是说，关于她的父亲，存在某种未经象征化的东西，某种从象征界中遭到排除且因此又返回于实在界中的东西，亦即她确信在自己的扁桃体那里存在一个"洞"。这个扁桃体存在窟窿的观念，非常明显地联系着她的

---

① 在精神病的"单词句"中，S_1 能指与 S_2 能指粘连在一起，以至于能指链条没有任何的裂隙。——译注

父亲死于食道癌的事实，但在这一点上，玛丽-阿里克斯却无法通过联想而将这些观念关联起来。当我向她提出了此种对照的时候，她也只是带着那种没有听懂的神情看着我，她完全无法理解可以在逻辑上做出此种对照；这个联系没有对她产生任何效果，而且似乎完全与她无关。

似乎唯一能够让她敏感的事情——对此我几乎可以确定——就是她看到我相当感兴趣于发生在她身上的所有这些事情，这一点会让她非常开心，而且她想要继续跟我说一些似乎可以取悦于我的事情：这即意味着她已经处在一种**转移关系**之中。正是这一点让分析工作的希望成为可能。那么，这些强迫观念在玛丽-阿里克斯这里的价值是什么呢？让我们暂且把她就自己的童年所提到的那些微小的症状先搁置到一旁，例如，避免踩到地线、树叶与井盖等，这些都是十分常见的元素，而且没有太多的价值。相比之下，她从8岁起就开始检查煤气阀。在我看来，这个事情似乎更加具有重要性，但是这个事情最终也是相当难以解释的：她的精神病在当时并未发作，也就是说在当时存在一些**增补**。然而，我们也被迫要承认说，她自童年时期开始就已然形成了精神病的结构，因此，她对煤气阀的强迫检查与我们在神经症中看到的同样症状并不具有相同的价值。实际上，在她这里作为**强迫观念**而呈现出来的症状并非一种真正的"强制强迫性障碍"。恰恰相反，这里涉及的是一种疑病症的**妄想观念**，联系着忧郁症的**罪疚**，后者也完全同样是妄想性的，在她住院一年之后，这个妄想性的罪疚仍然在"最小限度"上持续着。

四年之后，玛丽-阿里克斯的情况好转了很多。她找到了一份工作，也遇到了更多朋友，但始终都没有交到男朋友。她的药量也减到了最小的剂量，不过她始终还是需要服药。

结论

我之所以会选择给你们带来这两例个案报告，就是为了向你们解释，为什么我们要说重要的是基于**结构**来进行诊断，而非是基于**症状**来进行诊断，这些症状都导向了《精神障碍诊断与统计手册》（DSM）的疾病分类系统，而其本身则很可能会导致被（错误地）开具一些处方药物的风险。就**幻觉**所涉及的讨论而言，我想要邀请你们去阅读一下查尔斯·梅尔曼先生（Melman, 1968）在《即是》（*Scilicet*）杂志①第一期中的一篇文章，其标题是"针对幻觉研究的批判性导论"（*Introduction critique à l'étude de l'hallucination*）。你们将会在他的这篇文章中找到那些可以确证幻觉的元素，因为幻觉始终都是**言语性**的，而且始终都是**精神病性**的，它会在"**他们对我说到**"而非"**我有一些幻觉**"的形式下表现出来；另外，幻觉的**外异性**特征也是至关重要的，因为它们始终都会涉及那些奇怪且陌异的声音或是无法解释的思维的闯入。

弗洛伊德的"原初压抑"与拉康的"对象跌落"

为了在这一反思中走得更远而又不至于忽视**压抑**的问题，我提议你们考察如下这样一则假设：我们是否可以说，将**神经症结构**与**精神病结构**区分开来的东西，就是在精神病中没有发生**原初压抑**呢？弗洛伊德区分了**原初压抑**与**次级压抑**，也就是说，他区分了两个**逻辑时间**。现在，我们的难题便在于要如何通过拉康给我们带来的理论性贡献来重新表述这两个时间。对此，我想要基于弗洛伊德的如下思想来尝试给出一个非常简单的答案，亦即无意识在寻求的是**知觉同一性**（identité de perception），也就是说，无意识试图重新找回曾一度感知到的那种知觉。正如弗洛伊德在《释梦》中所写到的那样："精神活动的首要目标便在于产生某种'知觉同一性'，亦即与需要的满足相联系的那种知觉的重复"（Freud, 1953, p. 566）。我想要再给你们引用一段拉康在其《研讨班 IX：认同》（*Séminaire IX: l'identification*）中的评论（1962年1月10日的讲座）[1]：

> 无意识跟它在其自身的返回模式中所寻找的东西之间的关系，恰恰就是让先前曾一度被知觉到的东西在同一性上是等同的，如果我们可以说那次的知觉物（perçu）的话……恰恰就是那个永远缺失的东西，也就是说，是相应于原初能指（signifier original）的那个东西的各种其他再现，正是这个点标记着主体接收到了处在**原初压抑物**

---

① 《即是》杂志即是拉康创建的巴黎弗洛伊德学派中的《卡特尔年鉴》杂志。——译注

(*Urverdrängt*)之起源上的那个东西,无论这个东西是什么,它都是永远缺失的东西,而对于恰好表征了它的任何东西,这个标记都是一个原初能指的原始浮现的唯一标记,这个原初能指曾经一度出现在某个时刻上,在这个时刻上,原初压抑的某种东西转入了无意识的存在(existence),转入了在无意识的这一内部秩序中的坚持(insistence),它坚持在两个方面之间,一方面,是它从外部世界中所接收到的东西,而它在那里有一些东西要去联系,而另一方面,则是由于要以一种能指的形式来联系这些东西,它便只能在它们的差异中来接收它们。也正因如此,它无论如何都无法通过知觉同一性的那一寻求本身而获得满足。

(Lacan, n.d.b, 1962-01-10)

换句话说,从主体正好从能指链条中突冒出来的那个时刻开始,从他进入**语言**并因此而开始**思想**且开始**存在**的那个时刻开始[1],主体便无外乎是在跟能指打交道,而不再能够触及那个**原物**本身。我还要再给你们引用一段拉康的评论,这一次是在《研讨班XIV:幻想的逻辑》(*Séminaire XIV: La logique du fantasme*)(1967年2月15日的讲座)[2]:

> 自从《性欲三论》(*Trois essais sur la sexualité*)开始,我们便看到了这个"重逢原则(pricipe de la retrouvaille)"是作为一种不可能性而出现的。无论在这个丧失对象的功能本身中存在怎样的冲动代谢,对于临床经验的简单触及便已然向弗洛伊德暗示出了这一发现和这一功能。此种发现甚至给在"原初压抑"的名目下突显出来的那个东西赋予了其意义本身,这也是为什么我们必须要认识到,在弗洛伊德的思想中,这里远远不是存在某种断裂,而是相反经由某种隐约瞥见的意指而存在某种准备,它所准备的某种东西最终便会在一种构成性法则的形式之下发现其背后的逻辑性地位,尽管这个法则并非是自反性

---

[1] 主体无法在"原物"的层面上实现"知觉同一性",而只能在"能指"的层面上实现"思维同一性",也只有在这里,语言、思维与存在才会向主体呈现出某种同一性,从而保证了主体的一致性。——译注

的，亦即它不是由主体本身而构成的，这个法则即是重复。

（Lacan, n.d.a, 1967-02-15）

因此，在我看来，我们似乎便可以将这个**原初压抑物**（*Urverdrängt*）或弗洛伊德的**原初压抑**与拉康的**对象 a 的跌落**等同起来。在第 07 讲中，我们已经看到，这个可以在能指的运作中来定位的对象 a，何以会同时体现在那些可以从身体上拆解下来的**延伸部分**之中（这些**部分对象**皆是对象 a 的化身），继而我们也已经看到，象征界的场域（亦即大他者的场域）何以会受制于阳具功能的秩序化支配。正是**阳具**这个性欲化的维度，给幼小的主体被卷入其中并且也暴露于其中的**言语**赋予了意义。

当我们在此种情况下遇到的是一个由于对象 a 的跌落而构成的主体，在其"**在世存在**"是由"**阳具能指**"来秩序化和稳定化的时候，我们便是在跟一个神经症主体打交道；但是，神经症却仍然涵盖了多种可能性。非常概括性地来说，我们可以首先将**强迫型神经症**与**癔症型神经症**对立起来：因为强迫型神经症更多是主体迫使自己尽可能少地存在并迫使自己沉默不语的神经症，而他的强迫观念则恰恰是以不合时宜的方式而表现出了其压抑物的在场；至于癔症型神经症则相反是主体要求得到承认并为此大声疾呼的神经症，而她的声张却是通过在某种隐喻中来言说其压抑物的症状而表达出来的[3]。

注释

[1] 拉康《研讨班 IX：认同》，国际拉康协会版本第98页。

[2] 拉康《研讨班 XIV：幻想的逻辑》，国际拉康协会版本第146页。

[3] 查尔斯·梅尔曼的研讨班《强迫型神经症》，巴黎：国际拉康协会出版社，1999。

第 12 讲

娜 塔 莎

欲望图解的建立（第一部分）

自从我们本学年的研讨班开课以来，我尤其给你们带来的都是一些精神病的个案，我之所以会强调这些**精神病结构**的个案，就是因为我的计划即在于要让你们能够由此而推导出并触及**主体的结构**，亦即神经症主体的结构，正如拉康允许我们对其构想的那样。事实上，在神经症中以我们无法看到的某种方式而**联结**起来的东西，在精神病那里恰好都是**解结**的，正是经由在精神病中能够让我们看到的此种**解构**出发，我们才能够从中推导出神经症的结构。在拉菲埃尔（第01讲）与阿里曼（第02讲）的个案报告中，你们已经能够理解到什么是拉康所谓的**想象界**。至于另外的一些个案，诸如雷奥诺拉（第09讲）等，则相反阐明了**象征轴**上的种种障碍。

在上一讲里，我已经跟你们讲到了一些"强迫观念"，以便向你们指出，单凭某种症状可能并不足以提出一个诊断，在负责接待一个病人的治疗之前，重要的是在结构上进行定向，因此，我便选择了一例精神病个案中的强迫观念与一例神经症个案中的强迫观念。现在，我要给你们带来另一则简短的临床片段，这是一位名叫"娜塔莎（Natacha）"的女病人，而下一次，我会继续讲解"阿涅斯（Agnès）"个案，尽管她呈现出了一些癔症性的症状，然而在她随后的分析中却最终显示出了强迫症的结构。

借由这两例新的个案，我想要助你们一臂之力，帮助你们来阅读拉康《著作集》中的文本**《弗洛伊德式无意识中的主体的颠覆与欲望的辩证》**，从而来开始"**欲望图解**"的建构。换句话说，既然我们目前已经看到了实在界、想象界与象征界是如何能够发生解结的——对于"安托万"个案或"雷奥诺拉"个案来说是**全部解结**，对于"拉菲埃尔"个案来说是**部分解结**，对于"妮可儿"个案来说是**暂时解结**，也就是说，她还能够建立一些**增补**——现在我们也是时候来着眼于：在神经症中，实在界、想象界与象征界这三个界域实际上是如何通过**父性隐喻**而联结起来的。

娜塔莎与弑父幻想

娜塔莎是一个22岁的年轻女孩，她在父母不知情的情况下听从了朋友们的建议而来到了医学心理学中心寻求咨询，因为她先前曾向自己的朋友们吐露了她的自杀计划，她的朋友们便建议她来做一下咨询。我在这家中心持续接待了她几个月的时间。娜塔莎是一对离异夫妇的独生女儿，她的父母几乎在她刚刚出生之后就离婚了；她的父亲会在周末的时候来照顾她。娜塔莎曾经发展出了一种害怕蟑螂和蜗牛的恐怖症。在大概13岁左右的时候，有一天晚上，她在自己的床上发现了一只蟑螂，这当时便激起了她的焦虑发作，后面的一连好几天，她都睡在客厅的沙发上。

在两个月之前，她因为父亲没有过来给她庆祝生日而对自己的父亲感到极其的愤怒，当天晚上，她便梦见她的父亲来到了她的房间里，他坐到了她的床上，而她则让他喝了一杯："我的意思是说，满满的一杯虫子（d'inces）……乱伦（d'incesti）……杀虫剂（d'insecticide）。"① 她记得自己曾经看见过她父亲在浴缸里洗澡时的赤身裸体，她看到了她父亲从水中露出来的生殖器；她带着恶心地提到了这个形象。当她遇到一只蜗牛的时候，她都会向后惊跳起来：蜗牛会激起她的厌恶。

所有"昆虫（insectes）"都会让她感到恐怖，因为它们可能会钻入她的身体；她提到了一位女士的故事，她的耳朵附近长了一个脓肿，就在给她进行手术的时候，医生们发现有一只蟑螂钻进了她的耳朵。她还回忆起了另一段在理发店里发生的故事，有位理发师在帮顾客拨开头发的时候掀起了一块头皮，然

---

① 在法语中，"昆虫（insecte）"与"乱伦（inceste）"之间是一个音节错位的文字游戏。——译注

后一群蜘蛛从里面爬了出来。

娜塔莎解释说，在她很小的时候，她的父亲每周六都会到学校来接她放学："每一次，我都会跟自己说，但愿他出了一场车祸，那样的话我就不会……我真的想要让他死掉。"接着，娜塔莎便出现了好几次口误，她把"他的死 (sa mort)"说成了"我的死 (ma mort)"，把"杀死他 (le tuer)"说成了"杀死我 (me tuer)"。她试图纠正这些口误并继续说下去，但最终笑了出来，然后又痛苦地哭了起来，于是我便把会谈停在了这一连串的口误之上，因为她已经听到了在她的自杀计划与她想要父亲死亡的古老愿望之间存在某种关系。

她想用"杀乱伦剂 (incesticide)"①来杀死自己父亲的"有趣"发现，致使**乱伦欲望**在**死亡愿望**的背后浮现了出来，同时伴随对于这个欲望的压抑，因为它涉及的是"杀死乱伦 (tuer l'inceste)"，且因此是阻止乱伦。但是，这个乱伦欲望是针对父亲的吗？它难道不是更多地涉及母亲，亦即真正唯一的乱伦对象吗？往往，我都会在我的那些女性神经症病人身上重新发现此种**弑父幻想**，这个幻想是在青少年期突然出现的，而且恰好加重了俄狄浦斯的罪疚。如果说她们想要父亲的死亡，那么这也是为了将和平与安宁重新带回到家庭之中，她们自己就是这么说的，因为父亲的暴力让他的妻子和孩子们感到了痛苦。在我看来，这种幻想是非常平常的，其目标即在于压制或废除**实在的父亲**，正如查尔斯·梅尔曼先生曾对其描述的那样，这个实在的父亲即是"在家里过着懒散生活的父亲……然而，这个如此功能不足、令人失望且胆小怕事的父亲，却是想象性父亲的所谓'合法'代表"（Melman, 2013, p. 83）。同时，这个幻想的目标也明显是在保存这个**想象的父亲**。但是，废除实在的父亲首先便允许了单独与母亲重新回到那种田园牧歌式的"**融合性**"关系之中，然而此种关系却也是"**致死性**"的，因此，它才既令人产生欲望又令人畏惧。在我看来，我们似乎可以将神经症中的此种"弑父幻想"理解作在象征界的层面上所发生的事情（亦即**对于阉割的压抑**）在想象界的层面上所产生的结果。换句话说，想要杀死父亲，这

---

① "杀乱伦剂（incesticide）"与"杀虫剂（insecticide）"之间是一个音节错位的文字游戏。——译注

难道不也是在说:"我不想要服从于法则,我不想要放弃对象而让自己仅仅满足于假象,因为是父亲在代表此种法则,那么好吧,就让他去死吧!"

无论如何,对于阉割的压抑都意味着**父性隐喻**已然安置就位:如果说我们需要对它进行压抑,那么这恰恰是因为它已经在那里了。正是这一点允许了在这个口误中运作的能指游戏,"我让他喝了满满一杯杀乱伦剂"。稍后,你们也能够尝试着将这句话写入欲望图解之上。

欲望图解的引入

欲望图解是在拉康1957年至1958年的《研讨班V:无意识的诸种构型》中,由**妙语**(mot d'esprit)出发而建立起来的(Lacan, 2017)。在1960年的"华幽梦哲学大会(Congrès philosophique de Royaumont)"上,拉康提交了《弗洛伊德式无意识中的主体的颠覆与欲望的辩证》一文,这篇文本完整呈现了其"欲望图解"的建立过程,该文也收录在他的《著作集》当中(Lacan, 2006c)。

一方面,拉康反对关于主体的这样一种心理学思想,亦即主体可能具有某种根本的**统一性**,某种**先验性**给定的存在,一种由其**本质**来赋予特征的存在,以及某种**内在本质性**的东西。精神分析遇到的主体既不拥有"存在",也不拥有"统一性",正是为了指出何谓**主体**,拉康才给我们提出了他的欲望图解。因此,拉康便批判了心理学,后者提出了主体的统一性,而此种心理学也相信主体拥有某种存在。

另一方面,拉康还同样反对关于主体的这样一种哲学观念,例如在黑格尔的哲学中,**真理**(vérité)便是作为**知识**(savoir)所缺失之物而呈现的,正是这一点让某种**绝对知识**(savoir absolu)的理想在地平线上浮现了出来,它是"象征界与从中不再有任何东西可以被期待的实在界的结合"(Lacan, 2006c, p. 675)。拉康曾经评论说,这种"绝对知识"的理念即隐含着"主体是在他与其自身的同一性上被完成"的概念,而这即意味着黑格尔假设了"主体在那里已然是完美无缺的":它是"自身的意识性存在,全然意识性的存在"(p. 675)。至于科学的进展则在于**对主体的废除**(abolition du sujet),因为从某种意义上来说,无论由哪位实验者来操作,科学实验都必须具有可复制性,这即意味着一个主体的存在会妨碍科学的进展，而为了让实验变得有效，就绝对必须将"主体"置于科学的外部：只要同一项实验在由张三操作的时候是行得通的而在由李四操作的时候是行不通的，那么我们便不再处于科学的领域之中。换句话说，当你们写出质能方程$E=mc^2$的时候，你们便会清楚地看到，无论是哪个主体说出了这个公式，质能方程都是成立的；但是，倘若没有任何人能够说出这个公式，那么质能方程还会成立吗？

在这里，我要引用一段拉康的原话。

> 无论如何，对于准确地表述弗洛伊德的戏剧主义（dramatisme）而言，我们对于黑格尔的绝对主体与科学的废除主体的双重参照都给出了必要的阐明：真理返回在科学的领域之中，同时它将自身强加在了其实践的领域之中——压抑物在那里进行返回。
>
> （Lacan, 2006c, p. 676）

在1960年的这一时期，拉康仍然希望让精神分析进入科学的领域。尽管他并未在这方面取得成功，然而这丝毫没有使他在这里提出的观点丧失价值，亦即开辟道路以便让精神分析能够触及主体的逻辑性结构，并且给弗洛伊德的发现重新赋予其清晰的轮廓。

> 自弗洛伊德以来，无意识就是在某处（亦即在"另一场景"上，他这么写道）进行重复与坚持的一种能指链条，以便介入实际的话语与其赋形的认知给它所提供的那些切口。
>
> （Lacan, 2006c, p. 676）

在这里，拉康是在依托索绪尔与雅各布森的语言学理论，但同样是在依托那些俄国的形式主义者，尽管弗洛伊德并不了解他们，然而这却并未阻止他将**凝缩**与**移置**定位作"原初过程"的机制，亦即由语言学所孤立出来的语言运作的两个轴向——**隐喻**与**换喻**。因此，只是在提醒我们要注意到这个**语言的结构**之后，拉康才提出了这样一个问题："一旦在无意识中认出语言的结构，那么我们又能够给它构想何种主体呢？"（Lacan, 2006c, p. 677）[1]我在这里同时参考了《著作集》与《研讨班》[亦即《研讨班 V：无意识的诸种构型》与《研讨班 VI：欲望及其解释》(*Séminaire VI: Désir et son interpréta tion*)]的文本，但我同样参考了杰罗姆·泰朗蒂埃(Gérôme Taillandier)在《精神分析话语》(*Discours psychanalytique*)第 1 期(1981)中的文章，以及马克·达蒙的《拉康拓扑学导论》一书。

这个图解是如何来建构的呢？首先，什么是一个**图解**(graphe)？这个名称是怎么得来的？我认为，我们可以说它涉及一个**多元决定**的图式，就像我们说"梦境是多元决定的"那样（参见：Freud, 1953, p. 283），也就是说：**这个图解具有多个来源**。为了逻辑化在其临床中向他显现出来的主体的结构，拉康便从弗洛伊德的教学出发寻找了各种理论性工具，以便让他能够从数学、语言学与哲学的层面上来思考**主体的结构**。

第一来源：欧拉图论

拉康借用了他当时可资利用的那些**数学制作**(élaborations mathématiques)来形式化他的能指理论，或者更确切地说，亦即他的**能指流通**(circulation du signifiant)理论。然而，拉康却并未清楚地说明自己遵循了怎样的思想道路。就我而言，我会想象说，如果他并未说明这一点，那么这也恰恰是因为他在当时相信没有人能够听到他的思路。倘若他当时冒险宣告自己要使用**欧拉图解**(graphes d'Euler)[①]来理论化精神分析的话，那么这还是有可能会更多激起人们的那些盲目性批判，而非人们的那些专注性倾听。带着后见之明，我们现在可以肯定地断言说：拉康使用了由瑞士数学家莱奥纳德·欧拉(Leonard Euler, 1707—1783)所创建的**图论**(théorie de graphe)。拉康同样使用了**克莱因群**

[①] "欧拉图(Eular graph)"是指具有"欧拉回路(Eular circle)"的图(有向图或无向图)，亦即其通过可以经过图中所有棱边且每道棱边仅经过一次的图，如下文提到的著名的"柯尼斯堡七桥问题"。——译注

(groupe de Klein)[①]的结构［菲利克斯·克莱因（Félix Klein）是19世纪末的一位德国数学家，他在1925年逝世］。如果说拉康使用了他在当时可资利用的这些数学理论，那么这也是为了回答他自己的问题，亦即尝试形式化他所谓的**能指的逻辑**[②]。

关于能指的逻辑，当我们先前在研究《关于〈失窃的信〉的研讨班》的时候，你们已经对此拥有了一丁点儿概念。在《著作集》的这篇文本中，我已经评论过了该文的数学部分，拉康在那里向我们证明了，在一串简单的正负链条中，通过用三元组来对这些符号进行分组，再给这些组别赋予不同的名称，也就是说，通过把象征界引入随机的正负链条，随后在这串实在链条中便会立刻出现一种决定作用，当然，这已经不再是一种实在性的决定作用，而是一种象征性的决定作用。

该文的文学部分涉及拉康针对爱伦·坡的短篇小说的分析，亦即信件的持有者会如何在其行为上由于持有信件而受到能指的决定。拉康说道：这些主体"……会按照能指链条穿透他们的时刻为模型来塑造他们的存在本身"（Lacan, 2006b, p. 21）。接着，他又补充说道：

> 如果说弗洛伊德曾经在一种总是增大的陡峭绝壁上发现并重新发现的东西具有某种意义的话，那么这便是能指的移置（位移）决定着主体的行动、他们的命运、他们的拒绝、他们的盲目、他们的成功与他们的境遇，无论他们的先天天赋与他们的社会习得如何，也无论

[①] 在数学上，克莱因四元群即是最小的非循环群，它由四个元素构成，除单位元外其价均为2。关于克莱因群的结构，请参见布里约女士在本书第15讲中讨论"四大话语"的相关论述。另外，关于拉康的"欲望图解"与"克莱因群"的逻辑关联，也可详细参见阿根廷精神分析家阿尔弗莱多·艾德尔斯坦（Alfredo Eidelsztein）的《欲望图解：运用拉康的著作》（*The Graph of Desire: Using the Work of Jacques Lacan*）一书中的精彩讲解。——译注

[②] "能指的逻辑（logique du signifiant）"这一措辞出自雅克-阿兰·米勒（Jacques-Alain Miller）在拉康派中崭露头角的《缝合：能指逻辑的诸要素》（*Suture: Elements of the Logic of the Signifier*）一文，该文的较早版本曾出现在拉康的研讨班上（1965年2月24日的讲座）。——译注

他们的性格或性别如何，不管是否愿意，凡是属于心理性给定的东西都将遵循于能指的列队（train），就像武器和辎重跟随着运送它们的列车（train）[2]那样。

（Lacan, 2006b, p. 21）

因此，我们将要简短地来看看在**欧拉图论**中到底涉及的是什么。为了解答**著名的柯尼斯堡七桥问题**（problème des ponts de Königsberg）①，莱奥纳德·欧拉提出了"图论"的基础，自19世纪下半叶以来，该理论尤其得到了发展，而自20世纪30年代开始，它又经历了一次巨大的沸腾，而在当前的社会科学研究中，它仍然不失为一项有益的参照（参见：Shields, 2012）。图论是在很多学科（数学、物理学、经济学等）中用来建立"**组态模型**"并从而应用于**问题解决**的一种工具。它可以用来解决电子网络、信息网络与资源分配网络中的一系列问题，诸如时间管理与班组轮换等。其方法即在于把一个具体的问题——我们可以将其构想作能够通过图论来处理的问题——转译成一些图解的形式；于是，通过把这个具体问题置入一些已知的问题范畴，它就变成了我们试图来解决的一个图论问题。

在1736年的柯尼斯堡，在佩加尔河上横跨七座桥梁，从而将整座城市的四个城区连通了起来[3]。当地的居民们想要知道，是否存在一条路径能够使他们一次性走完所有七座桥。欧拉对这个问题进行了建模，从而开启了一种全新的理论：四个城区即是图解中的**节点**（sommets），七座桥梁则是七道**棱边**（arêtes）。图中存在四个节点，因而其**序数**（ordre）是4；在节点A处（最下方的顶点）会聚了三条棱边，因而A的**度数**（degré）是3；在节点D处（最上方的顶点）会聚了五条棱边，因而D的度数是5。

首先，我们要把这座城市的七座桥全都绘制出来，这四个端点代表着四个城区。继而，我们再用简化的图式将七桥的路径连接起来，从而离析出城市的结构框架，独立于它的具体形式。这个七桥问题引入了两个问题：(1) 从一个

---

① "柯尼斯堡七桥问题"亦即著名的"一笔画问题"。——译注

图12.1 柯尼斯堡七桥问题

给定的端点出发,是否存在一条路径可以一次性通过所有棱边——这就构成了一个**欧拉链条**(chaîne eulérienne);又或者(2)是否存在一个可以一次性返回起点的欧拉链条——这就构成了一个**欧拉环路**(cycle eulérien)。根据**欧拉定理**(théorème d'Euler)的规定:有且只有当零个或两个节点的度数是奇数的时候(亦即其他节点的度数皆是偶数),欧拉图解才会允许一个**欧拉链条**的存在;有且只有当全部节点的度数皆是偶数的时候(亦即没有任何节点的度数是奇数),欧拉图解才会允许一个**欧拉环路**的存在[1]。我们可以认为,通过制作欲望图解,拉康便是在尝试数学化能指链条的路径,乃至主体得以从能指链条中**绽出存在**(*ek-sister*)的方式。

第二来源:网络理论

马克·达蒙(Darmon, 1990, p. 103)指出并强调了这样的一个事实,亦即拉康的欲望图解派生自他的"αβγδ网络",我在第05讲中已经向你们展示了这个网络的字母矩阵。拉康自己并未在《著作集》中明确地提出这一点;从他在《关于〈失窃的信〉的研讨班》中关于**能指链条**的阐述,到他在《弗洛伊德式无意识中的主体的颠覆与欲望的辩证》中关于**欲望图解**的建构之间,明显存在一些缺失的环节,尽管我们可以从拉康的《研讨班V:无意识的诸种构型》与《研讨班VI:欲望及其解释》中重新发现这些逻辑步骤,但是我们可能还是会疑惑于拉康为什么要如此行进,在《著作集》中抹去了其路径的痕迹。我要把这个图解的

---

[1] 事实上,鉴于"柯尼斯堡七桥问题"的图解中所有节点的度数皆是奇数,因而它只符合于"欧拉链条"的条件,而不满足于"欧拉环路"的条件。换句话说,柯尼斯堡的居民可以从任意一点出发,一次性走完七座桥,但无法在这一路径上最终回到起点。——译注

起源搁置在一旁,尽管它是非常重要的:正是因为欲望图解从能指链条的结构本身中获得了其自身的起源,所以它才具有一种真正结构性的价值,我的意思是说,这并非是随手制作来给你们图解主体运作的一种图示,因为它并非处在想象界的层面上,这个图解呈现的是象征性的价值。

第三来源:信息编码

马克·达蒙(Darmon, 1990, pp. 160-165)还在其书中指出了拉康是如何运用雅各布森来建构欲望图解及其路径走向的,他当时借鉴的是雅各布森在其《转换词、言语范畴与俄语动词》(*Les embrayeurs, les catégories verbales et le verbe russe*)一书中的一个图式。在该书中,雅各布森制作了一个语言交流的图式,他在其中区分了两个极点:**信息**(message)与**编码**(code),拉康在其关于施瑞伯的研究和欲望图解中都曾重新采纳过这个区分[4]。

第四来源:符号结构

索绪尔的语言学也在欲望图解的建构中扮演一个至关重要的角色。早在达蒙出版《拉康拓扑学导论》的九年之前,泰朗蒂埃就曾在《精神分析话语》杂志第1期中发表过一篇题为《图解的诸要素》(*Le graphe par élément*)的文章,虽然他的文章没有达蒙的著作走得那么远,但我还是会从他的贡献出发。泰朗蒂埃(Taillandier, 1981, p. 32)如下写道:

> 索绪尔提出了一个图式来说明语言的构成:思维形成了一种无定形的团块(masse amorphe),亦即一种流动(flux);同样,声音也是一种飘浮的领域……
>
> 索绪尔提出,能指与所指的创造便因而在于那些不同元素的切口之中,这些元素在一些特定的结点上切断了声音与思维的流动,从而也就生成了符号(signe)……在索绪尔看来,由此便出现了符号的结构。

$$\frac{概念}{声像} \qquad 符号 = \frac{所指}{能指}$$

在索绪尔那里，正是在声音的流动中建立的这些**切口**将能指创造了出来（参见：Saussure, 1986, p. 132）。拉康修改了这一图示，从而标记出了能指的优先性：他把能指置于所指的上面，同时保留了将它们区隔开来的那道横杠。对于拉康而言，不仅存在**能指之流**与**所指之流**，而且还存在某种东西绑定了这两个流动，从而让"意指的无限滑动"[5]停止了下来（Lacan, 2006c, p. 681）。我相信，随着我们先前的一系列课程，你们已经能够在那些精神病患者的言语中听到此种**"意指的无限滑动"**。如果我们想要让这两个流动被**压载**到一起，我们就必须假设，存在某种能够将它们**结扣**起来的东西。泰朗蒂埃给我们提供了一个小小的图式，在我看来，这个图式是非常具有阐发性的。

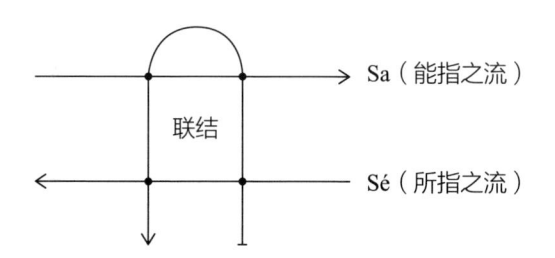

图12.2　结扣点

在这个图式上，你们可以看到**能指之流**（Sa）的线路位于**所指之流**（Sé）的路线上面；这两条路线的方向恰好相反，第三条线路为了制作**联结**而恰好将两者**钩挂**了起来。为什么所指的线路与能指的线路是在相反的方向上来定位的呢？在我看来，要最后理解这一点是相当简单的：当我说出一句话的时候，能指链条是朝向未来而定向，且随着时间而进展；相反，所指则只有在**事后**才会呈现出它们的意指，也只有根据这句话的结束，你们才能够选择要给某个能指赋予怎样的意义。只要语句没有完结，意义便始终都是**悬搁**和**延宕**的；一旦这个语句是有其终点的，你们便会向后返回来确定这句话中前面那些能指的意指。

因此，在这条线路上以**鱼钩**的形式而绘制出来的**结扣点**便代表着这句话的结束，因为正是它允许了**意义的环扣**。这便是拉康所谓的**"结扣点的历时性功能"**。我要给你们引用一段他的原话[6]。

这个结扣点，你们可以在语句中找到它的历时性功能，这是就语句只有通过它的最后一个词项才会环扣上它的意指而言的，因为每个词项都是在其他词项的建构中来预期的，并且反过来以其回溯性的效果来浇铸它们的意义。

然而共时性的结构却是更加隐蔽的，正是这个结构把我们带向了起源。它之所以是隐喻，就是因为在其中构成了最初的贡献——此种贡献公布了"狗儿喵喵叫，猫儿汪汪叫"——借由此种贡献，孩子才会通过切断事物与其啼哭的联系而一下子把符号提升至能指的功能，并且把现实提升至意指的诡辩，从而通过他对似是而非（vraisemblance）的轻蔑来开启上述事物需要核查的对象化的多样性。

（Lacan, 2006c, p. 682）

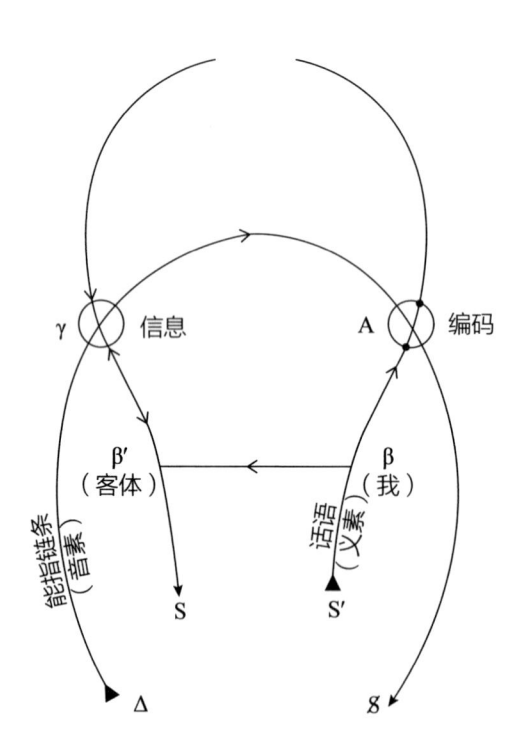

图12.3 欲望图解的"基元单位"

由此，我们便来到了欲望图解的原初形式（Lacan, 2016c, p. 681），拉康将其命名作**基元单位**（cellule élémentaire）。矢量 S→S′ 支撑着一串能指链条。另一个矢量 Δ→$ 同样是一串能指链条。拉康非常明确地指出了这一点，因为他当时说道："我们完全处在能指的层面之上"（Lacan, 2017, p. 9）。他还说道，我们不可能在同一个层面上来表征能指、所指与主体："这涉及我们能够以一串能指序列来捕捉的两种状态或两种功能。"在《研讨班V：无意识的诸种构型》上，拉康曾明确地提出了他的这一思想[7]，然而他的这一论点却是相当难以跟上的。这也是为什么他会举出德国浪漫主义诗人海因里希·海涅①的小说《卢卡浴场》（The Baths of Lucca）的例子，弗洛伊德曾经在《**妙语及其与无意识的关系**》（Le mot d'esprit et ses rapports avec l'inconscient）中分析过这个例子（Freud, 1960, pp. 12-13），故事中的主人翁赫什·哈森特（Hirsh Hyacinthe）讲述了他坐在罗斯切尔德（Rothschild）的旁边，后者以**亲近百万富翁**（famillionnaire）的方式来对待他②。

就这个妙语而言，我们可以清楚地看到，在这里存在两串能指链条：(1) 第一串能指链条（S→S′），亦即赫什·哈森特想说的意思：这个有钱人以亲近的方式对待他。这是理性的、恰当的、惯常的话语的层面，其意指皆是固定与稳定的；这是拉康所谓的**义素**的层面，亦即由习惯性的语用而决定的层面。(2) 另一串能指链条（Δ→$）亦即**音素**的链条，则相反可渗透于**隐喻**与**换喻**的那些严格意义上的能指效果。对于赫什·哈森特来说，这串链条携带着"我的百万富翁（mon millionnaire）"，也就是说，在他说话的时候，他同时冒出了两个念头：罗斯切尔德是一个"百万富翁（millionnaire）"；他以"亲近（familier）"的方式对待他，就像一位百万富翁尽可能做到的那样（Lacan, 2017, p. 17）。或许，在这背后还有一些其他的念头，例如：他因为自己很穷而无法迎娶爱上的那位年

---

① 海因里希·海涅（Heinrich Hein, 1797—1856），德国抒情诗人、散文家兼小说家。——译注

② 这是弗洛伊德分析的一个口误，由"亲近（familier）"和"百万富翁（millionnaire）"两个词凝缩而成，主人公本来想说的是"亲近"，结果说成了"亲近百万富翁（famillionnaire）"。——译注

轻姑娘。因此，链条 Δ→$ 便是在赫什·哈森特的心灵中呈现的这串**音素链条**，它恰好交叉于理性话语的**义素链条**。此种交叉的结果便产生了一个**妙语**，或许也多少是一个**口误**，它在事后被假设成了一个**玩笑**，也就是说：在欲望图解上绘制的两串链条中，没有任何一串链条能够单独代表将要被说出的语句。

我也不认为，我们可以说一串链条是**意识的话语**，而另一串链条则是**无意识的话语**；意识与无意识的分离并不发生在这里，因为在由 Δ→$ 链条碰巧所携带的这些元素中间，有些元素是意识性的元素，而另一些元素则是无意识的元素。在第五期研讨班的时候，这个图解首先是以相同的方向将赫什·哈森特的这个"妙语"写入两串链条之上。随后，拉康才反转了理性话语的方向，就像你们在法文版《著作集》的第 805 页所看到的那样（参见：Lacan, 2006c, p. 681），以此来标记能指链条在理性话语亦即义素链条上的回溯性作用。

在法文版《著作集》第 808 页的第二个图解当中（参见：Lacan, 2006c, p. 684），链条 S→S′ 与链条 $→I（A）在 s（A）与 A 处相交，其中 s（A）是由大他者回溯性赋予的意指，而 A 则是大他者，亦即"**能指的位点**"。能指链条 $→I（A）从正在生成的主体出发，走向自我理想。你们可以在这里认出与"光学图式"同样的那些轨迹与坐标：**被划杠的主体**（$）以**自我理想** I（A）来定位其自身，而**自我**（m）则从**镜像**或**理想自我** i（a）中把握其自身的起源。我们同样可以将这个图解比照于 L 图式（Lacan, 2006b, pp. 40-41）：在 L 图式中，想象轴的两个端点 a 与 a′ 被象征轴 A→$ 维持在了某种间距之中。因而，在欲望图解的一阶上，我们便有了维持结构的四个端点。至少需要有四个元素，我们才能说明**主体的结构**。

至此，我们已经看到了欲望图解的"一阶"是如何来建构的，**基元单位**写入了一些基本节点，我会快速地将它们重拾起来，要么是从《研讨班》出发，要么是从《著作集》出发，以便我们现在可以简单地来着手欲望图解的"二阶"。让我们从拉康的《研讨班 XIV：幻想的逻辑》来开始，他在 1967 年 4 月 26 日的讲座上讨论了**单一特征**的问题[8]。

> 这个特征起着很大的作用，早在我在此向你们不厌其烦地反复锤炼你们的耳朵之前，我就已经向你保证了这一点。但是，在这一切之

中，在这个使大他者的场域成为必要的基本功能之中，重要的就是要在这里认识到，正是"单一特征"致使大他者（A）的场域与那个神秘的"太一（Un）"的场域处在镜像化的对立之中，严格地讲，后者就是长期以来在我的欲望图解上以"被划杠的大他者的能指"的符号 S（$\bcancel{A}$）来表示的东西，它同样使我能够在我以"关于丹尼尔·拉加什报告的评论"为题的那篇文章中给出我们在精神分析与在弗洛伊德的文本中所谓的"认同的形式之一"的公式，亦即对于"自我理想"的认同，关于此种认同，我恰好曾经把自我理想的"单一特征"放置在大他者之中，从而用它来指示在大他者的层面上存在的此种镜像化参照，对于主体而言，一切认同的降临恰恰皆是由此而开始的，也就是说，它是在我们今天所谓"二元"的领域中尤其要被区分出来的东西，作为不同于另外两种功能来定位的东西，这另外两种功能分别是"重复"与"认同"，我们把它放在中间，最后还有"关系"，我上一次就曾对你们说过，必须要思考这种"关系"，我曾经把它称作是滑稽的关系，当涉及"性"或"性别"的时候，我们所谈论的这种"关系"就是没有丝毫一致性的东西。

我们必须要命名这个单一特征的"太一"，它就在那里，处在小 a 与大 A 之间，这个单一特征，我们只能经由滥用而把它看作是那个"未知"（x）的领域，因为它统合了这个领域，把这个领域变得更加统整了。

……这个中间功能的优先性并非什么都不是，因为它运作了我所谓的"自我理想"的基本功能，因为整个一连串的"次级认同"都取决于它，尤其是"理想自我"的认同，后者是自我的核心。

(Lacan, n.d.a, 1967-04-26)[①]

[①] 拉康是在讨论处理能指与对象 a 之间"不可通约性"的一个图式的背景下进行的这些评论。——译注

在法文版《著作集》第815页的第三个图解中，拉康从大他者的位点出发而写入了一个双重的问号，这个问号指涉这样的一个问题："如欲何为？(Che vuoi?)"——你想要什么？大他者想要从我这里得到什么？人们在从我这里期待着什么？这些都是同一个问题。拉康告诉我们说，这个大他者的地点，能指的宝库，就是"**冲动**"：$$D。想象界在几个方面依赖于象征界的支配：首先，因为**自我理想**是基于从大他者的场域中抽取出来的那些**单一特征**而构成的，这就好比是那些小色点可以最终构成一幅完整的油画那样；其次，因为它也链接着**幻想**（$$a）和**冲动**（$$D）。如果说这里总是涉及"大他者的位点"，那么为什么这个大他者的位点又会划分成两个节点呢，亦即 A 与 $$D？在我看来，导致拉康在这两个节点上来定位"大他者"与"冲动"的困难，与从大他者作为**能指的位点**过渡到大他者作为**身体**的困难是一样的：如果说冲动将鲜活的身体与能指扭结了起来，那么我们便可以因此而理解说：**身体即是大他者的地点。**

对象 a 在无意识中也是有其位置的，因为它在无意识中根据"**幻想的结构**"而引起了欲望：$$a。而如果说对象 a 处在无意识之中，那么这即意味着人类既不知道他所要求的东西，也不知道他从中欲望的位置：**人的欲望，即是大他者的欲望**，"整个一连串的次级认同皆取决于自我理想，尤其是对于理想自我的认同，后者是自我的核心"（Lacan, n.d.a, 1967-04-26）。[9] 弗洛伊德式认同的三个层面（Freud, 1955, pp. 105-107）都可以在这个图解上得到解读：第一种认同是**对于父亲的认同**（*identification au père*），亦即进入能指，弗洛伊德将其称作**并入**（incorporation），我们也可以将其理解作在**身体**（Corps）中的**并入**，亦即**进入言在的身体**（entrée dans le Corps des êtres parlant），就像我们说入伍军团（incorporation dans le Corps de l'Armée）或是入编教师行业（incorporation dans le Corps Enseignant）那样①。第二种认同即是**对于单一特征的认同**（*identification au trait unaire*）。至于第三种认同则是**对于大他者欲望的认同**（*identification au désir de l'Autre*）。然而，我们能够从一段分析中期待的则是那种**对于切口的**

---

① 这里的"并入（incorporation）"在法文中同样具有"入伍"和"入编"的意思，而"身体（corps）"一词则同样具有"团体"和"行业"的意思。——译注

认同（*identification au coupure*）。

注释

[1] 参见法文版拉康《著作集》，巴黎：瑟伊出版社，1966：第800页。

[2] 参见：法文版拉康《著作集》，巴黎：瑟伊出版社，1966：第30页。

[3] 柯尼斯堡（Königsberg）亦即著名德国哲学家康德的故乡，它是旧时德国的一座城市，现在是俄罗斯的加里宁格勒(Kaliningrad)。佩加尔河(Pregel)将这座城市分成了两个河岸，河的中间有两座岛屿，因而一共有四个城区，人们为了方便往来，又在这四个城区之间架起了七座桥梁。

[4] 参见：法文版《著作集》第806页。

[5] 参见：法文版《著作集》第805页。

[6] 参见：法文版《著作集》第805页。

[7] 参见《研讨班 V：无意识的诸种构型》，国际拉康协会版：第17页。

[8] 拉康的《研讨班 XIV：幻想的逻辑》，国际拉康协会版第271页。

[9] 拉康的《研讨班 XIV：幻想的逻辑》，国际拉康协会版第272页。

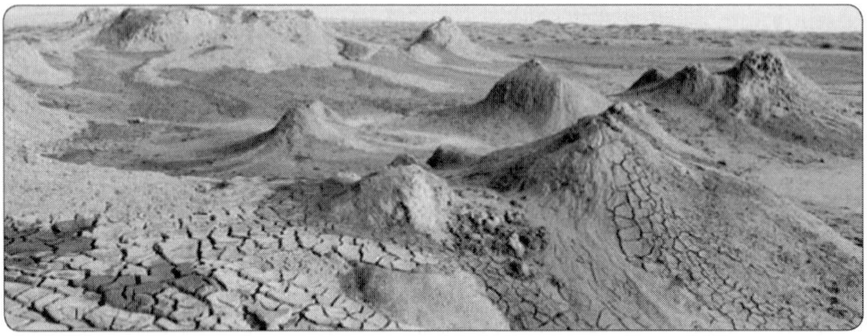

第 13 讲

阿 涅 斯

欲望图解：第二部分

欲望图解向我们展示了**主体的结构**，亦即是什么造就了主体的**同一性**。它向我们指出了没有"**先验**"主体的存在，主体是由想象界、象征界与实在界之间的某种联结而构成的，正是这种联结允许了那些接续性的认同。欲望图解的**一阶**（下半部分）是对小他者的**想象性认同**层面，亦即自我在镜像的捕获中相对于**自我理想**的镜像化建构。此种自我建构尽管位于想象界的层面，却依赖于象征界的支配，因为，如果要让镜像得到再认，就必须同时在象征界的层面上有一个**空位**（place vide）被保留给主体。

空位与切口的功能

这个空位即是 I（A）的位置，它是由一些能指，亦即由一些**单一特征**来环切并标记。但是，为了让主体"**接受**"[1]由一个能指为另一能指所代表，他就必须放弃**原物**而仅仅满足于**象征**。换句话说，对象 a 必须跌落。语言先于主体而存在。对于主体而言，在他进入存在之前，存在的便仅仅是在最好的情况下给他保留的这个空位①。

我在这里已经多次试图阐释过这个问题，亦即要知道孩子会如何作为主体而存在，换句话说，这个主体并不仅仅是某个具有一种**自我认同**的人，而且同样是某个具有一种**无意识**的人。

当我说出"我在言说"的时候，这句话中的**语法主体**（主语）便指派"**能**

---

① 在精神病结构那里，往往在象征界层面上没有这个"空位"被保留给主体。——译注

述的主体 (sujet de l'énonciation)"而非代表"能述的主体"(Lacan, 2006, p. 677)[①]。例如，我们可以在一个口误中听到这个"能述的主体"，它恰好标志着介于音素链条与义素链条之间的**主体的分裂**：他想说的意思可以被写在"**义素链条**"上面，之后"**音素链条**"又会介入实际话语的切口。正如拉康所说的那样，"自从弗洛伊德以来，无意识就是在某处（亦即在"另一场景"上，他这么写道）进行重复与坚持的一种能指链条，以便介入实际的话语与其赋形的认知给它所提供的那些切口"[2] (Lacan, 2006, p. 676)。

当涉及**无意识主体**的时候，是谁在言说呢？无意识的主体并不知道他说出了什么，甚至不知道是他在言说。他是通过在那些虚线上的**隐没**（éclipses）而被听到的 (Lacan, 2006, p. 691)。拉康告诉我们，存在一些**消隐**（fading）或**消失**（évanouissement）的效果 (p. 691)。因此，我们便要把这个主体"**赶出洞穴**"（拉康谈到了"狩猎"），把他赶入"**切口的功能**"，我要给你们引用一句拉康的原话："我们必须把一切都重新带回到话语中的切口功能，其中最强的便是在能指与所指之间制造区隔的横杠的功能"(p. 678)。就切口而言，拉康提到了话语的磕绊，但也提到了分析的会谈，因为分析会谈本身便是在我们的习惯性话语中制造切口，然后会谈的结束也是由分析家来制作的切口，他还提到了很多其他的切口，正是在这里，存在很多非常重要和非常困难的东西。困难的东西即在于这样的一个事实，亦即主体是经由一种**双圈型的切口**（coupure en double boucle）而进入存在的，这一点虽然没有存在于《著作集》的文本之中，但已然存在于研讨班之中（例如，参见：拉康1962年6月6日的研讨班讲座）。

在这个意义上，此种**切口**便涉及了拓扑学：如果我们在**交叉帽**上以**莫比乌斯带**的形式制作出一个切口，那么这个切口便会将对象a拆解下来。如果说拓扑学并未出现在《弗洛伊德式无意识中的主体的颠覆与欲望的辩证》一文中，那么我为什么又要向你们谈到这一点呢？好吧，在我看来，这似乎会促进你们

[①] 这里的主语"我"即是雅各布森意义上的转换词（shifter），也就是说它在"能述主体（sujet de l'énonciation）"与"所述主体（sujet de l'énoncé）"之间构成了某种转化，它在这里仅仅指派（désigner）而非代表（signifier）无意识的主体，因为主体由一个能指为另一能指所代表。——译注

的工作并让它变得更加容易，而且在"事后"用拉康后期的贡献来发展他在这里告诉我们的东西似乎也是合法的。**"双圈"**铭刻着要求的能指明显错失了对象，因为它涉及的是通过放弃对象而满足于能指。但是，由于错失了对象，它就只能重新开始第二圈：**第一圈把对象"环切"了出来，第二圈则让对象"跌落"了下去**，而与此同时，这便造就了主体，一个被划杠的主体。因此，正是这个**重复**的双圈允许了主体得以进入存在。

在法文版《著作集》文本的第816页，拉康评论了欲望图解的**二阶**（上半部分）。在图解的左侧写着：$S \Diamond a$，亦即在其与对象a的关系中的被划杠主体（S相对于a），我们也可以将这个**"幻想的数学型"**读作：与对象a切割开来的被划杠主体（S被切掉a），因为这个菱形的**冲孔**恰恰指示着这个双圈型的切口。在这里，拉康写道："在如此提出的幻想上，这个图解写的是，欲望会将其自身校准于、同调于此种幻想，就像自我会相对于身体形象所做的那样"（Lacan, 2006, p. 691）。正是作为**"大他者的欲望"**，欲望才得以呈现出其自身的形式，也是在这里，**要求**必须要与**欲望**区分开来。如果说婴儿哭泣是因为他饿了，那么便一方面存在婴儿的**需要**，它在**"言说的存在"**那里从来都不是孤立存在的，而在另一方面则存在对于作为**丧失对象**的乳房的**欲望**。因而，婴儿的**要求**便并不仅仅是对于母乳的要求，它同样是对于其母亲的**在场**的要求，对于其母亲的**爱**的要求，等等。你们都很清楚地知道，把爱的要求压平到需要上会激起怎样的**折磨**（ravages）。拉康以一种更加文雅的方式说到了这一点："在要求与需要撕裂开来的边缘之处，欲望才开始显露出来"（Lacan, 2006, p. 689）。

现在，我们便拥有了这个图解结构的那些主要坐标，从而可以让我们从一个空位、大他者的在场、大他者的要求与大他者的欲望出发来思考主体的结构化，而只有当处在**原初大他者**位置上的**"大写母亲（M-Other）"**的全能遭到**法则**的约束之时（Lacan, 2006, p. 689），主体的**结构化**才得以可能。然而，这个主体又将如何从那个**空位**中突冒出来，同时进入语言的**洗礼**之中？由此，我们便在这个问题上抵达了**冲动**的扭结；通过画出从S出发而走向I（A）的这条路线，拉康提出的问题便是要知道是怎样的功能在支撑着无意识的主体。这条路线铭写了能指链条在无意识中的轨迹，我们可以如何来把握它的功能呢？它是从哪里来的,又要到哪里去呢?

正是针对这个问题,拉康给了我们一个答案,在我看来,这个答案是相当令人满意的,而且它是符合逻辑的:他的最终发现,便是将**冲动**定位作无意识链条的起点。在这一点上,拉康写道:

> 在我们的推演中可以很清楚地设想到,我们必须要询问是什么功能在支撑无意识的主体,因为我们都能够理解,当主体不知道他在言说的时候,我们便很难在任何地方将他指派作一个所述的主语,且因此指派作道出它的主体。由此便有了冲动的概念,在这个概念中,我们会以某种器官性的定位来命名它,口腔冲动、肛门冲动等,它满足了这样的一个要求,亦即他越是言说,他就越是远离于言说。
>
> (Lacan, 2006, pp. 691-692)

拉康把**冲动**写作**能指的宝库**(p. 692),并且将它的数学型标记作:$\$ \lozenge D$(被划杠的S冲孔D)。当然,在这里也存在一个理解上的难点,因为在这个图解上,我们看到还有另一个点也被标记作"**能指的宝库**",亦即A点,大他者的地点(p. 682);那么,为什么这个"能指的宝库"在欲望图解上要像这样被写到两个位置上去呢?

在这些图式与图解上,马克·达蒙的评论始终都是非常宝贵的。对此,他说道:

> 位于"冲动"($\$ \lozenge D$)处的"能指的宝库"是由在身体上抽取出来的一组能指构成的,这组能指恰好是在由某种切口所标记的那些位置上来抽取的,这里的切口也呼应仅仅在冲动中持续存在的那个切口,$\$ \lozenge D$,亦即主体与要求的链接,因为此种冲动本身就是好像一个语句那样结构起来的。这串链条恰好在其无意识的能述中受到了S($\cancel{A}$)的标点,亦即大他者中缺失的能指。
>
> (Darmon, 1990, p. 157)

这个**大他者中缺失的能指**是一个尤其困难的概念,因而也要求我们对它工作。这个S（$\cancel{A}$）即意味着：在能指的集合当中，一个能指总是会无限地指涉另一能指，而没有任何东西能够担保这串链条的完整性；能够担保链条的那个**终极能指**是缺失的。这个S（$\cancel{A}$）同样意味着：能指永远无法捕捉到**对象**，而是仅仅能够捕捉到**假象**，也就是说，所有的能指都是由这个缺失来标记的[①]。这个S（$\cancel{A}$）即是**大他者的不完备性**，正如那些著名的悖论所证明的那样，例如罗素的**"理发师悖论"**，"村里的理发师只给所有那些不给自己理发的人理发"，在这个命题中，我们立刻便会看到存在一个逻辑性困难，亦即"这位理发师是否给他自己理发？"（Russell, 2010, p. 101）；如果我们试图制作出一个范畴来包含所有那些并不包含其自身的范畴，那么我们会看到同样的逻辑性困难[3]。因此，这个S（$\cancel{A}$）即意味着在大他者中存在着一个空洞。我重新引用马克·达蒙的文本。

阳具能指（Φ）在阉割的过程中要被召唤去象征化的东西，恰恰就是S（$\cancel{A}$）这个能指的缺位。

为此，阳具的形象（小φ）便会"呈尖形"而逃离于镜像 $i(a)$ 的力比多浸没，因此，这个阳具的形象便会在镜子背后作为某种空洞（-φ）而出现，亦即作为对象 a 的空洞映像而出现，多亏了在"语言之墙（mur du langage）"的另一边呈直角的此种想象化，这个阳具的形象才会作为"欲望的真正能指"（亦即大Φ）而出现。

因而，我们刚刚描述的这个图解便允许了对于"阉割情结"与"父性隐喻"的一种重新解读。让我们再换一种方式来进行这种重读。

指向大他者的要求的能指（D）错失了对于对象的抓捕，而其原因则在于象征界与实在界之间的关系。正是此种失败诱发了要求的重复，而欲望则无非是从要求的能指到另一个能指的换喻性滑动。实际上，主体恰好是被生成的，他是经由从一个能指转至另一能指的运动而产生的，不同于我们所看到的那样，它在原初的要求之前是无法假设的。因为能指皆来自大他者，这个原初的要求便会在相反的方向上

[①] 如果说主人能指 S_1 为所有其他能指 S_2 代表主体，那么所有其他能指 S_2 则都为这个大他者中缺失的能指 S（$\cancel{A}$）代表主体，正是在这里标记了拉康所谓的"没有大他者的大他者"。——译注

使大他者指向主体的要求成为必要。这个要求的重复因而便在大他者中挖出了一个空洞,指向主体的要求和大他者的谜样欲望都同样源自这个空洞……

(Darmon, 1990, p. 158)

让我们再回到《著作集》的文本上来。

冲动从功能的新陈代谢中孤立出来的"爱欲生成区"的划界本身(吞食的行为会涉及除了嘴巴以外的其他器官,你们可以问问巴甫洛夫的狗),便是碰巧借助于边缘或边沿的解剖学特征的某种切口而造成的结果:嘴唇、"牙周"、肛门边缘、阴茎沟、阴道、眼睑裂隙,甚至耳尖(我们在此免除了胚胎学上的种种细节)。

让我们注意到,这个切口的特征也同样明显地盛行于分析理论所描述的对象之中:乳头、粪块、阳具(想象性对象)与尿流(如果他们再像我们所做的那样给它添加上音素、目光、声音与空无,那么这份清单就变得不可思议了)。因为他们并没有看到,在这些对象中被合理强调的那种部分特征,并不相应于它们都是从身体这个完整对象而出来的事实,而是相应于它们都仅仅部分地代表着将它们产生出来的那种功能的事实。

(Lacan, 2006, pp. 692-693)

空位与**切口**:就今晚而言,关于欲望图解,我会让自己先停在这两个在我看来或许是最具重要性的元素上面。现在,我要向你们谈及一位女病人,在我看来,这例临床个案能够让我们在这个主题上学到更多的东西,而且是以一种非常直接的方式。

阿涅斯个案

我进行了几乎两年的工作,才能够让阿涅斯(Agnès)开始向我谈论她的"弑父幻想",在上一次谈到娜塔莎个案的时候,我已经向你们提到了此种幻想。

阿涅斯是在一位女性朋友的建议下来见我的，当时她已然呈现出了一些复杂多变的障碍。因为害怕窒息，她产生了一些**进食障碍**的症状，只能摄入一些半流体的食物。尽管其周围人都把她看作患有**厌食症**，然而我从未发觉她有**身体消瘦**的问题；她说自己只会吃一些土豆泥、乳制品和酸奶等，从来都不吃那些固态的食物，尤其是不吃肉类。相比之下，她偶尔也会小口轻吮一种甜酥式面包，因为她非常喜欢这种糕点。她曾在地铁上发生过几次焦虑发作，因为害怕自己会从地铁上跳下去，亦即所谓的**冲动恐怖症**（phobie d'impulsion）。她还有过一些抽搐发作，伴随手部发麻、轻度麻痹以及"助产士之手"的宫缩和呼吸困难。她当时非常羞怯，此种性格阻碍了她在高中毕业会考之后成功地通过各种考试，她还有伴随各种检查仪式的强迫症性的防御。

尽管阿涅斯在前来进行会谈的时候总是非常准时，然而她却无法开口说话；当她尝试开口说话的时候，也是以一种难以被听见的方式而脱口说出两三句话，然后她便又闭口不谈了。她自己也注意到了这一点："我被堵住了。"几个月之后，她给我带来了自己写出的一篇文字，并在会谈里向我读了起来。

  我要如何以一种清晰的方式来传达自从17岁开始便非常频繁地发生在我身上的事情呢？每一次，它都让我觉得自己的精神不健康，而且变得有点儿更加疯狂了。

  这已经是出于一些明显的原因，我没有使用恰当的措辞，而是把这个奇怪的时刻称作发作（crise）：拒绝现实，恐惧以贬义的方式使用的语词。

  相比之下，我会尝试解释发生的事情，尝试解释我在这个或多或少是意识性也或多或少是被激起的时刻里所感受到的东西，尝试描述这个不好的一面的演变，对此，我有一种双重的感觉，一种双重的态度：

  ——期待与拒斥；

  ——害怕与欲望。

  另外，这也是我对性欲的感觉。

  坦白地讲，这一切都开始于大概八年前，而且都是在深夜。就在我半睡半醒之际，突然之间，我会感觉自己浑身上下都有那种发麻的蚁走感，于是我便发觉自己动弹不得了。

我也曾尝试过要呼唤我的母亲。但不可能，我做不到，我的双唇始终是紧闭的。

我当时吓坏了，非常恐惧。我害怕自己会瘫痪，害怕我的父母在第二天清晨相信我已经死了。这种不安和焦虑的感觉在发作的时间里会一直持续：三到五分钟。然后，一切又会重新变得正常，我就睡着了。

到了第二天，我疑惑于自己是否在做梦，疑惑于这一切究竟有没有真实发生过。总而言之，一种怀疑会突然涌现出来，希望它只是一个梦……直到不久之后接连发生的另一次发作：这一切都是千真万确的！

之后的发作也以上述的那些症状为标志：无法动弹、无法呼吸等。这些时刻相当令人焦虑。往往都是，一次发作开始，然后停止，最后重新开始。我可以在几分钟的时间里经受多次的发作。在每次无法动弹的时刻里，我都会试图起来。但不可能，我起不来，发作会重新开始。或者，至少，我会想象自己正在试图起来，但我也不是太清楚了。总而言之，在一开始，我会带着一种真正的不安来经历这些时刻，这种不安没有第一次发作的时候那么巨大，因为我知道它们最终会结束，但是面对我既不知道其起源，也不知道其原因，更不知道其发展的一个事件，我还是会感到不安。

这些发作总是出现在我处于一种半意识状态的时候，而且也总是以我睡着而告终。

多年过去了，按这些时刻的节奏，它们也变得几乎无足轻重了——尽管还是会焦虑——因为我已经习惯了。然而，我还是会害怕这样的发作在白天里突然出现，在我上学或是在我工作的时候……幸运的是，它总是发生在同样的背景之下：在我躺下的时候。

接着，一天清晨或是一天夜里，有一次发作，这次很不一样。先是全身发麻、瘫痪，直到这里都没有什么不同寻常的事情。顷刻之间，我便感觉到自己的身体变得紧绷和弯曲起来。我处在一种奇怪的姿势里，上半身反弓了起来。在另一次发作期间，我觉得自己的双腿在朝向所有方向扭动，它们就像是在进行一些体操运动那样。我觉得它们是在骚动，但是我并没有看见它们移动。有一天，我感觉它们呈现出了一种特殊的姿势，向上叉开而且弯曲着：就像在接受妇科检查时所使用的那种姿势一样……也是在性行为期间可能出现的一种姿势。

这个新的症状真的并未让我感到安心……我是不是已经变得疯狂了？我是不是已经丧失了现实感？难道我完全不是正在做梦吗？不是，这不是一个梦；那些发作是如此频繁，以至于这不可能是想象性的。在一次发作期间，我最终告诉自己说："这就发生在我身上，我是醒着的。"

在这些已经令人不安的症状之上，还叠加着一些幻视和幻听。这些事件在当时都是围绕我而产生的，在想象性的层面上。这些事件当时在我看来都是真实的，因为它们是在现实的背景（时空）下突然出现的。

在我所体验或毋宁说是我所忍受的这些事件当中，我可以引用：

——B同我的父亲在饭厅；

——我哥哥房间里的音乐；

——我的母亲在我的床头。

第二天早晨，我便知道这些事情都是不可能发生的，它们只是我的精神的意图，而我确定我的精神是非常失常的。我必须要补充说，每一次发作都不是以同样的方式发生。有的时候，所有这些症状都会汇集起来：浑身发麻、动弹不得、身体反弓、幻视幻听，还有无序运动。有的时候，只有浑身发麻和那些幻觉会出现。简而言之，存在一些变体。

一段时间以来，这些发作都呈现出了一副不同的样子。我不再会带着焦虑来体验它们，我会期待它们，或许还会唤起它们。总是浑身发麻和那种瘫痪标志着发作的开始；身体开始反弓，时而双腿摆动，我会感觉到阴道层面上的那些肌肉运动（就仿佛它张开了一样），然后便是"下腹"①中的那些迅速而明显的阵痛，而最后则是一种非常强烈的想要尿尿的感觉。我的心跳会开始加速，然后我就睡着了。没多长时间之后，我便会醒来，仍然处在我在那个短暂的时刻里所感受到的"幸福"的影响之下，然后我便会猛然冲向厕所。我还必须补充说，一些幻觉会在这些发作期间突然出现，但是我也不清楚它们会突然出现在怎样的时刻上。

最近，我看到了我的衣服在走廊里飞舞和移动。我的女性衬衫……同样，我在之后的一个星期还看到了我的父亲在看球赛。最后，在上一次发作期间，我看见了我父亲的脑袋；他当时在微笑。他的脑袋很大，只有他的巨大头颅出现在我床边的扶手椅上。

在这段时间里，这些发作都是每周一次，我觉得是自己激起了它们：我在一本书里读到了一个情色的段落——我读了两遍——在阅读的过程中，我感受到了自己肚子里的急速阵痛，我停止了阅读，让自己重新躺下，期待着一次新的发作，这就同样好像是我在准备性行为似的。总之，这次发作不是即刻发生的，而是到了第二天清晨才出现。

这不是我第一次让自己处在那种充分的姿势里以便让它来临。

"它来临 (cela arrive)"，这个措辞让我想到我也曾使用它来讲过性行为。

我必须补充说，在上一次发作期间，我在阴道层面上感到了一股非常强烈的疼痛。

---

① 这里的下腹(bas-ventre) 即小肚子，该词也可以指涉性器官或性欲望(力比多)。——译注

说出我在所有这些症状产生的时刻里的想法对我来说是一件非常困难的事情，因为我不能很清楚地在意识上区分发生的事情与我相信自己知觉到的事情。然而，我却可以说，我觉得我就是我自己角色的观众，在观看我所无法掌控的一个事件，尽管这个事件给我带来了"幸福"，然而它还是极大地阻碍了我。我试着搞明白，试着将这些阶段比较于性行为的那些阶段，我会自己想象说它是真实发生的，也许吧。我注意到，这个时刻的每一阶段都对应着性行为的每一阶段。

发作		性行为
全身发麻	→	前戏
瘫痪无力		
双腿偶尔向上屈膝	→	插入
阴道的肌肉运动，疼痛		
身体反弓；下腹阵痛	→	高潮
入睡		

是的，再一次地，这些词语就是在那个时刻来到我脑海里的。总之，这些发作在一开始令我焦虑，随后又令我难受，现在则令我期待，它们呈现出了一副我完全不喜欢的样子。我甚至无法忍受这样的一种观念，觉得我可能期待它们并且需要它们。

我接受不了我的身体具有这类欲望。

我曾经想象自己能够免去性行为，因为它让我感到恐惧。事实上，让我感到恐惧的事情，则是这些发作仅仅揭示出了一种缺失，一种挫折；它们泄露了对于一种频繁的性欲的欲望。

我的身体需要它，我的精神则拒绝它。

实际上，性行为让我非常非常恐惧，我宁愿把它知觉作某种攻击或侵犯。我很难设想说，一个人的器官能够深入另一个人的身体里，并且在那里面"逗留"上好一阵子。另外，这一切也很像我很难设想说，人们可以让一些食物进入自己的嘴巴，吞咽它们并消化它们。

在我而言，女人是在忍受性行为的，因为是她在让自己被插入。同样，也是她在感受着由此而产生的疼痛。另外，我也很难设想说，即便有这样的恐惧，我还是可能会需要它，就好像是我被它吸引住了一样。

当我还是小孩子的时候，我曾经在电视上看见过一幕色情的场景，我当时就感觉到了肚子里的阵阵剧痛（另外，这些阵痛跟发作中的那些阵痛是一样的），而我当时就有了羞耻的感觉。对我而言，这是不健康的，这是被禁止的，我当时没有这个权利。我急切地想要长大，以便"知道当它来临时会发生什么"。

如今，现实大不相同了，我已经25岁了，如果不是通过这些发作，我永远都不会知道性行为意味着什么，我相信，是我太恐惧了，以至于不敢把自己交付出去（大胆地从事性行为）。

然而，这些发作还是几乎让我感到了安心，因为它们向我表明了性行为并不是像我以为的那样疼痛。但与此同时，我也厌恶它们，因为我的身体无权让我享乐于这个邪恶的把戏，也就是说，面对着被强加给它的某种缺失，它无权显示出一种明显的挫折。这一切就好像我并不理解说，到目前为止的这十二年以来，面对着我让自己的身体所遭受的食物缺失，这具身体也在抵抗一样。

我讨厌这些发作，尽管它们给我带来了"性福"，因为我觉得自己因为它而无法区分什么是真实，什么不是真实。

有的时候，我会问自己，它们到底是不是真实发生的？又或者，它们难道不也是我饱受痛苦折磨的精神的发明吗？有的时候，我还会问自己，我是否需要为了产生一些幻觉而需要一次发作呢？

经常，我都会想象自己正在实现某种我在考虑并打算去做的行动，我觉得自己已经实现了它。因而，我便不会让自己动起来去干这个行动。我的心理状态会让我感到害怕，这或许也是为什么我不敢把它讲出来的众多原因之一。

但是在书写上，我的话就多了起来，相比在口语上，这些词语会更容易蹦出来。可以通过书写来解释这一切，这既是一种轻松，又是一种令人痛苦的考验或折磨，因为我并不习惯处理像性这样私密的一个主题。我利用了这个宝贵的时刻来向您道谢，感谢您为我所做的这些事情；您的关注和在场让我感到巨大的安心。

我觉得，所有这些语词都是非常混乱的，它们都只是反映了在我的脑袋中起到支配作用的那种混乱。我把这些语词写出来，就这样让它们浮现在我的脑海里（如果我能够在口语上这么做的话……）。我也不理解为什么通过一支钢笔，这要更容易一些：无论它们以怎样的方式被表达出来，毕竟都是同样的语词，而我也由此抵达了同样的结果，亦即表达出了一些情绪……我觉得，在我的大脑与我的嘴巴之间存在一个巨大的关卡。这个关卡控制着出现在它那里的这些语词，而如果它们在它看来是不正确的话，它便会拒绝放它们通行。又或者，这个关卡也是在拒绝控制这些语词，因为它害怕所感受到的那些情绪。

这一切的发生就好像相对于发生在我身上的事情，我是脱节了的，就好像是我想要把主观的事情变得客观一样。构成情感领域的这一切都在这个关卡上遭到了封堵。或许，就是这一点在所有这些遭到禁锢的语词中间造成了一些重要的损害。

在这篇文本中，阿涅斯带着那种杰出临床工作者才有的精确性，描述了她从17岁开始便呈现出来的那些**癔症样大发作**（grandes crises d'allure hystérique）。这些发作都是在夜间突然出现的，当她躺在床上处于半睡半醒之际的时候，它们会持续几分钟的时间，然后她便会睡着。在焦虑中体验到的那些最初的发作，都是由遍及全身的泛化的发麻感为标志，伴随那些自主运动的瘫痪，这在当时阻碍了她从床上起来并寻求帮助。在随后的几年期间，这些发作一直都在重复发生；她没有跟任何人谈起过它们，活在对于白天突然发作的担惊受怕之中；但是，这些发作却都继续只是在深夜里才会发生，只是在她半睡半醒之际才会出现。

随后，这些发作便发生了变化：她感觉到自己的身体变得紧绷和弯曲起来，同时处在一种奇怪的姿势之中，她说，上半身反弓了起来。她觉得自己的双腿在所有方向上骚动，然而她却并未看见它们在移动。有一天，她的双腿呈现出了一种妇科检查的姿势，阿涅斯自问她是否正在变得疯狂。就是在这个时候，她说"还添加了一些幻视和幻听"。她在隔壁的房间里听见了她父亲与一位男性朋友在聊天；她知道这是不可能的，那位男性朋友并不在那里，而且她的父亲也睡着了。另一天，她在自己的床尾看见了她的母亲。第三次，是出现了她父亲的巨大头颅，搁置在扶手椅上，占满了整个位置。

最后，只是在最近的时候，这些发作才变得完整；她不再带着焦虑来体验它们，而是会期待它们，甚至会试图唤起它们，同时她说自己完全无法接受自己的这种态度，她觉得这样的态度是不健康的。这些完整的发作是以三个阶段来展开的：一是浑身发麻与瘫痪无力的阶段。二是双腿骚动的阶段，接着她的身体便会开始反弓起来，然后她便会感觉到阴道张开的肌肉收缩，有时伴随着疼痛，再然后便是下腹的急速而突发的阵痛，最后是非常强烈的想要尿尿的感觉；她的心跳开始加速。三是她会睡着，而在不久之后又会醒来，仍然处在她在这个短暂时刻里所感受到的"幸福／性福"的影响之下。

阿涅斯完全能够意识到，对她而言，这些发作涉及的都是对性关系的某种替代；她对性欲有着极大的恐惧，并且不让自己进入任何跟男性的关系。她说道："我的身体需要性，但我的精神却拒绝性。"她还补充说道，她体验这些发作"就仿佛她是她自己角色的观众一样，在观看着她所无法掌控的一个事件"。这些癔症样大发作也会令人联想到让-马丁·沙柯曾经能够观察到的那些癔症个案。因此，这些发作都是作为**手淫**的等价物而出现的，不过它们却近乎省却了**罪疚**的感觉，主体在这里处在一种**非卷入性**（non-engagée）的位置上，她只是一个观众，而不为自己所经历的现象负责，她对欲望和欲望的对象都是视而不见的，同时把欲望化约到了某种需要的自动性满足，在此种需要的满足中，性欲的张力在一种**自体情欲性**的兴奋中得到了平息，而且明显没有任何的幻想。

然而，正是在这个时候，那些**幻觉**却突然出现了，要么是"父亲的头颅"的幻觉，要么是"母亲在床尾"的幻觉。这样一种**幻觉**的结构是什么呢？此种幻觉从根本上对立于精神病的幻觉，后者总是以"他们对我说到……"的形式表达出来。相反，阿涅斯则断言说"我有一些幻觉"；然而，这并未防止其中的形象具有一种无法否认的现实性分量[①]。

在精神病的幻觉中，是从象征界中遭到排除的东西重新返回在实在界之中。然而，在神经症的幻觉中，则是从象征界中遭到压抑的东西重新返回在象征界之中，**压抑物**与**压抑物的返回**是同一回事；在此出现的形象是由象征界所支配的，就像梦境中的形象一样[②]。但是，压抑又是针对什么东西而进行的呢？阿涅斯完全能够意识到自己在拒绝性欲，压抑并非像她所认为的那样是针对这个方面。在这个拒绝的背后，还存在跟母亲的乱伦幻想。

与阿涅斯的工作是带着很多的困难进行的，因为即便她每周一次地参加了她的所有会谈，但她并不想来得更多，她每次都只会说两三句话，哪怕我给她留出了更多的时间。然而，这些**假性幻觉**（pseudos hallucinations）都消失了，她的最后一个"假性幻觉"是以写在墙上的一句铭文的形式呈现的：快诞圣乐（Noyeux Joël）。无论是她父亲的头颅的形象，还是这句铭文的形象，它们都没有出现在实在界之中，而是像那些梦境中的形象那样，是由象征界所支配的。"快诞圣乐"这句铭文是"圣诞快乐（Joyeux Noël）"的回文构词，它引发了若干联想：阿涅斯恰好出生在圣诞（Noël）前夕；当阿涅斯很小的时候，她的母亲曾经想要"溺水而亡（se noyer）"，或至少她当时威胁要去跳水自尽（se jeter à l'eau）；在一次圣诞节的家庭聚会期间，是表哥"若埃尔（Joël）"负责把鲜花带去了墓园里给外公外婆扫墓；而每当她回去自己父母家里的时候，她都非常害怕自己会屈服于想要"跳下地铁（se jeter sous le métro）"的冲动。

因而，这句铭文便在她不得不做出决定的一个选择中把**出生**与**死亡**扭结了

[①] 根据法国拉康派分析家让-克劳德·马勒瓦尔（Jean-Claude Maleval）的说法，这些神经症的"幻觉"应该更多被称作"幻象"或"错觉（illusion）"，它们更多是由于无意识的欲望太过于强烈而突破了压抑屏障所导致的结果。——译注

[②] 此即拉康所谓的"象征的想象化"过程。——译注

起来：要么选择**乱伦享乐**，回到母亲的子宫，但这要以她作为主体的**死亡**为代价；要么则是选择**生命**，但这却要以**阉割**为代价。在两三年之后，阿涅斯还是封闭在她的沉默之中，我无法再忍受她的准时与她的沉默，也无法再忍受让她支付这些似乎什么也没有发生的会谈。因此，我便终止了跟她的分析，我告诉她说，分析在这些情况下是不可能的，同时我建议她说，当她感觉自己能够开口讲话的时候，可以再回来继续会谈。

她花了两年时间，才又给我打来电话并回来继续工作。在第二段分析里，阿涅斯在讲话上明显容易了很多，而且改变了很多。她远离了自己的父母，她不再有那些进食障碍了；她也不再会在地铁站里焦虑发作了；尤其是，她开始了性生活，她结婚了，他们夫妻二人决定要一个孩子，她重拾了学业，并且在学业上取得了一些成功。

那些"手足搐搦（tétanie）"的发作与"前弓反张（pisthotonos）"的发作都停止了。相比之下，她却始终都有一些**强迫仪式**，总是要强迫检查门窗、电器与电源是否关好等。时隔多年之后，她的**强迫症结构**才明显呈现了出来：阿涅斯拒绝丢弃任何东西，她什么都不想要丧失，甚至不想要丧失她的言语。她不想要离开她的父母，尤其是她的母亲，她不想要卷入一段关系之中，她也完全不想要跟外界进行任何的交换或交流：如此一来，我才理解了她的厌食症，她很难让一些食物进入她的身体，她也不想要让任何东西离开她的身体，她认为如果自己开口说话了，那么对她而言，那些被说出的言语便会代表她自己所无法决定的某种丧失。

让我们注意到，这些"前弓反张"和"强直收缩"的大发作尽管非常类似于沙柯的**癔症大发作**，但却突然发生在一位完全不是癔症而是强迫症的女病人身上。然而，这些发作也在一个关键点上有别于癔症发作，亦即它们都是在避开**目光**的时候发生的，而癔症发作则相反总是需要有某种公众的目光，必须向公众来发送症状的被加密信息。阿涅斯的发作并不包含这样的**收件人**，她自己就能给出其症状的意指。

在我看来，这则案例报告尤其阐明了与对象 a 之间的**无效分离**的概念：对象 a 虽然已经被拆解了下来，但却不顾一切地要维持在原来的位置上。至于分析的工作则是以**切口**为轴向的，因为此种切口是**欲望**的自由运作与**主体**的相应到来所必不可少的东西。

注释

[1] 这样的表达并不准确，因为此时尚且不存在一个"主体"来接受或拒绝。因此，这个注解便是在提醒我们注意：主体并不预先存在于能指的操作。

[2] 法文版《著作集》第799页。

[3] 参见本书的《附录1　大他者的不完备性》，该文曾在1993年3月以"关于'从一个大他者到小他者'研讨班第四课的评论"为题发表于《弗洛伊德主义公报》(*Bulletin Freudien*)第52期。

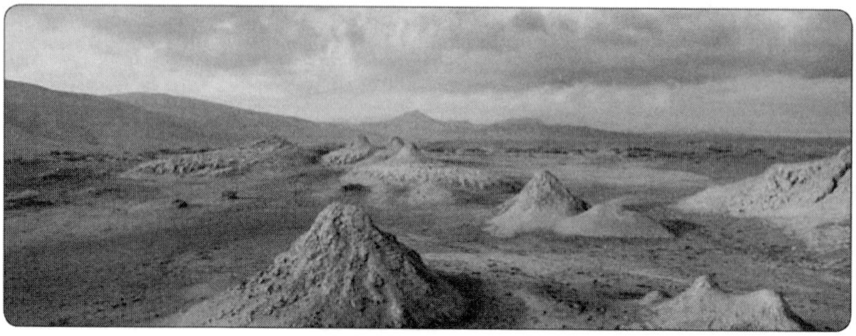

第 14 讲

朱斯蒂娜、安吉莉卡与玛丽琳娜

乱伦与其主体性后果
为什么要禁止乱伦？

在向你们呈现这一讲的个案之前，我要首先提醒你们回顾一下有关对象 *a* 的几个要点，因此从第 01 讲开始，这就是我的讲座的主线。对象 *a* 即是那个**丧失的对象**，当主体进入语言的时候，当这个主体因而由一个能指为另一能指所代表的时候，当主体受到语言所分裂的时候，这个对象恰恰就是作为这一过程中的**必要性丧失**而构成的。正是此种**主体性分裂**的运作产生了对象 *a* 的剩余。因此，分裂的主体是经由其幻想而得到维持的，这个幻想的**数学型**公式写作 $\$ \lozenge a$，它意味着对象 *a* 是引起主体欲望的原因，正是在欲望的这个方面，主体才得以维持其自身的存在。当然，这个丧失的对象，这个对象 *a* 是无法触及的，因为它是作为**丧失**而构成的。

如果我们假设在**主体性分裂**之前还存在一个**神话性时间**，那么那个恰好填补了其享乐的东西，便是**原物**，亦即在阉割之前的**大写母亲**。从主体受到语言所分裂的时刻开始，他便再也无法触及这个"原物"，亦即弗洛伊德的"大写之物"，他便再也无法触及对象 *a*（Lacan, 1992, pp. 48-52）。弗洛伊德通过**俄狄浦斯情结**的神话把我们引向了**阉割**的问题（Freud, 1964, pp. 116-117）。小男孩想要**弑父娶母**，但由于恐惧遭到其父亲的阉割，便被迫要放弃此种无意识愿望，并且将其性欲导向与其同代的那些女孩子身上。那么，对于女孩子而言又会如何呢？弗洛伊德向我们解释说，对于女孩子而言，情况要复杂得多，因为在第一时间上，她必须首先放弃自己原初的爱恋对象，亦即母亲，然后才能在第二时间上固着于对其父亲的依恋，最后才能对跟她同龄的男孩子们发生兴趣。

你们会在这里重新发现弗洛伊德的方法和取径，因为他当时并不拥有实在界、想象界与象征界的区分，所以他的方法便只是表达了他根据那些在想象界的层面上看似存在的意指而发现的东西，但是这些**想象性意指**却只有通过俄狄浦斯情结建立起来的那些**象征性坐标**才会呈现出其自身的重要性与有效性。拉康告诉我们说，俄狄浦斯情结的出路，便是要放弃大写的**母亲**，放弃大写的**原物**，以便进入假象，亦即**能指**的世界，并从而让主体的欲望受到对象 a 的矢量化（参见：Fanelli, 2014）。这并非是没有痛苦的，而且人类主体也可能始终都是以他必须要放弃但却永远无法放弃的那个东西来标记的。

在临床实践的层面上，当一位病人在其自身的历史中提到"乱伦"的时候，这要么可能涉及**一种幻想**，要么可能涉及**一种妄想**，要么则可能涉及孩子遭到成人性虐待的实际行为。从**乱伦幻想**的方面来说，我要重拾两个元素。首先，查尔斯·梅尔曼先前曾在"国际拉康协会"的网站上发表过一篇《论乱伦》(*À propos de l'inceste*) 文章（Melman, 2005），他在这篇文章里讨论了一位年轻女孩的癔症个案，这个女孩提到了自己的某种感觉：她觉得在自己很小的时候，在她跟其父母之间可能发生过一些乱伦性的事情。梅尔曼先生非常清楚地解释道：遭遇性欲的**创伤**完全有可能会引起诸如此类的幻想，即便从来没有发生过任何的强暴或是任何类型的虐待。

我偶尔也会遇到以这样的方式来询问自己的一些病人，在我看来，重要的是不要协助她们去建构有关"性虐待"的一种虚假记忆，就像一些美国心理治疗师经常实践的那样，他们会唆使自己的病人们控告她们的父亲或是她们的叔叔，因为他们并不理解，病人所抱怨的创伤是不可避免且完全正常的遭遇性欲的结果。

此外，乱伦幻想也可以在一些文学中找到例子，这便是我们协会里的同事艾丝特·泰勒曼（Esther Tellermann）在其《弑母》(*Tuer la mère*) 一文中所强调的东西。在该文中，她以乔治·巴塔耶（Georges Bataille）的小说《我的母亲》(*Ma mère*) 与克里斯蒂安·普里让（Christian Prigent）的小说《一句话给我的母亲》(*Une phrase pour ma mère*) 为主题，讨论了乱伦幻想的问题 (Tellermann, 2006)。普里让试图用没有中断的单单一句话来与**原物**重聚。即便这实际上涉及一种乱伦性尝试，但它还是一种文学事业。同样，在谈到萨德侯爵的时候，拉康可以在其发表于《著作集》中的《康德同萨德》一文的最后写道："强奸与缝合母亲始终都是遭到禁止的"（Lacan, 2006, p. 667）。因而，无论是萨德、巴塔耶还是普里让，在他们想要走向尽头的那些极端尝试中都没有最终抵达一场真正的乱伦：作为母亲的产物，孩子是不可能被重新整合进母亲的。这里涉及的只是主体的欲望，是分裂的主体的幻想，他想要超越由**乱伦禁忌**所设置的界限，根据定义，对于神经症患者而言，这道界限是不可能被跨越的，因为重新找回**原物**即意味着划在 S 上的那道斜杠崩解了开来。这些都是对于神经症主体的**幻想**来说的。

从存在于一些精神病患者那里的**妄想**方面来说，遭到性侵的观念相应于一种完全不同的机制。例如，如果我们重新拾起第 02 讲中的"阿里曼"个案，他曾经告诉我们说，他的父亲先前曾强奸过他，又或者，他觉得自己先前曾遭受过来自其父亲的精神强奸。他的这种感觉可能联系着他的妄想观念，亦即"他把自己当成了我"。病人无法让他的**自我认同**得到维持，他无法拥有一种**身份同一性**，而返回到他这里的观念，便是这个他无法对其进行认同的父亲把自己当成了他，亦即他的父亲把自己当成了阿里曼（混淆了自我与想象性他者的边界）。另外，当阿里曼的身份同一性变得更加稳固的时候，他的父亲把自己当成了他的这种妄想观念也就随之消失了。但是，在其他一些时刻里，他还是更加直接地表达出了一种有关"强奸"的妄想观念，他说道："我的父亲让我遭受了一种精神强奸。"

这些有关**强奸**的妄想观念都是相当常见的，而我们可以很好地理解为什么会这样：答案非常简单，这是一种结构性的后果。事实上，如果精神病患者处在发作的状态之下，那么这便意味着某种**心理自动性**机制和一些**幻觉**的存在，因而在**实在界**的层面上来说，病人就是在被看穿、被插入、被强奸；他所做的只不过是说出了严格意义上的真相。但是，此种**真相**当然不是在**现实**的父亲可能虐待了其儿子的意义上来说的，尽管有时候可能的确会发生这样的情况，然而这却并非是妄想的对象。因而，当我们听到一位病人提及此种"强奸"的时候，非常重要的就是要在恰当的层面上来理解此种现象。

最后，从乱伦的**行动宣泄**的方面来说，我要预先进行一则小小的评论，亦即乱伦的行动宣泄的发起往往都是由一个成年人在一个小孩子身上来进行的，也就是说，这里的视角反转了过来。这里一上来并不是更多涉及一个主体对于其母亲的乱伦欲望，而是相反，涉及当一个孩子是其父亲或其母亲乃至任何成年人的行动宣泄的对象的时候，在孩子身上所发生的事情。如果我们像拉康那样考虑到这样的一个事实，亦即**一旦让不属于同代人的主角介入性关系，乱伦就发生了**（Melman, 2005）。

关于我曾了解到的那些乱伦性的行动宣泄，我想要再进行另外几点一般性的评论。**第一点评论**，是在我执业的最初二十年期间，亦即在1977年到1997年期间，我只听说过一次此类问题的存在；而从1997年开始，人们向我报告的此类个案就变得越来越频繁了起来。**第二点评论**，是我只见过一些年轻女孩的个案。**第三点评论**，与我的同事所描述的情况相符，亦即这些女孩子第一次来见精神科医生，往往都是从一些**行为障碍**开始的（例如，自残、划痕、自杀企图与进食行为障碍，等等）；因为乱伦的问题只能在**第二时间**上来进行处理，有时是在很长时间之后。**第四点评论**，网络上的社交平台给这些女孩子提供了一个可以求助的言说空间；她们会在网络上以匿名而找到某种可能性，从而在经历过同类事件的其他女孩子那里找到某种认同感。

查尔斯·梅尔曼的《**失重的人**》（*L'homme sans gravité*）一书给出了一个副标题，"**不惜一切代价去进行享乐**（*Jouir à tout prix*）"。在该书中，梅尔曼先生（Melman, 2002）向我们指出了我们的文明如何已经发生了改变；一言以蔽之，在先前的文明中，**禁止**的存在会迫使我们进行**压抑**，这便是弗洛伊德在他那个时代所注意到的**神经症**的来源，而我们现在则已经从此种**父权中心的文明**（civilisation patrocentrique）转向了一种**享乐的文明**（civilisation de jouissance）。然而，当我们被要求去进行压抑的时候，也会让压抑的领域朝向欲望而开放。实际上，正是从某物遭到禁止的时刻开始，它才会变得非常值得欲望。接下来，时代的口号就更多变成了"无限制的享乐（*jouir sans contrainte*）"，例如1968年五月风暴中的战斗口号"禁止是被禁止的（*il est interdit d'interdire*）"等。但是，如果一切都得到了允许，那么还有什么东西是值得欲望的呢？因为恰恰当某种东西遭到禁止的时候，我才会变得对它有欲望。正是在这个意义上，拉康才说"**欲望与法则是同一回事**"（Lacan, 2014, p.106）。换句话说，如果父亲是一种**无用的价值**（valeur hors d'usage），如果**法则**遭到了蔑视，那么**欲望**又将如何继续存在呢？我们今日目睹到的情况，恰恰就是由缺失所矢量化的欲望已然变得黯淡无光且浑然失色。现在，是享乐在大行其道并进行支配，我们必须即时享受生活，利用一切来进行享乐，没有任何东西可以妨碍享乐，等等。但是，由此而出现的便是查尔斯·梅尔曼所描述的那种没有任何压载的"**失重的人**"。

在我看来，通过由"**不惜一切代价的享乐**"而得到的这项社会律令（injonction sociale），似乎有可能阐明成年人在儿童身上的性欲化行动宣泄的日益增长的数量，如果说这个数量的确正在增加的话。我们是否真的可以说，直到最近都一直被精神分析看作人类主体性的结构性基础的"**乱伦禁忌**"，在当前遭到了某种挑战？

我要给你们朗读一下最近的一篇文章，实际上，这篇文章恰好重新质疑了在我看来是不能受到质疑的东西，尽管查尔斯·梅尔曼早在2002年的《失重的人》里便写到了这一点，然而我当时还是很难承认这一点，因而我便急忙将它遗忘了。我必须要从这些临床个案出发着手此种有关乱伦的工作，重新拾起有关乱伦禁忌的分析理论，以便最终再回到梅尔曼先生所提出的观点上来。因此，这也是我向你们提出的路程。在这篇文章中涉及的是一则最近的社会新闻，该事件导致一些律师们针对禁止乱伦的法律重新提出了质疑，从而引起了一场轩然大波。在2007年2月23日，法新社（agence France-Presse）发表了一篇文章。

在德国，一对乱伦兄妹想要改变法律

法新社于柏林报道

在2005年，一对兄妹被德国司法机关判处了"乱伦罪"，因为他们在一起育有四个孩子。为了让兄妹之间的性关系不再遭到处罚，这对兄妹于是向德国联邦宪法法院提起了废除乱伦罪的诉讼，他们的律师在星期二宣告说。

根据德国刑罚第173条规定，成年兄弟姐妹之间的性关系最多可判处三年监禁。这对兄妹的律师强调说，这项法律规定"令人无法忍受地侵害了"成年人自由选择其性伴侣的基本权利。28岁的帕特里克·S（Patrick S）与21岁的苏珊·K（Susan K）是一对具有血缘关系的亲兄妹，即便他们并未携带相同的父姓。因为这个男孩子先前曾被其母亲遗弃，尔后又被人收养。帕特里克与苏珊在2000年才认识了彼此。他们的第一个孩子在随后的一年里出生，后面又跟着出生了三个其他的孩子。这位父亲在2005年11月因为"乱伦罪"而被判处了两年半的监禁，至于他的妹妹兼妻子因同样的事实遭到了判罚，但免去了刑罚。在他们上诉期间，他们的律师曾将处罚乱伦的这项德国法律条款称作"历史的残留"。

帕特里克已经刑满释放，兄妹两人目前与他们的四个孩子一起住在同一屋檐下。

(Agence France-Presse, 2007)

法国《费加罗报》(*Figaro*) 在2007年2月24日也补充报道了这则社会新闻。

根据恩德里克·威尔海姆（Endrik Wilhelm）律师的说法——他正打算向德国联邦宪法法院提起诉讼——乱伦禁忌已不再有存在的必要（我的强调）。他引用了法国的例子，因为法国的《刑事法典》(*Code pénal*) 就忽视了乱伦的概念，只要两个成年人都同意发生性关系。从政治的方面来说，他的观点得到了绿党国会议员耶尔日·蒙塔格（Jerzy Montag）的支持，后者也谈到这是一项应当要废除的过时的法律。

(Bovec, 2007)

我继续引用《费加罗报》的报道："在帕特里克与苏珊共同生育的四个孩子当中，有两个孩子是智力发育迟缓。根据柏林遗传学家尤尔根·昆兹（Jurgen Kunze）的说法，从统计学上来讲，在这些乱伦结合的案例中出现此类智力发育障碍的概率达到了50%之多。"

正是这一点导致我想要进行两则评论：第一点评论是关于"乱伦禁忌"在

法律中是否存在明文规定的问题。就涉及法国的法律而言，我们甚至都不会在法律文献中找到"乱伦"这个字眼。为什么会这样呢？答案非常简单，我们可能都会认为，这是根本不需要明令禁止的东西，因为这是不言自明的事情，乱伦禁忌是一项不成文的法则，又或者，我们也可以说它是被铭写在结构中的法则，我会马上说明其原因。但是，这也并非是如此简单。

我的同事让·佩兰（Jean Périn）曾于2004年1月21日在"国际拉康协会"的网站上发表了一篇文章，其标题是"关于一场乱伦官司的简短对话"（*Petit dialogue sur une affaire d'inceste*），正如他在这篇文章中所评论的那样："我们的刑法忽略了对于乱伦的定性，而民法则只是以婚姻障碍的名义来对待它……"（Périn, 2004）。此种**婚姻障碍**[①]导致在法律上不可能承认由一段乱伦关系而出生的孩子："根据民法第161条与162条的规定，如果在非婚生子（enfant naturel）的父母之间由于亲属关系的缘故而存在一种婚姻障碍，因为亲子关系已经相对于他们中的一者而得到了建立，那么便要禁止相对于另一者来建立亲子关系。"换句话，如果说乱伦禁忌并未在法律上得到明文规定，那么也可以从字里行间中读出来。但是，让·佩兰还提供了拉康曾经探讨过的另一个元素："世界各地的法律都普遍性地规避了这个所谓的禁止，除了在《摩奴法典》（*Manusmriti*）中规定以实在的阉割来对其进行惩罚。"

我要提醒你们，这部《摩奴法典》是最古老的印度传统的法典[②]，因为在印度教的传统中，"摩奴"（Manou或Manu）是人类的始祖，因而在由他所制定的法典中，就存在禁止乱伦的法则，而拉康在其研讨班中也曾多次援引过这部法典，例如，"只有在《摩奴法典》中明文规定了，男人若与其母亲睡觉则要被割掉睾丸并把它们拿在手上，然后径直朝向西方走去，直到死亡接踵而至"（Lacan, 1994, p. 37）。在《研讨班XVIII：论一种可能并非属于假象的话语》（*Séminaire XVIII: D'un discours qui ne serait pas du semblant*）（1971年6月9日

[①] "婚姻障碍（empêchement à marriage）"即在法律上明文规定不允许结婚的消极条件或排除条件。——译注

[②] 《摩奴法典》是古代印度最重要的一部法经或称法论的作品，成书于公元前2世纪至公元2世纪间，其核心在于维护印度的种姓制度。——译注

的讲座）中，拉康又进行了如下的评论："除了在《摩奴法典》中之外，世界各地的法典都更多省略了这项乱伦的法则"（Lacan, 2007, p. 159）。尽管乱伦禁忌在法国的法律中遭到了省略，但在其他欧洲国家则似乎并非如此。在2007年2月24日的瑞士《时代报》（*Le Temps*）上，伊夫·佩蒂格纳（Yves Petignat）在谈到上述案件时写道："律师表示，比利时、法国或葡萄牙都不会给达到性成熟年龄的人们之间自由同意的性关系进行定罪。而在瑞士，乱伦会遭到法院起诉，并可判处从三天到三年监禁的有期徒刑"（Temps, 2007）。总之，尽管瑞士和德国（或许还有其他例外）在法律上明文规定了"乱伦罪"，然而省略这项乱伦禁忌的法律在我看来却是符合逻辑的，因为将这项法律宣布出来的事实便是以某种方式提到了乱伦的可能性，而这即意味着削弱了此种禁止。

伊夫·佩蒂格纳还引用了另一位律师的观点来继续攻击禁止乱伦的法律："对于他们的律师约阿希姆·弗洛姆林格（Joachim Fromling）而言，第173条是一项陈旧且过时的法规，它已不再适用于今天的情况，它出现在法典里只不过是为了捍卫我们社会的道德概念。刑法的目标不应是给成年人们强加某种性的规范。"因此，你们看到，这里涉及的就是对这项法律的一种非常严重的攻击，而根据弗洛伊德、列维-施特劳斯与拉康，精神分析则将"乱伦禁忌"看作一项根本性的**象征性法则**。我要给你们引用一段拉康的评论，他在《研讨班VII：精神分析的伦理学》（*Séminaire VII: L'éthique de la psychanalyse*，1959年12月16日的讲座）上说道：

> 让我们不要忘记，关于弗洛伊德给道德基础带来的贡献，有些人会说它是发现，另一些人会说它是肯定，而我则相信这是对于根本法则或原始法则的发现的肯定，就文化与自然相对立而言，文化恰好就肇始于这一法则——因为我们可以说，在弗洛伊德那里，这两个东西都是在现代的意义上从根本上完全独立开来的，我想说的是在我们时代的列维-施特劳斯能够对其表述的意义上——也就是说，这一根本性的法则，即是乱伦禁忌的法则。
>
> 我刚刚已经指出，精神分析的整个发展已然越来越少地强调这一点，也将以越来越笨重的方式来证实这一点。我的意思是说，在母

婴交互心理学（inter psychologie enfant-mère）的层面上发展起来的一切，以及人们在所谓的挫折（frustration）、满足（gratification）与依赖（dépendance）这些范畴中如此糟糕地表达出来的东西，或是你们随便愿意把它们称作什么的东西，皆只不过是对于母亲的母性原物的本质性或根本性特征的一种巨大发展，因为她占据了这个"原物"即"大写之物"的位置。

众所周知，与之相关的就是乱伦欲望，它是弗洛伊德的伟大发现。关于这项发现的新颖性，有人徒劳地告诉我们说，他们在柏拉图那里的某个地方附带性地看到了它，或是狄德罗曾经在《拉摩的侄儿》(le Neveu de Rameau)抑或《布干维尔游记补遗》(le Supplément au voyage de Bougainville)中说起过它，这些对我来说都是无关紧要的。重要的是，在历史的某个特定时刻上有那么一个人站起来说道，"这就是本质性的欲望"。

(Lacan, 1992, p. 66-67)

拉康坚持强调了**大写母亲**的"母性原物（la Chose maternelle）"的本质性或根本性特征，因为她就占据着这个"**原物**"或"**大写之物**"的位置，而这即意味着"乱伦欲望"是其必然的结果。接着，拉康又继续说道：

换言之，我们应当将其牢牢把握在自己手里的正是这一点，亦即弗洛伊德在伦理禁忌中和乱伦欲望中指派了根本性法则或原始性法则的原则，而所有其他的文化性发展则都是围绕这项原则而发展起来的，它们皆只不过是乱伦禁忌的结果和分支，同时他还将乱伦欲望等同于最具根本性的欲望。

(Lacan, 1992, p. 67)

就涉及禁止乱伦的法律而言，《费加罗报》的那篇文章的作者对于遗传学的援引和参照会让人以为，此种禁止是以一种生物学的必然性为基础的。然而，这却是一种完全错误的观点，正如查尔斯·梅尔曼先生在其发表于"国际拉康协会"网站上的《论乱伦》一文中所提醒我们注意到的那样（Merman, 2005）。

对于**乱伦禁忌**而言，并不存在任何生物性或自然性的根据：无论是在自然的环境之中还是在人类的控制之下，动物的繁殖都不会以任何方式而牵扯到此种观念。恰恰相反，乱伦禁忌是专门联系于象征界的，而且正是从能指链条的运作出发，譬如拉康在《关于〈失窃的信〉的研讨班》中向我们所表明的那样，我们才能够来把握此种禁止的结构必要性。一旦在一串随机的正负序列中引入某种象征秩序，我们便可以看到，能指链条的某种决定作用会随着对于某些字符的压抑而得以组织起来，这些字符是遭到禁止的：乱伦禁忌便是由此而来的。这即意味着：从象征界的运作的视角来看，那些不可能的东西将会由于此种禁止而呈现出某种道德性的意涵，而这种意涵则是在意指的层面上且因此是在想象界的层面上对于在象征界的层面上发生的事情的一种解释或解读。

这些遭到排除和禁止的字符，恰好将在冲动的运作中体现出来，亦即在可从身体上拆卸下来的那些延伸部分中体现出来。对象 a 便是在身体与象征界的栓钉或扭结中被切割出来并掉落下去的东西。这个作为**永远丧失**而被构成的对象 a，从此之后就变成了欲望的支撑。也就是说，它会最终占据**大写之物**的位置，在尚且还不存在象征界的那一神话性时间上——假如我可以这么说的话——这个**原物**在那里便是充盈性的，它提供了全然的满足。这个位置即是**大写母亲**的位置，这也是为什么"乱伦禁忌"是人类的根本性原则，因为只有当对象 a 跌落的时候，也就是说，只有当我放弃了"原物"本身的时候，我才能够作为**主体**而存在；这是一种结构性的要求。如此一来，你们便可以看到，这个乱伦性的对象从结构上说即是母亲。因此，就涉及父亲或兄弟姐妹而言，乱伦禁忌便完全不是作为禁止与母亲乱伦的等价物而出现的。我还要再给你们引用拉康在《研讨班Ⅶ：精神分析的伦理学》中的一段评论。

> 我们在乱伦禁忌法则中找到的东西就这样处在与"原物"的无意识关系的层面之上。正因如此，我们才会说对于母亲的欲望是不会得到满足的，因为此种欲望会终结、终止并废除整个要求的世界，而恰恰是这个世界在最具根本性的层面上结构化了人类的无意识本身，恰恰也正是在这个层面上，快乐原则的功能便在于让人类总是去寻找他

必须重新找回但始终无法抵达的那个东西，而被称作乱伦禁忌法则的那种根源、那种关系，其本质就存在于此。

（Lacan, 1992, p. 68）

乱伦关系的种种主体性后果

至此，我们已经在其结构性基础上及其当前的法律性争议上讨论了乱伦禁忌的法则。现在，我要提议你们来研究几例临床个案。这些个案涉及的都是一些年轻的女孩或女人，她们抱怨自己在童年的时候曾是**性侵**受害者，此种性侵往往都来自她们的父亲、叔叔或兄长，而在一例个案中，则是首先来自案主的父亲，继而来自案主的母亲。我给你们带来这些临床片段，就是为了试图从这些乱伦性的**行动宣泄**中抽取出不同的主体性后果，在我看来，这些后果要么会将主体的未来导向**神经症**的方向，要么则会将其导向**性倒错**或**精神病**的方向。

朱斯蒂娜个案

朱斯蒂娜（Justine）个案呈现出了弗洛伊德（Freud, 1955, p. 21）所谓的"**命运神经症**（névrose de destinée）"的情况，她有一个偏执狂的母亲和一个乱伦性的姨夫。她开始寻求精神分析治疗是因为患上了某种**抑郁综合征**（syndrome dépressif），而这是她在工作场合上遭到骚扰的症状性反应。很长一段时间以来，她都只是在分析会谈中以"受害者"的身份来谈论她先前在商店里作为收银员工作的时候所遭到的那些迫害。她参加了工会组织，而且作为工会代表，她必须捍卫自己的一些同事，但工会在领导部门那里都是不受待见的；管理者们想尽了各种办法，企图用权力来逼迫她退出工会。于是，朱斯蒂娜便遭人指控其偷窃，她受尽了屈辱，有人在商店出口的人行道上当众翻看她手提包里的东西，以便查看她是否偷窃什么东西。在多年期间，她都无法去工作，于是她便把自己的全部精力都耗在了向"劳资调解委员会"控告她的雇主。这场诉讼持续了超过十年的时间。

当时，她完全不想把这一页翻过去，也不想要到别的地方工作：她一心想要捍卫自己的权利。在每次会谈中，她都会哭着诉说这一切对她来说是多么艰难，又是多么令她无法忍受。与此同时，她呈现出了很多**躯体化**的问题：椎间盘突出导致的腰部疼痛、胃炎问题、胸部疼痛、恶心伴随间歇性的呕吐、那种属于真正"偏头痛"类型的头痛、失眠、甲状腺问题，还有一些进食障碍——后者先是导致她在一段时间以内体重减少了15千克，随后又导致她的体重超标和肥胖。

在每次会谈中，她都是一进来就失声痛哭，以至于我都开始害怕再见到她，因为我觉得自己在跟她一起工作的时候已经陷入了完全的失败，而且我丝毫不理解发生了什么。我跟她说了自己的这种感受。于是，她便开始向我谈论别的东西；在工作场合上遭到侵犯的问题很快便作为另一次侵犯的重复而呈现了出来，亦即她先前曾遭到过其母亲的侵犯。在随后的很多次会谈里，她的母亲都占据了其话语的中心。接着，她才渐渐地能够脱离母亲，同时逃离母亲对她施加的精神控制。然而，即便她现在的情况在我看来似乎已经得到了很大的改善，但她还是会继续把自己摆在一个终将不幸的"受害者"的位置上，而我又无法使她从这个位置上真正地离开，因为她坚持认为自己受到的伤害是无法弥补的，而且在这方面也不会有任何的改变。

那么，在她身上到底都发生了什么呢？

她的母亲曾经结过三次婚又离了三次婚；她在会谈中说道："她会把父亲们统统撵走。"朱斯蒂娜曾经得到过她父亲的承认，并且在很小的时候就被冠以其父亲的姓氏。然后，她的母亲便在民事登记上各种奔走活动，自她10岁开始，她便改冠以其母亲的姓氏。朱斯蒂娜认为，她的抑郁就来自她在9岁到11岁期间所发生的一些事情。她姨妈的丈夫当时30多岁，是她所在学校里的一名小学老师。这是一个非常"受人尊重／衣冠禽兽"的男人。朱斯蒂娜说道：

> 当时，他会把我留在教室里，自称是为了让我学习，一直把我留到晚上八点；他会给别的学生布置家庭作业，却把我带到校长办公室里……每天晚上……两年之后，我便拒绝去上学了。起初，我曾跟我的母亲说过，我不想要再去学校，我害怕我的姨夫。有时候，他也会带我回家里，甚至还会留在我家里吃晚饭。当我参加学校考试的时候，他也都一直在场，他总是冲着我大声训斥，让我什么都不再写得

出来。我曾经离家出走过，我躲去了我的大舅家里，我一直都不敢跟任何人谈起这些事情，我也一直羞于谈论这些事情。

在她17岁的时候，她的母亲又强行让她住到这位姨夫的家里。

我惊恐万分，一直哭泣，非常害怕。有的时候，我会躲去邻居的家里，可是他却威胁我说："如果你跟外面的人讲了这件事情，你就等着看我怎么收拾你吧。"他们会逼迫我到外面打水；结果我便遭到了强奸。他如此地对我百般虐待，以至于一连好几个月期间，我都一直在生病，我当时并不知道自己已经怀孕了；我当时根本没有办法下床，是我的外婆把我带去了医院，到了医院才得到了诊断，医生说我当时已经怀有五个月的身孕。我的母亲想要让我嫁给这个孩子的父亲，可我并不愿意！一直到我女儿1岁之前，我都一直住在这位姨夫的家里。

后来，她便回到了母亲的家里，并且跟一个男孩子保持了两年时间的恋爱关系，她说，这个男孩子觉得她是一个"好姑娘"，而且也完全不会逼迫她做任何她不想做的事情。在他们第一次发生性关系之后，她又怀孕了，她在怀孕三个月的时候将这件事情告诉了她的母亲。她的母亲强行要求她去做人工流产，而她的男朋友则非常高兴自己当了父亲并且想要娶她，她自己当时也希望跟这个男孩子结婚，毕竟他们都已经是成年人了。朱斯蒂娜说道：

我永远都不会原谅她（母亲），那个医生当时并不愿意给我做人流手术，但是她塞了钱，医生才勉强同意做了手术；在进行手术的当天，诊所里几乎空无一人。于是，我的男朋友便离开了我。之后，我又失去了工作，而她则把我赶出了家门。

在朱斯蒂娜的话语中，首先出现的是她在童年期遭到自己姨夫的猥亵，然后是强奸和她不想要的女儿的出生，最后则是她想要留下的那个孩子的流产和她跟自己男朋友之间的情感性破裂。但是在后续的会谈中，朱斯蒂娜却仅仅谈论她跟自己母亲之间的那些关系:"她又高又壮,还非常暴力。在我们很小的时候,她就会虐打我们;社会工作者曾经来做过家访,但是没有任何孩子胆敢说出真相。"朱斯蒂娜的脸上至今还留有一处烧伤的巨大伤痕。

就是她把我给烧伤的,当时我得了腮腺炎,她把一些滚烫的石灰敷到了我的脸上。即便现在,她也会对自己的所有孩子们施行恐怖统治。她会召唤他们,她会虐打他们,还会挑拨他们互相敌对;每个孩子都必须每个月给她上供、打钱,即便在我们已经结婚之后。同样,她每个月都会要求我给她买一箱红酒和一箱香槟。她会辱骂自己的孩子们,把他们当作私生子一般对待。即便我们无力给钱,她也会纠缠和骚扰我们,甚至还会到我们的单位里找我们的老板大闹一场,要求领导把我们的一部分工资直接转账给她。她让我们全都丢了工作,她让我们当众出丑。我们还不能说这个,没有人会相信我们。

最小的儿子至今仍然跟她的母亲住在一起,他每个月都会替母亲来巡视一圈,向其哥哥姐姐们挨个收取母亲要的钱。最近,就像她已经对朱斯蒂娜做过的那样,母亲也决定让他不再跟随父亲的姓氏,而是改换了母亲的姓氏。没过多久之后,他就出了意外并住院治疗了。

朱斯蒂娜跟她自己的女儿之间的关系也是非常地困难,她说道:"当我看着她的时候,我便会看到她的父亲。"因而,我们能够从朱斯蒂娜的历史中突显出来的东西,就是她母亲的人格:在病人的话语中,母亲在对待自己孩子时呈现出了一种极具攻击性的偏执狂人格,而且她还似乎成功地赶走了孩子们的父亲,尽管孩子们没有因此而呈现出精神病症状。

朱斯蒂娜——或许,她的兄弟姐妹们也同样如此——处在一种极端稳固的"**受虐狂**"的位置之上。她宣称,在其家庭的动力上不可能会发生任何的改变,她的母亲会继续给他们制造麻烦并且把他们变得不幸,孩子们毫无还手之力,毕竟她是母亲,他们都要被迫服从于她。然而,朱斯蒂娜却渐渐地与她的母亲拉开了一些距离,并最终决定要跟她的母亲断绝关系,但是她的兄弟姐妹们却到她家里对她狠狠地进行了一番道德训斥了,并且最终都远离了她,因为他们认为她的态度非常可耻。她的很多兄弟姐妹都患有抑郁症状，其中一人已经进行过三次自杀性尝试。

朱斯蒂娜现年48岁，她已经丧失了工作能力，而且自从她的女儿离开她之后，她便一直独自生活。朱斯蒂娜跟性欲保持距离，她跟一位男朋友交往了很多年，但是她从来都不同意跟他发生性关系。尽管我做了各种努力，试图将她拉出她所陷入的重复，然而她在每次会谈中还是会为了自己而哭个不停，完全无法考虑要脱离此种"**受虐狂的享乐**"。

我想要借由这则个案的呈现来突显的东西，便是病人在一开始提出的问题（亦即在工作场合上的骚扰）如何覆盖了另一次骚扰（亦即一位非常病态的母亲的骚扰），就像朱斯蒂娜所说的那样，这是一个把父亲们统统都撵走的母亲。同样，朱斯蒂娜也非常怨恨她的父亲，因为他不知道要如何树立威望，并且把她丢给了她母亲，让她任由母亲的反复无常所摆布。

在朱斯蒂娜的个人历史中，她首先遭到了姨夫的性侵，继而又遭到了强奸，导致了不是她所欲望的怀孕，直到孕期五个月时才得到确诊，然后又遭到了她第一任男朋友的抛弃，最后导致了她在后来与男人发展关系的不可能性，根据**命运神经症**的图式，这一切都是相互链接在一起的问题。在此种神经症中，在我看来，决定性的因素似乎便是与母亲的关系，这一点让我想到了梅尔曼先生告诉我们的东西，这是在他关于《**偏执狂**》的研讨班的第124页，这期研讨班由"国际拉康协会"出版。他提醒我们要注意到，与**母性大他者**之间没有中介的自发性关系是一种**去势性**的关系（relation qui châtre）。他还补充说道：

> 女孩们对此都是有所了解的！她们非常清楚地知道，在她们与自己母亲的关系中，即便是在她们自己变成母亲的时候，她们都会把自己的时间耗在想要切除她们母亲的乳房、臀部和卵巢上……她们都知道这一点，这是非常日常性的经验。
>
> （Melman, 2014, p. 124）

即便此种经验是非常日常的，但它也可能会多少得到突显或多少得到容忍，因人而异。

安妮个案

当安妮（Annie）因在青少年时期与其继父的乱伦关系而将其告发到警察局的时候，她的继父自杀了。在她自己因自杀性企图而接受住院治疗之后，我接待她已有一年的时间。安妮目前49岁，与其23岁的女儿生活在一起。她曾因酗酒问题（酒精依赖障碍）而接受过长期的跟踪治疗：在她30多岁的时候，她甚至每天都要喝掉两瓶"力加酒（Ricard）"[①]。她说，她对自己在6岁之前的生活没有任何的记忆。她知道自己当时曾与她外婆和她母亲还有母亲的两个小弟弟一起生活在一间只有两室的公寓里。在她出生两个月之后，外公便因癌症而去世，他在当时曾经说道："看看是谁来取代了我。"

病人的两个小舅舅分别只比她大7岁和9岁。因而，这三个孩子便是由两个女人来抚养的，亦即外婆和她的长女。这两个女人的工作都是在医院当护工，为了照看孩子们，她们一个上白班，一个上夜班[②]。病人的父亲在刚得知她的母亲怀孕时便抛弃了她的母亲，而她的母亲从来都不愿意向她说出她的亲生父亲到底是谁，甚至都不愿意说出他的名字，声称她已经记不起来了。

在安妮6岁的时候，她的母亲再婚了，同时跟外婆闹翻了。因此，她们便离开了外婆的公寓。安妮说，这次决裂曾经让她感到非常地难过，因为一直到她11岁之前，她在好多年里都无法再次见到她的外婆和她的两个小舅舅。她的母亲跟继父又生育了四个孩子，四个孩子都是男孩。当她再次见到自己外婆的时候，外婆告诉她说，她的继父并不是她的亲生父亲；她说，自己当时叫他"爸爸"，也相信自己是他的女儿，就像她的四个弟弟一样。

从安妮14岁开始，继父便开始对她进行了性侵，一直到她在17岁时从家里逃出去为止。在这段时期里，她出现了各种各样的行为障碍，她会通过割破皮肤来自残，她会跟自己的母亲发生争吵，然后多次离家出走，睡到户外。她的母

[①] "力加酒"亦即法国"茴香酒"，由茴香油和蒸馏酒调配而成，其中含有大量苦艾素，该酒在法国烈性酒市场中的地位类似于我国的"二锅头"。——译注

[②] 母亲和外婆在这里明显是在避开拉康所谓的那种"折磨"的母女关系。——译注

亲给她的外婆写了一封信，外婆在读到这封信后感到非常警觉且不安，她当即就料到在安妮与她的继父之间发生了一些事情，于是她便把自己的孙女带去了负责儿童案件的法官那里。安妮至今都还记得，在那位法官面前，她说当时没有任何事情发生，事情也就到此为止了。

安妮几乎闭口不谈她进入婚姻并生下自己女儿的那段时期，这段婚姻生活在她32岁的时候以离婚而告终。然后，她便一直跟女儿生活在一起。从28岁到现在，她都在因为酗酒的问题与抑郁的发作而接受跟踪治疗。

在安妮46岁的时候，其继父的弟弟被判处了12年有期徒刑的监禁，因为他的女儿以乱伦关系而将其告上了法庭，当时她还不到青春期。其继父的第二个弟弟同样在自己亲生女儿很小的时候便与她发生了乱伦关系。接着，她曾经非常依恋的外婆——与她的母亲相反，外婆非常深情也非常爱她——去世了。正是在此之后，安妮去找了她的继父谈话，并告诉他说，他在自己14岁至17岁期间曾强加给她的那些性关系让她生了病。根据她的说法，她的继父道歉了，但同时威胁她说："如果你把这件事情告诉你的女儿，我就自杀。"

次年，当安妮因为一次自杀性企图而接受住院治疗的时候，她再次谈到了她与其继父之间曾经发生过的那些性的关系。她的女儿最终还是得知了这件事情，而她的继父则付诸实施了他的要挟，并在安妮住院期间真的自杀身亡了。至于安妮母亲的态度则一直非常地疏离，她已不再跟自己的女儿说话了。在随后的圣诞节，母亲只邀请了她的儿子们，而没有邀请她的女儿，这让安妮感到非常痛苦。几个月之后，在其继父自杀的忌日上，安妮再度抑郁发作，她重新跌入了酗酒的深渊，她说自己是引起继父死亡的原因，并因此而深感内疚。

在这例个案报告中，我们可以突显出什么呢？

非常有趣的是要注意到，尽管这些乱伦性的事件都是在很早之前发生的，但是在2000年爆发了"**控诉恋童癖**"的运动之后，安妮和她的表妹们才开始出来揭露这些罪行，结果便导致了这一连串的事情：叔叔被判监禁，继父谢罪自杀，母亲变成寡妇并怨恨她的女儿，安妮抑郁发作。安妮的控诉尤其针对的是她的母亲，因为母亲拒绝跟她说话，因为母亲在她的青少年时期并没有保护过她，而她当时却非常清楚地知道发生了什么。

我刚刚报告的这两例个案都具有一些共同点：起诉控告、抑郁心境、不能维持伴侣生活、自我逃亡的倾向，其中一位病人逃进了酒精里，而另一病人则逃进了安眠药里。在一种看似非常固着的享乐组织中，**受虐狂**变成了她们的运作模式：尽管她们都感到非常地痛苦，却并不准备放弃此种受虐狂的享乐。

米丽亚姆·佩林 (Myriam Perine, 2006) 的著作《嘘：在乱伦的沉默中》(*Chut: dans les silences de l'inceste*) 讲述了一例非常相似的个案。出版社在书籍的封底上暗示说：这本书使其作者能够达到"**乱伦受害者**"的地位，正是这一点引发了我们的思考，因为如果说乱伦受害者是一种需要达到的身份与一种不可变更的位置，那么，在此之后，我们显然便不再能够期待会发生任何的改变或是任何的挪动。根据米丽亚姆·佩林的说法，她的母亲一直都知道发生了什么，但为了留住自己的丈夫而任凭这一切的发生。在这本书里，作者还呈现出了另一种症状，我们经常能够在那些曾于童年时期或青少年时期发生乱伦关系的女病人身上发现这种症状，亦即**厌食症**，抑或**厌食症**与**暴食症**的混合。在这部自传性作品中，米丽亚姆公开暴露了自己的案例，为了获得受害者的身份，她先是在电视台上参加了访谈节目，然后写出了自己的故事，但在最后，她似乎还是能够触及另外的一种享乐模式，因为她讲述了自己对于一个男人的激情，还有她的婚姻如何使她能够摆脱掉自己的过去。

现在，我想要快速地提及另外的一些女病人。

艾米丽[1] 曾在印度大麻的作用下呈现出了一种"妄想"，涉及处在危险中的孩子；她向"未成年人侦讯组 (brigade des mineurs)"告发了父母，为处在危险中的孩子而战斗，砸碎了她父母家里的物品，攻击了她认为处在危险中的那个孩子的母亲。在几番会谈中，妄想平息了下来，她将此种妄想与她自己童年时的经历联系了起来：当时，她的父亲与自己的妻子共谋，让她到邻居家里去取一些照片，即便她的父亲知道他的邻居有恋童癖。实际上，这个父亲经证明是一个性倒错者。她与自己的父母断绝了关系，而在此之后，她才似乎能够以相对幸福的方式来支配自己的生活。

克莱尔 (Claire) 来见我咨询有二十多次。她已经结婚，有两个孩子，她困惑于自己应该与她的父母保持怎样的关系，因为在她很小的时候，她的父亲曾经对她的性器官进行过一些抚摸，他当时把这样的猥亵称作"死亡手指"，这个说法会让他笑出声来。她的母亲对于此种情况完全没有重视起来，她说"一家人总是要做这样的事情"，而直到现在，她的父母仍然不明白她为什么要来谈论这件事情。对于克莱尔来说，在我们会谈的一开始，这种做法的不正常在她看来并不是完全明摆着的事情，但这却给她造成了一些问题和困惑，因为她当时担心自己的父母会跟他们的孙子孙女重新开始这个"家庭传统"，因为他们有时会在周末或假期里照管孩子。尽管她有一种强迫症的结构，然而她并未呈现出太多的症状；而最让她感到难受的事情，亦即她的主诉，就是她觉得自己没有很好地连上现实的感觉。

我刚刚谈到的这些个案都始终属于典型的**神经症结构**，与此相反，现在我要提及另外两个更加年轻且不到30岁的女病人，她们虽然都有类似的童年经历，却超出了此种神经症的框架。

玛丽琳娜（Marilyne）郁郁寡欢，脾气暴躁，她不仅割破了自己的皮肤来进行自残，而且还尝试吞药自杀。十年来，她都声称有"厌食症"，而实际上，她最终确实有了厌食症。她会偷窃奢侈品，吸食印度大麻，以危险的方式驾车或骑车，但尽管如此，她还是会继续工作。她的这些障碍持续了十年之久，但也只是在最近的两年里，她才会开始谈到自己与父母之间的那些乱伦性关系：先是她的父亲在她4岁至6岁期间给她强加的那些性侵，然后是她的母亲在她9岁至11岁期间对她实施的那些猥亵。

她可以被看作一位精神病患者，并且接受了一段时期的精神病学跟踪治疗。她曾经多次更换过精神科医生，而且似乎重复相同的模式：首先是一个巨量转移的时期，在此阶段，她的要求带有迫切性、过度性与侵入性，伴随针对治疗师的自杀性威胁——如果治疗师有一丁点儿缺席，然后便是治疗关系的决裂，伴随对精神科医生的更换。

对于玛丽琳娜而言，这则个案给我们提出的问题即在于：性欲经由其父母的过早引发是否最终会将一种**性倒错**的享乐模式固着下来。玛丽琳娜似乎未能克服因其母亲而引发的性欲化创伤；她说，关于她的父亲曾经对她做过的那些事情，她都可以原谅他，因为他是真的爱她，但是关于她的母亲，她却说道，她想要杀死她的母亲。

在她的历史中,直到18岁之前,她都完全忘记了这些事件。她说,是当她想要离开家庭的时候,她的父亲才又开始酗酒,并再度对她做出了一些太过亲密的举动;她说,正是这些带有性意味的举动让她重新记起了在她很小的时候曾经发生过的那些事情,不过她还是又花了八年的时间才能够向精神科医生们去讲述这些事情。现在,压抑也已遭到了解除,而她呈现出来的事情,便是针对母亲的一种极度憎恨,同时伴随对于一个替代性**好母亲**的强烈追求,她在一位年长的同事那里找到了这个替代性的"好母亲"。

在我看来,这个女儿针对其母亲的攻击性"行动宣泄"的风险是必须要纳入考量。倘若她的父母同意变得远离一些的话,她本来是能够做到放弃报复与仇恨的。然而,当她写信告诉他们说"我不想再听你们说话"的时候,他们继续打电话给她的周围人,向他们打听她的近况,即便他们很少这么做,但是每当他们出现的时候,她还是会重新陷入一种非常不安的状态。

拉康曾经说过,儿子与其母亲之间的乱伦可能会引发一种精神病的命运,但他并没有谈到女儿与其母亲之间的乱伦。梅尔曼先生提醒我们要注意到这一点(Melman, 2005),尽管他并未明确地表述母女之间的乱伦情况,然而我却认为,女儿与其母亲之间的乱伦也可能会产生出相同的结果,我们可以将这两种情况联系起来进行比较和对照,因为在某种程度上说,**乱伦的主角总是母亲**,也就是说,**她是在结构上遭到绝对禁止的对象**。在《研讨班XIII:精神分析的对象》(*Séminaire XIII : L'objet de la psychanalyse*)上,拉康曾在1966年4月27日的讲座中告诉我们说,**父女乱伦**的危险性要远远小于**母子乱伦**的情况,因为后者总是包含有一些令人备感折磨的后果。

一部名叫《无以言说》(*Unsaid*,又译《欲中罪》)的电影就是针对这个主题的,该片在2003年上映,由古巴裔美国影星安迪·加西亚(Andy Garcia)主演。影片讲述了一位年轻男子在其童年期间与自己母亲发生乱伦关系之后实际上变成疯子的故事。然而,这个乱伦的问题同样由于另一件事情而变得复杂了起来:父亲当场抓奸了他们,并且在自己儿子的眼前当场杀死了母亲。

作为结束,我还要向你们提及最后一则案例,我把这例个案称作"安吉莉卡(Angélique)",因为她其实就有着一副"天使般"(angélique)的模样。她跟我先前讨论的其他个案形成了鲜明的对比,因为她非常地活泼可爱、魅力四射且朝气蓬勃。她会吹嘘毒品的各种优点,她搞不明白为什么必须要施加各种限制,她会让自己尝试一些同性恋的关系,想要看看究竟会发生些什么,尽管她非常明确地将自己看作异性恋。从周五到周一的凌晨,她都处在过度的享乐之中,但在此之后整整一周的工作时间里,她都会强制自己元气满满地投入工作和承担责任。不过,她还是来到一家公立机构咨询了一位精神科医生,以便寻求一些专业性的帮助。我就治疗导向的问题接待了她,而她一上来就跟我说道:"我是绝对不可能为心理治疗付费的,我不需要心理治疗,我已经像这样付出了足够多的金钱,在我看来,似乎需要付费的人并不是我。"因此,我便同意在她无须付费的这家中心里再次接待她。在第二次会谈期间,我迟到了,她差一点儿就走了,她告诉我说:"如果您没有这个时间,其实真的没有这个必要。"尽管她在后来变得更加平静了一些,然而摩擦和争吵还是犹如杂技一般的戏剧化。

当时,我向她询问道:"那么,好吧,您是在捍卫自己的生活方式,这种既没有禁止也没有限制的生活方式,您是在试图说服我说这棒极了,但您不也还是因为这个来到了这里吗?在这里面是否还存在一些令您困扰和烦恼的事情呢?"她立刻就变得激动了起来,承认说这样的生活是行不通的。她以相当羞耻的方式,谈到了她父亲在她母亲的共谋之下曾经给她强加的一些乱伦性关系。然而,她唯一控诉的事情,就是她父母对待她的不公平:例如,他们告诉她说,她给自己年幼的弟弟和妹妹做了坏的榜样,因为她会当着他们的面吸食印度大麻。对此,她又补充说道:"他们从来都没有给我设置过一些界限,如果他当时要求我不要在家里抽大麻,那么我可能就不会这么做了。"

与玛丽琳娜的情况恰恰相反,安吉莉卡的进展是迅速而彻底的,她很快就放弃了毒品和连续的派对,从而再度支持了缺失,也再度变得能够去欲望。在我看来,安吉莉卡似乎非常符合于一种**新型病理学**,我虽然刚刚才看到此种新型病理学的出现,但是梅尔曼先生早在2002年时就已经在《失重的人》一书中向我们描述了此种新型病理学。梅尔曼先生随后提到了这种"**新型的精神经济学**"(Melman, 2018),我要提醒你们注意到这一点。

迄今为止，我们都只是在回应那些通过压抑来组织的临床结构。正是从压抑出发，精神分析才得以诞生，继弗洛伊德之后，人们已经愿意听到那些由遭到窒息的欲望的悲叹，在现实的场域中所发出的噪音。我们现在已经从这种社会制度转向了另一种社会制度，不仅欲望在其中不会再遭到压抑，而且种种享乐的表现开始居于主导——享乐必须居于主导。对于社会生活与社会联结的参与，不再是经由某种集体性压抑的共享，亦即经由我们所谓的那些风俗习惯，而是相反经由归顺于每个人都被鼓励参加的那种"持续的派对"。如今落在主体肩上的重担，是要将自己维持在对享乐的追逐之中。注定"永远年轻"并不是什么好的事情，因为好像被强加给他的这种享乐不再是由大他者的位点来进行调节。也不再有任何东西能够显示出它的顶峰和它的消退。因此，主体便会感受到某种享乐的混乱并痛苦于一种坐标的缺失。这一点尤其会以倦怠和焦虑而表现出来。

（Melman, 2002, pp. 215-216）

在2008年3月9日的《法兰西文化》（*France Culture*）的电台波段上，我偶然听到的一期题目是"双脚着地"（*Les pieds sur terre*）的节目（Kronlund, 2007），一位瑞士教育学家解释说，他在专门研究给残障人士提供性福利的职业，这让我感到非常震惊。他会给他们上课，以便教他们学会自慰，而当他们瘫痪无力的时候，他还会用手来帮他们一把。换言之，我们在这里便是处在那种最为明显的性倒错之中，总是以迈向**享乐权**（droit de la jouissance）的平等为托词，然而这却与**乱伦的僭越**处在同样的层面之上。

结论

同样是在《失重的人》一书中，查尔斯·梅尔曼在**阉割**的主题上引入了一场完全根本性的讨论。我们必须重新拾起 $\alpha\delta\beta\gamma$ 链条的运作，并且重新提出这样的一个问题，亦即为什么我们会给语言的空洞，给这些从链条中遭到排除的字符赋予了一种性的意指？换句话说，为什么我们会为了让那些意指变得秩序化而将阳具"贴合"在大他者那里，从而来回应大他者中能指的缺失 S（$\cancel{A}$）？我们能够以其他的方式来进行吗？

我要在这里引用梅尔曼先生在其书中的一段评论。

> 阉割并不必然是人类的决定性"法则"……由于语言而存在一个空洞，这个事实并不一定会迫使人类造物（créature）的行为就好像是这个洞与性有关……所指为什么会遭到性欲化？这个事实是我们的文化的一种效果，且尤其是我们的宗教的一种效果，还是结构的一种效果？拉康的断言"没有性关系"可能并非是一种宿命。
>
> （Melman, 2002, pp. 55, 54, 57）

梅尔曼先生的这些断言让我觉得非常的困惑，因为如果我们重新考察拉康自始至终的研讨班，那么我们便会看到他从未放弃过这一观点，亦即乱伦禁止具有防止**性关系**或**性相配**（rapport sexuel）的一种保护性功能。

在其1978年的《研讨班XXV：结论的时刻》（*Séminaire XXV: Le moment de conclure*）上，拉康当时说道：

> 我曾经说过——把它化作现在事态——没有性关系。这是精神分析的根本。至少，我允许自己这么说。没有性关系，除非是对于临近的代际而言，亦即父母的一方与孩子的一方。这便是乱伦禁忌所防止的东西——我说的是防止性关系。知识，总是与我所写出的"无性（l'asexe）"相关，只要让跟在这个词后面的部分"ualité"被置入括号即可：无性（欲），亦即 l'asexe（ualité）。我们必须要知道怎么做来应对这个性欲。我们必须要知道这个如同地狱一般（comme enfer）[①]，至少我就是这样来写它的。
>
> （Lacan, n.d.a, 1978-04-11）

---

① 拉康在此玩味了"怎么做（comment faire）"与"如同地狱一般（comme enfer）"之间同音异义的文字游戏。换句话说，我们必须要知道"怎么做"来应对性欲，否则的话就"如同地狱一般"。——译注

因此，这个问题便始终都是开放性的：如果我们承认可能存在不同于性的意指的另一种意指来回应象征界中的空洞的话，那么这将会是哪一种意指呢？然而，实在界、象征界与想象界的三个圆环恰好继续揳住了对象 a 的空洞，而如果说对象 a 不再遭受阳具的矢量化，那么这个缺失的意指又可能会怎样呢？

我想要再度引用一段拉康的评论来结束今天晚上的讲座，这段话摘自《研讨班X：焦虑》中的1963年2月27日的讲座：

因此，欲望即是法则。

这并不仅仅是由于其俄狄浦斯结构的核心主干而存在于分析的学说中，而且非常明显的是，正是这个对于母亲的欲望造成了这个法则的实体，反过来说，使这个欲望本身变得正常化的东西，将其作为欲望来进行定位的东西，便是所谓的乱伦禁止的法则。

让我们通过迂回的路径，亦即通过定义了爱欲 (érotisme) 这个词的入口来看待这些事情，该词即便在我们所生活的时代里也呈现出了某种意义。我们知道，它的俄狄浦斯式表现，甚至它的萨德式表现，都是最具范例性的表现。欲望在其中通过它所显现的某种迂回而呈现作享乐意志 (volonté de jouissance)，我讲的是萨德式 (sadien) 的迂回，我没有说是施虐狂 (sadique) 的迂回，对于我们所谓的受虐狂而言也是如此。

非常明显的是，如果说某种东西经由分析的经验而被揭示了出来，那么，即便在这里，亦即在性倒错中——总而言之，欲望在性倒错中的显现可以被给定作制定法则的东西，也就是说它可以被给定作对于法则的颠覆——欲望完完全全就是对法则的支撑。如果说关于性倒错者，我们现在知道了一些东西，那么这便是说，作为没有限制的满足而从外部显现出来的东西，实际上就是一种防御，它恰好在实践上启动了一种法则，因为它恰好将主体钳制、悬置或停滞在了这条享乐的道路之上。在性倒错者那里的享乐意志，就像在所有其他人那里一样，是一种搁浅的意志，是在性倒错欲望的操演本身中遭遇其自身界限与其自身刹车的一种意志。总而言之，性倒错者并不知道……其行动的操演是为了何种享乐而服务。但无论如何，这都不是为了他自己的享乐而服务。

(Lacan, 2014, p. 150)

注释

[1] 参见：本书的第06讲。

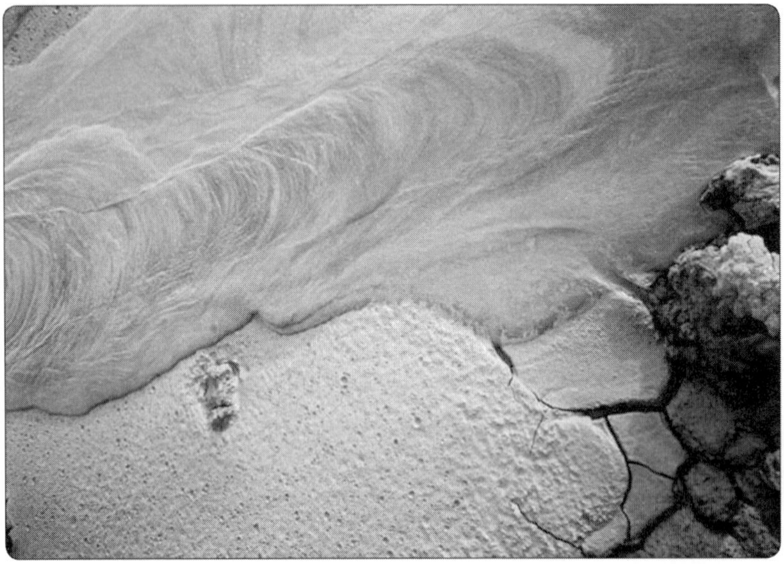

第 15 讲

昆　　廷

> 四大话语的引入
> 从恋物癖到社会性倒错

通过他的那些**数学型**，拉康想要尽可能严格地针对**主体的结构**加以形式化。那么，为什么他会想要进行这样的一种形式化呢？当我们研究某一对象的时候，我们可以就此而给出一些图式、图解或图表：**所有这些都属于想象界的秩序**。同样，我们也可以就此而给出一些维度、化合或定义：**所有这些都属于象征界的秩序**。如此一来，如果我们关于这个对象所持有的话语是非常严格的话，那么我们便可以借助那些图像非常细致地着手研究我们的对象；换言之，我们在着手研究这个对象时越是严格，我们就越是能够接近这个对象。但是，就我们在自身的研究中所能企及的范围而言，**我们却永远无法抓捕到那个既不可能言说也不可能想象的实在界**。我们仅仅能够环切出或勾勒出这个实在界的轮廓：正是向那些小写字母或字符（lettres）的过渡允许了科学的进展。如果说我们在精神分析中也想要取得同样的进展，那么我们便必须要借助书写的形式化，使用一些字符来允许我们环切出实在界的空洞，亦即**不可能性**。自 19 世纪以来，以超乎寻常的速度而发展起来的科学，与在先前的数个世纪里居于主导的那种认识论并未处在连续性之中。这是一种**认识论的断裂**，它涉及的并非是一种连续性的进展。

在某个时刻上，此种进展是由某种"断裂"或某种"切口"而生成的，我们在这里转向了另一种"**话语**"。这个界限既是科学为了延续其自身而决定将主体排除出去的时刻，也是那些字符呈现出其全然重要性的时刻。正是此种对主体的排除，奠定了我们的现代科学的基础。而这一切都肇始于这样一种观念，亦即无论由哪个实验者来操作实验，物理学实验都必须是可复制的，也就是说，人们竭力要将实验者的影响从实验中驱逐出去，而此种排除现在同样表现在对于各种心理疾病的全新分类之中：例如，DSM的疾病分类系统就涉及对于各种行为和不同现象的"客观化"，而且就像精神科医生的主体性必须被排除出去那样，病人的整个主体性也必须非常切实地被搁置一旁。

然而，我们也有可能构想出一种严格的精神病学，此种精神病学并不会将其自身设定作具有**科学性**的话语，然而它会带着能够解释这一传统的有效性的某种合法性与严格性，而将其自身写入"医学话语"的基本方向之中，不幸的是，这一切都已然在今天遭到了否认和推翻，而且就目前而言，这一切无论如何都很少会得到应用。相应地，在科学通过操作此种对主体的排除而延续其自身的同时，精神分析也通过仅仅关切于**真理**的场域而得见天日，这里的真理即是**主体的真理**。因此，如果说精神分析恰好出现在科学诞生的时刻上，那么这可能绝非一种偶然，因为遭到科学排除的主体恰恰又重新返回到了精神分析之中[1]。故而，从根本上说，科学的领域与精神分析的领域便是完全**异质性**的领域，不存在让精神分析变成科学的任何可能性①。但是，这是否又意味着精神分析不可能存在任何的进展来抵达某种科学的形式化呢？

答案当然是否定的，拉康的全部努力都在于此种科学的形式化，而他的整个关切也都在于让精神分析的理论取得进展，以便破解主体的结构；尽管他始终都停留在精神分析的领域之中，但也会使用在哲学、语言学与数学等相关领域中可供我们支配的所有那些逻辑性工具，就像弗洛伊德曾经所说的那样，用我们的双手来改造这些工具。

那么，什么是我们所谓的**话语**（discours）？查尔斯·梅尔曼告诉我们说：

> 话语是一个拉康式的概念；它意味着言语总是会关涉某个同类（semblable），因为它确实安置了这样的一个同类。在拉康那里，话语的概念即表明了此种言语的可能性在数量上并非无限，也就是说，只

---

① 正是在这个意义上，拉康曾经用了一个文字游戏说"精神分析不是科学，而是耐心"，这里的"非科学（pas science）"在发音上与"耐心（patience）"完全相同。——译注

有在很小数量的规定形式之下，我才有可能跟我的同类讲话，而这些少量的规定形式便是拉康所谓的话语。

(Melman, 2005, p. 342)

话语，即是制造联结或缔结纽带的东西，它是与（小）他者发生关系的一种模式，此种关系的性质即在于：存在某种**真理**（vérité）被隐藏在一个**动因**（agent）之下，而后者又在其与**他者**（autre）的关系之中纳入了一些**生产**（production）的效果。

如果要选择一例临床个案来切入话语的问题，那么我们可以通过多重方式进行；我想要首先给你们展示一段非精神分析性会谈的视频[①]，这是与一位癔症女患者之间进行的医学会谈，这段视频能够使我们以几乎生动且鲜活的方式而切实地看到**癔症话语**（discours de l'hystérique）会如何激起**主人话语**（discours du maître）。最后，我更偏向于用一种更具确定性的现代方法来着手讨论**性倒错**方面的问题。

或许，你们都已经听说了我们现在的社会是**倒错型社会**（société perverse），就像诸多迹象所展现出来的那样。首先是对象 a，这个欲望的对象、缺失的对象、中空的对象，也就是说，是以其"丧失"来定义的这个对象——我们永远都不可能重新找到这个对象，然而它却引起了我们的欲望——事实上，这个对象已然在我们的社会中遭受了某种**肯定化**（positivation）。它不再是丧失的对象，而是可以购买的对象，是唾手可得的对象，它保证可以让你们获得幸福，只要

[①] 尽管我们无法从文本上看到这段非精神分析性会谈的视频，但是我们可以自行脑补类似的画面：例如，一位癔症来访者向一位心理咨询师询问其问题的原因，希望咨询师能够就她的问题给出一些明确的解释和具体的解决办法，于是咨询师便被推上了"主人（S_1）"的位置，他会诉诸"知识（S_2）"来解释来访者的问题，但是主体"欲望的原因（a）"却恰好从此种知识中逃离了出去，来访者因而再度向咨询师发问，然而咨询师的回答却始终无法触及无意识"主体（$）"的真理。事实上，这样的过程经常会在带有"暗示性"的治疗过程中发生，咨询师会给出各种建议，然而却无法解决来访者的问题，来访者也会因此而质疑咨询师的工作，于是咨询师就变得不是要求来访者"说话"而是要求来访者"听话"。——译注

它是某种"名牌"即可。此种对象的肯定化可以直接用"家乐福"连锁超市最近的标语来理解:"有了家乐福,我都积极了(avec Carrefour, je positive)。"换句话说,我们正处在**消费社会**之中,就像马塞尔·切尔马克先生(Czermak, 1998)所教导我们的那样,在这样的社会中,似乎也正是这个变得肯定化的对象在操纵着我们;稍后,我会重新回到这一点上来进行讨论。

社会性倒错(perversion sociale)的另一个症状,便是对于**透明性**(transparence)的重复性诉求[①];一切都必须变得透明化,然而人们却没有意识到,绝对的透明性恰恰联系着**偷窥狂**(voyeurisme)和**暴露狂**(exhibitionnisme),就此而言,存在一点儿合乎愿望的**廉耻**(pudeur)会显得更加恰当。

例如,沿着上述的这些脉络,人们便能够在"艺术"的领域中呈现那些裹上塑胶封套的尸体的展览,大批的人群蜂拥而至,完全丧失了对于死者的尊重,正是对于死者的这种尊重刻画了人类种族相对于动物的特征,因为对于我们每个人而言,甚至是对于每一个非宗教人士而言,死者都携带着一个神圣不可侵犯的维度。在上述思想的脉络上,我曾经在"国际拉康协会"的网站上发表过一篇有关**安乐死**(euthanasie)作为**社会性倒错**的能指的短文。在这篇文章中,我试图让大家关注这样的一个事实,亦即那些推动安乐死合法化的组织——诸如"**在尊严中死去**(Mourir dans la Dignité)"之类的协会——提出人们可以自行决定其自身死亡的时刻,然而这会让人以为我们能够决定我们自身的死亡,尽管死亡明显是被强加在我们身上的东西。这是一种**否认阉割**的方式,也就是说,这是让自己置身于性倒错的一边。除此之外,我们也不乏会在此种立场中看到我们无法估计其重要性的一些性倒错的效果。我的意思是说,如果安乐死出于世界上最充分的理由而得到了合法化,那么人们便可能会得出这样的一种观念,觉得它是对"**计划性生育**"的一项很好的补充:**如果出生率可以得到控制,那么让死亡率也得到管控又有何不可呢?**例如,这个操控性的对象可以是一份退休抚恤基金(类似于养老金),如果你们都同意在自己75岁之前便自愿进行安乐死的话,那么这份养老基金便会提供一份两万欧元的保险津贴交付给你们

[①] 关于这点,读者可参考德国哲学家韩炳哲的《透明社会》。——译注

的子女。

我是在夸张吗？但愿如此吧！

在给你们举出了什么是我们的**常态社会性倒错**的这个例子之后——当然还有很多其他的例子——我现在想要向你们展示一则性倒错的临床个案，然后我们重新回到社会性倒错的问题上来。这个从**主体性倒错**过渡至**社会性倒错**的轨迹必然会要求我们来着手讨论**社会联结**或**社交纽带**（lien social）的概念，以及拉康对其加以形式化的**四大话语**的数学型，亦即**社会联结的四种可能性**。

昆廷个案：角质的故事

自从我初次认识昆廷（Quentin）以来，他已经接受了十年的精神病学跟踪治疗。在预谈期间，昆廷讲起话来非常地滔滔不绝，而且充满焦虑，他当时曾向我提出了各式各样的逼迫性要求，这些要求总是以紧迫性为标志，他坚持要马上接受住院治疗，但随后放弃了这种坚持。在接下来的一周，他想要首先住进养老院里，然后再进入一家日间医院，又或者是加入一个治疗型的工作坊。在整整一天里，他的想法都在变来变去，他会重新打电话来明确表达他的要求……因此，跟他工作是相当令人疲惫的。

昆廷现年41岁，是家中的独子。在他24岁的时候，其父亲去世。这位父亲比他的妻子要年长20多岁。他的母亲目前有一位新的伴侣，她跟他过着同居生活，而昆廷则仍然跟他们生活在一起。实际上，在父亲去世的四年之后，昆廷曾经到国外的一个叔叔家里生活，这个叔叔把他雇用进了自己的公司，然而昆廷却又相当迅速地回到了法国，同时他也认为这段经历是一次失败。因而，他便重新回来住进了自己母亲的家里。自从他回到法国之后，他偶尔会从事服装销售方面的工作，但是由于焦虑的再度爆发，他也经常会中断工作。

昆廷焦虑开始于青少年时期，但是直到31岁的时候，他才因为抑郁状态而首次接受了咨询。他有时会产生一种迫害性和苛求的体验，但没有妄想性的建构。在最近十年期间，他有过四次住院，他被职业再安排与定向技术委员会承认作残疾工作者（travailleur handicapé）。他的症状学让跟踪治疗他的不同精神科医生们想到了各种不同的诊断：由于焦虑大发作而令人想到**精神分裂症**的诊断，或是由于其类躁狂性兴奋而令人想到**分裂样情感障碍**的诊断，又或者由于他的那些苛求而令人想到**偏执狂**的诊断。

同样，他还呈现出了一些其他症状，从而会令人想到如下这些诊断：**疑病症主诉**、**社会性孤立**——他只有很少的朋友，尤其是只跟他的母亲有频繁接触——乃至**职业不适应**。然而，他从来都没有过任何的妄想性发作或幻觉性发作。他曾经写过几页纸的东西，我可以向你们展示其中的一些摘要。

没有人知道我正在经历什么，正在遭受什么，即便我已经找到了一份工作，而我对这份工作也感到还算部分满意，尽管我在使用电脑上确实存在一些问题，而且有的时候，我的主管们相互矛盾的那些反应会让我迷失方向。

在工作之外，我生活在一个平行世界之中。这是我的世界：唱片、影碟和电视。我的节目单：尤其是没有真人秀，也没有政治正确：我讨厌这些东西；我喜欢六十年代和七十年代。

当我离家出门的时候，我每天都会感觉遭到攻击。

我只有唯一一个朋友，我不是经常见到他，因为他是一个死宅男，而且有他自己的各种怪癖。

我按照大概每月三次会谈的频率来倾听他，就这样过去了五个月。在此期间，他抱怨的唯一事情就是焦虑，他焦虑于自己无法面对工作上的各种限制，焦虑于他很难让自己的母亲理解他。他说，他的母亲为了让他去工作而给他施加了很大的压力，而且她要求他帮她分担各种家用和日常的开销。

当我们不明白病人为什么出了问题而现存的诊断似乎又不太准确的时候，我们便可以告诉自己说：**这是因为病人没有告诉我们问题的真正所在**。在五个月之后，昆廷告诉我说：

——我想要告诉您一些事情，但是这非常难以启齿，哪怕是对着您说，我不知道自己能不能告诉您……

——**您不必说出一切，您有权拥有一座秘密花园！**

——我就知道您会跟我这么说，不过我还是需要讲出来，以便减轻自己的痛苦，我必须要把它说出来，而这件事情，我无法跟任何人说起，我也从来都没有跟任何人说过。

——只要您愿意的话，您想说什么都可以。

——呃，好吧，就像很多人一样，我认为自己也拥有某种幻想。我拥有一个幻想，似乎所有人都拥有某种幻想，但有的时候，这甚至是一种无意识的幻想，人们拥有某种幻想，但却没有意识到它的存在，而我呢，我也拥有某种幻想，但问题是我把它付诸行动了。我总是会受到女人们的脚丫所吸引，尤其是一只脱掉了鞋子的脚，女人的脚弓弯曲会让我感到非常的兴奋，我无法控制我自己，我会情不自禁地想要触摸它，我必须要去触摸它，而当我触摸上去的时候，那可真的是……

我会让自己站在公交候车亭的后面，那里存在可以让人把手伸过去的一个空间，如果一个女人把鞋子脱下来了一点儿，从而露出了一点儿脚后跟并让我看到了脚弓，那么我便会迅速地把手伸进她的脚丫与鞋子之间的空间。其中，有的女人会尖叫出来，而另一些女人则会惊跳起来，同时骂我是死变态……还有很多女人则会大惊失色，但是她们却什么也不说。之后，我便会飞快地跑着离开。

我不知道要如何让自己轻松下来，我会去做按摩，我相信，例行的推拿按摩会让我变得平静下来，但这个也取代不了那个。有的时候，我宁愿花钱去找小姐，但这却要贵得多，曾经有个女孩跟我要了120欧元。我问她为什么跟我要这么多？我说别的女孩都只向我收取60欧元，她说：恋物癖不行，要加倍收费，所以是120欧元。

可我并不是性变态啊，我人很好，我也不会给她们造成任何的伤害。

您觉得这跟俄狄浦斯情结有关吗？我不这么觉得，鉴于我已经跟您讲述了我的母亲，我跟她的相处并不是那么地融洽。不，要真是跟俄狄浦斯情结有关的话，我肯定会非常的震惊。您是不是认为这可能联系着那个遭到禁止的对象？

六个月之后，昆廷在一家大型商场里做了两个月的服装销售工作。他相继签约了几份临时工的合同。他渐渐变得松弛了下来，似乎也没有那么焦虑了，而且非常满意于自己的工作，他把之前从他母亲那里借来的钱都还给了她，他每个月都会支付自己的生活费，他也因此而变得自信了起来。他会更经常地去跟朋友们见面。在会谈的最后，当我向他指出说他的情况目前在我看来已经变得好多了的时候，他却向我说道：

不是，还不行，还有一些事情我都不敢告诉您，我从来没有说过这些事情，我无法跟任何人说这些事情。有的时候……我会偷走那些鞋子。之后，我便会害怕我的母亲发现这些鞋子，于是我会把它们统统扔掉。但是，如果我在露天咖啡馆里看见一个穿着高跟鞋的女人把她的鞋子稍微脱下来一点儿，那便会把我抓住，这股力量太过于强烈，以至于我完全无法抗拒，那是一种巨大的享乐。我会靠过去，把鞋子拿走，然后慢慢地走开，而不是迅速地逃离。我会把那些鞋子装进自己的包里，必须是在人多的时候，这会更加容易一些。有一次，我从一个女人的脚上彻底把鞋子拔了下来。有的时候，我也会抓住两只鞋子，而那些女人们则只能轻声地呻吟。

这便是我的幻想，我对它没有任何的办法。

此种幻想在我很小的时候就开始了，我相信是在我11岁之前。在我11岁的时候，有一个女人曾经要求我帮她做足部按摩。她当时告诉我说："你啊，你跟别的孩子不太一样。"但事实上，女人的脚丫会吸引我，这也有可能追随到更早的时候。

自此之后，昆廷继续规律地来见我，他也会试着给我带来一些材料。有一天，他明确告诉我说，让脚丫变得具有吸引力的条件，是脚掌上存在一丁点儿

角质（corne）[1]。

我拿了一张白纸和一根铅笔，我把纸笔给他递了过去，并要求他画出这个角质的样子，他非常友好地这么做了。接着，我要求他告诉我说，这幅图画会让他联想到什么；是的，为了讨好我，他很想要告诉我说这个角质可能类似于一根"**阳具**"，但他看不出这种联系，而我也没有坚持此种联系。我很高兴可以听到"**角质**"这个能指如何恰好组织着他的症状，不过我也并不确定，如果我更进一步，这对他来说是否可能是有危险的。

昆廷准时地来咨询，他说这些会谈已经改善了他的状态，与此同时，他还告诉我说："他向来都是如此，而如果他发生了改变，这可能会让他非常震惊。"他还肯定地说道，哪怕是在他拥有正常性生活的时候，这也不会阻止他想要情不自禁地去挑逗女人的脚丫。另外，我也相信自己搞清楚了这样的一件事情，亦即只有当他的性伴侣——往往要比他年长一些——首先同意让他抚摸脚丫的时候，他才能够跟这个女人发生性关系。由于他自己非常相信医学，所以他便询问我是否存在某种药物能够帮助他去除此种"幻想"，于是，这个要求便立刻提出了一个伦理性的问题，我先暂时让这个伦理性的问题保持开放。

对于负责接待一位病人而言，在病人的结构上进行定向都是必不可少的。首先，我们要能够根据结构来进行定向；其次，我们才能够根据结构来实施治疗。现在，既然我已经知道昆廷是一位**恋物癖**患者，且因此属于**性倒错**的层面，那么，我又要如何进行工作呢？首先，我不得不告诉你们说，我完全不知道要如何进行工作！当然，我不会改变也改变不了他的结构，但是，我可以确认说，通过跟我谈话，他的情况已经好转了很多，而后续的治疗可能也会给我一些机会来进行干预，以便让他朝着不同的方向发展。在**自我理想**的方面，他还保留着一些价值观念，例如他并不想要伤害别人。然而，关于他的这些**行动宣泄**，他却没有任何的罪疚感，因为他并没有虐待自己的受害者们，他说自己没有对她

---

[1] 法语中的"corne"一词通常意味着动物的"犄角"或"触角"，也有"角质物"或"角状物"的意思，例如表示"号角"和"喇叭"，而该词在这里则指的是脚掌上的"茧子"或"死皮"。另外，我们也需要指出，人类皮肤的外层就是以拉丁语的"角质层（stratum corneum）"来命名的。——译注

们作恶，不过有的时候，他也会担心自己的幻想是否会变得恶化或加剧等。

为了总结这则临床片段，我想要强调这样的一件事情，亦即昆廷将其命名作自己"幻想"的东西，并不是我们在精神分析的意义上所谓的那种神经症的**幻想**（fantasme），而是一种性倒错的**剧本**或**脚本**（scénario）。**恋物癖**（fétichisme）的特征恰恰就在于，欲望的对象是一个**肯定化**的对象；它不再是一个缺失的对象或丧失的对象。对于恋物癖而言，对象并没有丧失，它就存在于那里，我们可以抓住它、把玩它、收集它；正是就此而言，我们才能够谈论对于阉割的**拒认**。

相反，如果你们读过威廉·詹森的短篇小说《格拉迪沃》（*Gradiva*）[①]与弗洛伊德在《詹森小说〈格拉迪沃〉中的妄想与梦境》（*Le délire et les rêves dans la Gradiva de W. Jensen*）中所做的分析，那么你们便会在其中看到：一个年轻的男人爱上了一个脚掌的弧形曲线，并且在寻找此种弧形曲线，不过这还是在对象 *a* 的意义上，这是一个丧失的对象，因而它仍然是一种幻想。对于詹森小说里的主人公阿诺德（Arnold）而言，脚部曲线的吸引力导致他购买了一尊浮雕，并且将他一直引向了庞贝古城，然而这种吸引力却只不过是他曾被自己女友佐伊（Zoé）所吸引的受到压抑的**记忆痕迹**而已。**这是一种欲望的换喻性移置。**

弗洛伊德还在1927年一篇以"恋物癖"为题的文章中分析了**物神**（fétiche）的构成。对于孩子来说，这即意味着要否认掉**女人被剥夺了阳具**的这一事实，并且要把物神竖立作这个**缺位的阳具**的替代物。这便是对于阉割的拒认。对于昆廷来说，角质在脚底的存在，恰好就表明了阳具在母亲那里的存在。

[①] "格拉迪沃（Gradiva）"的字面意思即是"行走的女子"，德国小说家威廉·詹森（Wilhelm Jensen，1837—1911）在1903年以"格拉迪沃"为题发表了一篇小说，荣格将这篇小说推荐给了弗洛伊德，而弗洛伊德在1906年暑假期间开始撰写对于这篇小说的评论，随后在1907年便正式出版了《詹森小说〈格拉迪沃〉中的妄想与梦境》，该文堪称是经典精神分析式文学批评的典范。——译注

四大话语

在其《拉康拓扑学导论》中，马克·达蒙（Darmon, 1990, pp. 77-80）向我们提出了根据拉康L图式的形态（Lacan, 2006b, p. 40）建构的一系列图式，而且他在上面写入了"失窃的信"的流转；信件持有者的位置处在右上方的a′处。当某人占有信件的时候，他便会自动地置身这个位置。如果说我提醒你们要注意爱伦·坡小说中的信件的此种循环，那么这也是为了让你们能够慢慢地触及这样的一个概念，亦即什么是拉康意义上的**话语**。一旦你们承认说"主体会按照能指链条穿透他的时刻来塑造其自身的存在"（Lacan, 2006b, p. 21）[2]，那么你们便首先要考虑这样的一个事实，亦即必须要有可能鉴别出一些临床图景，这些临床图景并不仅仅是对于病人们来说的，而且是对于所有人来说的。癔症便是对此最为明显的例证，因为它是自古希腊以来便一直重复并延续至今的一种运作。癔症的例子正好使我们能够来着手探究**结构**的概念，因为我们在癔症那里总是会重新发现相同的症状和相同的抱怨，这些症状与先前出现的情况是一样的，最终，这便使我们能够描述从一系列个案当中重新发现的一些元素的集合；也就是说，似乎存在一种共同的结构。但是，对于"结构"这个词的使用也必须参照于**欧拉图论**与**克莱因群**（groupes de Klein）的结构理论，我已经在第12讲中向你们讲过了欧拉图论，现在我们则要着手处理克莱因群的结构理论。

克莱因群的结构

克莱因群是欧拉图解的一个特例。它涉及一个四面体，也就是说是带有四个顶点的多面体，我们可以将它压扁在一个平面上来表示。在这个四面体上，有三条棱边被搁在桌子上，还有另外的三条棱边，亦即总共有六条棱边，那么又有几个顶点呢？答案是四个顶点。因此，如果我们想要在平面上画出这个四面体，那么我们便会画出一个矩形连同它的两条对角线，而这便恰好构成了四个顶点和六条棱边。

这个四元群是用来干什么的呢？我们可以说，在这些棱边上的轨迹都是一些运算，而那些顶点则是此种运算的结果。我要重新举出马克·达蒙（Darmon,

1990)给我们的例子[3]：我们可以拿出两枚硬币，把一枚硬币放在另一枚硬币的旁边，然后我们便可以对这两枚硬币进行翻转，要么是翻转其中一枚硬币，要么是翻转其中的另一枚硬币，再要么就是同时翻转两枚硬币，等等。我们可以通过一些小写字母来命名这些操作，从而来形式化这些运算。由此，我们便会看到，我们可以将这些运算写入一个四面体上，也就是说，通过将这两枚硬币集合起来并对它们进行翻转的操作，这一切便构成了一种符合克莱因群的结构。

  a 表示翻转右边的硬币；
  b 表示翻转左边的硬币；
  c 表示同时翻转两边的硬币；
  i 表示什么都没有做，亦即将硬币保留在相同的位置上。

（Darmon, 1990, p. 98）

  你们可以看到，从 i 出发，如果我首先翻转了右边的硬币（a），然后又翻转了左边的硬币（b），那么这就等于我同时翻转了两边的硬币（c），亦即 a b = c。

  如果我翻转了两次右边的硬币，那么这就等于是我什么都没有做，亦即 a a = i。

  如果我翻转了右边的硬币，亦即 a 的操作，然后我又翻转了左边的硬币，亦即 b 的操作，再然后我又再一次翻转了右边的硬币，那么结果就等于是只有左边的硬币进行了翻转，亦即 a b a = b。通过尝试所有的这些轨迹，我们便可以证实，我们的这两枚硬币和四种操作正好构成了一个**克莱因四元群**（Gamwell, 2015, pp. 253, 446），亦即数学上的最小非循环群。

  如果说我向你们呈现了这个克莱因群的结构，那么这也是因为你们将会在对于拉康研讨班的阅读中不断地重新发现此种结构。它不仅出现在**隐喻**的书写中，也同样出现在 L **图式**中，或者最为明显地出现在"**四大话语**"的公式中（Darmon, 1990, pp. 99-100）。为了让克莱因群变得适合于说明能指链条的主体间路径，拉康也必须要进行一些修改。

- 这些棱边只有沿着同一个方向才能走完，我们可以理解这一点，因为能指链条实际上就是在时间的方向上来展开其自身的。

- 就 L 图式而言，它还必须另外取消掉两条垂直的棱边。
- 就四大话语而言，则是消除了下面的棱边。

四大话语的书写

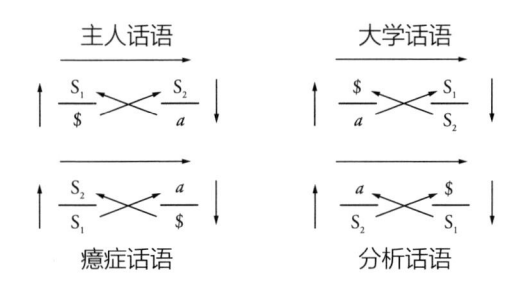

图15.1 四大话语的公式

现在，我们将要书写出拉康的四大话语，从**主人话语**（discours du maître）出发：一个能指（S_1）为另一能指（S_2）代表横杠下面的主体（$）。

主体被划杠是因为能指正好杠在他上面。

被能指划杠的主体 S 恰恰是**外在**或**绽出存在**（ek-sistence）的，因为他进入了象征界。但是，这个操作或运算却会以一个**剩余**而告终：因为主体被一个能指为另一能指所代表而产生的剩余（a）。主体仅仅是被代表的，他进入了表象的世界，而不再能够触及原物或对象。这即是说，对象是丧失的；这个进入能指的操作的产物，便是丧失的对象，亦即对象 a。这些话语公式的旨趣，即在于我们可以对它们给出多种不同的解读。

主人话语不仅形式化了主体进入象征界的过程，而且它还可能书写了古代的主奴关系，就像古代奴隶服从于其主人那样。如果我们将主人话语解读为对主人与奴隶之间的关系的说明，那么我们便可以说，主人命令奴隶进行劳动就是为了生产出主人感兴趣的某种东西（Lacan, 2007b, pp. 29-32）。这个产物亦即对象 a，它既可以代表消费对象，也可以代表没有向劳动者支付报酬的那部分劳动，但是主人不会享乐于这个部分，因为他必须为了自己的利益最大化而将这个部分重新投资出去（pp. 80-81）。

左上角的位置以其占据者的功能而给出了话语的标题。在主人话语中，这个位置是由作为主人的能指来占据的。这个位置，拉康也将其称作**假象**（semblant）的位置。为什么是假象的位置呢？说它是假象，就是加倍强调了它仅仅涉及一个要被占据的位置。只有在分析家、主人或大学老师占据着这个位置期间，他们才能够让所涉结构的社会联结得以运作起来。他们必须要接受把自己变成一些能指的支撑，必须要同意去演奏相应于此种功能的乐章。就此而言，这便是一种假象，它与扮演此种角色的主体的独特性没有任何的关系。如果我们同意将自身置于左上角的这个假象的位置，那么这便意味着是我们在干活，因为我们知道自己处在假象之中。如果我们离开了此种假象，也就是说，如果主人将其自身认同于其作为"**主人**"的角色，如果拿破仑把自己当成了拿破仑，那么我们便会处在疯狂之中；如果我们把自己看作那个功能本身，把自己和那个功能等同起来，那么这便属于精神病的秩序（不仅一个自以为是乞丐的国王是个疯子，而且一个自以为是国王的国王也是疯子）。

当这个假象的位置是由 S_1 能指所占据的时候，因为能指属于假象的层面，所以拉康便告诉我们说，能指在这里恰好特别处在其自身的位置上，而且正是这一点导致了主人话语的效力乃至它的成功（Lacan, 2007a, p. 25）。这在拉康的时代的确如此，但在如今的时代却已经不是这么一回事了。早在1993年的时候，马塞尔·切尔马克先生就已经注意到了这样一个事实，亦即维持主人话语（或是处在主人的位置上）在我们的时代里往往都是不受欢迎的（Czermak, 1998）。**主人**并非是经由权力或暴力来进行统治，而仅仅是因为他占据了一个位置，从而让自己受到了**主人能指**所支撑。

因为这里的问题仅仅涉及占据某种位置，所以我们便能够理解为什么黑格尔曾经说"一个人会想要胜过另一个人"（拉康曾经引用过黑格尔的这句话，参见：Lacan, 2007a, p. 25）。这便是在那些**君主政体**中所发生的事情：无论一个王子具有怎样的独特性，人们都总是能够找到办法来把他变成一个国王——只有很少的例外除外——而且不管他有多少的治国才能，他都可以君临天下；因为他会被教导如何来占据这个位置。拉康在其《研讨班XVIII：论一种可能并非属于假象的话语》中曾经说道：主人话语是几大文明围绕它来进行组织的重点，但也存在一些以另外的方式来进行运作的社会（Lacan, 2007a, pp. 25-26）。通常而言，我们历史上所谓的**革命**皆是在用另一个**主人**来取代原先的**主人**，但是一种真正的革命，则在于话语的改变与社会联结的改变，以至于使构成话语的四个元素至少转动了四分之一圈（Lacan, 2007a, p. 26）。如此一来，在左侧的横杠下面遭到压抑的**真理**便有可能浮现出来。

这是否意味着在**分析话语**中或是在**癔症话语**中有可能存在一种优越性在运作呢？在四大话语的每一种话语中，总是存在一个在横杠下面遭到压抑的元素，这个元素处在**真理**的位置上。因此，采用另一种话语就其本身而言便似乎不是一种进步。让真理得以浮现出来的事情是话语的改变，也就是说，我们可以认为，正是在从一种话语过渡至另一种话语的转换中，在其运动变化的能力中，我们才能够期待有某种进步。

正是出于这个原因，拉康才能够说（Lacan, 2007a, p. 24）"**弗洛伊德是一位革命家**"，因为他通过将一些事实看作是症状而开创了"**精神分析的话语**"。将一些事实（亦即口误、过失行为与遗忘等）看作是症状，这便意味着我们可以认为"**症状是一种隐喻**"，亦即是症状在言说，它涉及的是一种需要破译的信息。在弗洛伊德之前，当一位癔症患者出现了某种"转换症状"的时候，例如某种瘫痪，没有人能够听到此种症状的言说，亦即由此种症状所表达出来的真理；弗洛伊德的革命性即在于他是在倾听此种症状。

主人话语中的真理

"真理"的位置由划杠的 $ 所占据，亦即主体，因为他是分裂的主体，是在主人话语中遭到压抑的主体，而"**假象**"的位置则由主人能指 S_1 所占据。这就是为什么真理的维度（dimension）严格关联着假象的维度；这是一个位置的问题，拉康在这里谈到了真理的"**话寓（dit-mansion）**"维度①，带着一个小写的字母 a，也就是说，它是"**真理的寓所**"。

---

① 这里的"dit-mansion"是拉康晚年根据"话语（dit）"和"寓所（mansion）"而创造的一个新词，它在发音上与"维度（dimension）"完全相同，这里姑且将其译作"话寓"。——译注

其他三种话语的书写

"主人话语"的书写可以让我们区分出四个位置与四种元素。

——四个元素：

S_1：主人能指；

S_2：知识；

$

$：被划杠的主体；

a：对象小a。

——四个位置：

左上角的"动因"，亦即"假象"的位置；

右上角的"他者"，亦即"工作"或"享乐"的位置；

左下角的"真理"，亦即"被压抑物"的位置；

右下角的"产物"，亦即"剩余享乐"的位置。

$$\frac{动因}{真理} \quad \frac{他者}{产物}$$

这些话语的原理，即在于让四个元素旋转四分之一圈，从而将**动因**依次地安置在S_1（正如我们刚刚在**"主人话语"**中所看到的那样）、S_2、$

$与$a$的位置上。如果被划杠的主体（$

$）处在动因的位置上，那么这便是**癔症话语**；如果知识能指（S_2）处在动因的位置上，那么这便是**大学话语**；如果对象a处在动因的位置上，那么这便是**分析话语**。这里重要的是要注意到，只有从分析家的话语出发，我们才能够解读其他三种话语的结构，即便第一个能够被书写出来的话语是主人话语。

我要向你们引用我们协会的同事罗兰德·舍马马（Roland Chemama）在《精神分析词典》（*Dictionnaire de la psychanalyse*）中就四大话语所撰写的一篇文章[4]。

主人话语因而便建立了这些字符之间的关系，即$S_1\,/\,

—S_2\,/\,a$；

又或者是这些项目之间的关系，即主人能指／主体—知识／剩余享乐。

然而，我们在此种关系的建立中看到的却是一种形式系统，在此种形式系统中，我们可以将两个方面区分开来，一方面是这些不同的位置，亦即这些不同的元素得以链接起来的不同方式，而另一方面则是这些不同的元素本身。

如果我们对在这里运作的这些元素的性质进行抽象的话，那么是什么致使 S_1、S_2、\$ 与 a 这些项目得以写入的四个位置成了必需？正是因为所有的话语都会指向一个他者，即便这个他者并未被化约至一个特殊的个人；而且话语是从某种位置亦即以某种名义而指向这个他者的，无论是以其自身的名义还是以一个第三方的名义。除了从动因到他者的这两个位置，我们还必须补充另外的两个位置，亦即真理可以介入进来，它被隐藏在正式说出的言论背后；而且在这些话语的装置中，每次都会生产出某种东西。由此，我们便有了四个位置的完整系统。

$$\frac{动因（agent）}{真理（truth）} \quad \frac{他者（other）}{产物（production）}$$

由此出发，在精神分析理论中被提出的问题便是要知道，是否某种形式化的制作可以导致在经验中得到证实的一些发展。相对于四大话语来说，答案似乎是肯定的。

(Chemama & Vandermersch, 1993, p. 67)

享乐

在右上角的位置，亦即**他者**的位置上，拉康后来又写上了**享乐**。在《研讨班XVII：精神分析的反面》（*Séminaire XVII: L'envers de la psychanalyse*）中，拉康首先命名了四大话语中的三个位置：**动因**的位置、**产物**的位置与**真理**的位置。然后，他又补充说道：

第四个位置（右上方的位置），是这四个项目当中我还没有命名的东西，因为它是无法命名的，因为整个这一结构恰好就是以对它的禁止而建立的，亦即享乐……

甚至没有人会知道牡蛎或海狸在享乐什么，因为缺乏能指的缘故，在牡蛎的享乐与它的身体之间便不存在任何的距离……

享乐恰好就关联着"单一特征"的投入运作，就像是由死亡所标记的那样……因为有某种劈裂恰好就运作在享乐与因此而坏死的身体之间。

(Lacan, 2007b, pp. 176-177)

癔症话语

在讨论"性关系或性相配 (rapports sexuels) 在人类种族中所构成的误解"之时，拉康说道：

人类种族的这种误解就依赖于此种曲折的道路，正是它在人类种族中构成了性的关系或性的相配……自从我们拥有了能指以来，我们便必须相互理解，而这恰恰就是为什么我们无法相互理解的原因之所在……如果说对于人类而言，它〔享乐〕走得晃晃悠悠，那么这便是由于某种玩意使它成为可能，但这个东西却首先把它变成了无法解决的事情，这便是癔症话语的意义之所在。因此，我们便会看到，癔症患者会尽其所能地来制造男人或充当男人，亦即一个因求知的欲望而激活的男人。

(Lacan, 2007b, pp. 33-34)

另见 (Lacan, 2007b, p. 31)：

$$\frac{\$}{a} \quad \frac{S_1}{S_2}$$

我们可以将癔症话语解读如下：**癔症主体会将主人逼到墙角来让他产生某种知识**。但是这种知识 (S_2) 与构成其享乐的对象小 a 却没有任何的关系，因为对象小 a 始终都被压抑在横杠的下面。我们同样可以说，癔症主体的**真理**即在于她必须成为对象 a，以便让自己被一个男人所欲望。

在每一种话语中，都存在一种**不可能性**，因为下方两个位置之间的流通存在着某种**断裂**或**无能**（impuissance）。正是此种不可能性，构成了这里所涉及的**实在界**。在每一种话语当中，问题都在于要环切出实在界的轮廓，亦即要看到它的不可能性是什么。恰恰是这些字符允许我们环切出实在界的轮廓。

大学话语

在**大学话语**中，主人（S_1）始终都被隐藏了起来，因而便存在某种欺骗；大学话语始终都处在假象之中，是一种假象的话语。学生必须要去挣学分（unités de valeur），亦即某种"从属性"的标志；学校不会让你们在生产一些全新能指的可能性上进行选择。对拉康而言，如果其听众处在对象小 a 的位置上，就像他所告诉我们的那样，亦即处在遭到挤压且迫不及待（pressé）①的**剩余享乐**的位置上，那么拉康便有可能重新发现他自己的教学恰好在大学话语中运作的风险，然而这并非他希望看到的事情。因此，他便告诉我们说，相对于他的听众而言，他处在分析者的位置上：也就是说，是听众处在分析家的位置上，而且他期待经由自己的听众而能够让他重新燃起自己的欲望。

分析家话语

在我们的国际拉康协会编辑版本的《研讨班XVIII：论一种可能并非属于假象的话语》的第54页，拉康告诉我们说：

> 分析家的话语无非就是"行动的逻辑"……小 a 处在 S_2 的上面，而在分析者的一方所发生的事情，则是被划杠的主体（\$）的功能，因为他生产出来的东西都是一些能指，但这并非是随便的什么能指，而是一些主人能指（S_1）。
>
> 我曾多次写到过这一点，正因如此，你们才没有理解它……正是就此而言，书写不同于言语，而如果你们想要理解它的话，你们便必

---

① 正如拉康《著作集》的英文译者布鲁斯·芬克在其《反理解》第二卷中谈到拉康文本的翻译时所指出的那样，这里的法语形容词"pressé"同时具有"遭到挤压"和"迫不及待"的意思。——译注

须要把言语重新放置在书写当中，并认真地给书写抹上言语的涂层。

（Lacan, 2007a, p. 61）

不同话语的例子

我要带你们阅读查尔斯·梅尔曼在其关于《强迫型神经症》的研讨班的第25页中的一段评论，因为在这个段落中，他曾清楚地断言说，"**医学话语**"是主人话语的一个范例。

你们经常询问自己，到底什么是主人话语。但是你们已经使用到了此种话语，而且你们当中的某些人也都已经使用到了此种话语；你们都有主人话语的一个例子，这个例子是你们都非常熟悉也非常了解的，亦即所谓的"医嘱（discours médical）"。

这种"医嘱"亦即"医学话语"，便是主人话语的范例，我要怎么说呢，这完全不是因为某些技术性或者实践性的原因，而是因为一些超出了医学共同体的原因，当然，这些都是一些结构性的原因。

为什么是这样呢？我举出这个例子并不只是为了让你们变得敏感于什么是主人话语。我举出这个例子，是因为在这里存在一个问题，亦即医学话语所仰仗的能指何以会呈现出其权威性？它恰恰是经由这个对象而呈现出了其权威性，在它的伦理之中，在它的哲学之中，医学话语使我们服从于这个对象，并由此规定了我们的存在，相对于这个对象而言，它认为我们只能服从，我们全都是它的奴仆，而且我们也只能实现它从我们这里所期待和所要求的东西，顺便提一句，如果我们希望确保我们的身体的某种和谐的运作的话。这个对象，正如你们已经认出的那样，即是阳具。

因此，正是因为医学话语经由这个对象而呈现出了它的权威和它的效力，正如我刚才所说的那样，其中包括了它的伦理，因为它要求我们必须要将我们的意志服从于它，其价值便在于换取身体的和谐与幸福等，所以正是在这个意义上，正是就这个配置而言，医学话语便是主人话语的完美范例。

这恰恰就是为什么精神分析家们总是会在给予医嘱上明显存在一些正常的困难,而且也是为什么弗洛伊德很快便知道要把医学话语与分析话语分离并拆解开来的原因。

(Melman, 1999, p. 25)

至于**科学话语**(discours de la science)则并非是大学话语,毋宁说它被写入主人话语之中,因为其对象的生产是以主体的抹除为代价的。

而**资本家话语**(discours du capitaliste)则非常接近于科学生产(production scientifique),除了整个循环是经由一个始终都被隐藏起来的主人之外;这个隐匿的主人,便是"**黑团伙**(mafias)"的建立。循环虽然被隐藏了起来,但构成了系统的一个组成部分,以至于我们可能会自问,揭穿它或是谴责它到底有什么用?

从"**恋物癖**"出发而引入四大话语的形式化,这在我看来是相当合理的,因为从某种意义上说,我们当前的"**社会联结**"便可以被解读作一种**普遍性倒错**或**广义性倒错**(perversion généralisée)的社会联结①。

这是查尔斯·梅尔曼先生在其《失重的人》一书中所着手讨论的观点,而且他在其《波哥大讲座》(Conférences à Bogota)中又再度重申了这一观点。我要引用一下他的原话:

什么是性倒错?性倒错是经由一个对象而对欲望的组织,正是这个对象让主体相信它是享乐的真正对象。所以,你们才会告诉我说,

---

① 拉康在其米兰演讲《论精神分析的话语》中就"资本主义话语"给出了公式,从中我们可以看到,它是将主人话语公式中左侧的动因位置与真理位置上的元素进行了方向上的颠倒,从而冲破了阉割禁制并加速了话语的循环,正是在这个意义上,拉康谈到"资本主义话语"是主人话语的"现代"倒错化变体。以同样的方式,通过将每个话语公式中动因位置与真理位置上的元素进行方向上的颠倒,我们也可以从四大话语的倒错化变体中推导出我所谓的"八大话语",亦即"资本话语"是"主人话语"加速循环的倒错化变体,"政治话语"是"大学话语"加速循环的倒错化变体,"科学话语"是"癔症话语"加速循环的倒错化变体,"运动话语"是"分析话语"加速循环的倒错化变体。正是在这些话语的倒错化变体的意义上,我们可以说当代社会的各种话语联结都进入了一种"普遍性倒错"的加速主义时代。——译注

它属于激情的领域！它是一种激情的形式，但是其安置却也涉及了另一种机制，亦即冲动的机制。我们还忘了说，性倒错者不仅相信自己认出了享乐的真正对象，在他看来，这个对象无论如何都是享乐的真正对象，而且性倒错者还处在与这个对象的关系之中，但这种关系并非是由幻想来组织的。因为幻想永远都只是跟这个对象的假象有关。然而，性倒错者与这个对象的关系却是由冲动来组织的。因此，我们便往往会忘记，当性倒错者遭到审判或是被关进监狱的时候，我们往往都会惊讶于他在出狱的时候又会重新累犯，我们忘记了他们会情不自禁地寻求享乐，他们只能如此，没有别的办法。那么，到底是什么让性倒错者相信对其欲望进行组织的这个对象便是享乐的真正对象呢？答案非常简单：因为他相信这个对象是被大他者所欲望的对象。

那么，为什么我会允许自己在这本书中说我们已经进入了一个普遍性倒错的时代？因为市场上提供给我们的东西，便是琳琅满目的各种对象，其意图便在于给我们提供某种绝对的享乐或真正的享乐。因而，我们便不会仅仅满足于这个对象的种种假象，满足于那些低劣的商标；就其本身而言，它还必须是一个实在的对象。事实上，我们已经看到现在有很多人都变得依赖于这些对象。他们变得就像是那些吸毒成瘾者一样……

(Melman, 2007, pp. 52-53)

我想要以梅尔曼先生关于我们社会中的那些**"物神对象"**所做的评论来结尾，因为我们当代的**消费社会**就是一种**普遍性倒错**的社会：

一个物神对象 (objet fétiche)，即意味着它的使用价值 (valeur d'usage) 与变得比使用价值更加重要的一种象征价值 (valeur symbolique) 相联系。当一个孩子纠缠自己的母亲，以便让她给自己购买一件名牌服装的时候，我们便会清楚地看到，这件服装被制造出来不再只是为了保暖和御寒，而是变成了归属关系或社会成功的象征：也就是说，它变成了一种物神。这便是我们的对象在今天的地位，换句话说，当我穿上这件名牌服装的时候，我便会呈现得好像是一个主人那样。这便是物神的价值所在。

（Melman, 2007, p. 109）

注释

[1] 参见：雅克·拉康《著作集》中的文本：《科学与真理》。

[2] 拉康《著作集》，巴黎：瑟伊出版社，第30页。

[3] 马克·达蒙《拉康拓扑学导论》，国际弗洛伊德协会出版社。

[4] 参见《精神分析词典》（*Dictionnaire de la psychanalyse*），由罗兰德·舍马马主编，拉鲁斯出版社，口袋书版本，1993。

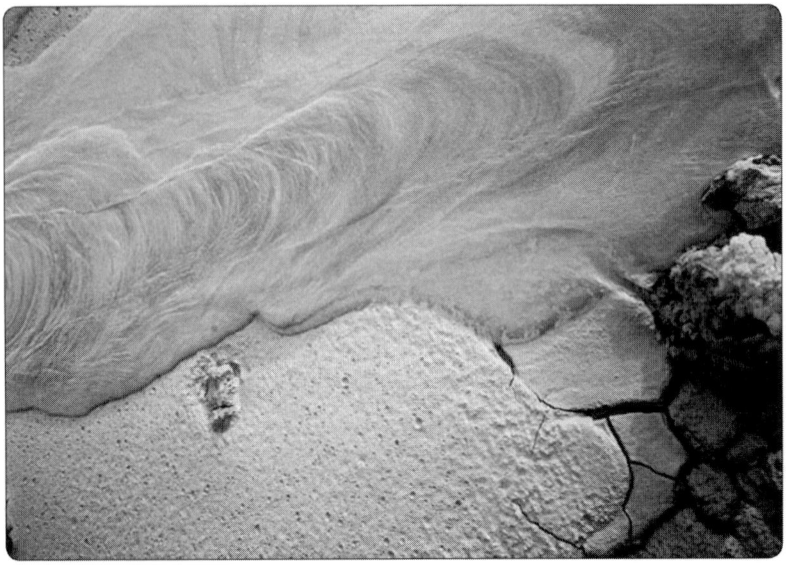

附录 1

大他者的不完备性

关于《从一个大他者到小他者》研讨班第4讲的评论[1]

我想要重拾拉康在"**集合论**"的边缘上向我们提出的逻辑证明，亦即对他的第16期研讨班《**从一个大他者到小他者**》（*D'un Autre à l'autre*）的第4讲（1968年12月4日的讲座）进行评论。但是，我们首先还是必须要提出一个问题，亦即要搞清楚数学与集合论为什么会引起精神分析家们的兴趣，以及这又在何种程度上引起了他们的兴趣。

事实上，早在1953年的"罗马报告"亦即在《言语与语言在精神分析中的功能与领域》一文中，拉康就已经在对于能指与所指进行区分的时候参照了集合论。他当时写道：

> 将一门语言（langue）中的任何元素定义作属于语言（langage）的东西①，即在于对于这门语言（langue）的所有使用者而言，这个元素本身便在假设由那些同系的元素所构成的集合中突显了出来。
>
> 因而，其结果便导致了这个语言元素的那些特殊效果都会被联系于这个集合的存在，先于它与主体的任何特殊经验的可能联系。
>
> （Lacan, 2006b, p. 227）

---

① 这里的"langue"一词指涉的是具体的语言门类，例如英语、法语和汉语等不同的语种，而"langage"一词则指涉的是抽象的语言结构，我在翻译上通常都会将这两个术语译作"语言"，并在括号中附上法文的原词以便区分。这里值得注意的是，拉康的"无意识像一种语言那样结构"中的"语言"一词是具有普遍性的抽象语言结构，而非某种带有特殊性的具体语言门类，换句话说，无意识的运作遵循的是一些象征性的语言法则，例如"隐喻"和"换喻"，并不存在所谓的"中国人的无意识"或"西方人的无意识"，尽管特殊语种的差异也构成了在普遍无意识结构中运作的"文化性因素"（c 因子）。——译注

至于**大他者的不完备性**(incomplétude de l'Autre)则要出现得稍晚一些,这个措辞在1957年底的时候才出现在《研讨班Ⅴ:无意识的诸种构型》里(Lacan, 2017, p. 294)。但是,在其1960年的《著作集》文本《弗洛伊德式无意识中的主体的颠覆与欲望的辩证》中——我要在这里引用一下他的原话——拉康却又写道:

> 让我们从大他者作为能指的位点这一概念出发。在这里,除了其能述(énonciation)之外,任何权威性的所述(énoncé)都没有任何其他的担保,因为让所述在另一个能指中去寻找能述都将是徒劳的,这另一个能指无论如何都不可能出现在这个位点之外。我们可以用这样的一个说法来对此加以形式化,亦即没有能够被言说出来的元语言,或者再格言化一些,亦即没有大他者的大他者。
>
> (Lacan, 2006c, p. 688)

在该文的后续,亦即在法文版《著作集》的第818页,拉康又引入了S(Ⱥ)的符号,亦即"**大他者中缺失的能指**",而且他还明确写道:"这里所涉及的缺失恰恰就是我们已经对其进行了公式化表述的那个缺失,亦即没有大他者的大他者"(Lacan, 2006c, p. 693)。尔后,在1959年的《研讨班Ⅵ:欲望及其解释》与1962年的《研讨班Ⅹ:焦虑》中,拉康又继续探讨并重新考察了有关"大他者的不完备性"的这个基本事实。

因此,关于这种大他者的不完备性,相较于拉康先前已经形成的这些理论,我们在1968年12月4的这个讲座里又能得到什么新的东西呢?在《从一个大他者到小他者》研讨班的第01讲(亦即1968年11月13日的讲座)里,他便已经宣告说,他的意图是要针对这种大他者的不完备性来提供一种数学性的证明。在该年研讨班的第01讲里,他当时说道:"对于笛卡尔来说,整个问题都在于要搞清楚是否存在一个上帝在担保真理的领域。但是在今天,这个问题却完全遭到了置换,我们只需要让它能够得到证明即可,亦即在大他者的领域中,根本就不存在话语的完全一致性的任何可能性"(Lacan, 2006a, p. 24)。

如果说不存在话语的完全一致性的任何可能性,那么这便意味着:当我为了把自己指派为主体而质询大他者的时候，我便只会在大他者中遭遇到一个**"空无"**，一种能指的缺位。

如果我们直面看待此种情境，那么便会看到，这是一件相当可怕且能完全唤起焦虑的事情，它完全动摇了我们的那些参照性坐标与习惯性安宁。因为如果说在大他者那里没有任何东西能够保证我的主体身份（亦即"我"作为主体的同一性），那么"我"便注定会作为"主体"而灭亡，因为没有任何东西能够确保我作为主体的一致性。不过，幸运的是，主体还是会找到某种出路，以便来维持其自身的一致性。我再给你们引用一句拉康的评论，他对此的回答采取了一个问题的形式："如果说在大他者中没有任何东西能够以任何方式来确保所谓真理的一致性，那么倘若不是在这个对象小a的功能所负责承担的东西里，这个真理又会在哪里呢？"（Lacan, 2006a, p. 24）

借由这个问题，拉康是在指涉当主体试图在大他者那里找到某种带有确定性与肯定性的担保的时候所产生的结果。然而，主体在大他者那里却根本找不到任何的东西来担保其自身的一致性，也没有任何的担保能够让他将其自身确定作**本真的主体**，或是允许他在**大他者话语**的层面上来定位其自身并命名其自身，也就是说，将自己定位并命名作**无意识的主体**；正是为了回应这个大他者中的不完备性的时刻，对象小a才会作为对于缺失能指的增补而出现，并从而充当对于主体的支撑。正如拉康在《研讨班Ⅵ：欲望及其解释》中所说到的那样（Lacan, 2019, p. 367）："换句话说，主体在想象性关系中被捕获于其上的某种实在的东西，便会被提升至纯粹简单的能指功能"（1959年5月13日的讲座）。

因而，拉康在最后告诉我们的便是，面对于此种大他者的不完备性，只有对象a能够为主体而产生出某种一致性。

因此，《从一个大他者到小他者》研讨班的第4讲便是围绕着对象a来运转的，拉康试图从几个点出发来勾勒出它的轮廓。

（1）首先是对象a在**妙语**（mot d'esprit）中的功能；

（2）其次是对象a的功能与**剩余价值**的功能之间的比较；

（3）最后则是拉康经由**数学形式化**而在严格的意义上把对象a环切了出来。

在我们重拾他的论证之前，我要首先就**集合论**来进行几点完全必不可少的基本提醒。集合论是从**集合**（ensemble）的直观概念出发而开始得到制作的，也就是说，它所集合的一系列对象皆拥有某种共同的特征。例如，一个班级里的全体学生的集合。

然而，在1905年，英国哲学家伯特兰·罗素（Bertrand Russel, 1967）却发现了我们现在所谓的"**罗素悖论**"，亦即把不是其自身元素的那些集合都集合起来的集合的悖论。

如果我们用数学公式来表述这一悖论，亦即 $Z = (x; x \notin x)$。

因此，我们便可以将Z定义作一个包含了所有集合x的集合，但是其中的每一个集合x却都不包含有元素x。然而，我们要提出的问题却在于：集合Z是否包含了其自身？

——如果 $Z \in Z$，那么Z便包含了其自身（Z属于Z），但是根据Z的定义，集合Z却是其自身不属于Z的一个元素。

——如果 $Z \notin Z$，那么Z便不包含其自身（Z不属于Z），但是根据Z的定义，集合Z不是其自身属于Z的一个元素。

因而，此种情境看似便是自相矛盾的。

这个悖论是以罗素的"**理发师悖论**"的名义而普及开来的：一座村庄里的理发师给所有不给自己理发的人理发，那么他是否给自己理发？（Russell, 2010, p. 101）

罗素悖论的第二个例证便是拉康提醒我们要注意的"**目录**（catalogue）"的例子，亦即一份囊括所有目录的目录。

我们可以尝试来建立一个目录A，用它来囊括所有那些并不囊括其自身的目录。因而，在这个目录A中，便存在两种可能性：首先，你们可能会把目录A说成一个并不包含其自身的目录。但是，这种说法却可能是错误的，因为如果说目录A是一个并不包含其自身的目录，那么它便不再符合于它的定义。其次，还有另外的一种可能性，亦即目录A不是一个并不包含其自身的目录。但是，如果情况是这样的话，那么它便符合于并不包含其自身的定义，因此它就应该被包含在目录A中，因而目录A就会是一个完整的目录。

　　数学家们非常容易就解决了这个悖论。他们确定地指出，我们不可能创造出一个包含所有集合的集合，我们也不可能把随便的一系列对象看作一个集合（并非全部的对象都可以被集合进一个集合），因为他们说这样的一种假设会导致各种各样的荒谬性。

　　这个问题的解决是在罗素发表其悖论之后的那些哲学争论的结果。例如，皮琼（Pichon）就曾经写道："我们不会在这里详细地描述这些荒谬性；这是20世纪初的那些冗长的哲学论文的对象，它们可以允许我们更好地来理解到底什么是数学。我们只能通过研究一些从根本上说是抽象性的存在来解决这些荒谬性，我们还必须要再建立一些预防性的规则来避免抵达这样的悖论。"因此，数学家们便为自己给出了一些规则，以便确定一个集合事实上就是一个集合。我们不会在这里对这些规则进行详细描述，我们只需要谨记在心的是：即便一个数学性的存在，也永远都不可能同时既是一个集合，又是这个集合中的一个元素。特别是，这就禁止了我们去书写 $a \in a$ 的公式，也禁止了我们去谈论一个包含了所有集合的集合，因为根据定义来说，后者必然包含在其自身中的一个元素。

　　在数学上，至关重要的是要把元素 a 与集合 $\{a\}$ 区分开来。我们已经看到，$a \in a$ 是不可能的，这种写法是被排除的，但相比之下，完全正确的写法则是 $a \in \{a\}$。

　　总而言之，我们必须要从集合论中记住以下两点。

（1）一个集合不可能属于其自身，亦即是其自身的成员。

（2）我们不可能创造出一个集合来集合所有那些不属于其自身的集合；这些不是其自身成员的集合不可能被集合进一个集合，它们不具有一种集合化的属性。

　　然而，拉康又告诉我们说："除了这种数学逻辑之外，我们还有别的东西需要处理……我们与大他者的关系是一种更加滚烫且棘手的关系"（Lacan,

2006a, p. 58)。拉康此时所做的事情，便是重新质询了主体与大他者之间的关系，他是在集合论的边缘上来进行考察的，从而在分析的领域中完全重新进行了这个证明，而不再是去关心那些数学家们所说的东西。

因此，问题便是要分析"**一个能指为另一能指代表主体**"的这个命题，在这句公式里，我们可以看到，主体仅仅出现在两个能指的间隙当中，刚一出现便会立刻消失：$S_1 \rightarrow S_2$。

这第二个能指，亦即 S_2，代表"**知识**"。正如拉康在法文版的第49页所说的那样："这个知识是一个晦涩的术语，如果我可以这么说的话，主体自身恰好就迷失在其中，他在这里消失了，如果你们愿意的话，也可以说是'消隐（fading）'。知识被呈现作主体恰好消失在其中的这个属于"（Lacan, 2006a, p. 55）。这便是弗洛伊德所谓的**原初压抑**（Urverdrängung），正是此种原初压抑返回了主体的**无意识之谜**。

因此，拉康便在此考察了两种可能性。

——首先，我们承认一个集合可能是包含在其自身中的一个元素。大他者是能指的集合，它包含了其自身。

——其次，我们承认一个集合不可能是包含在其自身中的一个元素。大他者不是包含在其自身中的元素。我们将能指定义作一个并非是其自身中元素的元素。

接下来，我们便要一步一步地来重新进行这两种证明。

第一种逻辑可能性：大他者是包含在其自身中的一个元素

让我们重拾我们的公式，亦即一个主体是由"**一个能指为另一能指代表主体**"的事实而决定的。我要引用一句拉康的原话："这个公式的好处即在于它把主体嵌入了一个最具简单性且最具还原性的联结之中，亦即一个能指 S_1 与一个能指 S_2 的联结，我们必须从这个联结出发，如此才不会在一瞬间失去主体对于能指的依赖"（Lacan, 2006a, p. 49）。

这个联结便是我们在集合论中所谓的**有序对**（paire ordonné）。拉康提醒我们要注意:"当有序对被引入数学之中的时候,必须要进行一场'政变(coup de force)'才能把它创造出来。"也就是说,必须要有某种突然宣告的暴力性行动。他又继续说道:"我们从表述什么是一个集合的功能开始,如果我们并未通过这种政变,亦即我们所谓的'公理(axiome)'而将有序对的功能引入其中的话,那么就没有更多的事情可做了。这种政变的结果便是它创造了一个能指,从而取代了两个能指的共存"(Lacan, 2006a, p. 72)。

因而,一个仅仅包含有 S_1 与 S_2 这两个元素的集合便被标记作:$\{S_1, S_2\}$。如果 $S_1 \neq S_2$,那么它便是一个对子。通过这个对子,如果我们创造出一个集合 $(\{S_1\} \{S_1, S_2\})$,那么它便是一个有序对。这个有序对并非将 S_1 集合与另一个 S_2 集合联系了起来,而是将 S_1 集合与 S_1 到 S_2 的关系联系了起来,因为此种关系就其本身而言就是一个集合。

S_1 是不停地为了另一能指 S_2 而代表主体的能指。$S_1 \to S_2$ 即是我们可以称之为"**知识**"的一种关系的形式。

让我们首先来考察这个从 S_1 到 $S_1 \to S_2$ 的联结。我们可以将其写作如下:$S \to A$。因为这里的问题便是要质询代表主体的能指与大他者之间的关系。

事实上,我们在这里是让自己站在了假设"大他者是包含其自身的集合"的立场之上。根据此种假设,这即意味着存在一种**绝对知识**(savoir absolu)。这种绝对知识 A 把 $\{S_1\}$ 与 $\{S_1, S_2\}$ 这两个集合的**合取**(conjonction)汇集在了一种单一的知识当中,而这便等同于在同一个知识当中对 S_1 与 S_2 进行合取。

因此,我们便需要考虑 $\langle S \to A \rangle$ 的联结,也就是说,是一个能指(这个能指代表主体)与大他者之间的关系。我们的立场是假设大他者是所有能指的位点,大他者是完整的,大他者包含了其自身,它是一套**封闭的编码**。它既是所有能指的集合,同时是**他异性**的能指,亦即 A 包含 A。

现在,我们要在能指与大他者的关系中来继续考察能指与能指之间的关系,亦即 $S \to \{S \to A\}$。在这里,我们重新发现了**有序对**的书写。

A 是由 S 与 A 之间的关系而构成的集合的能指。

A 包含了 $\{S \to A\}$ 的关系。A 指派了能指与大他者之间的关系。

同样，我们也可以说，一个能指就其本身而言无非就是与另一能指之间的差异，而此种差异本身即是刻画了S→A的关系特征的一个能指，而且这种差异也必须由他异性的能指A来指派。

因此，A便指派了{S→A}的关系。

现在，如果我们用A在这个公式中的价值来取代A，那么我们便会得到：S→(S→A)，我们可以继续用A的价值来取代A，亦即S→(S→(S→A))，以至无穷……我们也可以继续来表现这个大他者A的无限性反冲，而这便给我们的公式"**大他者是所有能指的集合**"赋予了一个想象化的特征。在这个集合的内部，我们可以在集合S与大他者A的关系中来标记出这个集合S，亦即大他者既包含了集合S，又包含了集合S与大他者A的关系[①]。

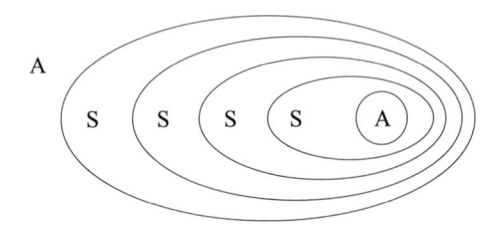

图附1.1 在S与A的关系中标出S

这个图式意味着什么呢？我们是在质询这个代表主体的能指S与大他者A之间的关系。但是，这个大他者既是"**所有能指的位点**"，同时是"**另一个能指**"，亦即是其"**他异性**"允许了主体得以定位其自身的能指。因此，我们可以将这种关系写作如下图。

[①] 简单地说，这里就是"俄罗斯套娃"的逻辑。在这样的逻辑中，大他者是一个完整的集合，因而是一个不被划杠且没有缺失的想象的大他者A。大家不难看出，这个无限套娃的逻辑其实也是笛卡尔的"我思故我在"的逻辑，我可以怀疑一切，但最终无法怀疑我的怀疑本身，从而这也就联系上了笛卡尔的"上帝不会向我说谎"的绝对担保。然而，正如布鲁斯·芬克在其《拉康式主体：在知识与享乐之间》一书中用一个文字游戏所指出的，一旦涉及完整（whole），便总是存在一个空洞（hole）。——译注

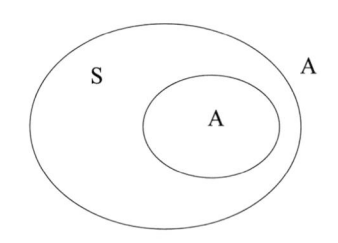

图附1.2　能指 S 与大他者 A 的关系

如上图所示，能指S与大他者A的关系被定位在大他者自身之中。正是相对于代表主体的能指S与大他者A之间的此种关系，我们便会立刻重新提出另一个问题：亦即这个代表主体的能指与这个全新集合之间的关系是什么呢？而且，关于下一个全新的集合，我们总是能够再度提出这个同样的问题。每一次，我们都会再加上一个圆圈或循环，而这即意味着：在这个图式中，代表主体的能指最终只能被写入一种"**无限性重复**"的形式之下。

此种重复并非是一种偶然。让我们相对于这些"圆圈"或"循环"的重复来考虑一下大他者的处境，这些循环的重复恰好代表着主体的出现。正如拉康所说的那样："这些循环的序列以不对称的方式而发生内卷（s'involuer），也就是说，它们总是会随着其最大的明显内部性来维系A的存在①，但是这种图式化的表现却也隐含着某种拓扑学，而多亏了此种拓扑学，那些最小的循环才能够最终接合上那些最大的循环"（Lacan, 2006a, p. 73）。

因此，如果我们将大他者定义作可能包含其自身的集合，也就是说，大他者变成了绝对知识，那么主体便只可能被写入一种无限性重复的形式之下，而这样一来，它便恰好遭到了排除，但不是被排除于首先作为绝对知识而被提出的一种要么内部性要么外部性的关系，换句话说，主体并不能根据一种要么作为内部关系要么作为外部关系的绝对知识来书写。

这里出现的此种逻辑性结构也恰好说明了在弗洛伊德的理论中隐含的一个

---

① 换句话说，它们越是更大地被定位这个内部性之中，它们也就越是更大地维系着A的存在。——译注

根本性事实，亦即从将主体联系于某种"**享乐的跌落**"的那种原初的关系来看，主体只可能会将其自身表现作"**无限性循环**"与"**无意识的重复**"①。

我们在这里标记出来的这些同心圆的每一条线，都恰好在大他者的**实体**（substance）中环切出了一个逃离开来的对象 a，而在我们的图式上，我们恰好也可以将这个对象 a 放置在小圆圈中的大他者的位置上。

结论

因此，如果我们考虑说大他者包含了其自身，那么主体便只可能被写入重复之中。而这恰恰就是在分析中所发生的事情，只要这个分析还在继续指涉"**绝对知识**"与"**假设知道的主体**"。拉康说道："因而，这便是维持指涉绝对知识与假设知道的主体的关系围绕着它而得以表达出来的一个界限，就像在我们所谓的转移中那样，这个界限恰好联系着由此而引出的那个重复的必然性的指标，而这个指标在逻辑上便是对象 a"（Lacan, 2006a, p. 74）。

第二种逻辑可能性：大他者不是包含在其自身中的一个元素

一个集合不可能是包含在其自身中的一个元素。因此，这在一方面便意味着大他者并不会包含其自身，而在另一方面也意味着其他的能指也不会包含其自身。

大 A 仅仅包含着一些 S_1、S_2、S_3，而这些能指全都不同于 A 作为能指所代表的东西。

因而，拉康便提出了这样的一个问题："我们是否有可能让主体能够以这样的一种方式被归入进去，亦即不让他接合于作为话语的普遍性来如此定义的那个集合，但又能够确定性地将他始终被纳入这个集合之中？"（Lacan, 2006a, p. 75）。

根据定义，任何 A 都不可能作为被包含在集合 A 中的一个元素而出现，因

---

① 亦即在能指网络中可以无限递归的 α 循环（OO……OOO……OOO）。——译注

为我们已经说过,大他者并不包含其自身。这个为了另一能指而代表主体的能指,也必然不会是其自身中的一个元素。让我们将这第一个能指命名作 S_1、S_2、S_3、S_q[①]。这个能指不同于 A,后者是所有这些能指的大他者 A。我们可以标记出 S_1、S_2、S_q 这些能指的集合,它们是由某种假设而联结起来的,亦即它们都并非是包含在其自身中的元素。

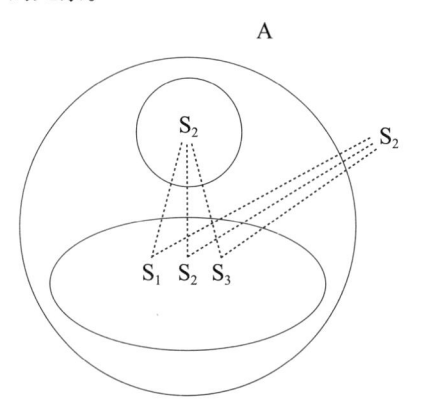

图附1.3　大他者并不包含其自身

那么,我们要把 S_2 放置在哪里呢?

拉康在其研讨班中说道(Lacan, 2006a, p. 75):可能扮演了第二个能指的角色的那些能指,便是 S_α、S_β 与 S_γ。这个 S_2 是由这些能指所构成的**子集**(sous-ensemble),正是相对于这个子集,主体才会被所有其他的能指所代表。

根据我们的定义,x 不是 x 中的一个元素,亦即 $x \notin x$。

为了让任何 x 可以被写入 S_2——由这些能指所构成的子集,所有其他的能指都会为了它而代表主体——的名目之下,让 x 是 S_2 中的元素,便必须要满足两个条件:

(1) x 必须不是 x 中的一个元素,亦即 $x \notin x$;

(2) $x \in A$,因为 A 是所有能指的集合。

---

① 这里的 S_q 即是拉康在其转移的数学型中所给出的任意能指(signifiant quelconque)或任何其他的能指。——译注

这会导致什么样的结果？这个 S_2 是否是其自身中的一个元素？亦即 $S_2 \in S_2$？

——如果是这样的话，那么它便不符合于这个子集的定义，亦即构成这个子集的那些元素皆不是其自身中的元素，因此这个子集也不会是其自身中的元素，亦即 $S_2 \notin S_2$。它不属于 S_α、S_β 与 S_γ 这些能指。

——拉康说道："我之所以会把它放置在这里，就是因为它不是其自身中的元素"（Lacan, 2006a, p. 76），亦即 $S_2 \notin S_2$。

因此，在这第二个假设中，大他者便是不完整的，也不存在绝对的知识，而主体尽管被包含在大他者之中，但必须要找到一个地方，从而让他自己在大他者之外亦即在对象 *a* 中来代表其自身。如下图所示。

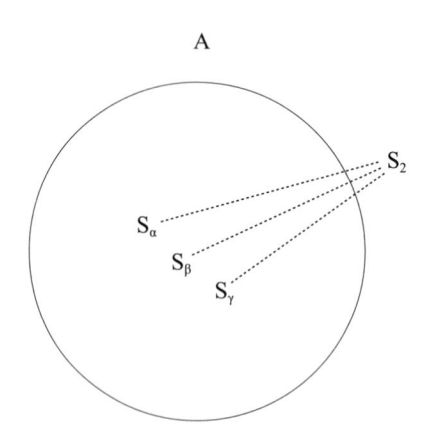

图附1.4　能指 S 与大他者 A 的关系

如果说对象 *a* 处在大他者之外，那么我们又要将它定位在哪里呢？是将其定位在实在界之中？还是将其定位在想象界之中？

事实上，对象 *a* 恰恰就出现在实在界、想象界与象征界的交界上。它是"主体在想象性关系中被捕获于其上的某种实在的东西，这个实在的东西被提升至了纯粹简单的能指功能"（《研讨班Ⅵ：欲望及其解释》的第19讲；参见：Lacan, 2019, p. 367）。

对于主体而言，欲望中的**裂缝**（faille）便恰好充当着对于大他者的不完备性与知识中的裂缝的回应。正是因为大他者的此种不一致性，"**能述**"才会呈现出"**要求**"的样子。

注释

[1] 本文首次发表于《法国协会公报》第52期，1993年3月。

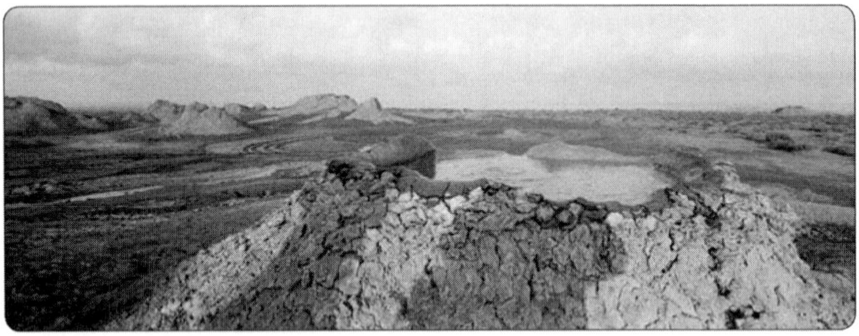

附录 2

空洞：是—洞—手

关于拉康《研讨班XXII：RSI》的评论[1]

对于将三种"**一致性**"扭结成一个"**博罗米结**"而言，一个**空洞**（trou）既是必要的条件也是充分的条件。在《研讨班XXII：RSI》（Lacan, n.d.b., 1974—1975）中的"空洞"问题首先便在于要看到：什么是这个允许了扭结的空洞，换句话说，是什么允许了**主体的存在**[2]。这个空洞，拉康将其命名作象征界的空洞，伴随着它的对应物，亦即有某种东西在想象界的层面上且因此是在身体的层面上响应这个空洞。但是，这个空洞虽然允许了主体的降生，但是它同样成了主体的不幸，因为此种扭结即意味着因此还存在着一个实在界中的空洞。拉康用"**没有性关系**"或"**没有性相配**"这句格言来命名的正是这个实在界的空洞。

如果要尝试说明这个空洞的问题，那么我们便会立刻撞上某种困难，亦即为了谈论它，我们便必须要诉诸那些能指，同时期望这些能指可以产生意义，也就是说，我们必须要处在象征界与想象界之中。然而，我们的目标却在于要把实在界环切出来，根据定义，这个实在界是不可思想的：它是既不可能言说也不可能想象的东西。正是此种不可能性导致拉康转向了博罗米结的书写，因为只有数学化的书写，亦即带有各种字符与数学符号的公式，才能够使我们避开意义，亦即消除想象界，而根据拉康的措辞，这也会因此使我们能够"**拔出一丁点儿的实在界**（arracher un petit bout de réel）"。然而，光是扭结的书写也是不够的，为了让它得以生效，还必须有某种话语围绕它而存在。因此，我要重拾拉康曾经就这个空洞而告诉我们的东西，同时按照我在这个问题上所能够知道的东西来冒险阐述这个问题。

一只动物就是一个有机体，亦即是一具享乐于其自身的身体。在动物这里，既没有"**存在**"也没有"**空洞**"的。动物与它的世界是协调一致的，动物的世界是一个"**紧致性的世界**（monde compact）"，实在界与想象界在这里是处在连续性之中的。动物并不**绽出存在**（ek-siste），恰恰相反，它恰好完美地**坚持存在**（in-siste）于其世界的内部。我们也可以说，这个允许了**言在**得以存在（existe）的东西，就是把它逼向**绽出存在**（ek-sistence）与**外在**（être ek）的东西，另外，它同时总是会失去平衡，歪斜地偏向天平的一端，而这是因为"**呀呀儿语**"恰好就寄生于言说的存在，它恰好就被插在"**言在**"与"**世界**"之间而起着居中调停的作用，换句话说，主体的此种"**存在**"与"**外在**"都是由于"**呀呀儿语**"的寄生所引起的侵扰而出现的。象征界恰好就充当实在界与想象界之间的第三方，同时它充当男人与女人之间的第三方。因为能指的闯入，"**言说的存在**"与之打交道的实在界，便不是动物的实在界，而是由那些能指所构成的一种实在界。

这个实在界是由那些从象征界中遭到拒斥的能指而构成的：这便是"**无意识的知识**"。正如拉康在其第21期研讨班《**那些不上当受骗者犯了错**》（Les non-dupes errent）①中告诉我们的那样："这一知识处在我们将其命名作'外在'的某种东西的核心，这既因为它是从外部来坚持的，也因为它是扰乱性的"（Lacan, n.d.a., 1974年5月的讲座；国际拉康协会法文版第213页）。一旦存在着语言，一旦言说的存在遭受到"**呀呀儿语**"所寄生，那么他与世界的整个关系便会因此而受到污染：我们甚至不能说这是"**与世界的关系**（rapport au monde）"，因为存在的不再是**世界**（monde）而仅仅是**关系**（rapport）。除了大他者之外，别无其他，存在的只是实在界、想象界与象征界的扭结，正是此种扭结允许了主体的存在。这个大他者，便是"**言在**"与之打交道的唯一世界。仅仅存在主体与大他者，且仅此而已。

现在，我要离开这些解释的危险地带——因为我试着用这些解释来产生某种意义，因此它们都属于想象界的领域——以便让我自己来靠近这里所涉的实

---

① "那些不上当受骗者犯了错（Les non-dupes errent）"在法语中与"诸父之名（Les noms-du-père）"发音完全相同，因而拉康在这里是制作了一个文字游戏，后者是其1963年中断的研讨班的标题。——译注

在界，而我只能通过遵循"**拓扑学扭结**"的书写来靠近这个实在界。实在界、想象界与象征界如何可能会扭结起来，从而允许了主体的存在呢？在拓扑学上，为了将三种一致性扭结起来，便至少需要有一个空洞，但是当此种扭结是经由一个单独的空洞而得以实现的时候，单纯从拓扑学的角度来看，我们便必须要承认，另外的两种一致性同样包含有某种空洞。

在《研讨班XXII：RSI》中，拉康再三强调了此种空洞的特殊性：这一空洞在博罗米结中是有其特殊性的，它并未真正地被使用，这是在它被使用在一串正常链条上的意义上来说的，因为在这样的一串链条上，每一链环都会穿过另一链环中的空洞，以便重新闭合于其自身[①]。然而，在博罗米结中，空洞却并非是以这样方式来使用的，因为将一种一致性穿入另一种一致性的空洞，必然只是为了从第二种一致性再穿出来，然后再立刻穿入第三种一致性。

在法文版的第185页，亦即在1974年12月17日的研讨班讲座的开篇，拉康说道：

> ……博罗米结允许了我们区分出由这个扭结本身将其定义作外在性（ek-sistence）的那个空洞，也就是说，它是服从于必然性（＝不停止书写其自身）的某种一致性的外在，这个必然性即在于它〔某种一致性〕不可能穿进去这个空洞而又不必然再从中穿出来，然后再一次穿进去又再一次穿出来（将其压平后的交叉便证明了这一点）。
>
> （Lacan, 1975, p. 99）

为什么重要的是不要让这个空洞像一串正常链条那样来使用呢？因为如果是这样的情况，那么某种一致性便可能会跟另一种一致性扭结起来而制作出一个"**二环扭结**（nœud à deux）"。然而，拉康试图在博罗米结中让我们来理解的事情却在于，与链条相反，如果我们解开了某种一致性，那么另外两种一致性也都会变得松解开来：它们不是两两扭结起来的；一个对子并不构成扭结，还需要有第三种一致性才能把它扭结起来。

---

① 亦即"穿项链"的链接方式。——译注

拉康精神分析的临床概念化
——从临床个案引入拉康精神分析的研讨班

在法文版的第78页，亦即在1975年2月11日的讲座上，拉康写道：

> 这里所涉及的话语并不构成一串链条，也就是说，当某种一致性经过由另一种一致性给它所提供的空洞的时候，是不存在有任何相互性的……换句话说，某种一致性……并不会扭结于另一种一致性，它们并不会构成一串的链条，正是就此而言，象征界、想象界与实在界之间的关系才得以被规定①。

（Lacan, n.d.b., 1975年2月11日）

在法文版的第167页，他又回到了这个问题上：

> 在博罗米结中值得注意的事情……即在于它制作出了这个扭结而又完全没有以使用这个空洞本身的方式来进行循环……在博罗米结中，根本不需要来使用这个空洞，因为它是在制作一个扭结，而非是在制作一串链条。

（Lacan, n.d.b., 1975年5月13日）

在这个段落中，拉康还告诉我们说：重要的是这个空洞，而围绕着这个空洞来旋转的循环则仅仅是它的结果；拉康进行这则评论也是为了避免让我们把想象界、实在界与象征界（RSI）三界当作一些实体来思考，尽管他强调了这样的一个事实，亦即只有作为一致性，三界才会呈现出其价值。

博罗米结是在不使用空洞的情况下才构成扭结的，在我看来，似乎也正是这一点导致拉康在这里向我们提到了那句阿拉伯谚语：存在三种无论如何都不会留下任何痕迹的东西，其一是男人的阴茎不会在女人的身体里留下任何的痕迹，其二是羚羊的足迹不会在悬崖上留下任何的痕迹，其三是货币兑换商的双手不会在硬币上留下任何的痕迹。因此，在博罗米结中同样存在一个空洞，因为它是被扭结起来的，但是这个空洞不是那么容易就能看到的东西，因为一旦

---

① 也就是说，RSI三界在博罗米结中的关系都不是两两相扣的二环扭结，任何一界都没有与其他两界发生相扣，因而无论解开任何一界，整个三界的扭结关系便会松解开来。——译注

它被扭结了起来，我们就不再能够看到这个空洞存在于哪里。

如果重新回到**意义**的想象界上来说，那么倘若没有精神分析，我们便不会理解到，我们是在RSI的三重界域中来运作的，而且此三种一致性往往都是处在连续性之中的。例如，弗洛伊德就从一个界域过渡到了另一界域而没有看到此种转换；只是因为拉康发明了此种关于实在界的知识，这些事情才以不同的方式向我们呈现了出来。

象征界、实在界与想象界之间的扭结允许了主体的存在，在我看来，此种思想并不是太难理解的，因为我们都已经清楚地看到，例如在一位处于"**多产时刻**"或"**酝酿时期**"的精神病人那里看到，想象界会与象征界发生解扣，能指发自一端，而意指则发自另一端，同时实在界也会以其可怕的声音与在场而侵入这个领域。当RSI恰好在博罗米结中重新归位的时候，此种"**解链式爆发**"才会变得平息下来，事情才会重回秩序，因为有一些"补丁"或"增补"允许了此种扭结的稳定化。然而，最难理解的事情在于这个扭结是如何起效的。假如我们都相信博罗米结的话，那么这个问题就会变成：**什么是允许了这个扭结的空洞？**

如果说拉康并没有一上来就向我们给出这个问题的答案，那也是因为这恰恰是他正在研究的一个问题，正是出于这个原因，在这一年度的研讨班期间，他向我们提出的那些答案都是变动不居的；至少，它们在其表述上都首先会随着角度的不同而所有变化，但是，他想要试图将其环切出来并对其进行理论化的那个空洞却都总是不变的。

例如，在《研讨班XXII：RSI》的第1讲中，亦即在1974年12月10日的讲座上，他向我们提出说，"**这个空洞即是实在界本身**"；我要给你们引用一下他的原话：

> 我们可以说，这个实在界，在严格的意义上便是不可思想（impensable）的东西。实在界可能是一个起点，可能就是它在整件事情中构成了这个空洞，也可能就是它允许了我们来质询这三项术语所涉及的东西，就这个东西携带着某种意义而言。

（Lacan, n.d.b., 1974年12月10日的讲座）

因此，拉康在这里所寻找的东西，便是允许他能够将RSI三种一致性扭结起来的某种空洞。我们也将在这里遵循他的脚步，从考察"**想象界中的空洞**"开始。在镜子阶段的时刻上，婴儿在镜子中再认出了其自身的形象，也就是说，他会将自身认同于一个外在于他的形象，亦即一个小他者的形象，条件是母亲的言语恰好认可了这个形象。因而，正是这个身体形象在支撑着我们的想象界，但就其本身而言，这个身体形象却是一个小他者的形象。至于我们自己的身体则恰好相反，它是我们无法看见的东西，正是它制造了一个空洞。

在法文版的第36页，拉康告诉我们说，在弗洛伊德的时代，我们可以将其命名作一个"空洞"的东西仅仅就是"想象界"：

> 它处在一个包囊之中，一个身体的包囊，而自我就恰好就出现在这个包囊之中，就此而言，另外正是这一点导致了他（弗洛伊德）必须要针对这个自我来明确地表述某种恰恰在其中会制造空洞的东西，从而让世界得以返回到这个空洞之中，而这在某种意义上也必然会让这个包囊受到知觉所堵塞；正是在这个意义上，弗洛伊德并非指出（désigner）了而是泄露（traduire）了自我仅仅是一个空洞。
>
> （Lacan, n.d.b., 1974年12月17日的讲座）

"**自我只是一个空洞**"，在我看来，我们可以通过两种方式来理解这一点：一方面是因为我们的形象，我们自己身体的形象，就其本身而言便制造了这个空洞，因为我们无法看见自己的身体，所以在这里存在一个盲点，而另一方面则是因为那些冲动都会在某个爱欲生成区的边缘上来获得支撑，此种爱欲源区是以某种空洞亦即以某种身体的孔窍为中心的。

在想象界中的空洞这一点上，拉康把我们带向了一件微小的事实（Lacan, n.d.b., 1975年3月11日的讲座）。珍妮·奥布里[①]曾经拍摄过一部影片，展示了

[①] 珍妮·奥布里（Jenny Aubry，1903—1987），法国精神分析家兼精神病学家，曾在拉康那里接受督导，并专注于研究"母性剥夺"对于儿童所产生的影响，其代表性著作有《遗弃的童年：母性照料的无能》，另外她也是法国当代著名精神分析史家伊丽莎白·卢迪内斯库（Élisabeth Roudinesco）的母亲。——译注

婴儿在镜子前狂喜地认出其自身的镜像，而拉康则在这部影片中观察到，这个小婴儿还把手放在了自己性器官的前面。拉康告诉我们说，阳具从这一形象中遭到了省略；他还告诉我们说，这个阳具是实在的，或者更确切地说，它是实在界的一致性；正是由于阳具从这一形象中遭到了省略，它才把**身体**交给了想象界。只有我们理解到阳具从镜像中遭到了省略，我们才能够理解到它把身体交给了想象界，因为阳具能指从象征界中遭到了排除并因此而处在实在界之中。

然而，在我看来，当拉康说阳具从镜像中遭到省略的时候，这似乎还是会造成一些问题，因为在镜子阶段上，我们还很难说阳具的动因被安置了下来，相反，我们更习惯于认为是对象 a 在支撑身体的形象。因此，如果我们说这个对象 a 恰恰就是婴儿通过把手放在生殖器的前面来省略的东西，那么这样的说法可能就会更符合逻辑一些。在我看来，似乎正是这一点导致了想象界中的空洞作为某种效果而出现，它是象征界中的空洞所导致的一个结果。

现在，我要提议你们着眼于那些构成了实在界与象征界的空洞。在这里，拉康给我们提出的第一种答案似乎是不言自明的，亦即"**实在界中的空洞**"是**生命**（vie），而"**象征界中的空洞**"则是**死亡**（mort）。他之所以会把象征界中的空洞说成是死亡，就是因为死亡对于我们来说是无法想象的，它并不会构成任何的意义，也就是说，即便我们能谈论死亡，它也总是会遭到压抑，除非是在某种特殊的情况下，死亡突然产生了某种意义；这个象征界中的空洞即是对于"**死亡冲动**"的支撑。在我看来，拉康似乎极其重视将"生命"与"死亡"分别联系于三界中的一个界域的观念，因为他在后面谈论想象界与象征界的时候再度回到了这个观念上来。

例如，在法文版的第139页，他又回到了此种联系上来，他在那里告诉我们说：

> 没有人知道这个空洞是什么；整个精神分析的思想都是在把这个空洞当作某种身体性的东西加以强调，然而这却恰好堵住了这个空洞……我们还可能会像这样而想到存在某种别的东西，某种完全无法表征的东西，而这便是我们最后用某种名称来称呼的那个东西！如此一来，这个仅仅由于语言才会闪闪发光的名称，便是我们所谓的"死

亡"。好吧，死亡同样会堵住这个空洞，因为我们并不知道究竟什么是死亡。

（Lacan, n.d.b., 1975 年 4 月 8 日的讲座）

在我看来，如果说拉康提到了死亡是象征界中的空洞，那么这也是因为它是我们以根本性的方式来进行压抑的那个东西的绝佳例子。但是，这个象征界中的空洞，却也并不仅仅是死亡，它还是那个**原始压抑物**（refoulé originaire）。在法文版的第 48 页，拉康告诉我们说："那个遭到原初压抑或原始压抑的东西……就是这个空洞，而这是你们永远都不会得到的某种东西"（Lacan, n.d.b., 1975 年 1 月 14 日的讲座）；继而在法文版的第 136 页，他又告诉我们说："是什么证明了实在界构成了这个世界呢？弗洛伊德暗示说这个世界具有某种空洞。除此之外，也根本不存在任何办法来认识这个空洞"（Lacan n.d.b., 1975 年 4 月 8 日的讲座）。

这个象征界中的空洞即是那个遭到"**原初压抑**"的东西，也就是说，它依赖于语言的运作，也是语言运作的自动性结果。在其《著作集》中，亦即在《关于〈失窃的信〉的研讨班》中的引言《括号中的括号》里，拉康为我们给出了对此的证明：一旦我们在一串随机的正负链条中引入了象征界的秩序，那么便立刻会在这串链条中出现排除一些项目并选取另一些项目的决定性作用；这些遭到排除的字符，这些掉到下面的字符，恰恰就构成了原初的压抑物；因此，这些从象征界中遭到压抑并落入实在界的字符，就恰好构成了这个实在界。

那么，除了这些遭到原初压抑的字符之外，在这个实在界中是否还存在别的东西呢？

你们可能会倾向于认为，在实在界中存在的只是一些能指与字符；但是，也存在某种未经象征化的东西，亦即**原物**或**自在的对象**（objet en soi）。博罗米结的书写能够使我们避免这样的一种幻象，亦即对于我们来说，实在界可能是先于能指而存在的，正是因为此种书写向我们表明了主体只是在跟这些能指打交道，因而对于主体而言，除了能指之外，便不存在任何其他的世界，但在这里却又存在三个层面：在象征界的层面上，当然是能指居于统治地位；在想象界的层面上，能指则会指涉一个所指；而在实在界的层面上，则是那些遭到**原初压抑**的字符首先构成了实在界，然后一些能指又会在**次级压抑**上借道于这些遭到原初压抑的字符。

这就是为什么拉康会在法文版的第153页告诉我们说："**正是能指在制造空洞或打洞。**"我要给你们再引用一下他的原话。

> 无意识，即是这个实在界，因为言在会遭到那个唯一制造空洞的东西所折磨，正是这个东西向我们确保了这个空洞的存在，这便是我所谓的象征界，因为它在能指中化身了这个空洞，归根结底，除此之外，这个空洞没有任何其他的定义：能指制造了空洞。
>
> （Lacan, n.d.b., 1975年4月15日的讲座）

在我看来，还有另一个似乎非常重要的观念，亦即正是由能指所造成的空洞给沿着这个空洞边缘的"圆环"赋予了某种一致性，而非是反之亦然；并不是象征界的一致性制造了空洞，而是这个空洞本身具有某种边界，从而造成了象征界的圆环。因此，正是由于这个空洞的存在，圆环的边界才会呈现出某种一致性。

正是出于这个原因，拉康才从"**压抑物即是空洞**"的公式（Lacan, n.d.b., 1975年1月14日的讲座）转向了"**能指制造空洞**"的公式（1975年4月15日的讲座），继而在法文版的第158页，他告诉我们，他的话语"被建立在一个空洞的基础之上，这是唯一带有确定性的空洞，亦即是由象征界所构成的空洞"（1975年4月15日的讲座）。

一旦我们拥有了象征界中的空洞，这个确定性的空洞，我们便可以将RSI三界扭结起来，因为只需要有一个空洞便足以把三种或更多的一致性扭结起来。一旦三界被扭结了起来，我们便被迫要承认在实在界中也存在一个空洞，即便想要环切出这个实在界中的空洞似乎并不是那么的容易。我们要在这里一步一步地跟随拉康的指示。

拉康在第02讲中提出要用这个实在界的空洞来命名"**生命**"（Lacan, n.d.b., 1974年12月17日的讲座）。此种说法在这里一直都是非常令人迷惑的，它只能从两种功能的安置来加以澄清，亦即**阳具性享乐**（Jφ）的功能与**大他者享乐**（JA）的功能。

关于**阳具性享乐**，拉康在法文版的第35页告诉我们说，因为它联系着外在于实在界的那个东西，所以"此种享乐外在于制造空洞的实在界"（1974年12月17日的讲座）。

在法文版的第38页，亦即在同一讲中，他又继续说道：

> 在我试图向你们定位的那些间隔里，我迷失了，从而搞错了"意义""阳具的享乐"，甚至是我尚未阐明的那个第三项的位置，因为正是这个第三项给我们赋予了理解这个空洞的钥匙，这个空洞正如我所指明的那样。它是享乐，因为它关系到的不是能指的大他者，而是身体的大他者，亦即是作为大写的异性（Autre sexe）的大他者。
>
> （Lacan, n.d.b., 1974年12月17日的讲座）

关于这个实在界中的空洞，我还要再向你们引用这期研讨班的最后一个段落，这是在法文版的第153页。

> 无意识即是实在界，我在衡量我的措辞。如果我说无意识是实在界，那也是因为这个实在界是有洞的，我又向前迈出了一步。相比于我之前有权来做的事情，我现在又向前走得更远了一点，因为只有我把它说了出来……迄今为止，只有我说过"没有性关系"或"性相配不存在"，而这便在一个"存在（être）"或"言在"的位点上制造了空洞。
>
> （Lacan, n.d.b., 1975年4月15日的讲座）

因此，"**没有性关系**"或"**性相配不存在**"，便是拉康将其命名作那把钥匙的东西，亦即是那把理解这个空洞的钥匙。我们要如何来理解这一点呢？

第一点，亦即**我们无法享乐于大他者的身体**："不存在对于大他者本身的享乐，在对于大他者的身体的享乐中不存在任何可以遇到的担保，以便确保存在对于大他者本身的享乐"（Lacan, 1997, 168）。至于第二点，则毋宁说是旨在阐述同一件事情的另一种方式，亦即**不存在大他者的大他者**。拉康将这个大他者称作**"能指的位点"**，但是他同样用这个大他者来命名**大写的女人**（La femme）。对于男人来说，存在一个大他者，亦即女人，因为男人是以**"阳具的功能"**来支撑的；在男人的一边，我们可以写道：至少存在一个可以向阳具的功能说不的男人，由于这个例外的存在，所有其他的男人皆服从于阳具的功能。

女人是大他者，便是因为这在女人而言则并非如此：并不存在一个不会遭到阉割的例外的女人，但女人们却又并非全部处在阳具的功能之中。因此，女人是大他者。但是，这并不足以把女人们变成一个集合；为了让女人得以绽出存在，我们必须能够说女人是以某种功能来支撑的，然而根本不存在这种可以标定的功能。我们不能把女人们制作成一个集合，我们也无法定义可能会让女人"绽出存在"的这样一种功能。因而，如果我们无法定义女人，我们便不再能够说在她自身之外还存在一个另外的东西，换句话说，亦即不存在大他者的大他者。然而，这个大他者的大他者的存在，却是能够书写**性关系**的条件。

因此，拉康将**大他者的享乐**（JA）写在其上的那个表面便是一个空洞，正是在这个空洞中写入了**"不存在对于大他者的身体的享乐"**，我们也可以通过说**"不存在大他者的大他者"**对此进行表述。这个空洞即意味着在这里没有任何的**存在**（existence），它因而是一个根本性的空洞。拉康在接下来的一期研讨班中非常清晰地谈到了这一点，亦即在法文版《圣状》研讨班的第153页，他说道：

> 象征界是由于其本身被特别指明作一个空洞而得以区分的东西……然而，令人惊讶的是，在这里却存在一个"真洞"，从而揭示出了不存在大他者的大他者。它的位置可能就在这里，正如意义是实在界的大他者那样，它的位置可能就在这里，但根本没有这样的东西。在大他者的大他者的位置上，根本就没有任何存在（existence）的秩序。
>
> （Lacan, 2016, p. 155）

如果我们重新考察博罗米结的书写与拉康在其中命名的那些不同的间隙，那么我们便会看到一系列不同术语的拓扑学位置。

——意义涉及想象界与象征界的交界，它完全处在实在界之外，这就是为什么我们可以说，意义是实在界的大他者。

——阳具的享乐涉及实在界与象征界的交界，它完全处在想象界之外，这是一种身体之外的享乐，正是由于此种阳具的享乐，才可能有绽出的存在 (ek-sistence)。

——在象征界的一致性层面上，亦即在能指与大他者的层面上，我们不能说在这里可能存在一个大他者的大他者，我们不能说在外在于其场域的表面上存在一个大他者的大他者，因为这可能就意味着存在一种元语言，亦即我们可以谈论能指而又不被捕获于其中。

因为"言在"永远都只是在跟能指打交道，当他试图向一个（小）他者言说的时候，他便只能通过语言的中介来向其言说。正是出于这个原因，可能一上来便存在三种秩序；正如拉康告诉我们的那样，并不存在直接的"**二环扭结**"，亦即不存在对偶的扭结。能指在这里被呈现于象征界的层面；而它们在其所指的效果上则在这里被呈现于想象界的层面；作为压抑物，它们又在这里被呈现于实在界的层面，从而构成了无意识。即便我们不想如此，我们也只能如此。换句话说，我们只能通过语言来试图补救"**性关系不存在**"的事实，而性关系的不存在本身也是由语言所导致的。当拉康说"人类是在跟作为无意识地点的大他者来做爱"的时候，这便是他想要表达的意思，亦即**其性伴侣就是这个作为无意识地点的大他者，这是语言与我们自己身体的交媾**。同样，我们也可以说，正是因为存在一种阳具性的享乐——一种语义性的享乐——被叠加在身体之上，故而才没有性关系的存在。

如果说不存在对于大他者的身体的可能的享乐，那么在这个JA的区域中却还存在着一种可能的享乐，因为正是在这里，实在界被关联于身体的想象界；这是一种不同于"**阳具性享乐**"的享乐，而拉康将其命名作"**大他者享乐**"或"**他异性享乐**"。关于这个大他者的享乐，如果说那些女人们都对此保持了沉默的话，那么相比之下，那些精神病患者和神秘主义者们则非常清楚地知道要如何来向我们对此进行描述。

假洞与四环扭结

到目前为止，我们都只是在考虑"**三环扭结**（nœud à trois）"。然而，在其研讨班的最后，拉康却提出了一个问题，亦即我们是否需要再加上一个"**圆环面**"来保持RSI扭结的稳定，他还告诉我们说，这个圆环面的一致性可能要参照于我们所谓的"**大写父亲**"的功能。

在法文版《研讨班XXII：RSI》的第84页至第85页，他说道：

> ……当我曾经开始举办《诸父之名：关于精神病的临床考量》（*Patronymies, considération cliniques sur les psychoses*）的研讨班时候，就像一些人所知道的那样，至少那些当时在场的人都知道这一点，我在其中提出了一个术语，我可以非常确定地说——我当时把它称作"诸父之名"而非"父之名"并非是没有原因的！我当时就产生过一些关于增补的想法，由于弗洛伊德经由这些"诸父之名"而取得的此种进展，此种增补便占据着精神分析的领域与精神分析的话语，不是因为此种增补并非必不可少，所以它才没有发生。对于我们当中的每个人来说，我们的想象界、我们的象征界，还有我们的实在界，都还是可能会处在某种充分解离的状态之中，因为只有那个唯一的"父之名"才能够制作出博罗米结并维持整个三界的稳定。
>
> （Lacan, n.d.b., 1975年2月11日的讲座）

这个第四环，拉康将其称作"**命名**（nomination）"，当然他是参照了"父之名"来对其命名的，但在这里有趣的是要看到：他如何引入了此种命名，而此种命名又覆盖了什么？在1975年4月8日的讲座上，拉康探讨了这样的一个问题，亦即究竟存在一种博罗米结还是两种博罗米结？我要非常迅速地提醒你们注意：如果要正确地书写这个扭结，那么便必须要把它的回路确定下来，亦即要把它的方向确定下来，而要把这些一致性鉴别开来，我们便需要给它们赋予不同的颜色，同时给它们赋予不同的命名。这个必不可少的命名可能会由第四环所取代，因为这个第四环的功能同样在于阻止这些一致性变得可以互换。

继而，拉康便得出了这样的一种思想，亦即当实在界、想象界与象征界变得解离开来的时候，这个第四环便恰好可能会构成某种"**增补**"。因为在弗洛伊德那里，正是父亲的功能处在第四环的位置上构成了增补，所以拉康便将这个命名的第四环命名作"**父之名**"。

最后，在法文版的第163页，拉康又告诉我们说："这个命名，便是我们能够确定它制造了空洞的唯一的东西"（Lacan, n.d.b., 1974年4月15日的讲座）。稍后，在法文版的第167页，他又补充说道："但是，这些诸父之名也可能会向我们指明：毕竟，并不仅仅是象征界才具有父之名的特权，并不一定要让这个命名被连接于象征界的空洞。"

因此，拉康是在提议我们要重新考虑**抑制**（inhibition）、**症状**（symptôme）与**焦虑**（angoisse）的弗洛伊德式三元组（Freud, 1959），因为它们中的每一项都恰好构成了某种增补，也因而构成了一个**四环扭结**（nœud à quatre）。他在这个四环扭结中向我们说明的事情，就是并不仅仅存在一个空洞来制作这个**圆环**；换句话说，如果我们把两个折叠起来的圆环挂扣在一起，从而把它变成一个圆圈的形状，那么这两个没有串联起来的圆环便会构成一个**假洞**（faux trou）。我们只需要让一条无限的直线（抑或一个圆环）穿过这个假洞，便足以让它构成一个**真洞**（vrai trou），而这三种一致性便会以博罗米结的方式而扭结起来。同样，我们可以经由这个假洞来制作一个四环扭结。

就"抑制"而言，拉康澄清了这个四环扭结。在法文版的第181页，他告诉我们说：

> **想象性命名**（nomination imaginaire）恰恰就是我今天用这条无限的直线来支撑的东西，这条直线，就在我们用一个圆环和一条直线所组成的圆环里，非常确切地说，这条直线并非是命名了想象界的东西，与此相反，它恰恰构成了一道屏障，抑制了对于所有那些指示性的东西的操作，抑制了对于所有那些链接着象征界的东西的操作，甚至在想象界本身的层面上构成了一道屏障，而且它还描绘了在身体中所涉及的东西，对此每个人都知道，就涉及身体而言，至少在精神分析的视角下，正是这个身体构成了孔洞，正是经由这个身体的孔窍，

想象界才能与象征界或实在界扭结起来，正是经由此种扭结，经由这个圆环的突显，经由这个孔窍，想象界才得以构成。

(Lacan, n.d.b., 1974年5月13日的讲座)

换句话说，想象界会经由"**抑制**"制作一个假洞，实在界与象征界都恰好经由了这个假洞，从而才会制作出一个博罗米结。同样，"**焦虑**"也必定可以经由实在界制作一个假洞，从而扭结想象界与象征界。最后，"**症状**"也会经由象征界制作一个假洞，从而来扭结实在界与想象界，这将会是我们的下一期研讨班的主题。

注释

[1] 本文是作者布里约女士于2003年在巴黎"国际拉康协会"的夏季学习日上的发言。

[2] 雅克·拉康《研讨班XXII：RSI》，国际拉康协会编辑版。

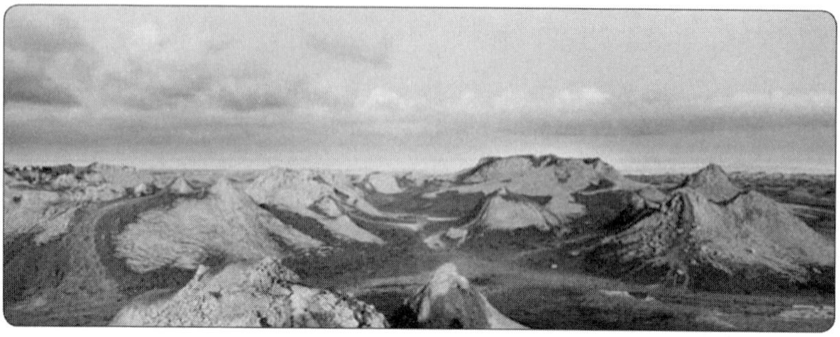

法文版《著作集》中的参考索引

第01讲：拉菲埃尔
　　——《镜子阶段作为我的功能之构型者》，第93页。

第02讲：阿里曼
　　——《关于丹尼尔·拉加什报告的评论》，第647页。

第03讲：安托万
　　——《言语与语言在精神分析中的功能与领域》，第237页。

第04讲：妮可儿
　　——《无意识中字符的动因，抑或自弗洛伊德以来的理性》，第493页。

第05讲：象征轴
　　——《关于〈失窃的信〉的研讨班》，第11-63页。

第06讲：艾米丽
　　——《论精神病任何可能治疗的一个先决问题》，从第531页开始。

第07讲：卡西、德里斯与杰克
　　——《论弗洛伊德的"冲动"与精神分析家的欲望》，第851页。

第09讲：从马克到雷奥诺拉
　　——《无意识中字符的动因，抑或自弗洛伊德以来的理性》，第49页。

第10讲：费利西泰
　　——《无意识的位置》，从第848页开始。

第12讲：娜塔莎
　　——《弗洛伊德式无意识中的主体的颠覆与欲望的辩证》，第793页。

第13讲：阿涅斯
　　——《弗洛伊德式无意识中的主体的颠覆与欲望的辩证》，第793页。

第14讲：朱斯蒂娜、安吉莉卡与玛丽琳娜
　　——《阳具的意指》，第685页。

第15讲：昆廷

——《科学与真理》，从第855页开始。

法文类精神分析著作的参考文献

鉴于本期研讨班仅仅是一个初阶的教学，这份清单经过了特意的缩减。

马克·达蒙（Marc Darmon）
　　——《拉康拓扑学导论》
　　　　Essais sur la Topologie Lacanienne
　　　　Collection "Le Discours Psychanalytique"
　　　　Éditions de l'Association Freudienne, 1990

约尔日·卡肖（Jorge Cacho）
　　——《否定妄想》
　　　　Le Délire des Négations
　　　　Collection "Le Discours Psychanalytique"
　　　　Éditions de l'Association Freudienne, 1990

马塞尔·切尔马克（Marcel Czermak）
　　——《对象的激情：关于精神病的精神分析研究》
　　　　Passions de l'objet, études psychanalytiques des psychoses
　　　　Éditions Joseph Clims, 1990
　　——《诸父之名：关于精神病的临床考量》
　　　　Patronymies, considération cliniques sur les psychoses
　　　　Bibliothèque de clinique psychanalytique
　　　　Éditions Masson, 1998

西格蒙德·弗洛伊德（Sigmund Freud）

——《妙语及其与无意识的关系》

Le mot d'esprit et sa relation à l'inconscient

Collection Folio / Essais

Éditions Gallimard, Paris, 1988

——《冲动及其命运》，收录于《元心理学》

"Pulsions et destin des pulsions", in *Métapsychologie*

Collection Folio / Essais

Éditions Gallimard, Paris, 1968

——《超越快乐原则》，收录于《元心理学》

"Au delà du principe de plaisir", in *Métapsychologie*

Collection Folio / Essais

Éditions Gallimard, Paris, 1968

——《詹森的"格拉迪沃"中的妄想与梦境》

Le délire et les rêves dans la Gradiva de W. Jensen

Collection Folio / Essais

Éditions Gallimard, Paris, 1986

——《受虐狂的经济学问题》，收录于《神经症、精神病与性倒错》

"Le problème économique du masochisme", in *Névrose, psychose et perversion*

Bibliothèque de psychanalyse

Presses Universitaires de France, 1973

查尔斯·梅尔曼（Charles Melman）

——《失重的人：不惜一切代价的享乐——与让-皮埃尔·勒布朗的访谈》

L'homme sans gravité, jouir à tout prix, entretiens avec Jean-Pierre Lebrun

Paris Denoël, 2002, repris dans la collection Folio en 2005

——《全新的精神经济学：今日的思维方式与享乐方式》

La nouvelle économie psychique, la façon de penser et de jouir aujourd'hui

Éditions Érès, Collection "humus, subjectivité et lien social", 2009

——《父性功能》，载于《国际拉康协会公报》第69期

"La fonction paternelle"

Bulletin de l'Association Lacanienne Internationale, n° 69, Septembre 1996

——《什么是对象 a？》，载于《国际拉康协会公报》第98期

"Qu'est-ce que l'objet a ?"

Bulletin de l'Association Lacanienne Internationale, n° 98, juin 2002

——《什么是象征界？》，载于《国际拉康协会公报》第93期

"Q'est-ce que le symbolique ?"

Bulletin de l'Association Lacanienne Internationale, n° 93, juin 2001

——《他异性与结构》，载于《国际拉康协会公报》第103期

"Altérité et structure"

Bulletin de l'Association Lacanienne Internationale, n° 103, juin 2003

雅克·拉康（Jacques Lacan）
　　——法文版《著作集》，瑟伊出版社，1966年
　　　　Écrits, Éditions du seuil, 1966

斯蒂芬·蒂比埃尔日（Stéphane Thibierge）
　　——《身体形象的病理学：再认与命名障碍的精神病理学研究》
　　　　Pathologie de l'image du corps
　　　　Presses Universitaires de France, 1999
　　——《形象与分身：病理学中的镜像功能》
　　　　L'image et le double, Éditions Érès, 1999